高等院校电子信息类专业基础课系列教材

电工电子实训教程
（第3版）

章晓眉　朱建华　主　编
岑盈盈　王世娇　副主编

电子工业出版社
Publishing House of Electronics Industry
北京·BEIJING

内 容 简 介

本书是根据普通高等院校"电工电子技术"课程的教学基本要求编写的，共 10 章，主要内容包括电力系统，电气安全，电工工具、电工仪表及电工材料，常用低压电器，继电接触器控制技术，常用电子元器件，焊接技术，表面安装技术，常用电子仪器和电子产品的设计与制作。本书在实训项目设置上，具有广泛性、先进性、实用性、趣味性，注重学生工程实践能力的培养。书中设置的实训项目可供不同专业的学生选用。

本书可作为普通高等院校和各类成人教育工程类专业"电工电子技术"课程的教材，也可供企业技术人员参考。

未经许可，不得以任何方式复制或抄袭本书之部分或全部内容。
版权所有，侵权必究。

图书在版编目（CIP）数据

电工电子实训教程 / 章晓眉，朱建华主编. -- 3 版.
北京 : 电子工业出版社, 2025. 3. -- ISBN 978-7-121-49888-6

Ⅰ. TM；TN

中国国家版本馆 CIP 数据核字第 2025DS2478 号

责任编辑：朱怀永
印　　刷：三河市鑫金马印装有限公司
装　　订：三河市鑫金马印装有限公司
出版发行：电子工业出版社
　　　　　北京市海淀区万寿路 173 信箱　　邮编：100036
开　　本：787×1092　1/16　　印张：20　　字数：493 千字
版　　次：2015 年 9 月第 1 版
　　　　　2025 年 3 月第 3 版
印　　次：2025 年 3 月第 1 次印刷
定　　价：59.80 元

凡所购买电子工业出版社图书有缺损问题，请向购买书店调换，若书店售缺，请与本社发行部联系，联系及邮购电话：(010)88254888，88258888。
质量投诉请发邮件至 zlts@phei.com.cn，盗版侵权举报请发邮件至 dbqq@phei.com.cn。
本书咨询联系方式：(010)88254608 或 zhy@phei.com.cn。

前言 FOREWORD

"电工电子技术"是普通高等院校教学计划中一门重要的实践性技术基础课程,是学生综合素质培养过程中重要的实践教学环节之一。

本书充分体现应用型人才培养的特点,以强化基础、突出能力培养和注重实用为原则,注重学生工程实践能力的培养,在实训项目设置上,注意广泛性、先进性、实用性、趣味性,包括照明电路设计与制作、电机启动控制电路设计与制作、电子元器件测试、手工焊接、电子产品设计与制作、趣味小制作等。

学生通过本课程教学环节,巩固和加深理解所学的理论知识,掌握安全用电的基本常识,以及常用电气、电子元器件基本知识;了解电子线路和电气线路制作的工艺要求,以及电子装配技术;掌握手工焊接和表面安装技术,以及电气、电子元器件装配技能;建立起电气原理图和电子线路图的基本概念,具备读图能力和分析能力;掌握常用电工电子仪器仪表的正确使用方法,以及电子线路和电气线路的设计与调试方法;训练综合设计能力及分析、解决实际工程问题的能力。

本科学生可根据课程实训的教学周数,以及不同年级、不同专业的教学培养计划选择教学内容和实训项目。

本书由章晓眉、朱建华担任主编,岑盈盈、王世娇担任副主编。全书内容分电工技术(第1～5章)和电子技术(第6～10章)两部分,电工技术部分由章晓眉、朱建华编写,电子技术部分由章晓眉、岑盈盈、王世娇编写。

本书在编写过程中参考和引用了一些专家、学者的论著、教材与资料,在此谨向原作者表示衷心的感谢。

由于编者水平有限,书中难免有错漏和不妥之处,恳请各位读者批评指正。

编者

2024 年 6 月

目录

第1章 电力系统 ... 1

1.1 电力系统概述 ... 1
- 1.1.1 电力系统的组成 ... 1
- 1.1.2 电能质量 ... 2
- 1.1.3 电力系统的额定电压等级 ... 3
- 1.1.4 电力系统的中性点接地方式 ... 4

1.2 低压配电系统 ... 5
- 1.2.1 低压配电方式 ... 5
- 1.2.2 低压配电线路 ... 6

1.3 电力负荷计算 ... 8
1.4 变电所参观实训 ... 13

第2章 电气安全 ... 15

2.1 电气安全概述 ... 15
- 2.1.1 电的特点 ... 15
- 2.1.2 电流对人体的伤害 ... 15
- 2.1.3 人体触电方式 ... 16
- 2.1.4 触电事故的一般规律 ... 17

2.2 触电急救与预防 ... 18
- 2.2.1 触电急救 ... 18
- 2.2.2 触电预防 ... 21

第3章 电工工具、电工仪表及电工材料 ... 22

3.1 常用电工工具及其使用方法 ... 22
- 3.1.1 钢丝钳 ... 22
- 3.1.2 尖嘴钳 ... 23
- 3.1.3 螺丝刀 ... 23

        3.1.4 电工刀 ··· 24
        3.1.5 剥线钳 ··· 24
        3.1.6 低压验电器 ··· 24
    3.2 常用电工仪表及其使用方法 ·· 25
        3.2.1 电工仪表概述 ··· 25
        3.2.2 万用表 ··· 27
        3.2.3 兆欧表 ··· 30
        3.2.4 钳形电流表 ··· 32
        3.2.5 直流单臂电桥 ··· 33
        3.2.6 常用电工仪表的使用技能训练 ··· 35
    3.3 电工材料 ·· 36
        3.3.1 常用导电材料 ··· 37
        3.3.2 常用绝缘材料 ··· 41
        3.3.3 常用磁性材料 ··· 44
        3.3.4 导线连接实训 ··· 47

第4章 常用低压电器 ·· 52

    4.1 低压电器概述 ·· 52
        4.1.1 低压电器的分类 ··· 52
        4.1.2 电磁式电器的基本知识 ··· 53
    4.2 刀开关 ·· 57
        4.2.1 刀开关的结构 ··· 57
        4.2.2 常用的刀开关 ··· 57
        4.2.3 胶盖刀开关 ··· 58
        4.2.4 熔断器式刀开关 ··· 59
        4.2.5 刀开关的选用及图形、文字符号 ··· 59
    4.3 组合开关 ·· 60
    4.4 熔断器 ·· 61
        4.4.1 熔断器的结构和工作原理 ··· 61
        4.4.2 熔断器的分类 ··· 62
        4.4.3 熔断器的选择 ··· 63
    4.5 接触器 ·· 64
        4.5.1 接触器的作用与分类 ··· 64
        4.5.2 接触器的结构与工作原理 ··· 64
        4.5.3 接触器的主要技术参数 ··· 65
        4.5.4 接触器的选择 ··· 66
    4.6 低压断路器 ·· 67
        4.6.1 低压断路器的工作原理 ··· 68
        4.6.2 低压断路器的主要技术参数 ··· 68

  4.6.3 低压断路器典型产品介绍 ················ 69
  4.6.4 低压断路器的选择 ······················ 70
 4.7 继电器 ·· 70
  4.7.1 电磁式继电器的结构和特性 ················ 71
  4.7.2 继电器的主要技术参数 ·················· 72
  4.7.3 电磁式电压继电器和电流继电器 ············ 72
  4.7.4 电磁式中间继电器 ······················ 73
  4.7.5 时间继电器 ·························· 73
  4.7.6 热继电器 ···························· 75
  4.7.7 速度继电器 ·························· 77
  4.7.8 固态继电器 ·························· 78
 4.8 主令电器 ··· 79
  4.8.1 控制按钮 ···························· 79
  4.8.2 行程开关 ···························· 80
  4.8.3 接近开关 ···························· 81
  4.8.4 万能转换开关 ························ 82
 4.9 智能低压电器 ···································· 83
 习题 ·· 84

第5章 继电接触器控制技术 ···················· 85

 5.1 继电接触器控制技术概述 ························ 85
 5.2 三相异步电动机 ·································· 86
  5.2.1 三相异步电动机的结构 ·················· 86
  5.2.2 三相异步电动机各部分的用途及所用材料 ······ 87
  5.2.3 三相异步电动机接线盒内的接线 ············ 88
  5.2.4 三相异步电动机的铭牌 ·················· 89
  5.2.5 双速异步电动机 ······················ 89
  5.2.6 电动机的检查 ························ 90
 5.3 三相异步电动机的单元控制电路 ·················· 90
  5.3.1 三相异步电动机的正转直接启动控制电路 ······ 90
  5.3.2 三相异步电动机的正/反转直接启动控制电路 ··· 93
  5.3.3 多地控制电路 ························ 95
  5.3.4 位置控制 ···························· 95
  5.3.5 顺序控制 ···························· 97
 5.4 电气工程制图规范及电气图纸的识读方法 ·········· 97
  5.4.1 电气图的定义 ························ 97
  5.4.2 电气图有关国家标准 ···················· 97
  5.4.3 电气图的分类 ························ 98
  5.4.4 电气图的特点 ························ 98

        5.4.5 电气图的一般规则 …………………………………………………… 99
        5.4.6 电气元件的触点分类、工作状态和技术数据等的表示方法 ………… 100
        5.4.7 连接线 …………………………………………………………………… 101
        5.4.8 系统图和框图的对比与作用 …………………………………………… 102
        5.4.9 系统图和框图绘制的基本原则与方法 ………………………………… 102
        5.4.10 电气原理图 ……………………………………………………………… 103
        5.4.11 安装接线图 ……………………………………………………………… 105
        5.4.12 识读和分析电气线路图 ………………………………………………… 107
    5.5 继电接触器控制电路的安装及工艺 ……………………………………………… 113
        5.5.1 安装电路的规则 ………………………………………………………… 113
        5.5.2 电力拖动控制电路安装方法 …………………………………………… 114
        5.5.3 用万用表查找故障的方法 ……………………………………………… 116
    5.6 照明电路及继电控制电路实训 …………………………………………………… 118
        5.6.1 照明电路及插座的安装 ………………………………………………… 118
        5.6.2 三相异步电动机自锁启停控制 ………………………………………… 120
        5.6.3 低压配电屏主电路及测量电路的制作 ………………………………… 122
        5.6.4 低压配电屏控制电路的制作与调试 …………………………………… 124
        5.6.5 电动机双向转动控制的控制电路、测量电路和指示电路的制作与
              调试 ……………………………………………………………………… 126
        5.6.6 Y-△降压启动控制电路的制作与调试 ………………………………… 128

第6章 常用电子元器件 ………………………………………………………………… 131
    6.1 电阻器 ……………………………………………………………………………… 131
        6.1.1 电阻器的电路符号、阻值单位与特性 ………………………………… 131
        6.1.2 电阻器的分类 …………………………………………………………… 132
        6.1.3 电阻器的型号命名 ……………………………………………………… 133
        6.1.4 电阻器的主要性能参数 ………………………………………………… 134
        6.1.5 电阻器的测量 …………………………………………………………… 135
    6.2 电位器 ……………………………………………………………………………… 136
        6.2.1 电位器的电路符号 ……………………………………………………… 136
        6.2.2 电位器的分类 …………………………………………………………… 136
        6.2.3 电位器的型号命名 ……………………………………………………… 137
        6.2.4 电位器的主要性能参数 ………………………………………………… 137
    6.3 电容器 ……………………………………………………………………………… 139
        6.3.1 电容器的电路符号与单位 ……………………………………………… 139
        6.3.2 电容器的分类 …………………………………………………………… 139
        6.3.3 常用介质电容器简介 …………………………………………………… 141
        6.3.4 电容器的型号命名 ……………………………………………………… 141
        6.3.5 电容器的主要性能参数 ………………………………………………… 142

		6.3.6 电容器的测量	144
6.4	电感器		145
	6.4.1	电感器的电路符号与单位	145
	6.4.2	电感器的分类	145
	6.4.3	电感器的主要性能参数	145
	6.4.4	电感器的测量	146
6.5	二极管		146
	6.5.1	常用二极管的电路符号	147
	6.5.2	二极管的主要性能参数	147
	6.5.3	国产二极管的型号命名	148
	6.5.4	二极管的种类	148
	6.5.5	二极管极性的识别与检测	151
6.6	三极管		152
	6.6.1	三极管的构成和电路符号	152
	6.6.2	三极管的主要性能参数	153
	6.6.3	国产三极管的型号命名	153
	6.6.4	三极管的分类	154
	6.6.5	三极管的3种工作状态	156
	6.6.6	三极管的特性	157
	6.6.7	三极管的判别	158
6.7	晶闸管		159
	6.7.1	晶闸管的型号命名与结构	160
	6.7.2	晶闸管的工作状态	161
	6.7.3	晶闸管的主要性能参数	162
	6.7.4	晶闸管电极的识别与检测	162
6.8	场效应管		163
	6.8.1	场效应管的分类、特点与型号命名	163
	6.8.2	场效应管的主要性能参数及特性	165
	6.8.3	场效应管的检测与使用注意事项	166
6.9	集成电路		167
	6.9.1	集成电路的型号命名	167
	6.9.2	集成电路的种类	169
	6.9.3	集成电路的封装及引脚识别	169
	6.9.4	模拟集成电路	171
	6.9.5	数字集成电路	176
6.10	实训项目——常用电子元器件的测试		179

第7章 焊接技术 ... 180

7.1 焊接基础 ... 180
7.1.1 焊接的概念及分类 ... 180
7.1.2 锡焊机理 ... 181

7.2 焊接工具 ... 182
7.2.1 电烙铁 ... 182
7.2.2 其他工具 ... 187

7.3 焊接材料 ... 188
7.3.1 焊料 ... 188
7.3.2 焊剂 ... 188
7.3.3 阻焊剂 ... 189

7.4 锡焊焊点的基本要求 ... 190

7.5 手工焊接技术 ... 190
7.5.1 焊接前准备 ... 191
7.5.2 焊接操作姿势 ... 191
7.5.3 焊接操作方法 ... 192
7.5.4 焊接注意事项 ... 193
7.5.5 焊点质量检查 ... 193
7.5.6 拆焊操作 ... 196
7.5.7 焊接后的清洗 ... 197

7.6 电子工业中的焊接技术简介 ... 197
7.6.1 浸焊 ... 197
7.6.2 波峰焊 ... 199
7.6.3 再流焊 ... 199
7.6.4 高频加热焊 ... 199
7.6.5 脉冲加热焊 ... 199

7.7 无锡焊接 ... 200
7.7.1 接触焊 ... 200
7.7.2 熔焊 ... 201

7.8 实训项目——电子焊接技术训练 ... 201

第8章 表面安装技术 ... 203

8.1 SMT概述 ... 203
8.1.1 SMT的发展历史 ... 203
8.1.2 我国SMT的发展 ... 203
8.1.3 SMT的发展趋势 ... 204
8.1.4 SMT的优点 ... 204

8.2 表面安装元器件 ... 205

8.2.1 表面安装电阻器 ………………………………………………………… 205
  8.2.2 表面安装电位器 ………………………………………………………… 206
  8.2.3 表面安装电容器 ………………………………………………………… 206
  8.2.4 表面安装电感器 ………………………………………………………… 206
  8.2.5 表面安装二极管 ………………………………………………………… 207
  8.2.6 表面安装三极管 ………………………………………………………… 207
  8.2.7 表面安装集成电路 ……………………………………………………… 208
 8.3 表面安装材料 ……………………………………………………………………… 209
 8.4 SMT工艺流程 …………………………………………………………………… 210
 8.5 实训项目——SMT应用：网线测试器的制作 …………………………………… 211

第9章 常用电子仪器 …………………………………………………………………… 216
 9.1 常用电子仪器的使用注意事项 …………………………………………………… 216
  9.1.1 关于电子仪器的阻抗 …………………………………………………… 216
  9.1.2 避免电子仪器损坏 ……………………………………………………… 217
  9.1.3 电子仪器外壳接地 ……………………………………………………… 218
  9.1.4 探头与馈线 ……………………………………………………………… 218
 9.2 直流稳压电源 ……………………………………………………………………… 219
 9.3 双踪示波器 ………………………………………………………………………… 220
  9.3.1 模拟示波器 ……………………………………………………………… 220
  9.3.2 模拟示波器的使用 ……………………………………………………… 222
  9.3.3 数字存储示波器 ………………………………………………………… 224
  9.3.4 数字存储示波器的操作面板和显示界面 ……………………………… 226
  9.3.5 数字存储示波器的一般操作 …………………………………………… 227
 9.4 函数信号发生器 …………………………………………………………………… 230
 9.5 交流毫伏表 ………………………………………………………………………… 231
 9.6 实训项目——常用电子仪器的使用 ……………………………………………… 232

第10章 电子产品的设计与制作 ………………………………………………………… 235
 10.1 直流稳压电源 …………………………………………………………………… 235
  10.1.1 工作原理 ……………………………………………………………… 235
  10.1.2 直流稳压电源的设计方法 …………………………………………… 238
  10.1.3 直流稳压电源的装配与调试 ………………………………………… 239
  10.1.4 直流稳压电源各项性能指标的测量 ………………………………… 240
  10.1.5 实训项目——直流稳压电源的设计与制作 ………………………… 241
 10.2 多谐振荡器 ……………………………………………………………………… 243
  10.2.1 分立元件构成的多谐振荡器 ………………………………………… 243
  10.2.2 集成门电路构成的多谐振荡器 ……………………………………… 244
  10.2.3 555时基集成电路构成的多谐振荡器 ……………………………… 248

10.2.4 实训项目——多谐振荡器的应用 250
10.2.5 实训项目——基于555时基集成电路的方波信号发生器 252
10.3 计数器 254
　10.3.1 计数器概述 254
　10.3.2 计数器的种类 254
　10.3.3 二十四进制电子数字钟的设计 254
　10.3.4 实训项目——六十进制计数器的设计与制作 260
　10.3.5 实训项目——流水灯设计与制作 266
10.4 趣味小制作 270
　10.4.1 光控小夜灯 270
　10.4.2 声光音乐电子门铃 272
　10.4.3 可充电式LED台灯 273
　10.4.4 迷你小音响制作 275
　10.4.5 定时音乐提醒器 276
　10.4.6 趣味电子制作实训报告要求 278
10.5 电子产品设计与制作——单片机控制交通信号灯 278
10.6 电子产品设计与制作——单片机计算器 283
10.7 电子产品设计与制作——LCD1602液晶电子时钟万年历的制作 292
10.8 电子产品设计与制作——贴片流水灯 297
10.9 电子产品设计与制作——可调电源板的设计与制作 301

参考文献 305

第1章

电 力 系 统

1.1 电力系统概述

1.1.1 电力系统的组成

电力系统是由发电厂、输电网、配电网和电力用户组成的整体,是将一次能源转换成电能并输送和分配到电力用户的一个统一系统。输电网和配电网统称电网,是电力系统的重要组成部分。发电厂将一次能源转换成电能,经过电网将电能输送和分配到电力用户的用电设备,从而完成电能从生产到使用的整个过程。另外,电力系统还包括保证其安全可靠运行的继电保护装置、安全自动装置、调度自动化系统和电力通信等相应的辅助系统(一般称为二次系统)。

图 1-1 所示为电力系统的基本组成(单线图)。图 1-2 所示为大型电力系统(单线图)。

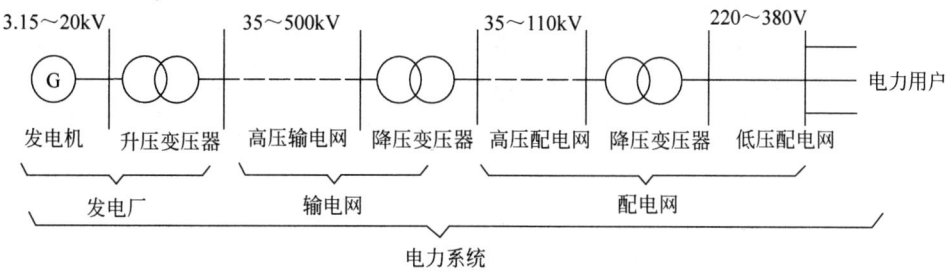

图 1-1 电力系统的基本组成(单线图)

输电网负责将电能从发电厂输送到负荷中心。输电网是电力系统中最高电压等级的电网,是电力系统中的主要网络(简称主网),起到电力系统骨架的作用,因此又称网架。在一个现代电力系统中,既有超高压交流输电,又有超高压直流输电。这种输电系统通常称为交直流混合输电系统。

配电网将电能从负荷中心输送到各级电力用户,通常电压在 220kV 以下。配电网可分为高压配电网(35~110kV)、中压配电网(3~10kV)、低压配电网(220~380V)。配电网是

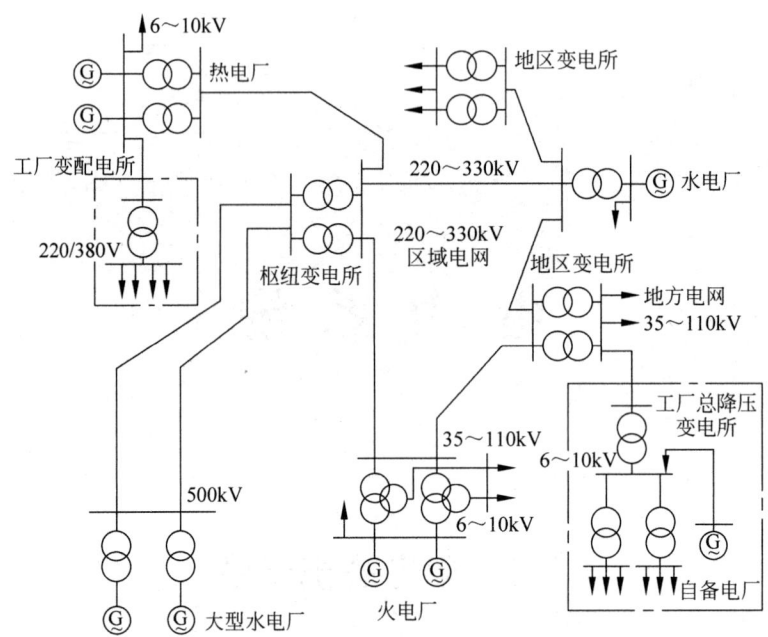

图 1-2　大型电力系统（单线图）

将电能由枢纽变电所直接分配到电力用户区或电力用户的电网。它的作用是将电能分配到变配电所后向电力用户供电，也有一部分电能不经变配电所而直接分配到大用户，由大用户的配电装置进行配电。

在电力系统中，电网按电压等级的高低分层，按负荷密度的地域分区。不同容量的发电厂和电力用户应分别接入不同电压等级的电网。大容量主力发电厂应接入输电网，较大容量的发电厂应接入较高电压的电网，容量较小的发电厂可接入较低电压的电网。

配电网应按地区划分，一个配电网承担分配一个地区的电能及向该地区供电的任务。因此，它不应当与邻近的地区配电网直接进行横向联系，若要联系，则应通过更高一级电网进行横向联系。配电网之间通过输电网发生联系。不同电压等级电网的纵向联系通过输电网逐级降压实现。不同电压等级电网要避免电磁环网。

电力系统之间通过输电线连接，形成互联电力系统。连接两个电力系统的输电线称为联络线。

1.1.2　电能质量

电能质量标准参数有频率、电压及电压的不对称性和非正弦性。

1. 频率

频率参数包括频率标准及其容许偏差。频率是整个电力系统统一的运行参数，一个电力系统只有一个频率。我国和世界上大多数国家电力系统的额定频率均为 50Hz。大多数国家规定频率的容许偏差为 $\pm(0.1\sim0.3)$Hz。在我国，规定 300×10^4kW 以上电力系统的频率的容许偏差不得超过 ±0.2Hz；而 300×10^4kW 以下小容量电力系统的频率的容许偏差不得超过 ±0.5Hz。

2. 电压

电压参数包括供电电压标准及其容许偏差。我国对用电单位的供电电压标准及其容许偏差规定：① 低电压 220V/380V，用于照明时的容许偏差为 -10%~+5%，用于其他用途时的容许偏差为 ±7%；② 高电压 10kV 及以下的容许偏差为 ±7%；③ 对特殊用户，由 35kV、110kV 电压供电的，容许偏差为 ±5%。

3. 电压的不对称性和非正弦性

在现代用电设备中，出现了换流-整流设备、变频-调速设备、电弧炉、电气机车、电视机等非线性负荷。它们不但会引起电压波动，而且会造成电压的不对称性和非正弦性。

电压的不对称性是指三相电压间的不对称。根据对称分量法，不对称的三相电压可分解为对称的正序、负序和零序分量。

电压的非正弦性是指电压波形的畸变。根据傅里叶变换，非正弦的电压可分解为基波（50Hz）电压和一系列高次谐波电压。总谐波电压是所有高次谐波电压的均方根值之和。我国对供电的谐波电压和电流允许值做了规定。以 10kV 的电网为例，总的电压谐波畸变率（GHD）应低于 4%，奇次谐波应低于 3.2%，偶次谐波应低于 1.6%。

只有电力用户和供电部门共同努力才能保证电网谐波在允许范围内。电网谐波如果不治理，则将导致电气设备的使用寿命缩短、网损增加、仪表指示不准、通信线路受到干扰，甚至引起继电保护装置和安全自动装置误动作。

4. 电能质量国标

GB/T 15945—2008《电能质量　电力系统频率偏差》。

GB/T 12325—2008《电能质量　供电电压偏差》。

GB/T 24337—2009《电能质量　公用电网间谐波》。

GB/T 12326—2008《电能质量　电压波动和闪变》。

GB/T 15543—2008《电能质量　三相电压不平衡》。

GB/T 18481—2001《电能质量　暂时过电压和瞬态过电压》。

1.1.3 电力系统的额定电压等级

各用电设备、发电机、变压器都是按一定标准电压设计和制造的。当它们运行在标准电压下时，其技术、经济性能指标都发挥得最好。此标准电压就称为额定电压。

1. 输电线路的额定电压等级

输电线路的额定电压等级可分为 220/380V，0.4kV，3kV，6kV，10kV，35kV，60kV，110kV，220kV，330kV，500kV，750kV，1000kV。

一般来说，110kV 以下的电压等级以 3 倍（约数）为级差，即 10kV，35kV，110kV；而 110kV 以上的电压等级则以 2 倍（约数）为级差，即 110kV，220kV，500kV。

确定额定电压等级需要考虑三相功率 S 和线电压 U、线电流 I，三者之间的关系是 $S=\sqrt{3}UI$。

当输送功率一定时，输电电压越高，电流越小，导线等载流部分的截面积越小，投资越少。

但输电电压越高，对绝缘的要求越高，对杆塔、变压器、断路器等绝缘设备的投资也越多。

因此，对应一定的输送功率和输送距离，应有一个最合理的线路电压。

但从设备制造的角度来考虑，线路电压不能任意确定。规定的额定电压等级过多也不利于电力工业的发展。

2．发电机、变压器、用电设备的额定电压的确定

（1）用电设备的额定电压＝线路额定电压，允许其实际工作电压偏离额定电压±5%。

（2）线路额定电压指线路的平均电压$(U_a+U_b)/2$，线路始末端电压损耗为10%。因为用电设备允许的电压波动是±5%，所以接在始端的设备的电压波动最高不会超过5%；接在末端的设备的电压波动最低不会低于−5%。

（3）发电机的额定电压总在线路始端，比线路额定电压高5%；对于3kV的线路，发电机的额定电压为3.15kV。

（4）变压器一次侧相当于用电设备，直接与发电机相连的，其额定电压与发电机的额定电压一致；直接与线路相连的，其额定电压与线路额定电压相同。变压器二次侧相当于电源。二次侧位于线路始端，其额定电压比线路额定电压高5%，计及自身5%的电压损耗，总共比线路额定电压高10%。当二次侧直接接用电设备（负荷）时，只需考虑其自身5%的电压损耗。

3．不同电压等级的适用范围

220/380V——除了矿井、医疗、危险品库等，现在工业与民用用电均为220/380V，因此其应用范围非常广泛。

3kV——工业企业内部采用。

10kV——最低一级高压配电电压。

35kV——大城市或大工业企业内部网络或农村电网。

110kV——中、小电力系统主干线，也用于大电力系统的二次网络。

220kV、330kV、500kV——大电力系统主干线。

1.1.4 电力系统的中性点接地方式

电力系统的中性点接地方式是一个涉及电力系统许多方面的综合性技术课题，它不仅涉及电网本身的安全可靠性、过电压绝缘水平的选择，还对通信干扰、人身安全有重要影响。

1．电力系统的中性点接地方式的分类

电力系统的中性点接地方式有两大类，一类是中性点直接接地或经低阻抗接地，相应的系统称为大接地电流系统；另一类是中性点不接地和经消弧线圈或高阻抗接地，相应的系统称为小接地电流系统。其中，广泛采用的是中性点不接地、中性点经消弧线圈接地和中性点经电阻接地3种系统。

（1）中性点不接地。中性点不接地即中性点对地绝缘，采用该方式的系统结构简单，运行方便，不需要任何附加设备，投资少，适用于农村10kV架空线路长的辐射形或树形供电网络。

（2）中性点经消弧线圈接地。中性点经消弧线圈接地即在中性点和大地之间接入一个电感消弧线圈，消弧线圈主要由带有气隙的铁芯和套在铁芯上的绕组组成，它们被放在充满变压器油的油箱内，绕组的电阻很小，电抗很大。消弧线圈的电感可用改变接入绕组的匝数加以调节。显然，在正常运行状态下，由于系统中性点的三相不对称电压数值很小，因此通过消弧线圈的电流很小，采用过补偿方式，即使系统的电容电流突然减小（如某回线路切除），也不会引起谐振，而是离谐振点更远。

(3) 中性点经电阻接地。中性点经电阻接地即在中性点和大地之间接入一定阻值的电阻,该电阻与系统对地电容构成并联回路,由于电阻是耗能元件,也是电容电荷释放元件和谐振的阻压元件,因此对防止谐振过电压和间歇性电弧接地过电压有一定的优越性。

中性点的电位在电网的任何工作状态下均保持为零,在这种系统中,当一相接地时,这一相直接经过接地点和接地的中性点短路,一相接地短路电流的数值最大,因而应立即使继电保护装置动作,将故障部分切除。

2. 目前我国电力系统中性点的运行方式

目前我国电力系统中性点的运行方式大体如下。

(1) 对于 6~10kV 系统,由于设备绝缘水平按线路电压考虑,因此对设备造价影响不大,为了提高供电可靠性,一般均采用中性点不接地或中性点经消弧线圈接地方式。

(2) 对于 110kV 及以上的系统,主要考虑降低设备绝缘水平,简化继电保护装置,一般均采用中性点直接接地方式,并采取送电线路全线架设避雷线和装设自动合闸装置等措施,以提高供电可靠性。

(3) 20~60kV 系统是一种中间情况,一般一相接地时的电容电流不是很大,网络不是很复杂,设备绝缘水平的提高或降低对造价影响不是很显著,因此,一般均采用中性点经消弧线圈接地方式。

(4) 1kV 以下系统的中性点采用不接地方式,但电压为 380/220V 的系统采用三相五线制,零线是为了取得相电压,地线是为了安全。

1.2 低压配电系统

1.2.1 低压配电方式

低压配电系统由配电装置和配电线路组成。低压配电方式是指低压干线的配电方式。低压配电方式有放射式、树干式、链式 3 种,如图 1-3 所示。

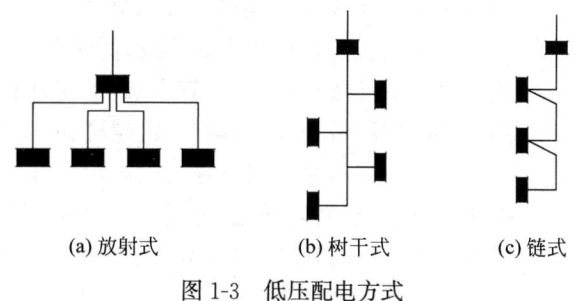

(a) 放射式　　(b) 树干式　　(c) 链式

图 1-3　低压配电方式

1. 放射式

放射式是指由总配电箱直接供电给分配电箱或负载的配电方式。该配电方式的优点是各负荷独立受电,一旦发生故障,只局限于本身而不影响其他回路,供电可靠性高,控制灵活,易于实现集中控制;缺点是线路多,有色金属消耗量大,系统灵活性较差。这种配电方式适用于大容量设备、要求集中控制的设备、要求供电可靠性高的重要设备配电回路,有腐蚀性介质和爆炸危险等场所，以及不宜将配电及保护启动设备放在现场的情况。

2. 树干式

树干式是指由总配电箱至各分配电箱，采用一条干线连接的配电方式。该配电方式的优点是投资费用低、施工方便、易于扩展；缺点是干线发生故障时，影响范围大，供电可靠性较低。这种配电方式常用于明敷设回路、容量较小、对供电可靠性要求不高的设备。

3. 链式

链式是在一条供电干线上带多个用电设备或分配电箱的配电方式。与树干式不同的是，其线路的分支点在用电设备上或分配电箱内，即后面设备的电源引自前面设备的端子。该配电方式的优点是线路上无分支点，适合穿管敷设或电缆线路，可以节省有色金属；缺点是进行线路或设备检修及线路发生故障时，相连设备全部停电，供电可靠性低。这种配电方式适用于暗敷设线路、对供电可靠性要求不高的小容量设备，一般串联的设备不宜超过3～4台，总容量不宜超过10kW。

在实际工程中，照明配电系统不单独采用某一种低压配电方式，多数采用综合低压配电方式，如在一般民用住宅中采用的配电方式多数为放射式与链式的结合。一般民用住宅的低压配电方式如图1-4所示。

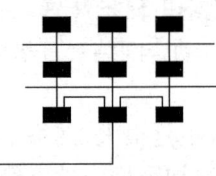

图1-4 一般民用住宅的低压配电方式

其中，总配电箱向每个楼梯间配电为放射式配电，楼梯间内不同楼层间的配电为链式配电。

1.2.2 低压配电线路

1. 架空线路

架空线路主要由导线、电杆、横担、绝缘子、避雷线和金具等组成，如图1-5所示。它的特点是设备材料简单、成本低，容易发现故障，维护方便；缺点是易受外界环境的影响，供电可靠性较低，影响环境的整洁、美观等。

导线的主要任务是输送电能。导线主要分绝缘线和裸线两类，市区或居民区尽量采用绝缘线。绝缘线又分铜芯和铝芯两种。

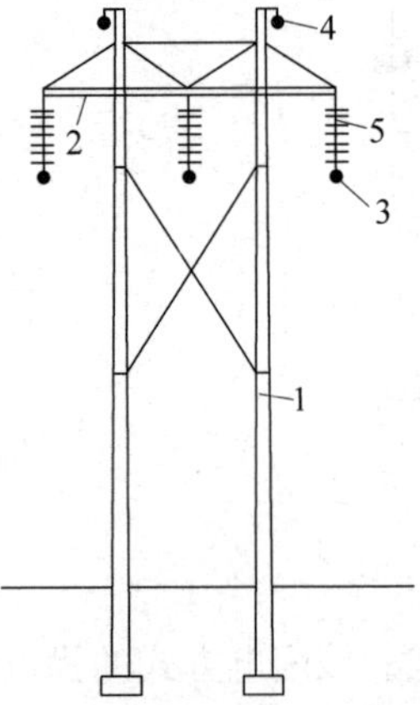

电杆的主要作用是支撑导线，同时保持导线的相间距离和对地距离。电杆按材质分类，有木杆、水泥杆和铁塔3种；按功能分类，有直线杆、转角杆、终端杆、跨越杆、耐张杆、分支杆等。

横担主要用来安装绝缘子以固定导线。横担按材料分类，有木横担、铁横担和瓷横担。低压架空线路常用镀锌角铁横担。横担固定在电杆的顶部，距顶部一般300mm。

绝缘子固定在横担上，使导线之间、导线与横担之间保持绝缘，同时承受导线的垂直荷重的水平拉力。低压架空线路的绝缘子主要有针式和蝶式两种。

金具是指架空线路上使用的各种金属部件的统称，其作用是连接导线、组装绝缘子、安装横担和导线等，即主要起连接或紧固作用。常用的金具有固定横担的抱箍和螺栓、用来连接导线的接线管、固定导线的线夹及用作拉线的金具等。为了防止金具锈

1—电杆；2—横担；3—导线；
4—避雷线；5—绝缘子。

图1-5 架空线路的结构

蚀，一般采用镀锌铁件或铝制件。

架空线路敷设时的注意事项如下。

（1）路径选择应不妨碍交通及起重机的拆装、进出和运行，且力求路径短直、转角小。

（2）架空线路与邻近线路或设施的距离应符合表1-1的要求。

表1-1 架空线路与邻近线路或设施的距离

项目	邻近线路或设施的类别						
最小净空距离/m	过引线、拉下线与邻线		架空线与拉线电杆外缘			树梢摆最大时	
	0.13		0.65			0.5	
最小垂直距离/m	同杆架设下的广播线路和通信线路	最大弧垂与地面			最大弧垂与暂设工程顶端	与邻近线路交叉	
		施工现场	机动车道	铁路轨道		1kV以下	1~10kV
	1.0	4.0	6.0	7.5	2.5	1.2	2.5
最小水平距离/m	电杆至路基边缘		电杆至铁路轨道边缘			边线与建筑物凸出部分	
	1.0		杆高+3.0			1.0	

（3）电杆采用水泥杆时，不得露筋，也不得有环向裂纹，其梢径不得小于130mm。电杆的埋设深度宜为杆长的1/10加上0.6m，但在松软土地上，应当加大埋设深度或采用卡盘固定。

（4）档距、线距、横担长度及间距要求。档距是指两电杆之间的水平距离，施工现场架空线路档距不得大于35m。线距是指同一电杆各导线间的水平距离，一般不得小于0.3m。对于横担长度，两线时取0.7m，三线或四线时取1.5m，五线时取1.8m。横担间距不得小于表1-2的要求。

表1-2 横担间距 单位：m

排列方式	直线杆	分支杆或转角杆
高压与低压	1.2	1.0
低压与低压	0.6	0.3

（5）导线的形式选择及敷设要求。施工现场必须采用绝缘线，架空线必须敷设在专用电杆上，严禁架设在树木及脚手架上。为提高供电可靠性，在一个档距内，每层架空线的接头数不得超过该层导线数的50%，且一根导线只允许有一个接头。

（6）绝缘子及拉线的选择和要求。对于架空线的绝缘子，直线杆采用针式绝缘子，耐张杆采用蝶式绝缘子。拉线应选用镀锌铁线，其截面不小于3mm×φ4mm，拉线与电杆的夹角应为45°~90°，拉线埋设深度不得小于1m，水泥杆上的拉线应在高于地面2.5m处装设拉线绝缘子。

2. 电缆线路

电缆线路的优点是不受外界环境的影响，供电可靠性高，不占用土地，有利于环境美观；缺点是材料和安装成本高。在低压配电线路中，广泛采用电缆线路。

电缆主要由线芯、绝缘层、外护套3部分组成。电缆根据用途不同，可分为电力电缆、控制电缆、通信电缆等；根据电压不同，可分为低压电缆、高压电缆两种。电缆的型号中包含其用途类别、绝缘材料、导体材料、保护层等信息。目前，在低压配电系统中，常用的电力电缆有YJV交联聚乙烯绝缘层、聚氯乙烯外护套电力电缆（YJV电力电缆）和VV聚氯乙烯绝缘层、聚氯乙烯外护套电力电缆(VV 电力电缆)两种,一般优选 YJV 电力电缆。

电缆敷设有直埋、电缆沟、排管、架空等方式,直埋电缆必须采用有铠装保护的电缆,埋设深度不小于 0.7m;电缆敷设应选择路径最短、转弯最少、受外界因素影响小的路线。地面上的电缆在电缆拐弯处或进建筑物处要埋设标示桩,以备日后施工、维护时参考。

1.3 电力负荷计算

电力负荷是确定供电系统、变压器容量、电气设备、导线截面和仪表量程的依据,也是合理地进行无功功率补偿的重要依据。

电力负荷是否正确和合理,直接影响电气设备和导线电缆的选择是否经济。如果电力负荷过大,则将使电气设备和导线电缆尺寸选得过大,造成投资和有色金属的浪费;如果电力负荷过小,则又将使电气设备和导线电缆处于过负荷运行状态,增加电能损耗,产生过热,导致绝缘过早老化甚至烧毁,同样会造成损失。由此可见,正确确定电力负荷的意义重大。在进行电力负荷计算时,要考虑环境及社会因素的影响,并应为将来的发展留有适当余量。

目前,电力负荷计算常用的方法有需要系数法、二项式法和利用系数法等。在建筑及企业供配电系统的电力负荷计算中,常用的是需要系数法。

1. 用电设备的工作制

建筑用电设备种类繁多,用途各异,工作方式也各不相同,按其工作制可分为以下 3 类。

(1) 长期工作制(连续运行工作制):用电设备在运行中能够达到稳定温升,能在规定环境温度下连续运行,用电设备任何部分的温度和温升均不超过允许值。例如,通风机、水泵、电动发电机、空气压缩机、照明灯具、电热设备等电力负荷比较稳定,它们的工作时间较长,温度稳定。

(2) 短时工作制(短时运行工作制):运行时间短而停歇时间长,用电设备在工作时间内的发热量不足以达到稳定温升,而在间歇时间内则能够冷却到环境温度,如车床上的进给电动机等。电动机在停车时间内,其温度能降回环境温度。

(3) 反复短时工作制(继续运行工作制):用电设备以断续方式反复工作,运行时间与停歇时间相互代替,周期性地运行或经常停歇、反复运行。一个周期一般不超过 10min,如起重电动机。反复短时工作制用电设备用暂载率(或负荷持续率)来表示其工作特性:

$$\varepsilon = t/T \times 100\% = t/(t+t_0) \times 100\% \tag{1-1}$$

式中,ε 为暂载率;t 为工作周期内的运行时间;T 为工作周期;t_0 为工作周期内的停歇时间。

运行时间加停歇时间称为工作周期。根据我国的技术标准,规定工作周期以 10min 为计算依据。起重电动机的标准暂载率分为 15%、25%、40%、60% 四种,电焊机设备的标准暂载率分为 50%、65%、75%、100% 四种。

2. 设备功率的确定

在进行电力负荷计算时,应首先确定用电设备的设备功率 P_e。设备功率在计算时不包括备用设备在内,即设备功率是指用电设备组的设备功率。所谓用电设备组,就是指将同类型的用电设备归为一组。用电设备铭牌上标示的功率为额定功率 P_N。在进行电力负荷计算前,应对各种电力负荷做如下处理。

(1) 对不同工作制用电设备的额定功率 P_N 或额定容量 S_N 进行换算。用电设备组的总功率并不一定是这些用电设备的额定功率之和,而是先把它们换算为同工作制下的额定功率再相加。对于不同工作制用电设备,其设备功率可按如下方法确定。

① 长期工作制用电设备的设备功率。设备功率等于铭牌上标示的额定功率。计算的设备功率不打折扣,即设备功率 P_e 与额定功率 P_N 相等。

对于照明设备,白炽灯的设备功率是指灯泡上标示的额定功率;荧光灯及高压汞灯必须考虑其镇流器的损耗,一般荧光灯的设备功率为灯管额定功率的 1.1～1.2 倍,高压汞灯的设备功率为灯管额定功率的 1.1 倍。

② 反复短时工作制用电设备的设备功率。在这种工作制下,用电设备的运行时间较短,按规定应该把设备功率统一换算到某一暂载率下。电动机换算到 25％暂载率下,电焊机换算到 100％暂载率下。

电动机换算公式如下:

$$P_e = \frac{\sqrt{\varepsilon}}{\sqrt{\varepsilon_{25}}} P_N = 2 P_N \sqrt{\varepsilon} \tag{1-2}$$

式中,P_e 为换算到 $\varepsilon_{25}=25\%$ 时电动机的设备功率(kW);ε 为铭牌上标示的暂载率;P_N 为铭牌上标示的额定功率(kW)。

电焊机换算公式如下:

$$P_e = \frac{\sqrt{\varepsilon}}{\sqrt{\varepsilon_{100}}} P_N = \sqrt{\varepsilon} S_N \cos\phi \tag{1-3}$$

式中,P_e 为换算到 $\varepsilon_{100}=100\%$ 时电焊机的设备功率(kW);P_N 为铭牌上标示的额定功率(直流电焊机)(kW);S_N 为铭牌上标示的额定视在功率(交流电焊机)(kV·A);$\cos\phi$ 为铭牌上标示的额定功率因数;ε 为同 S_N 或 P_N 对应的铭牌上标示的暂载率。

(2) 对于消防设备与发生火灾时必须切除的用电设备,取其大者计入总设备功率。

(3) 对于夏季制冷设备与冬季取暖设备,取其大者计入总设备功率。

(4) 单相负荷应均衡分配到三相上,当单相负荷小于三相对称负荷的 15％时,可全部按三相负荷进行计算;若大于 15％,则单相负荷应换算成等效三相负荷,只有这样,才能与三相负荷相加。单相负荷换算为等效三相负荷的方法如下。

① 当单相负荷全部为相间负荷(接在相电压上)时,有

$$P_e = 3 P_{e\max} \tag{1-4}$$

式中,P_e 为等效三相设备功率(kW);$P_{e\max}$ 为最大相单相设备功率(kW)。

② 当单相负荷全部为线间负荷(接在线电压上)时,有

$$P_e = \sqrt{3} P_{e1} + (3-\sqrt{3}) P_{e2} \tag{1-5}$$

式中,P_{e1} 为最大相单相设备功率(kW);P_{e2} 为次最大相单相设备功率(kW);P_e 为等效三相设备功率(kW)。

③ 当单相负荷既有相间负荷又有线间负荷时,先将接在线电压上的单相负荷换算成对应相的相电压下的单相负荷,再按方法①进行换算。

$$\begin{aligned} P_a &= P_{ab} p_{(ab)a} + P_{ca} p_{(ca)a} \\ Q_a &= Q_{ab} q_{(ab)a} + Q_{ca} q_{(ca)a} \end{aligned} \quad (\text{a 相})$$

$$\begin{aligned} P_b &= P_{ab} p_{(ab)b} + P_{bc} p_{(bc)b} \\ Q_b &= Q_{ab} q_{(ab)b} + Q_{bc} q_{(bc)b} \end{aligned} \quad (\text{b 相})$$

$$P_c = P_{bc}p_{(bc)c} + P_{ca}p_{(ca)c} \quad \text{(c 相)}$$
$$Q_c = Q_{bc}q_{(bc)c} + Q_{ca}q_{(ca)c}$$

式中,P_{ab}、P_{bc}、P_{ca} 分别为 ab、bc、ca 线间负荷(kW);P_a、P_b、P_c 分别为换算为 a、b、c 相的有功负荷(kW);Q_a、Q_b、Q_c 分别为换算为 a、b、c 相的无功负荷(kvar);$p_{(ab)a}$、$q_{(ab)a}$……分别为 ab……线间负荷换算为 a……相间负荷的系数,如表 1-3 所示。

表 1-3　线间负荷换算成相间负荷的系数

换算系数	电力负荷功率因数								
	0.35	0.4	0.5	0.6	0.65	0.7	0.8	0.9	1.0
$p_{(ab)a}$, $p_{(bc)b}$, $p_{(ca)c}$	1.27	1.17	1.0	0.89	0.84	0.8	0.72	0.64	0.5
$p_{(ab)b}$, $p_{(bc)c}$, $p_{(ca)a}$	−0.27	−0.17	0.0	0.11	0.16	0.2	0.28	0.36	0.5
$q_{(ab)a}$, $q_{(bc)b}$, $q_{(ca)c}$	1.05	0.86	0.58	0.38	0.3	0.22	0.09	−0.05	−0.29
$q_{(ab)b}$, $q_{(bc)c}$, $q_{(ca)a}$	1.63	1.44	1.16	0.96	0.88	0.8	0.67	0.35	0.29

[**例 1-1**]　某建筑工程工地有两台电焊机,铭牌容量为 20kV·A,$\cos\phi = 0.7$。铭牌 ε 为 25%,接于 380V 线路上,求等效三相负荷。

解：每台电焊机的设备功率为

$$P_e = \frac{\sqrt{\varepsilon}}{\sqrt{\varepsilon_{100}}} P_N = \sqrt{\varepsilon} S_N \cos\phi = \sqrt{0.25} \times 20 \times 0.7 = 7(\text{kW})$$

假设两台电焊机分别接在 ab、bc 线电压上,则等效三相负荷为

$$P_e = \sqrt{3} P_{e1} + (3 - \sqrt{3}) P_{e2} = \sqrt{3} \times 7 + (3 - \sqrt{3}) \times 7 = 21(\text{kW})$$

3. 用需要系数法确定计算负荷

由于一台用电设备的额定功率往往大于其实际电力负荷,一组用电设备中各电力负荷的功率因数不同,一般也不同时工作,最大电力负荷一般不同时出现等情况,多台用电设备的实际电力负荷总是小于它们的额定功率之和。因此,精确地计算变电所的电力负荷是困难的,此时可以采用估算法。正确地估算变电所的电力负荷,必须了解负荷变化的规律。反映电力负荷随时间变化情况的图形称为负荷曲线。如果对一台或一组用电设备的功率表的计数每隔半小时抄录一次,就可得到负荷曲线,如图 1-6 所示。根据横坐标延续时间的不同,负荷曲线可分为日负荷曲线和年负荷曲线等。

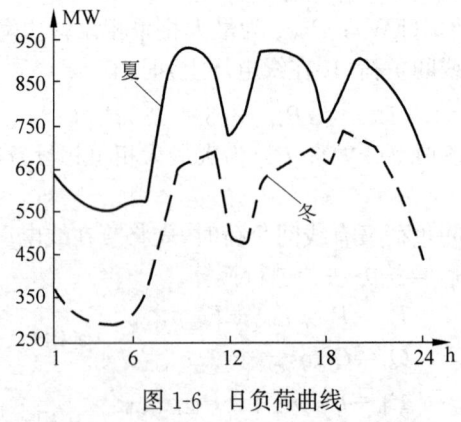

图 1-6　日负荷曲线

(1) 计算负荷的概念。

通常把一年内最高日负荷曲线中的 30min 平均负荷的最大值称为平均最大负荷(简称最大负荷,记作计算负荷 P_{30} 或 P_j),作为按发热条件选择导线、电缆和用电设备的依据,它就是所要寻求的计算负荷。为何取每隔 30min 计数作为绘制负荷曲线的时间单元呢?这是因为一般中小截面导线的发热时间常数(T)通常在 10min 以上,实验证明,达到稳定温升的时间约为 $3T=3\times 10\text{min}=30\text{min}$,故只有持续时间在 30min 以上的负荷值才有可能构成导体的最高温升。

(2) 需要系数的含义。

对于同类型的用电设备,其负荷曲线具有大致相似的形状,对于同一类建筑物或企业也是一样的。因此,在进行电力负荷计算时,可以借助已建成或已投产企业类似用户的负荷曲线,取得近似的计算负荷。为此,根据负荷曲线引出需要系数。这里以一组用电设备来分析需要系数的含义。若该组用电设备中有几台电动机,其额定功率为 P_e。由于该组电动机实际上不一定都同时运行,而且运行的电动机也不可能都满负荷,同时设备本身及配电线路也存在有功功率损耗,因此,考虑这些因素后,该组电动机的有功计算负荷应为

$$P_j = K_x P_e$$

式中,P_j 为有功功率(kW);K_x 为需要系数;P_e 为折算后的设备功率(kW)。

用电设备组的需要系数就是用电设备组(或用电单位)在最大负荷时需要的有功功率 P_j 与其设备功率(备用设备的功率不计入)P_e 的比值,一般小于1。实际上,需要系数与用电设备组的工作性质、设备台数、设备效率和线路损耗等因素有关,因此,应尽量通过测量来确定,以保证接近实际情况。从表 1-4 中可查出不同用电设备的需要系数。

表 1-4　不同用电设备的需要系数、功率因数

序号	用电设备名称	需要系数 K_x	$\cos\phi$	$\tan\phi$
1	小批量生产的金属冷加工机床电动机	0.16~0.2	0.5	1.73
2	大批量生产的金属冷加工机床电动机	0.18~0.25	0.5	1.73
3	小批量生产的金属热加工机床电动机	0.25~0.3	0.5	1.73
4	大批量生产的金属热加工机床电动机	0.3~0.35	0.65	1.17
5	通风机、水泵、空压机	0.7~0.8	0.8	0.75
6	锅炉房、机加工、机修、装配车间的桥式起重机($\varepsilon=25\%$)	0.1~0.15	0.5	1.73
7	自动连续装料的电阻炉设备	0.75~0.8	0.95	0.33
8	实验室用小型电热设备(电阻炉、干燥箱)	0.7	1.0	0
9	工频感应电炉	0.8	0.35	2.67
10	高频感应电炉	0.8	0.6	1.33
11	电弧熔炉	0.9	0.87	0.57
12	点焊机、缝焊机	0.35	0.6	1.33
13	对焊机、铆钉加热机	0.35	0.7	1.02
14	自动弧焊变压器	0.5	0.4	2.29
15	铸造车间的桥式起重机($\varepsilon=25\%$)	0.15~0.25	0.5	1.73
16	变配电所、仓库照明	0.5~0.7	1.0	0
17	生产厂房及办公室、阅览室、实验室照明	0.8~1	1.0	0
18	宿舍、生活区照明	0.6~0.8	1.0	0
19	室外照明、事故照明	1.0	1.0	0

需要系数是在车间范围内设备台数较多的情况下确定的,因此取用的需要系数都比较小。它适用于比车间配电规模大的配电系统的电力负荷计算。如果用需要系数法计算干线或分支线上的用电设备组,则需要系数可适当取大。当用电设备的容量不大时,可以认为 $K_x=1$。

需要系数与用电设备的类别和工作状态有极大的关系。因此在计算时,首先要正确判断用电设备的类别和工作状态,否则将造成错误。

求出有功计算负荷(有功功率)P_j 后,可以按照以下公式求出其余的计算负荷:

$$Q_j = P_j \tan\phi$$
$$S_j = P_j/\cos\phi = \sqrt{P_j^2 + Q_j^2}$$
$$I_j = \frac{S_j \times 1\,000}{\sqrt{3}U_N} \tag{1-6}$$

式中,S_j 为视在计算负荷(kV·A);Q_j 为无功计算负荷(kvar);I_j 为计算电流;$\tan\phi$ 为对应用电设备组 ϕ 的正切值;$\cos\phi$ 为用电设备组的平均功率因数;U_N 为用电设备组的额定线电压。

[**例 1-2**] 已知车间用电设备有电压为 380V 的三相电动机 7.5kW 3 台,4kW 8 台,1.5kW 10 台,1kW 51 台,求其计算负荷。

解:此车间各用电设备的总功率为

$$P_e = 7.5 \times 3 + 4 \times 8 + 1.5 \times 10 + 1 \times 51 = 120.5(\text{kW})$$

取 $K_x = 0.2, \cos\phi = 0.5, \tan\phi = 1.73$,可得

$$P_j = K_x \sum P_e = 0.2 \times 120.5 = 24.1(\text{kW})$$
$$Q_j = P_j \tan\phi = 24.1 \times 1.73 \approx 41.7(\text{kvar})$$
$$S_j = P_j/\cos\phi = 24.1/0.5 = 48.2(\text{kV·A})$$
$$I_j = S_j \times 1\,000/\sqrt{3}U_N \approx 48.2 \times 1\,000/(1.732 \times 380) \approx 73.2(\text{A})$$

(3) 总的计算负荷。

因为总的计算负荷是由不同类型的用电设备组组成的,而各用电设备组的最大负荷往往不是同时出现的,所以,在确定低压干线上或变电所低压母线上的计算负荷时,要乘以同时系数 K_Σ(也叫参差系数),其数值是根据统计规律确定的。

对于变电所低压母线,$K_\Sigma = 0.8 \sim 0.9$;对于配电所或低压干线,$K_\Sigma = 0.9 \sim 1.0$;对于总变配电所母线,$K_\Sigma = 0.95 \sim 1.0$。总的计算负荷为

$$P_{\Sigma j} = K_\Sigma \sum P_j$$
$$Q_{\Sigma j} = K_\Sigma \sum Q_j$$
$$S_{\Sigma j} = \sqrt{P_{\Sigma j}^2 + Q_{\Sigma j}^2} \tag{1-7}$$

式中,$\sum P_j$ 为各用电设备组有功计算负荷之和;$\sum Q_j$ 为各用电设备组无功计算负荷之和。

需要注意的是,由于上述各用电设备组的类型不同,功率因数就不一定相同,因此,在求总的视在计算负荷时,不能用公式 $S_j = P_j/\cos\phi$ 进行计算;同时,考虑到各用电设备组之间有同时系数的问题,也不能用各用电设备组的视在计算负荷之和来计算。

1.4 变电所参观实训

1. 实训目的

实训目的是理论联系实际,增强学生对专业背景的了解。通过本次实训,学生所学的理论知识得以巩固和扩展,增加学生的专业实际知识,为学生将来从事专业技术工作打下一定的基础,进一步培养学生运用所学理论知识分析和解决生产实际问题的能力。

2. 实训前期准备

(1) 搜集并整理变电所主要一、二次设备及变电所运行方面的相关资料。

(2) 搜集并整理变电所相关资料。

(3) 熟悉变电所电气主接线、主要电气设备构成,了解电气设备的布置,以及电气设备运行的有关知识。

(4) 实地考察变电所的电气主接线、主要电气设备(包括主变压器,主要一、二次设备,进出线情况等)、电气设备布置方式,以及变电所的主要运行控制方式、通信方式等,考察过程中要求做好笔记。

(5) 将搜集和学习到的相关知识与变电所的实践相结合,对理论知识进行深化理解,总结收获。

(6) 运用所学知识对生产实际中存在的问题做出一定的分析,进一步提高分析问题和解决问题的能力。

3. 实训内容与方式

(1) 了解变电所电气主接线。

变电所电气主接线指的是变电所中汇集、分配电能的电路,通常称为变电所一次接线,是由变压器、断路器、隔离开关、互感器、母线、避雷器等电气设备按一定顺序连接而成的。在变电所电气主接线图中,所有电气设备均用规定的文字和符号表示,按它们的正常状态画出。变电所电气主接线有线路-变压器组接线、单母线接线、桥式接线3种。为了便于分析与操作,在变电所的主控制室中,通常使用能表明主要电气设备运行状态的主接线操作图,每次操作预演和操作完成后,都要确认图中有关电气设备的运行状态已经正确无误。电气主接线是整个变电所电气部分的主干,电气主接线方案的选定对变电所电气设备的选择,现场布置,保护与控制所采取的方式,运行可靠性、灵活性、经济性、检修与运行维护的安全性等都有直接的影响。因此,选择优化的电气主接线方式具有特别重要的意义。

(2) 了解变电所主要电气设备。

① 主变压器。当采用干式变压器时,应配装绕组热保护装置,其主要功能应包括温度传感器断线报警、启停风机、超温报警/跳闸、三相绕组温度巡回检测最大值显示等。

应选用节能型变压器,对发生事故时出现的过负荷应考虑变压器的过载能力,必要时可采取强迫风冷措施。当需要增大单相短路电流或限制三次谐波含量,或者三相不平衡负荷超过变压器每相额定容量15%时,宜选用接线形式为D,Yn11的变压器。

若采用非燃油变压器,则可将其设置在独立房间内或靠近低压侧配电装置,但应有防止人身接触的措施。非燃油变压器应具有不低于IP2X防护外壳等级。室内设置的可燃油浸电力变压器应装设在单独的小间内。变压器高压侧(含引上电缆)宜安装可拆卸式护栏。

变压器容量应根据计算负荷来选择。要确定变压器的容量,应首先确定变压器的负荷率。变压器在空载损耗等于负荷率的平方乘以负载损耗时效率最高,在效率最高点,变压器的负荷率为63%~67%,对平稳负荷供电的单台变压器的负荷率一般在85%左右。但这仅仅是从节电的角度得出的结论,是不够全面的。值得考虑的重要因素还有运行变压器的各种经济费用,包括固定资产投资、年运行费、折旧费、税金、保险费和一些其他名目的费用。在选择变压器的容量时,适当提高变压器的负荷率以减少或减小变压器的台数或容量,即牺牲运行效率、减少投资。

② 断路器。高压断路器的主要作用是在正常情况下控制各种电力线路和设备的开断与关合,在电力系统发生故障时,它自动地切除电力系统的短路电流,以保证电力系统的正常运行。在超高压电网中,我国500kV断路器全部使用六氟化硫断路器。

③ 隔离开关。隔离开关是高压开关设备的一种,在结构上,隔离开关没有专门的灭弧装置,因此不能用来拉合负荷电流和短路电流。在正常分开位置时,隔离开关两端之间有符合安全要求的可见绝缘距离,在电网中,其主要用途有:a. 设备检修时,隔离开关用来隔离有电和无电部分,形成明显的开断点,以保证工作人员和设备的安全;b. 隔离开关和断路器相配合,进行倒闸操作,以改变系统接线的运行方式。它的主要作用是电气隔离。

④ 电压互感器。电压互感器作为电压变换装置跨接于高压与零线之间,将高压转换成各种设备和仪表的工作电压。电压互感器的主要用途有:供电量计算用,要求有0.2级的准确度等级,但输出容量不大;用作继电保护的电压信号源,要求准确度等级一般0.5级及3P级,输出容量一般较大;用作合闸或重力合闸检查、检无压信号检测,要求准确度等级一般为1.0级和3.0级,输出容量较大。在现代电力系统中,电压互感器一般可制作成四绕组式,这样一台电压互感器可集上述3种用途于一身。电压互感器分为电磁式和电容式两大类,目前在500kV电力系统中,大量使用的是电容式电压互感器。

⑤ 电流互感器。电流互感器是专门用于变换电流的特种变压器。电流互感器的一次绕组串联在电力线路中,线路中的电流就是电流互感器的一次电流;二次绕组接有测量仪表和保护装置,作为二次绕组的负荷,二次绕组输出电流额定值一般为5A或1A。

⑥ 避雷器。避雷器是变电所内保护电气设备免遭雷电冲击波袭击的设备。当雷电冲击波沿线路传入变电所,且超过避雷器的保护水平时,避雷器首先放电,将雷电压幅值限制在被保护设备雷电冲击水平以下,使电气设备受到保护。

4. 参观活动记录

参观活动记录如表1-5所示。

表1-5 参观活动记录

姓名		班级		时间	
参观单位					
参观情况	变电所电气主接线				
	主变压器				
	断路器				
	隔离开关				
	电压互感器				
	电流互感器				
	避雷器				
收获与感想					

第2章

电气安全

2.1 电气安全概述

电气安全主要包括人身安全与设备安全两方面。人身安全是指在工作和电气设备操作过程中人员的安全,设备安全是指电气设备及有关设备、建筑的安全。

2.1.1 电的特点

(1) 电的形态特殊,看不见,听不到。人们日常所能感受到的电只是电能的转换形式,如光、热、磁力等。

(2) 电的传输速度快(3×10^5 km/s)。

(3) 电的网络性强,若干线路连接成一个整体;发电、供电、用电在瞬间同时完成;局部故障有时可能会波及整个电网。

(4) 发生事故的可能性和危害性大。发生人身触电、着火、设备损坏、爆炸等电气事故会影响生产,甚至造成整个企业生产瘫痪,后果非常严重。

2.1.2 电流对人体的伤害

1. 感知电流

在一定概率下,通过人体引起人的任何感觉的最小电流称为感知电流。

2. 摆脱电流

当通过人体的电流超过感知电流时,人的肌肉收缩加剧,刺痛感觉增强,感觉部位扩展;当电流增大到一定程度时,触电者将因肌肉收缩、产生痉挛而紧抓带电体,不能自行摆脱电极。人触电后,能自行摆脱电极的最大电流称为摆脱电流。

3. 致命电流

在较短时间内危及生命的电流称为致命电流。电击致死的原因是比较复杂的。通过人体数十毫安以上的工频交流电流既可能引起心室颤动或心脏停止跳动,又可能导致呼吸终止。但是,由于发生心室颤动比呼吸终止早得多,因此,引起心室颤动是主要的。如果通过人体的电流只有 20～25mA,则一般不能直接引起心室颤动或心脏停止跳动。

4. 电击和电伤

电击是电流通过人体内部,破坏人的心脏、神经系统、肺部的正常功能而造成的伤害。人体触及带电的导线、漏电设备的外壳或其他带电体,以及雷击或电容放电,都可能导致电击。

电伤是指电流的热效应、化学效应或机械效应对人体造成的局部伤害,包括电弧烧伤、烫伤、电烙印、皮肤金属化、电气机械性伤害、电光眼等不同形式。

5. 影响电对人体的伤害程度的 4 个因素

(1) 通过人体电流的大小。通过人体的 50～60Hz 交流电流不超过 0.01A,直流电流不超过 0.05A,人体基本上是安全的。电流大于上述数值,会使人感觉麻痹或剧痛、呼吸困难,甚至自己不能摆脱电源,有生命危险。通过人体的电流无论是交流还是直流,只要大于 0.1A,较短时间就会使人窒息、心脏停止跳动,失去知觉而死亡。

通过人体电流的大小取决于外加电压和人体电阻。每个人的人体电阻不同,一般为 800～1 000Ω。在一般场所,低于 36V 的电压对人体是安全的。

(2) 通电持续时间。发生触电事故时,电流持续的时间越长,人体电阻减小越快,越容易引起心室颤动,即电击危险性越大。

(3) 通电途径。电流通过心脏,会引起心室颤动或心脏停止跳动,血液循环中断,造成死亡。电流通过脊髓,会使人肢体瘫痪。因此,在电流通过人体的途径中,从手到脚最危险,其次是从手到手,再次是从脚到脚。

(4) 通过的电流种类。通过人体电流的频率,工频电流最危险。20～400Hz 交流电流的摆脱电流最小(危险性较大);低于或高于这个频段时,危险性相对较小,但高频电流比工频电流易引起皮肤灼伤,因此,不能忽视使用高频电流的安全问题;直流电流的危险性相对小于交流电流的危险性。

2.1.3 人体触电方式

人体触电方式有很多,常见的有单相触电、两相触电、跨步触电、接触电压触电、人体接近高压触电、人体在停电设备上工作时突然来电触电等。

1. 单相触电

如图 2-1、图 2-2 所示,如果人站在大地上,当人体接触一根带电导线时,电流通过人体经大地构成回路,这种触电方式通常称为单相触电,也称单线触电。它的危害程度取决于三相电网中的中性点是否接地。

① 中性点接地(见图 2-1)。在中性点接地系统中,当人体接触任意一相导线时,一相电流通过人体、大地、系统中性点接电装置构成回路。因为中性点接地装置的接地电阻比人体电阻小得多,所以相电压几乎全部加在人体上,使人体触电。但是,如果人站在绝缘材料上,那么流经人体的电流会很小,人体不会触电。

② 中性点不接地(见图 2-2)。在中性点不接地系统中,当人体接触任意一相导线时,接触相经人体流入大地的电流只能经另两相对地的电容阻抗构成闭合回路。在低压系统中,由于各相对地电容较小,相对地的绝缘电阻较大,因此通过人体的电流会很小,对人体不会造成触电伤害;若各相对地的绝缘不良,则人体触电的危险性会很大。在高压系统中,各相

对地均有较大的电容。这样一来,流经人体的电容电流较大,对人体造成的危害也较大。

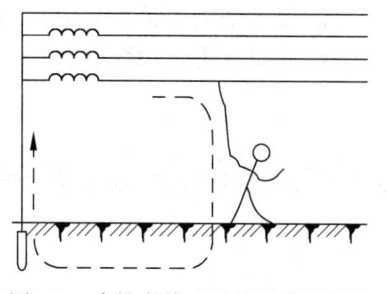

图 2-1 中性点接地系统的单相触电

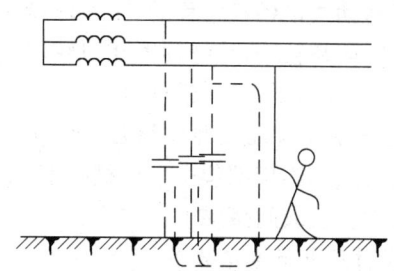

图 2-2 中性点不接地系统的单相触电

2. 两相触电

如图 2-3 所示,如果人体的不同部位同时分别接触一个电源的两根不同电位的裸露导线,那么导线上的电流就会通过人体,从一根导线到另一根导线构成回路,使人体触电,这种触电方式通常称为两相触电,也称两线触电。此时,人体处于线电压的作用下,因此,两相触电的危险性比单相触电的危险性更大。

3. 跨步触电

如图 2-4 所示,当人在具有电位分布区域内行走时,人的双脚(一般相距以 0.8m 计算)分别处于不同的电位点,使双脚间承受电位差的作用,这一电压称为跨步电压。跨步电压的高低与电位分布区域内的位置有关,在越靠近接地体处,跨步电压越高,触电危险性也越大。

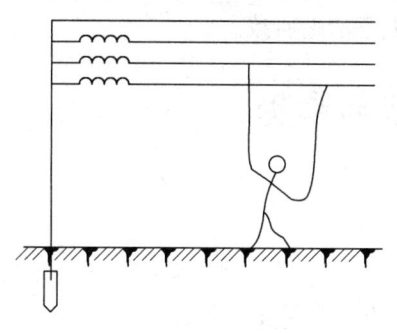

图 2-3 两相触电

图 2-4 跨步触电

2.1.4 触电事故的一般规律

人体触电总是发生在一瞬间,而且往往造成严重的后果。因此掌握触电事故的规律对防止或减少触电事故的发生是有好处的。根据对已发生触电事故的分析,触电事故主要有以下规律。

1. 季节性

一般来说,每年的 6 月至 9 月为触电事故的多发季节。在全国范围内,该季节是炎热季节,人体多汗、皮肤湿润,人体电阻大大减小,因此触电可能性较大。

2. 低压设备触电事故多

在工农业生产使用的设备及家用电器中,低压设备占绝大多数,而且低压设备使用者广泛,其中不少人缺乏电气安全知识,因此触电可能性较大。

3. 移动式设备触电事故多

由于移动式设备经常移动，工作环境参差不齐，电源线磨损的可能性较大。同时，移动式设备一般体积较小，绝缘程度相对较弱，容易发生漏电故障。再者，移动式设备多由人手持操作，因此增大了触电的可能性。

4. 电气触点及连接部位触电事故多

电气触点及连接部位由于机械强度、电气强度及绝缘强度均较差，较容易出现故障，因此容易发生直接或间接触电。

5. 农村用电触电事故多

由于农村用电设备较为简陋，技术和管理水平低，而且用电设备工作环境较恶劣，因此触电事故较多。

6. 临时性施工工地触电事故多

现在我国正处于经济建设的高峰期，临时性施工工地较多。这些施工工地的管理水平高低不齐，有的施工工地的电气设备、电源线路不理想，触电事故隐患较多。

7. 中青年人和非专业电工触电事故多

目前，在电力行业工作人员中，年轻人员较多，特别是一些主要操作人员，这些工作人员有不少缺乏工作经验、技术欠成熟，增大了触电事故的发生概率。非电工人员缺乏必要的电气安全常识，因此，盲目地接触电气设备会引发触电事故。

8. 错误操作导致的触电事故多

错误操作导致的触电事故多由于一些单位安全生产管理制度不健全或管理不严，电气设备安全措施不完备，以及思想教育不到位、责任人不清晰所致。

2.2 触电急救与预防

2.2.1 触电急救

发现人身触电事故后，发现者一定不要惊慌失措，要动作迅速，救护得当。首先要迅速使触电者脱离电源；其次，立即就地进行现场救护，并寻找医生救护。

1. 脱离电源

电流对人体的作用时间越长，对生命的威胁越大。因此，应首先使触电者迅速脱离电源。可根据具体情况选用以下几种方法（救护人员既要救人，又要注意保护自己）。

脱离低压电源的常用方法可用"拉""切""挑""拽""垫"5个字来概括。

(1) "拉"是指就近拉开电源开关，拔出插销或瓷插熔断器。

(2) "切"是指用绝缘柄或干燥木柄切断电源。切断时，应注意防止带电导线断落碰触周围人体。对于多芯绞合导线，应分相切断，以防短路伤害他人。

(3) "挑"是指如果导线搭落在触电者身上或被触电者压在身下，则可用干燥木棍或竹竿等挑开导线，使之脱离电源。

(4) "拽"是指救护人员戴上手套或在手上包缠干燥衣服、围巾、帽子等绝缘物拽触电者，使其脱离电源导线。

(5) "垫"是指如果触电者由于痉挛而手指紧握导线或导线绕在身上，则救护人员可先将干燥木板或橡胶绝缘垫塞进触电者身下，使其与大地绝缘，隔断电源的通路，再采取其他办法把电源线路切断。

在使触电者脱离电源时,应注意以下事项。

(1) 救护人员不得采用金属和其他潮湿的物品作为救护工具。

(2) 在未采取绝缘措施前,救护人员不得直接接触触电者的皮肤和潮湿的衣服及鞋子。

(3) 在拽触电者脱离电源线路的过程中,救护人员宜用单手操作,这样做对救护人员比较安全。

(4) 当触电者在高处时,应采取预防措施,预防触电者在脱离电源线路时从高处坠落摔伤或摔死。

(5) 夜间发生触电事故时,在切断电源时会同时使照明失电,此时应考虑切断电源后的临时照明,如应急灯等,以利于救护。

2. 对症抢救的原则

触电者脱离电源后,立即将其移到通风处,并使其仰卧,迅速鉴定触电者是否有心跳、呼吸。

(1) 若触电者神志清醒,且感到全身无力、四肢发麻、心悸、出冷汗、恶心,或者一度昏迷,但未失去知觉,则应将触电者抬到空气新鲜的地方,使之舒适地躺下休息,让其慢慢地恢复正常。要时刻注意保温和观察,若发现触电者呼吸与心跳不规则,则应立刻设法抢救。

(2) 触电者呼吸停止但有心跳,应用口对口人工呼吸法进行抢救。

(3) 若触电者心跳停止但有呼吸,则应用胸外心脏按压法与口对口人工呼吸法进行抢救。

(4) 若触电者呼吸、心跳均已停止,则需要同时应用胸外心脏按压法与口对口人工呼吸法进行抢救。

(5) 千万不要给触电者打强心针或用力摇触电者,以免触电者的情况恶化。

(6) 抢救过程应不停地进行,在将触电者送往医院的途中也不能停止。当触电者出现面色好转、嘴唇逐渐红润、瞳孔缩小、心跳和呼吸恢复正常时,即抢救有效。

3. 人工呼吸法

在做人工呼吸之前,首先要检查触电者口腔内有无异物,呼吸道是否堵塞,要特别注意触电者喉头部位有无痰堵塞;其次要解开触电者身上妨碍呼吸的衣裤,且维持好现场秩序。人工呼吸法主要有口对口人工呼吸法和胸外心脏按压法。

(1) 口对口人工呼吸法。

口对口(鼻)人工呼吸法不但操作简单,而且效果最好,较为容易掌握。

① 使触电者仰卧,并使其头部充分后仰,一般用一只手托在其颈后,使其鼻孔朝上,以利于呼吸道畅通,但头下不得垫枕头,同时将其衣扣解开(见图2-5)。

② 救护人员在触电者头部的侧面,用一只手捏紧其鼻孔,另一只手的拇指和食指掰开其口(见图2-6)。

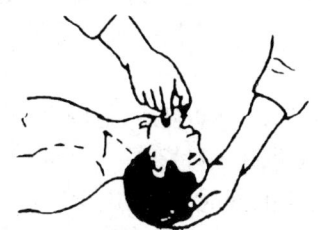

图2-5 身体仰卧,头部充分后仰

图2-6 捏鼻孔,掰口

③ 救护人员深吸一口气,紧贴掰开的触电者的口向内吹气,也可隔一层纱布(见图2-7)吹气。吹气时要用力并使其胸部膨胀,一般应每5s吹一次:吹2s,放松3s。对儿童可小口吹气。向鼻吹气与向口吹气相同。

④ 吹气后应立即离开其口或鼻,并松开触电者的鼻孔或口,让其自主呼气,约3s(见图2-8)。

⑤ 在实行口对口(鼻)人工呼吸时,当发现触电者胃部充气膨胀时,应用手按住其腹部,并同时吹气和换气。

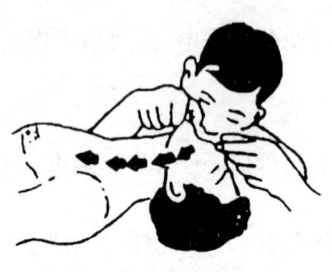 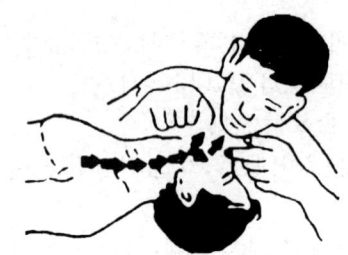

图2-7 紧贴吹气　　　　　　　　图2-8 放松换气

(2) 胸外心脏按压法。

胸外心脏按压法是触电者心脏停止跳动后,使心脏恢复跳动的急救方法,是每个电气工作人员应该掌握的急救方法之一。

① 首先使触电者仰卧在比较坚实的地方,解开其衣扣,并使其头部充分后仰,使其鼻孔朝上,或者由另外一人用手托在触电者的颈后,或者将其头部放在木板端部,在其背后垫以软物。

② 救护人员跪在触电者一侧或骑跪在其腰部两侧,两手相叠,下面手掌根部放在心窝上方、胸骨下三分之一至二分之一处(见图2-9)。

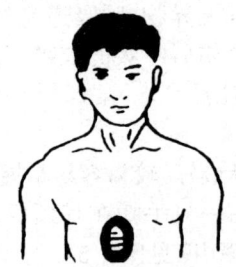 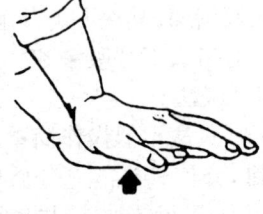

图2-9 正确压点、叠手方式

③ 手掌根部用力垂直向下挤压(见图2-10),力度要适中且不得太猛,对成人应压陷3~4cm,频率为每分钟60~80次;对16岁以下未成年人,一般应用一只手挤压,用力要比成人稍轻一点,压陷1~2cm,频率为每分钟100次左右。

④ 挤压后,手掌根部应迅速全部放松,让触电者胸部自动复原,血液又回到心脏;放松时,手掌根部不要离开压迫点,只是不向下用力而已(见图2-11)。

⑤ 为了达到良好的效果,在应用胸外心脏按压法的同时,必须进行口对口(鼻)人工呼吸。因为正常的心脏跳动和呼吸是相互联系且同时进行的,没有心跳,呼吸也要停止;而呼吸停止,心脏也不会跳动。

注意：在应用胸外心脏按压法时，切不可草率行事，必须认真坚持，直到触电者苏醒或其他救护人员、医生赶到。

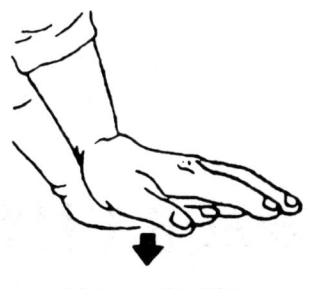
图 2-10　向下挤压

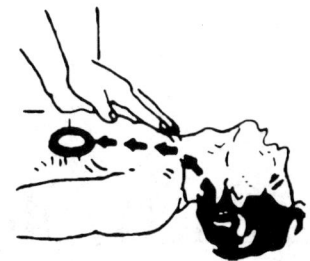
图 2-11　迅速放松

2.2.2　触电预防

1. 不要带电操作

电工应尽量不带电操作，尤其在危险场所，应禁止带电操作。若必须带电操作，则应采取必要的安全措施，如有专人监护及采取相应的绝缘措施等。

2. 对电气设备应采取必要的安全措施

电气设备的金属外壳可采取保护接零或保护接地等安全措施，但绝不允许在同一电力系统中，一部分电气设备采取保护接零安全措施，另一部分电气设备采取保护接地安全措施。

3. 应建立一套完善的安全检查制度

安全检查是发现设备缺陷，及时消除事故隐患的重要措施。安全检查一般应每季度进行一次。特别要加强雨季前和雨季中的安全检查。各种用电设备，特别是移动式用电设备，应建立经常的与定期的检查制度，若发现安全隐患，则应及时处理。

4. 要严格执行安全操作规程

安全操作规程是为了保证安全操作而制定的有关规定。根据不同工种、不同操作项目，应制定不同的安全操作规程，如《变电所值班安全规程》《内外线维护停电检修操作规程》《电气设备维修安全操作规程》《电工试验室安全操作规程》等。另外，在停电检修电气设备时，必须悬挂"有人工作，不准合闸！"类的警示牌。电工操作应严格遵守安全操作规程。

5. 建立电气安全资料

电气安全资料是做好电气安全工作的重要依据之一，应注意收集和保存。为了工作和检查方便，应建立高压系统图、低压布线图，以及架空线路、电缆布置和电气设备安全档案（包括生产厂家、设备规格/型号/容量、安装试验记录等），以便查对。

6. 加强电气安全教育和培训

加强电气安全教育和培训是提高电气工作人员的业务素质、加强其安全意识的重要途径，也是对一般职工和实训学生进行安全用电教育的途径之一。

对每位新参加工作的职工和来厂实训的学生，都要进行电的基础知识教育和安全用电教育。对电气设备的操作人员，还要加强其用电安全规程的学习；从事电工工作的人员除应熟悉电气安全操作规程外，还应掌握电气设备的安装、使用、管理、维护及检修工作的安全要求，以及电气火灾的灭火常识和触电急救的基本操作技能。

第3章 电工工具、电工仪表及电工材料

3.1 常用电工工具及其使用方法

常用电工工具是指专业电工经常使用的工具。对电气操作人员来说,能否熟悉和掌握常用电工工具的结构、性能、使用方法和规范操作将直接影响其工作效率与电气工程的质量甚至人身安全。

3.1.1 钢丝钳

钢丝钳又称克丝钳,是电气操作人员应用最频繁的电工工具之一,常用的规格有150mm、175mm、200mm三种。

1. 钢丝钳的结构和用途

钢丝钳由钳头和钳柄两部分组成。钳头包括钳口、齿口、刀口和铡口4部分,其结构和用途如图3-1所示。其中,钳口可用来钳夹和弯绞导线,齿口可代替扳手紧固小型螺母,刀口可用来剪切导线、掀拔铁钉,铡口可用来铡切钢丝等硬金属丝。

钢丝钳的钳柄一般装有耐压500V的绝缘套。

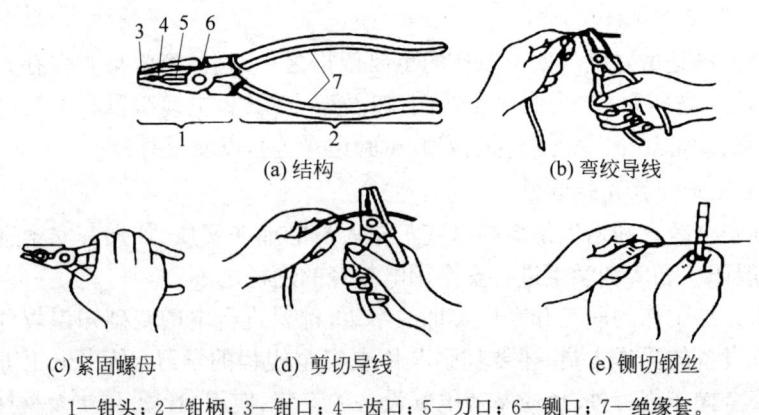

1—钳头;2—钳柄;3—钳口;4—齿口;5—刀口;6—铡口;7—绝缘套。

图 3-1 钢丝钳的结构和用途

2. 使用钢丝钳时的注意事项

(1) 使用钢丝钳前,必须检查其绝缘柄,确定绝缘状况良好,不得带电操作,以免发生触电事故。

(2) 用钢丝钳剪切带电导线时,必须单根进行,不得用刀口同时剪切相线和零线或两根相线,以免造成短路故障。

(3) 使用钢丝钳时要使刀口朝向内侧,便于控制剪切的部位。

(4) 不能用钳头代替手锤作为敲打工具,以免其发生变形。钳头的轴销应经常加机油润滑,保证其开闭灵活。

3.1.2 尖嘴钳

尖嘴钳的头部尖细,适用于在狭小的空间操作,其外形如图 3-2 所示。钳头用于夹持较小的螺钉、垫圈、导线和把导线端头弯曲成所需形状,小刀口用于剪断细小的导线、金属线等。

尖嘴钳的规格通常按其全长分为 130mm、160mm、180mm、200mm 四种。尖嘴钳手柄装有耐压 500V 的绝缘套。

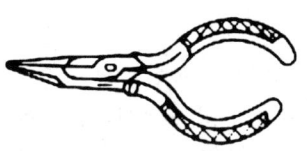

图 3-2 尖嘴钳的外形

3.1.3 螺丝刀

1. 螺丝刀的样式和规格

按头部形状不同,常用的螺丝刀的样式和规格有一字形和十字形两种,如图 3-3 所示。

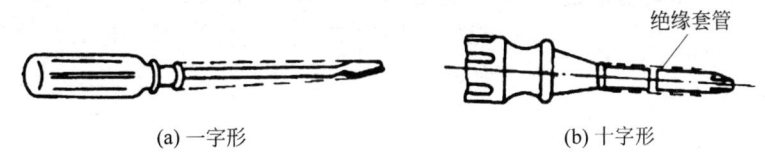

(a) 一字形　　　　(b) 十字形

图 3-3 螺丝刀

一字形螺丝刀用来紧固或拆卸带一字槽的螺钉,其规格用柄部以外的体部长度来表示,电气操作人员常用的有 50mm、150mm 两种。

十字形螺丝刀专门用于紧固和拆卸带十字槽的螺钉,其长度和十字头大小有多种,按十字头的规格分为 4 种型号:Ⅰ号适用于直径为 2～2.5mm 的螺钉,Ⅱ号适用于直径为 3～5mm 的螺钉,Ⅲ号适用于直径为 6～8mm 的螺钉,Ⅳ号适用于直径为 10～12mm 的螺钉。

另外,还有一种组合式螺丝刀,它配有多种规格的一字头和十字头,螺丝刀头部可以方便更换,具有较高的灵活性,适合紧固和拆卸多种不同的螺钉。

2. 使用螺丝刀时的注意事项

(1) 进行电气操作时,应首选绝缘手柄螺丝刀,且应检查其绝缘状况是否良好,以免造成触电事故。

(2) 螺丝刀头部的形状和尺寸应与螺钉尾槽的形状和尺寸相匹配。禁止用小螺丝刀拧大螺钉,否则会拧豁螺钉尾槽或损坏螺丝刀头部;同样,在用大螺丝刀拧小螺钉时,也容易因力矩过大而导致小螺钉滑丝。

(3) 应使用螺丝刀头部顶紧螺钉槽口旋转,防止打滑而损坏槽口。图 3-4 所示为螺丝刀的两种握法。

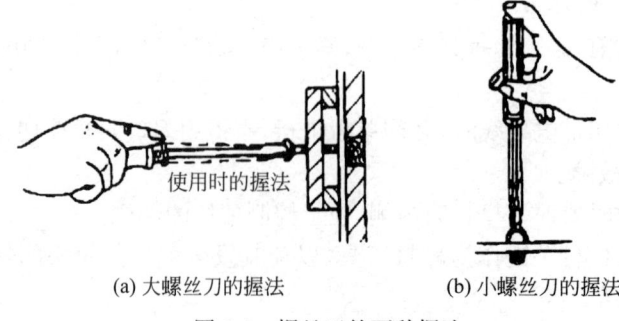

(a) 大螺丝刀的握法　　　(b) 小螺丝刀的握法

图 3-4　螺丝刀的两种握法

3.1.4　电工刀

电工刀是一种切削工具，主要用于剖削导线绝缘层、削制木榫、切断绳索等。电工刀有普通型和多用型两种。普通型配单一刀片，按刀片长度将其分为大号 112mm、小号 88mm 两种规格。多用型电工刀除具有刀片外，还具有折叠式的锯片、锥针和螺丝刀，可用于锯割电线槽板、胶水管，锥钻木螺针的底孔。常见的多用型电工刀的刀片长度为 100mm。

电工刀的刀口磨制成单面呈圆弧状的刃口，刀刃部分锋利一些。在剖削导线绝缘层时，可把电工刀略微向内倾斜，用刀刃的圆角抵住线芯，刀口向外推出。这样既不易削伤线芯，

图 3-5　电工刀的外形

又可以防止操作人员受伤。切忌把刀刃垂直对着导线剖削绝缘层，以免削伤线芯。严禁在带电体上使用没有绝缘柄的电工刀进行操作。电工刀的外形如图 3-5 所示。

3.1.5　剥线钳

剥线钳用来剥削直径为 3mm（截面积为 6mm²）及以下绝缘导线的塑料或橡胶绝缘层，其外形如图 3-6 所示。它由钳口和手柄两部分组成。剥线钳的钳口有 0.5～3mm 的多个直径切口，用于不同规格线芯的剥削。使用时应使切口与被剥削导线线芯直径相匹配，切口过大难以剥离绝缘层，切口过小会切断线芯。

剥线钳手柄装有绝缘套。

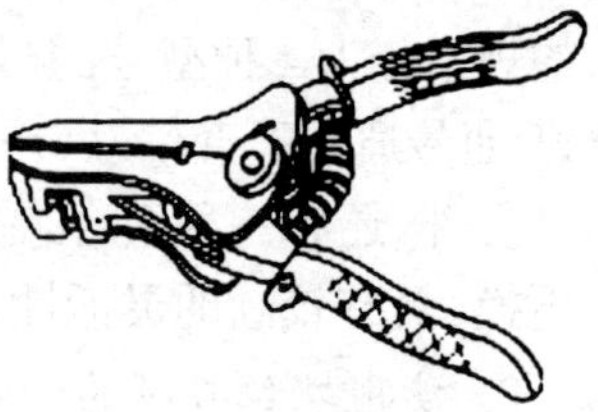

3.1.6　低压验电器

低压验电器也称试电笔，是检验导线、电器是否带电的一种常用工具，电压检测范围为 50～500V，有钢笔式、旋具式、螺丝刀式和组合式等多种类型。

图 3-6　剥线钳的外形

低压验电器由触点、降压电阻、氖泡、弹簧、尾部金属体等组成，如图 3-7 所示。

使用低压验电器时，必须按照如图 3-8 所示的握法操作。注意：手指必须接触尾部金属体（钢笔式）或顶部的金属螺钉（螺丝刀式）。这样，只要带电体与大地之间的电位差超过 50V，低压验电器中的氖泡就会发光。

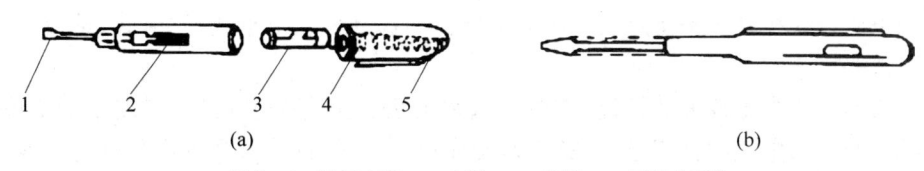

1—触点；2—降压电阻；3—氖泡；4—弹簧；5—尾部金属体。

图 3-7 低压验电器

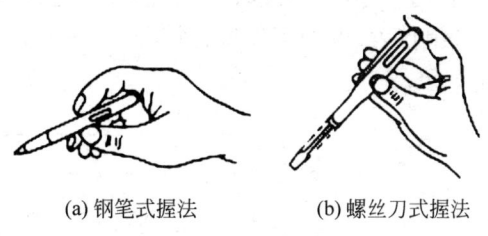

(a) 钢笔式握法　　(b) 螺丝刀式握法

图 3-8 低压验电器的握法

低压验电器的使用方法和注意事项如下。

(1) 使用前，先要在有电的导体上检查它能否正常发光，检验其可靠性。

(2) 在明亮的光线下往往不容易看清氖泡的辉光，应注意避光。

(3) 它的金属触点虽与螺丝刀头部的形状相同，但它只能承受很小的扭矩，不能像螺丝刀那样使用，否则会损坏。

(4) 低压验电器可用来区分相线和零线，氖泡发光的是相线，不发光的是零线。低压验电器也可用来判别接地故障。如果在三相四线制电路中发生单相接地故障，则在用低压验电器测试中性线时，氖泡会发光；在三相三线制线路中，用低压验电器测试 3 根相线，如果两相发光且很亮，另一相不发光，则不发光的一相可能有接地故障。

(5) 低压验电器可用来判断电压的高低。氖泡越暗，电压越低；氖泡越亮，电压越高。

3.2 常用电工仪表及其使用方法

3.2.1 电工仪表概述

电工仪表是用于测量电压、电流、电能、电功率等电量和电阻、电感、电容等电路参数的仪表，在电气设备安全、经济、合理运行的监测与故障检修中起着十分重要的作用。电工仪表的结构、性能及使用方法会影响测量结果的精确度，操作人员必须能合理地选用电工仪表，而且要了解常用电工仪表的基本工作原理及使用方法。

1. 电工仪表的分类及符号

常用电工仪表有：① 直读指示仪表，它把电量直接转换成指针偏转角，如指针式万用表；② 比较仪表，它与标准器进行比较，并读取二者的比值，如直流电桥；③ 图示仪表，它显示两个相关量的变化关系，如示波器；④ 数字仪表，它把模拟量转换成数字量直接显示，如数字万用表。

常用电工仪表按其结构特点及工作原理分类,有磁电式、电动式、感应式、整流式、静电式和数字式等。

为了表示常用电工仪表的性能,在电工仪表的表盘上有许多符号,如被测量单位的符号、工作原理符号、电流种类符号、准确度等级符号、工作位置符号和绝缘强度符号等,如图3-9 所示。

在图 3-9 中,1 为电流种类符号,~表示交流;2 为仪表工作原理符号,图示符号∑表示电磁式;3 为防外磁场等级符号,这里为Ⅲ级;4 为绝缘强度等级符号,图示符号可经受 2kV 1min 耐压试验;5 为 B 组仪表;6 为工作位置符号,⊥表示盘面应位于垂直方向;7 为仪表准确度等级,这里为 1.5 级。

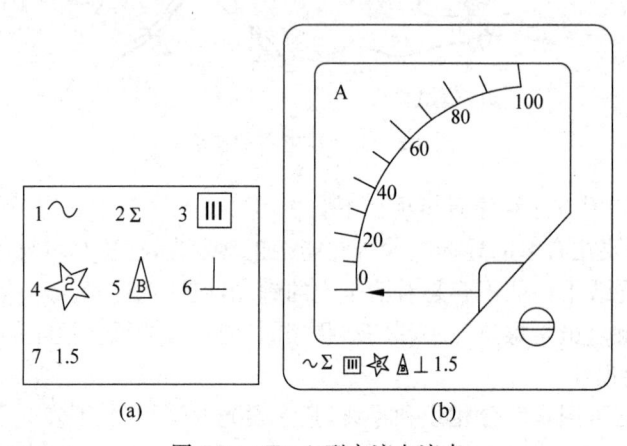

图 3-9 1T1-A 型交流电流表

2. 仪表准确度

(1) 仪表的误差。

仪表的误差是指仪表的指示值与被测量的真实值之间的差异,它有以下 3 种表示形式。

① 绝对误差:仪表的指示值与被测量的真实值之差,即

$$\Delta X = X - X_0$$

式中,X 为仪表的指示值;X_0 为被测量的真实值;ΔX 为绝对误差。

② 相对误差:绝对误差 ΔX 与被测量的真实值 X_0 的百分比,用 δ 表示,即

$$\delta = \frac{\Delta X}{X_0} \times 100\%$$

③ 引用误差:绝对误差 ΔX 与仪表量程 A_m 的百分比。

仪表的误差分为基本误差和附加误差两部分。基本误差是由仪表本身的特性及制造、装配缺陷引起的,其大小是用仪表的引用误差表示的。附加误差是由仪表使用时的外界因素的影响引起的,如外界温度、外磁场、仪表工作位置等。

(2) 仪表的准确度等级。

仪表的准确度等级共分为 7 级,如表 3-1 所示。

表 3-1 仪表的准确度等级

准确度等级	0.1	0.2	0.5	1.0	1.5	2.5	5.0
基本误差/%	±0.1	±0.2	±0.5	±1.0	±1.5	±2.5	±5.0

通常 0.1 级和 0.2 级仪表为标准表，0.5 级至 1.5 级仪表用于实验室，1.5 级至 5.0 级仪表用于电气工程测量。仪表的最大绝对误差 ΔX_m 与仪表量程 A_m 之比称为仪表的准确度 $\pm K\%$，即

$$\pm K\% = \frac{\Delta X_m}{A_m} \times 100\%$$

表示准确度等级的数字越小，仪表准确度越高。选择仪表的准确度等级必须从测量实际出发，不要盲目提高仪表的准确度等级。另外，在选用仪表时，还要选择合适的量程，准确度等级高的仪表在使用不合理时产生的相对误差可能会大于准确度等级低的仪表。

例如，测量 25V 电压，选用准确度等级为 0.5 级、量程为 150V 的电压表，测量结果中可能出现的最大绝对误差为

$$\pm K\% = \frac{\Delta U_m}{A_m} \times 100\%$$

$$\Delta U_{m1} = \pm 0.5\% \times 150 = \pm 0.75(V)$$

测量 25V 电压时的最大相对误差为

$$\delta_{m1} = \Delta U_{m1} / U \times 100\%$$
$$= \pm 0.75 / 25 \times 100\% = \pm 3\%$$

如果选用准确度等级为 1.5 级、量程为 30V 的电压表，则测量结果中可能出现的最大绝对误差为

$$\Delta U_{m2} = \pm 1.5\% \times 30 = \pm 0.45(V)$$

测量 25V 电压时的最大相对误差为

$$\delta_{m2} = \Delta U_{m2} / U \times 100\%$$
$$= \pm 0.45 / 25 \times 100\% = \pm 1.8\%$$

因此，测量结果的精确度不仅与仪表的准确度等级有关，还与仪表的量程有关。故通常选择量程时应尽可能使读数占满刻度的 $\frac{2}{3}$ 以上。

3.2.2 万用表

万用表是一种多功能、多量程的便携式电工仪表，一般的万用表可以测量直流电流、直流电压、交流电压和电阻等。有些万用表还可以测量电容、功率、晶体管共射极直流放大系数 h_{FE} 等。因此，万用表是电工操作必备的仪表之一。

万用表可分为指针式万用表和数字式万用表。本节着重介绍指针式万用表的结构、工作原理及使用方法。

1. 指针式万用表的结构和工作原理

(1) 指针式万用表的结构。

指针式万用表的形式很多，但其基本结构是类似的。指针式万用表主要由表头、转换开关、测量线路、面板等组成。表头采用高灵敏度的磁电式机构，是测量的显示装置；转换开

关用来选择被测电量的种类和量程；测量线路将不同性质和大小的被测电量转换为表头所能接受的直流电流。图 3-10 所示为 MF-30 型万用表外形图，该万用表可以测量直流电流、直流电压、交流电压和电阻等。当将转换开关拨到直流电流挡时，可分别与 5 个接触点接通，用于测量 500mA、50mA、5mA 和 500μA、50μA 量程的直流电流；当将转换开关拨到欧姆挡时，可分别测量 ×1、×10、×100、×1k、×10k 量程的电阻；当将转换开关拨到直流电压挡时，可分别测量 1V、5V、25V、100V、500V 量程的直流电压；当将转换开关拨到交流电压挡时，可分别测量 500V、100V、10V 量程的交流电压。

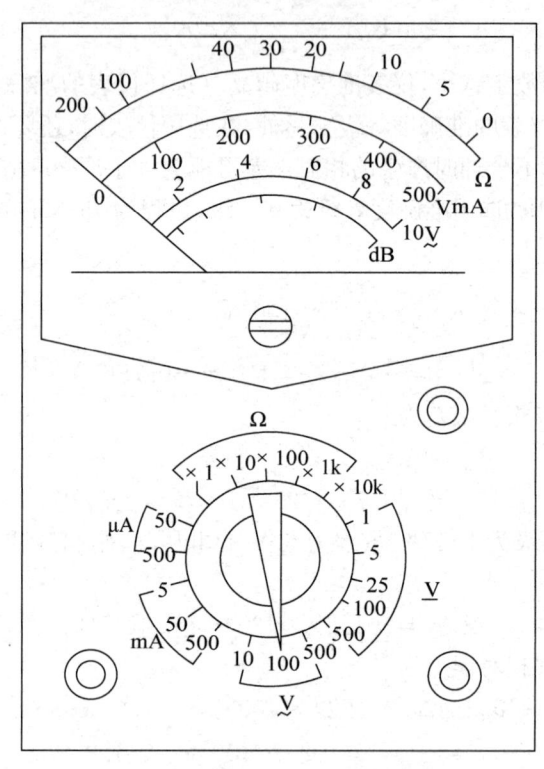

图 3-10　MF-30 型万用表外形图

（2）指针式万用表的工作原理。

指针式万用表简单的测量原理如图 3-11 所示。在测量电阻时，把转换开关 SA 拨到 "Ω" 挡，使用内部电池作为电源，由外接的被测电阻、E、R_P、R_1 和表头部分构成闭合电路，形成的电流使表头的指针偏转。设被测电阻为 R_X，表内的总电阻为 R，形成的电流为 I，则

$$I = \frac{E}{R_X + R}$$

由上式可知，I 与 R_X 不呈线性关系，因此，表盘上电阻标度尺的刻度是不均匀的。电阻标度尺的刻度是反向分度，即 $R_X = 0$，指针指向满刻度处；$R_X \to \infty$，指针指向表头机械零点。电阻标度尺的刻度从右向左表示被测电阻逐渐增大，

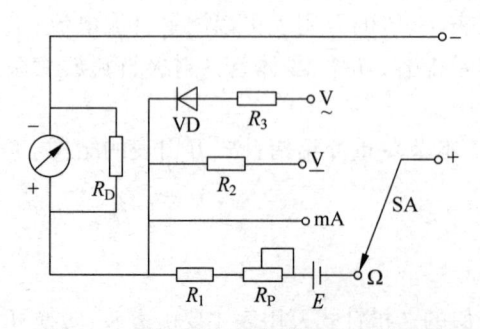

图 3-11　指针式万用表简单的测量原理

这与其他仪表的指示正好相反,在读数时应注意。

在测量直流电流时,把转换开关 SA 拨到"mA"挡,此时,从"＋"端到"－"端所形成的测量线路实际上是一个直流电流表的测量电路。

在测量直流电压时,将转换开关 SA 拨到"V"挡,采用串联电阻分压的方法来扩大电压表的量程。

在测量交流电压时,将转换开关 SA 拨到"V"挡,先用二极管 VD 进行整流,使交流电压变为直流电压,再测量。

2. 指针式万用表的使用方法

(1) 准备工作。

由于万用表的种类很多,因此,在使用前要做好以下准备工作。

① 熟悉转换开关、旋钮、插孔等的作用,检查表盘符号,⊓ 表示水平放置,⊥表示垂直放置。

② 了解刻度盘上每条刻度线对应的被测电量。

③ 检查红、黑表笔所接的位置是否正确,红表笔插入"＋"插孔,黑表笔插入"－"插孔。有些万用表另有交/直流 2500V 高压测量端,在测量高压时,黑表笔不动,将红表笔插入高压插孔。

④ 机械调零。旋动万用表面板上的机械零位调整旋钮,使指针对准刻度盘左端的"0"位置。

(2) 测量直流电压。

① 把转换开关拨到直流电压挡,并选择合适的量程。当被测电压数值范围不清楚时,可先选用较大的量程,再逐步选用小量程,测量的读数最好选在满刻度的 2/3 附近。

② 把万用表并接到被测电路中,红表笔接到被测电压的正极,黑表笔接到被测电压的负极,不能接反。

③ 根据指针稳定时的位置及所选量程正确读数。

(3) 测量交流电压。

① 把转换开关拨到交流电压挡,并选择合适的量程。

② 将万用表的两个表笔接在被测电路的两端,不区分正负极。

③ 根据指针稳定时的位置及所选量程正确读数。该读数为交流电压的有效值。

(4) 测量直流电流。

① 把转换开关拨到直流电流挡,并选择合适的量程。

② 将被测电路断开,万用表串接于被测电路中。注意正负极性,电流从红表笔流入,从黑表笔流出,不可接反。

③ 根据指针稳定时的位置及所选量程正确读数。

(5) 用万用表测量电压或电流时的注意事项。

① 测量时,不能用手触摸表笔的金属部分,以保证安全和测量的准确性。

② 测直流量时,要注意被测电量的极性,避免指针反打而损坏表头。

③ 测量较高电压或大电流时,不能带电转动转换开关,避免转换开关的触点产生电弧而损坏万用表。

④ 测量完毕,将转换开关置于交流电压最高挡或空挡。

(6) 测量电阻。

① 把转换开关拨到欧姆挡,并合理选择量程。

② 两表笔短接,进行调零,即转动零欧姆调节旋钮,使指针打到电阻刻度右边的"0"处。

③ 使被测电阻脱离电源,用两表笔分别接触电阻两端,表头指针显示的读数乘所选量程的倍率数即所测电阻的阻值。例如,选用×100挡进行测量,指针指示40,此时,被测电阻的阻值为40Ω×100=4 000Ω=4kΩ。

(7) 用万用表测量电阻时的注意事项。

① 不允许带电测量电阻,否则会烧坏万用表。

② 万用表内电池的正极与面板上的"-"插孔相连,电池的负极与面板上的"+"插孔相连。在测量电解电容和晶体管等的电阻时,要注意极性。

③ 每换一次倍率挡,就要重新调零。

④ 不允许用万用表欧姆挡直接测量高灵敏度表头内阻,以免烧坏表头(万用表内电池电压也可能足以使表头过流烧坏)。

⑤ 不准用两只手捏住表笔的金属部分测量电阻,否则会将人体电阻并接于被测电阻两端而引起测量误差。

⑥ 测量完毕,将转换开关置于交流电压最高挡或空挡。

3.2.3 兆欧表

兆欧表又称摇表,是专门用于测量绝缘电阻的仪表,它的计量单位是兆欧(MΩ)。

1. 兆欧表的结构和工作原理

(1) 兆欧表的结构。

常用的手摇式兆欧表主要由磁电式流比计和手摇直流发电机组成,输出电压有500V、1 000V、2 500V、5 000V几种。随着电子技术的发展,现在也出现了用电池及晶体管直流变换器把电池低压直流转换为高压直流来代替手摇直流发电机的兆欧表。

磁电式流比计是测量机构,如图3-12(a)所示,两个可动线圈互成一定角度,放置在一个有缺口的圆柱形铁芯的外面,并与指针固定在同一转轴上;极掌为不对称形状,以使空气隙不均匀。

(2) 兆欧表的工作原理。

兆欧表的工作原理如图3-12(b)所示。被测电阻R_X接于兆欧表测量端子线端L与地端E之间。摇动手柄,手摇直流发电机输出直流电流。线圈1、电阻R_1和被测电阻R_X串联,线圈2和电阻R_2串联,两条电路并联后接手摇直流发电机电压U。设线圈1的电阻为r_1,线圈2的电阻为r_2,则两个线圈上的电流分别为

$$I_1 = \frac{U}{r_1 + R_1 + R_X}$$

$$I_2 = \frac{U}{r_2 + R_2}$$

两式相除得

$$\frac{I_1}{I_2} = \frac{r_2 + R_2}{r_1 + R_1 + R_X}$$

式中,r_1、r_2、R_1和R_2均为定值;R_X为变量。因此,改变R_X会引起I_1/I_2的变化。

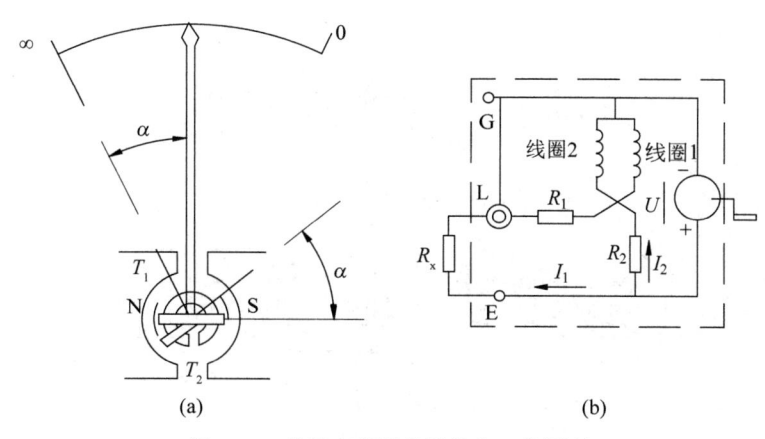

图 3-12 兆欧表的测量机构和工作原理

由于线圈1与线圈2绕向相反,因此,流入电流 I_1 和 I_2 后,在永久磁场的作用下,两个线圈上分别产生两个方向相反的转矩 T_1 和 T_2,由于气隙磁场不均匀,因此 T_1 和 T_2 既与对应的电流成正比又与其线圈所处的角度有关。当 $T_1 \neq T_2$ 时,指针发生偏转,直到 $T_1 = T_2$,指针停止偏转。指针偏转的角度只决定 I_1 和 I_2 的比值,此时指针所指的是刻度盘上显示的被测设备的绝缘电阻。

当地端 E 与线端 L 短接时,I_1 最大,指针沿顺时针方向偏转到最大位置,即"0"位置;当两端未接被测电阻时,即 $R_X \rightarrow \infty$,$I_1 = 0$,指针沿逆时针方向偏转到"∞"位置。该仪表结构中没有产生反作用力距的游丝,在使用之前,指针可以停留在刻度盘的任意位置。

2. 兆欧表的使用方法

(1) 正确选用兆欧表。

兆欧表的额定电压应根据被测设备的额定电压来选择。测量额定电压在 500V 以下的设备,应选用 500V 或 1 000V 的兆欧表;测量额定电压在 500V 以上的设备,应选用 1 000V 或 2 500V 的兆欧表;对于绝缘子、母线等,应选用 2 500V 或 3 000V 的兆欧表。

(2) 使用前检查兆欧表是否完好。

将兆欧表水平且平稳放置,检查指针偏转情况:先将 E、L 两端开路,以约 120r/min 的转速摇动手柄,观察指针是否指到"∞"位置;然后将 E、L 两端短接,缓慢摇动手柄,观察指针是否指到"0"位置。只有检查完好后才能使用。

(3) 兆欧表的使用步骤。

① 将兆欧表放置平稳、牢固,被测物表面擦拭干净,以保证测量准确。

② 正确接线。兆欧表有 3 个接线柱:线端(L)、地端(E)、屏蔽(G)。根据不同测量对象,进行相应接线,如图 3-13 所示。测量线路对地绝缘电阻时,E 接地,L 接于被测线路上;测量电动机或设备绝缘电阻时,E 接电动机或设备外壳,L 接被测绕组一端;测量电动机或变压器绕组间绝缘电阻时,先拆除绕组间的连接线,将 E、L 两端分别接于被测的两相绕组上;测量电缆绝缘电阻时,E 接电缆外表皮(铅套),L 接线芯,G 接线芯最外层绝缘层。

③ 由慢到快摇动手柄,直到转速达到 120r/min 左右,保持手柄的转速均匀、稳定,一般转动 1min,待指针稳定后读数。

④ 测量完毕,待兆欧表停止转动和被测物接地放电后方能拆除连接导线。

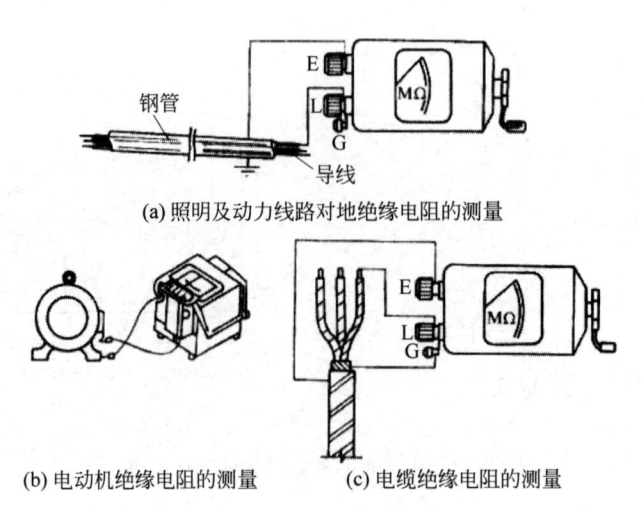

(a) 照明及动力线路对地绝缘电阻的测量

(b) 电动机绝缘电阻的测量　　(c) 电缆绝缘电阻的测量

图 3-13　兆欧表的接线方法

3. 注意事项

因为兆欧表本身工作时会产生高电压,所以,为避免人身及设备事故,必须重视以下几点。

(1) 不能在设备带电的情况下测量其绝缘电阻。测量前,被测设备必须切断电源和负载并放电;再次测量已用兆欧表测量过的设备,也必须先接地放电。

(2) 使用兆欧表测量时要远离大电流导体和外磁场。

(3) 与被测设备连接的导线应该用兆欧表专用测量线或选用绝缘强度高的两根单芯多股软线,两根导线切忌绞在一起,以免影响测量结果的精确度。

(4) 在测量过程中,如果指针指向"0"位置,则表示被测设备短路,应立即停止转动手柄。

(5) 被测设备中如果有半导体元器件,则应先将其插件板拆去。

(6) 测量过程中不得触及被测设备的测量部分,以防触电。

(7) 测量电容性设备的绝缘电阻时,测量完毕,应对被测设备充分放电。

3.2.4　钳形电流表

钳形电流表是一种不需要断开电路就可以直接测量交流电路的便携式仪表,这种仪表的测量精度不高,可对设备或电路的运行情况做粗略的了解,由于使用方便,因此其应用很广泛。

1. 钳形电流表的结构和工作原理

钳形电流表由电流互感器和电流表组成。如图 3-14 所示,电流互感器的铁芯(图中点画线所示)制成活动开口,且呈钳形,活动部分与手柄相连。当紧握手柄时,电流互感器的铁芯张开,可将被测载流导线置于钳口中,该被测载流导线成为电流互感器的初级线圈。关闭钳口,在电流互感器的铁芯中就有交变磁通通过,在电流互感器的次级线圈中产生感应电流。电流表接于次级线圈两端,它的指针指示的电流与钳入的被测载流导线的工作电流成正比,可直接从刻度盘上读出被测电流。

2. 钳形电流表的使用方法

(1) 测量前的准备。

① 检查仪表的钳口上是否有杂物或油污,待清理干净后测量。

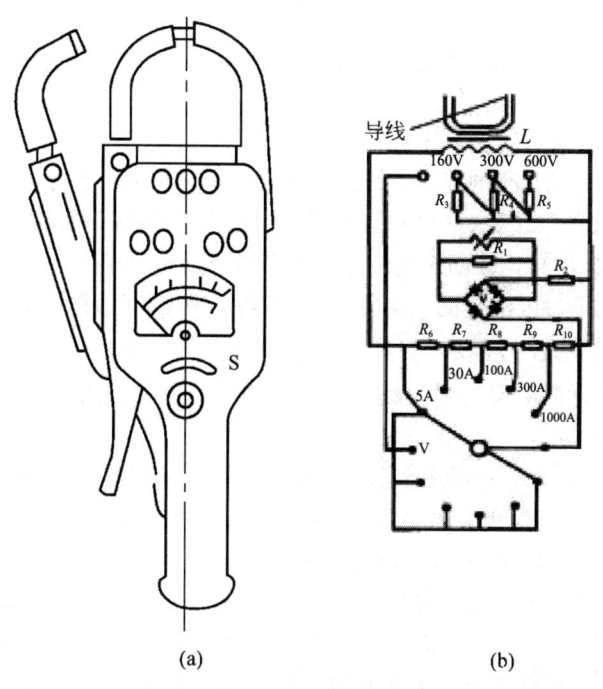

图 3-14　钳形电流表的结构示意图

② 进行仪表的机械调零。

（2）测量步骤。

① 估计被测电流的大小，将转换开关调至需要的测量挡。如果无法估计被测电流的大小，则先用最大量程进行测量，然后根据测量情况调到合适的量程。

② 握紧钳柄，使钳口张开，放置被测载流导线。为减小误差，被测载流导线应置于钳口中央。

③ 钳口要紧密接触，如果有杂音，则可检查钳口是否干净，或者重新开口一次。

④ 测量 5A 以下的小电流时，为提高测量精度，在条件允许的情况下，可将被测载流导线多绕几圈后放入钳口进行测量。此时，实际电流应是仪表读数除以放入钳口中的被测载流导线圈数。

⑤ 测量完毕，将量程开关拨到最大量程挡位上。

3．注意事项

① 被测电路的电压不可超过钳形电流表的额定电压。钳形电流表不能测量高压电气设备。

② 不能在测量过程中转动转换开关。在换挡前，应先将被测载流导线退出钳口。

3.2.5　直流单臂电桥

一般用万用表测量中值电阻，但测量值不够准确。在工程上，要较准确地测量中值电阻，常使用直流单臂电桥（也称惠斯通电桥）。该仪表适用于测量 $1 \sim 10^6 \Omega$ 的电阻，其主要特点是灵敏度和测试精度都很高，而且使用方便。

1．直流单臂电桥的结构和工作原理

直流单臂电桥的电路原理图如图 3-15（a）所示。它由 4 个桥臂 R_1、R_2、R_3、R_4，直流电源,可调电阻 R_0 及检流计 G 组成,其中,R_1 为被测电阻 R_X,R_2、R_3、R_4 均为可调的已知电阻。调整这些可调的桥臂电阻,使电桥平衡。此时,$I_g=0$,R_X 可由下式求得:

$$R_X = \frac{R_2}{R_3} \cdot R_4$$

式中,R_2、R_3 称为电桥的比例臂电阻,在电桥结构中,R_2 和 R_3 之间的比例关系的改变是通过同轴波段开关实现的;R_4 称为电桥的比较臂电阻,因为当比例臂确定后,被测电阻是与已知的可调标准电阻 R_4 进行比较而确定的。该仪表的测量精度较高,这主要是由已知的比例臂电阻和比较臂电阻的准确度决定的,加之其采用了高灵敏度检流计作为指零仪。

2. 直流单臂电桥的使用方法

下面以 QJ23 型直流单臂电桥为例来说明它的使用方法。图 3-15(b)所示为 QJ23 型直流单臂电桥的面板图。

(1) 把电桥放平稳,断开电源和检流计按钮,进行机械调零,使检流计指针和零线重合。

(2) 用万用表电流挡粗测被测电阻,选取合理的比例臂,将电桥比例臂的 4 个读数盘都利用起来,以得到 4 个有效数值,保证测量精度。

(3) 按选取的比例臂调好比例臂电阻。

(4) 将被测电阻接入 X_1、X_2 接线柱,先按下电源按钮 B,再按下检流计按钮 G;若检流计指针摆向"+"端,则需要增大比例臂电阻;若检流计指针摆向"-"端,则需要减小比例臂电阻。反复调节,直到指针指到零位。

(5) 读出比例臂的电阻后乘以倍率即被测电阻。

(6) 测量完毕,先按检流计按钮 G,再按电源按钮 B,最后拆除测量接线。

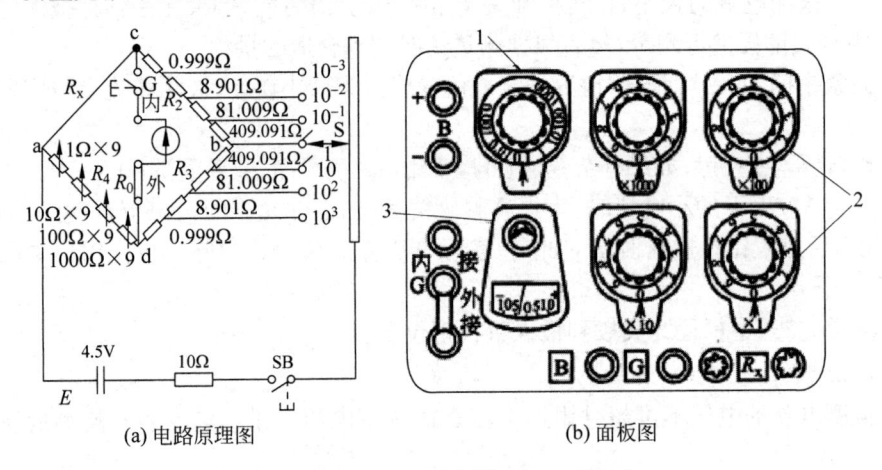

(a) 电路原理图 (b) 面板图

1—倍率旋钮;2—比例臂读数盘;3—检流计。

图 3-15 直流单臂电桥的电路原理图与面板图

3. 注意事项

(1) 正确选择比例臂,使比例臂的第一盘(×1 000)的读数不为 0,只有这样,才能保证测量精度。

(2) 为减小引线电阻带来的误差,被测电阻与测量端的连接导线要短而粗。还应注意各接线柱要拧紧,以避免接触不良,引起电桥不稳定。

(3) 当电池电压不足时,应立即更换;采用外接电源时,应注意极性与电压额定值。

(4) 被测物不能带电。对含有电容的元器件应先放电 1min 再测量。

3.2.6 常用电工仪表的使用技能训练

1. 训练内容

(1) 用万用表测量交流电压、直流电压、直流电流、电阻。

(2) 用直流单臂电桥测量电阻。

(3) 用兆欧表测量三相异步电动机相对相及相对地(外壳)的绝缘电阻。

(4) 用钳形电流表测量三相异步电动机空载运行时的电流。

2. 器材准备

(1) 指针式万用表、直流单臂电桥、兆欧表、钳形电流表各 1 只。

(2) 多绕组单相变压器(原边电压 220V,副边电压 36V、6V)1 台。

(3) 晶体管稳压电源 1 个、小型三相异步电动机 1 台。

(4) 1W 的 10Ω、220Ω、1kΩ、12kΩ、150kΩ 电阻各 1 只。

(5) 连接导线若干。

(6) 电工常用工具。

3. 训练要求

(1) 把多绕组单相变压器接入 220V 交流电源后,用指针式万用表的交流电压挡分别测量其原、副边电压,将测量结果填入表 3-2。

(2) 调节晶体管稳压电源输出旋钮,分别输出 3V、15V、30V 直流电压,用指针式万用表的直流电压挡进行测量,将测量结果填入表 3-2。

(3) 把各阻值电阻分别接于晶体管稳压电源输出直流 3V 电压上,用指针式万用表的直流电流挡测量通过各电阻的电流,将测量结果填入表 3-2。

(4) 用指针式万用表的欧姆挡测量电阻,将测量结果填入表 3-2。

表 3-2 指针式万用表的使用练习

测量项目	测量内容	测量结果	测量项目	测量内容	测量结果
交流电压	交流 6V		直流电压	直流 3V	
	交流 36V			直流 15V	
	交流 220V			直流 30V	
电阻	10Ω		直流电流(各电阻接直流 3V 电压时的电流)	10Ω	
	220Ω			220Ω	
	1kΩ			1kΩ	
	12kΩ			12kΩ	
	150kΩ			150kΩ	

(5) 用直流单臂电桥测量电阻,将测量结果填入表 3-3。

(6) 把小型三相异步电动机接线盒打开,拆除各相绕组连接片,用兆欧表分别测量其三相绕组 U、V、W 之间的绝缘电阻和 U、V、W 相绕组对电动机外壳的绝缘电阻,将测量结果填入表 3-3。

(7) 在教师指导下连接小型三相异步电动机绕组(Y或△连接)，接通三相电源，用钳形电流表测量各线电流，将测量结果填入表 3-3。

表 3-3 直流单臂电桥、兆欧表、钳形电流表使用练习

测量仪表	测量内容	测量结果
直流单臂电桥	电阻 10Ω	
	电阻 220Ω	
	电阻 1kΩ	
	电阻 12kΩ	
	电阻 150kΩ	
兆欧表	U-V 相间绝缘电阻	
	V-W 相间绝缘电阻	
	W-U 相间绝缘电阻	
	U 相-外壳间绝缘电阻	
	V 相-外壳间绝缘电阻	
	W 相-外壳间绝缘电阻	
钳形电流表	L1 线电流	
	L2 线电流	
	L3 线电流	

4. 注意事项

(1) 用万用表测量交、直流电压，以及直流电流和电阻时，必须把转换开关拨到相应量程挡，否则会损坏万用表。在测量交流 220V 电压时，要注意安全操作，不能用手接触表笔导电部分。在测量各电阻时，注意转换欧姆挡后应重新调零。

(2) 由于兆欧表测量时输出高压，因此，在测量绝缘电阻时，要注意安全。

(3) 用直流单臂电桥测量各电阻时，要正确选择比例臂。

思考题

1. 什么是仪表的准确度等级？是否用准确度等级高的仪表进行测量一定较精确？
2. 指针式万用表在测量前的准备工作有哪些？用它测量电阻时的注意事项有哪些？
3. 为什么测量绝缘电阻要用兆欧表而不能用万用表？
4. 用兆欧表测量绝缘电阻时，如何与被测对象连接？
5. 某正常工作的三相异步电动机的额定电流为 10A，用钳形电流表测量时，如果钳入 1 根电源线，则钳形电流表读数是多少？如果钳入 2 根或 3 根电源线呢？
6. 用直流单臂电桥测量电阻时，用万用表粗测该电阻为 150Ω，应如何选择合理的比例臂？如何调节比例臂电阻？

3.3 电工材料

电工材料按其功能的不同，主要可分成三大类：一类是导电材料，其电阻率为 $10^{-6} \sim 10^{-3} \Omega \cdot cm$，主要用于传导电流；一类是绝缘材料，其电阻率在 $10^9 \Omega \cdot cm$ 以上，主要用于

隔离带电体；还有一类是磁性材料，主要作为磁通的通路。

对导电材料的要求除了具有良好的导电性能，还应具有一定的机械强度，不易氧化，不易腐蚀，加工和焊接较方便。最常用的导电材料是铜和铝，其次是铁、银、锡、镍、铬等金属合金。

根据不同的用途，导电材料可制成不同的类别，常用的有电线电缆类、电热材料类、电阻合金类及专用类别（如熔体、电刷等）。

3.3.1 常用导电材料

1. 电线电缆

电线电缆品种很多，按其性能、结构及用途等可分为裸导线、电磁线、电力电缆和通信电缆4类。

（1）裸导线。

裸导线主要用作各种导线、电缆的导电线芯，如圆单线、扁线、铜绞线、铝绞线，以及在电机、电器、变压器等电气设备中用作导电部分。按产品形状、结构的不同，裸导线可分圆单线、绞线、型线和软接线4类。

（2）电磁线。

电磁线是一种具有绝缘层的导电金属线，用于绕制电气产品的线圈，按用途可分为漆包线、绕包线、无机绝缘电磁线和特种电磁线四大类。

（3）电力电缆。

由于使用条件和技术特性不同，电工常用的电力电缆产品的结构差别较大，有些产品只有导电线芯和绝缘层，有些产品在绝缘层外面还有护层。

常用电气设备的电线电缆品种分类如表3-4所示。

表3-4 常用电气设备的电线电缆品种分类

类别	系列名称	型号字母及含义
通用电线电缆	橡皮、塑料绝缘导线 橡皮、塑料绝缘软线 通用橡套电缆	B—绝缘布线 R—软线 Y—移动电缆
电机、电器用电线电缆	电机、电器引接线 电焊机用电缆 潜水电机用防水橡套电缆	J—电机引接线 YH—电焊机用的移动电缆 YHS—有防水橡套的移动电缆

电线电缆的基本结构如下。

（1）导电线芯。目前移动使用的电线电缆主要用铜作为导电线芯；固定敷设用的，除特殊场合外，一般采用铝作为导电线芯。随着铝合金品种的增多和线连接技术的发展，移动电线电缆也将大量采用铝作为导电线芯，以减轻质量和节约用铜。导电线芯的根数有单根、几根至几十根不等。电气设备用电线电缆导电线芯面积系列如表3-5所示。

表3-5 电气设备用电线电缆导电线芯面积系列　　单位：mm^2

0.012	0.03	0.06	0.12	0.2	0.3	0.4	0.5
0.75	1.0	1.5	2.0	2.5	4	6	10
16	25	35	50	70	95	120	150
185	240	300	400	500	600	800	1 000

(2) 绝缘层。电气设备用电线电缆绝缘层的主要作用是电绝缘,但对于没有护层的和使用时经常移动的电线电缆,它们还起到机械保护的作用。绝缘层大多数采用橡皮和塑料制成,它们的耐热等级决定了电线电缆的允许工作温度。

(3) 护层。护层主要起机械保护作用,它对电线电缆的使用寿命影响最大。大多数电气设备用电线电缆采用橡皮或塑料护套作为护层,也有少数采用玻璃丝(或棉纱)编织作为护层。

在电气设备用电线电缆的各种系列中,根据它们的特性及导电线芯、绝缘层、护层的材料可分为若干品种。现对其常用品种、规格、特性及用途分别介绍如下。

(1) B 系列橡皮、塑料电线。它的结构简单、质量轻、价格低、电气和机械性能有较大的裕度,广泛应用于各种动力、配电和照明线路,并应用于中小型电气设备,作为安装线。它们的交流工作电压为 500 V,直流工作电压为 1 000 V。B 系列橡皮、塑料电线常用品种如表 3-6 所示。

表 3-6 B 系列橡皮、塑料电线常用品种

产品名称	型号		长期最高工作温度/℃	用途
	铜芯	铝芯		
橡皮绝缘电线	BX①	BLX	65	固定敷设于室内(明敷、暗敷或穿管),可用于室外,也可作为设备内部的安装线
氯丁橡皮绝缘电线	BXF②	BLXF	65	同 BX 型,耐气候性好,适用于室外
橡皮绝缘软电线	BXR	—	65	同 BX 型,仅用于安装时要求柔软的场合
橡皮绝缘和护套电线	BXHF③	BLXHF	65	同 BX 型,适用于较潮湿的场合和作为室外进户线,可代替老产品铅包电线
聚氯乙烯绝缘电线	BV④	BLV	65	同 BX 型,耐湿性和耐气候性较好
聚氯乙烯绝缘软导线	BVR	—	65	同 BX 型,仅用于安装时要求柔软的场合
聚氯乙烯绝缘和护套电线	BVV⑤	BLVV	65	同 BX 型,用于对潮湿的机械防护要求较高的场合,可直接埋于土中
耐热聚氯乙烯绝缘电线	BV-105⑥	BLV-105	105	同 BX 型,用于 45℃ 及以上高温环境
耐热聚氯乙烯绝缘软电线	BVR-105		105	同 BX 型,用于 45℃ 及以上高温环境

注: ① "X"表示橡皮绝缘;② "XF"表示氯丁橡皮绝缘;③ "HF"表示非燃性橡套;④ "V"表示聚氯乙烯绝缘;⑤ "VV"表示聚氯乙烯绝缘和护套;⑥ "105"表示耐温 105℃。

(2) R 系列橡皮、塑料软线。它的线芯是用多根细铜线绞合而成的,它除了具备 B 系列橡皮、塑料电线的特点,还比较柔软,大量用于日用电器、仪表及照明线路。R 系列橡皮、塑料软线常用品种如表 3-7 所示。

表 3-7 R 系列橡皮、塑料软线常用品种

产品名称	型号	工作电压/V	长期最高工作温度/℃	用途
聚氯乙烯绝缘软线	BV RVB[①] RVS[②]	交流 250 直流 500	65	供各种移动电器、仪表、电信设备、自动化装置接线用,也可作为内部安装线。安装时环境温度不低于 $-15℃$
耐热聚氯乙烯绝缘软线	RV-105	交流 250 直流 500	105	同 BX 型。用于 45℃ 及以上高温环境
聚氯乙烯绝缘和护套软线	RVV	交流 250 直流 500	65	同 BV 型,用于对潮湿和机械防护要求较高,以及需要经常移动、弯曲的场合
丁腈聚氯乙烯复合物绝缘软线	RFB[③] RFS	交流 250 直流 500	70	同 RVB、RVS 型,且低温柔软性较好
棉纱编织橡皮绝缘双绞软线、棉纱纺织橡皮绝缘软线	RXS RX	交流 250 直流 500	65	室内日用电器、照明用电源线
棉纱纺织橡皮绝缘平型软线	RXB	交流 250 直流 500	65	室内日用电器、照明用电源线

注:①"B"表示两芯平型;②"S"表示两芯绞型;③"F"表示复合物绝缘。

(3) Y 系列通用橡套电缆。它适用于一般场合,作为各种电气设备、工具、仪器和日用电器的移动电源线,因此被称为移动电缆。按其承受机械力分类,Y 系列通用橡套电缆分为轻、中、重 3 种形式。Y 系列通用橡套电缆常用品种如表 3-8 所示。它的最高工作温度为 65℃。

表 3-8 Y 系列通用橡套电缆常用品种[①]

产品名称	型号	交流工作电压/V	用途
轻型橡套电缆	YQ[②]	250	轻型移动电气设备和日用电器用电源线
	YQW[③]		轻型移动电气设备和日用电器用电源线,且具有耐气候性和一定的耐油性能
中型橡套电缆	YZ[④]	500	各种移动电气设备和农用机械用电源线
	YZW		各种移动电气设备和农用机械用电源线,且具有耐气候性和一定的耐油性能
重型橡套电缆	YC[⑤]	500	能承受一定的机械外力作用
	YCW		能承受一定的机械外力作用,且具有耐气候性和一定的耐油性能

注:① 表中产品均为铜导电线芯;②"Q"表示轻型;③"W"表示户外型;④"Z"表示中型;⑤"C"表示重型。

(4) 电线电缆的允许载流量。电线电缆的允许载流量是指在不超过其最高工作温度的条件下,允许长期通过的最大电流,因此,允许载流量又称安全电流。这是电线电缆的一个重要参数。

单根 BV、BLV、BVR、BX、BLX、BXR 型电线在空气中敷设时的允许载流量(环境温度

为25℃)如表3-9所示。

表3-9 单根BV、BLV、BVR、BX、BLX、BXR型电线在空气中敷设时的允许载流量

标称截面积/mm²	长期连续负荷允许载流量/A				标称截面积/mm²	长期连续负荷允许载流量/A			
	铜芯		铝芯			铜芯		铝芯	
	BV BVR	BX BXR	BLV	BLX —		BV BVR	BX BXR	BLV	BLX —
0.75	16	18			50	215	230	165	175
1.0	19	21			70	260	285	205	220
1.5	24	27	18	19	95	325	345	250	265
2.5	32	35	25	27	120	375	400	285	310
4	42	45	32	35	150	430	470	325	360
6	55	58	42	45	185	490	540	380	420
10	75	85	55	65	240	—	660	—	510
16	105	110	80	85	300	—	770	—	600
25	138	145	105	110	400	—	940	—	730
35	170	180	130	138	500	—	1 100	—	850

2. 电热材料

电热材料主要用来制造各种加热设备中的热元件,作为电阻接到电路中,把电能转变为热能,使加热设备的温度升高。由于各种电热材料一般长期处于高温状态,因此要求其在高温时具有足够的机械强度和良好的抗氧化性能。常用的电热材料是镍铬合金和铁铬铝合金。

(1) 镍铬合金:电阻系数高,加工性能好,高温时的机械强度较好,用后不变脆,用于移动式设备。

(2) 铁铬铝合金:抗氧化性能比镍铬合金好,电阻系数比镍铬合金高,价格便宜,高温时的机械强度较差,用后会变脆,适用于固定式设备。

3. 电阻合金

电阻合金是制造电阻元件的主要材料之一,广泛用于电机、电器、仪器及电子等设备。电阻合金除必须具备电热材料的基本要求以外,还要求电阻的温度系数低、阻值稳定。电阻合金按其主要用途可分为调节元件用、电位器用、精密元件用及传感元件用4种。这里仅介绍前面两种。

(1) 调节元件用电阻合金:主要用于电流(电压)调节与控制元件的绕组,常用的有康铜、新康铜、镍铬、镍铬铝等。它们都具有机械强度好、抗氧化性能好及工作温度高等特点。

(2) 电位器用电阻合金:主要用于各种电位器及滑线电阻,一般采用康铜、镍铬基合金和滑线锰铜。滑线锰铜具有抗氧化性能与焊接性能好、电阻温度系数低等特点。

4. 熔体

熔体又称熔丝,常用材料是铅锡合金,其特点是熔点低。在一些电流较大的线路中,也可用单股铜线作为熔体,但选择截面积时应特别慎重。熔体是低压熔断器最主要的零件,将熔体串联在线路中,当电流超过允许值时,熔体首先熔断而切断电源,因此起着保护其他电

气设备的作用。正确、合理地选择熔体对保证线路和电气设备的安全与可靠运行很重要。铅熔体的额定电流如表 3-10 所示。

表 3-10 铅熔体的额定电流

直径/mm	截面积/mm²	额定电流/A	熔断电流/A
0.15	0.018	0.5	1.0
0.20	0.031	0.75	1.5
0.28	0.062	1	2
0.40	0.126	1.5	3
0.60	0.283	2.5	5
0.71	0.40	3	6
0.98	0.75	5	10
1.25	1.23	7.5	15
1.75	2.41	12	20
1.98	3.08	15	30
2.40	4.52	20	40
2.78	6.07	25	50
3.14	7.74	30	60
3.81	11.40	40	80
4.12	13.33	45	90
4.44	15.48	50	100

3.3.2 常用绝缘材料

绝缘材料又称电介质，它在直流电压作用下，只容许有微小的电流通过，其电阻率(也称电阻系数)一般应高于 $10^9 \Omega \cdot cm$。

1. 常用绝缘材料概述

(1) 绝缘材料的分类。

绝缘材料的种类很多，按物态一般可分为以下几种。

① 气体绝缘材料，常用的有空气、氮气、氢气和六氟化硫等。

② 液体绝缘材料，常用的有变压器油、开关油、电容器油和电缆油等。

③ 固体绝缘材料，常用的有绝缘漆、绝缘浸渍纤维制品、层压制品、塑料制品、薄膜黏带、云母材料和陶瓷材料等。

(2) 绝缘材料的主要性能指标。

绝缘材料的主要作用是隔离带电的或不同电位的导体，使电流能按预定的方向流动。绝缘材料大部分是有机材料，其耐热性、机械强度和使用寿命都远比不上金属材料，因此，绝缘材料是电工产品最薄弱的环节，许多故障都发生在绝缘部分。不同的绝缘材料具有不同的特性，在修理电机和电器时，必须合理地选用。固体绝缘材料的主要性能指标有以下几项。

① 击穿强度。绝缘材料在大于某一数值的电场强度的作用下会损坏而失去绝缘性能，这种现象称为击穿。击穿强度是指绝缘材料击穿时的电场强度，其单位为 $kV \cdot mm^{-1}$。

② 绝缘电阻。绝缘材料的电阻率虽然很高，但在一定的电压作用下，总有微小的电流

通过，这种电流称为泄漏电流。泄漏电流由两部分组成，一部分流经绝缘材料内部，另一部分沿绝缘材料表面流动。为了更清楚地表明绝缘材料的绝缘性能，通常用表面电阻率和体积电阻率两项指标对各种不同的绝缘材料进行比较。对同一种绝缘材料，由于温度不同或表面状态（水分、污物等）不同，绝缘电阻值也会有很大的差异。随着温度的升高，体积电阻值将减小。绝缘材料受潮后，体积电阻值和表面电阻值都会减小。绝缘材料表面积污，其表面电阻值也会减小。

③ 耐热性。电机、电器在运行过程中，其内部的绝缘材料长期在热状态下工作，因此，选用的绝缘材料必须具有一定的耐热性能。根据各种绝缘材料的耐热性能，规定了它们在使用过程中的最高温度，以保证电工产品的使用寿命，避免使用时由于温度过高而加速绝缘材料的老化。电工绝缘材料按其允许最高温度（极限工作温度）分为 7 个耐热等级，如表 3-11 所示。

表 3-11　电工绝缘材料的耐热等级

级别	绝缘材料	极限工作温度/℃
Y	木材、棉花、纸、纤维等天然纺织品，以醋酸纤维和聚酰胺为基础的纺织品，以及易于热分解和熔点较低的塑料（脲醛树脂）	90
A	工作于矿物油中的和用油或油树脂复合胶浸过的 Y 级绝缘材料、漆包线、漆布、漆丝及油性漆、沥青漆等	105
E	聚酯薄膜和 A 级材料复合、玻璃布、油性树脂漆、聚乙烯醇缩醛高强度漆包线、乙酸乙烯耐热漆包线	120
B	聚酯薄膜、经合适树脂浸渍涂覆的云母、玻璃纤维、石棉等制品、聚酯漆、聚酯漆包线	130
F	以有机纤维材料补强和石棉带补强的云母片制品、玻璃丝和石棉、玻璃漆布、以玻璃丝布和石棉纤维为基础的层压制品、以无机材料补强和石棉带补强的云母粉制品、化学热稳定性较好的聚酯和醇酸类材料、复合硅有机聚酯漆	155
H	无补强或以无机材料补强的云母制品、加厚的 F 级绝缘材料、复合云母、有机硅云母制品、硅有机漆、硅有机橡胶聚酰亚胺复合玻璃布、复合薄膜、聚酰亚胺漆等	180
C	耐高温有机黏合剂和浸渍剂及无机物，如石英、石棉、云母、玻璃和电瓷材料等	180

④ 机械强度。根据各种绝缘材料的具体要求，相应规定抗张、抗压、抗弯、抗剪、抗撕、抗冲击等各种机械强度指标。不同的绝缘材料还有各种不同的性能指标，如渗透性、耐油性、伸长率、收缩率、耐溶剂性和耐电弧等。

(3) 绝缘材料的分类代号。

固体绝缘材料按其应用或工艺特征分为 6 类，如表 3-12 所示。

表 3-12　固体绝缘材料的分类

分类代号	分类名称	分类代号	分类名称
1	漆、树脂和胶类	4	压塑料类
2	浸渍纤维制品类	5	云母制品类
3	层压制品类	6	薄膜、黏带和复合制品类

为了全面表示固体绝缘材料的类别、品种和耐热等级,用 4 位数字表示绝缘材料的型号。

第一位数字为分类代号,以表 3-12 中的分类代号表示。

第二位数字表示同一分类中的不同品种。

第三位数字为耐热等级代号。

第四位数字为同一种产品的顺序号,用以表示配方、成分或性能上的差别。例如,1031 和 1032 同属 B 级的浸渍漆,但 1031 为丁基酚醛醇酸漆,1032 为三聚氰胺醇酸浸渍漆。

由于云母的种类较多,因此,除白云母以外的其他云母制品还要在 4 位数字的后面加 1 位数字,1 表示粉云母制品,2 表示金云母制品,如 5438—1 表示环氧玻璃粉云母带,5450—2 表示有机硅玻璃金云母带。

2. 绝缘漆和绝缘胶

(1) 绝缘漆。

绝缘漆主要是以合成树脂或天然树脂等为漆基(成膜物质),与某些辅助材料(如溶剂、稀释剂、填料和颜料等)混合而成的。漆基在常温下的黏度很大或呈固体形态。溶剂和稀释剂用来溶解漆基,调节漆基的黏度和固体含量,它们在漆基的成膜和固化过程中逐渐挥发。而带有活性基因的活性稀释剂则不同,它能参与成膜反应,因此,它实际上是漆基的组成部分。填料、颜料及催化剂的用量少,但对漆基的性能有较大影响。

绝缘漆按用途可分为浸渍漆、漆包线漆、覆盖漆、硅钢片漆和防电晕漆等几类。

① 浸渍漆。浸渍漆主要用来浸渍电机、电器的线圈和绝缘零部件,以填充其间隙和微孔,提高其电气及力学性能,常用的有醇酸浸渍漆、三聚氰胺醇酸浸渍漆。这两种都是烘干漆,都具有较好的耐油性及耐电弧性,漆膜平滑有光泽。

② 覆盖漆。覆盖漆有清漆和磁漆两种,用来涂覆经浸渍处理后的线圈和绝缘零部件,在其表面形成连续而均匀的漆膜,作为绝缘保护层,以防止机械损伤和受大气、润滑油、化学药品的侵蚀。

(2) 绝缘胶。

绝缘胶是一种无溶剂可聚合液体树脂体系。它以液体(或可流动的糊状物)形态施用于电气部件,经适当方法固化后,可对该电气部件提供电气、机械和环境保护。这类材料可由一种或几种化学成分构成,其成分中可以含有较多填料,也可以不含填料。它在使用前的状态可以是液体,也可以是半固体或固体。但在使用时必须是具有较好的流动性的液体或糊状物,在加热或室温下固化成坚实的固体绝缘物。

绝缘胶广泛应用于浇注 20kV 及以下电流互感器、10kV 及以下电压互感器、某些干式变压器、电缆终端和连接盒、密封电子元器件和零部件等。它的特点是适形性和整体性好,能提高产品的耐潮、导热和电气性能。绝缘胶可分为电器浇注胶和电缆浇注胶两种。常用的电缆浇注胶有环氧树脂型、沥青型和松香酯型 3 类。

3. 纤维制品

(1) 浸渍纤维制品。

① 漆布。漆布或漆带主要用于电机、电器的衬垫和线圈的绝缘,常用的是 2432 醇酸玻璃漆布,它有良好的电气性能、耐油性、防霉性,可用于油浸变压器和油断路器等线圈的绝缘,耐热等级为 B 级。

使用漆布时,要包绕严密,不可出现皱褶和气囊,更不能出现机械损伤,以免影响其电气性能。当漆布和浸渍漆用在一起时,要注意两者的相容性。

② 漆管。漆管也称黄蜡管,可代替油性漆管,用作电机、电器的引出线和连接线的绝缘套管,常用的有 2730 醇酸玻璃漆管,它具有良好的电气性能和机械性能,耐油性、耐热性、耐潮性好,但弹性稍差。

(2) 绝缘纤维制品。

常用的绝缘纤维制品有绝缘纸、绝缘纸板、绝缘管及各种纤维织物。

① 绝缘纸。绝缘纸主要用作电力电缆、控制电缆和通信电缆的电缆纸,以及电信电缆绝缘的电话纸等。

② 绝缘纸板。绝缘纸板主要用于变压器,作为绝缘保护和补强材料。其中,硬钢纸板(白板)适宜作为电机、电器的支撑绝缘件或小电机槽楔。

③ 绝缘纱/带/绳/管。绝缘纱一般用于电线电缆中,绝缘带用于电机线圈的绑扎,绝缘管可用作电机、电器的引出线绝缘套管。

4. 层压制品

常用的层压制品有 3240 层压玻璃布板、3640 层压玻璃布管、3840 层压玻璃布棒。它们都能作为电机、电器的绝缘零件,且有较好的电气和机械性能,耐热、耐潮性能良好。

5. 其他绝缘材料

(1) 云母制品。

云母制品主要有白云母和金云母两种原料,常用的有 5434 醇酸玻璃云母带及 5438—1 环氧玻璃粉云母带,均有良好的电气和机械性能,适宜用作电机、电器线圈的绝缘和衬垫。

(2) 电瓷材料。

电瓷材料具有良好的绝缘性能和化学稳定性,并有较高的热稳定性和较好的机械强度,常用来制造高、低压绝缘子和低压电器绝缘瓷件。

(3) 薄膜。

常用的薄膜有 6020 聚酯薄膜,它有良好的电气性能和机械强度,质地柔软,适用于电机槽的绝缘、匝间绝缘和相间绝缘及其他电工产品线圈的绝缘。

(4) 电工橡胶。

电工橡胶分天然橡胶和合成橡胶两类。天然橡胶柔软,富有弹性,但易燃、易老化、不耐油,一般用于户内,作为电线电缆的绝缘层和护层。常用的合成橡胶是氯丁橡胶和丁腈橡胶,其耐油性能好,但电气性能不高,只用作引出线套管、衬垫等绝缘材料和保护材料。

(5) 电工塑料。

常用的电工塑料有 ABS 和尼龙 1010 两种,前者适用于各种结构零件,也用作电动工具的引出线的护套或外壳、支架等;后者宜用于绝缘套、插座、线圈骨架、接线板等零件。

(6) 绝缘包扎带。

绝缘包扎带有黑胶布带和聚氯乙烯带两种,主要用于包缠电线和电缆接头。聚氯乙烯带还能制成不同颜色。

3.3.3　常用磁性材料

在外界磁场作用下,能呈现出强弱不同磁性的材料称为磁性材料,它通常可分为软磁材料和硬磁材料(永磁材料)两大类。

1. 软磁材料

软磁材料的主要特点是磁导率高,剩磁低。这类材料在较低的外磁场作用下就能产生较高的磁感应强度,并随外磁场的升高而很快达到磁饱和。当去掉外磁场后,它的磁性基本消失。常用软磁材料的主要特点及用途如表 3-13 所示。

表 3-13 常用软磁材料的主要特点及用途

名称		主要特点	用途
硅钢片		与电工用纯铁相比,其电阻率增高、铁损降低、磁时效基本消除;但导热系数降低、硬度提高、脆性增加	用作电机、变压器、继电器、互感器、开关等产品的铁芯
铁镍合金		与其他软磁材料相比,它在低磁场下的磁导率高,矫顽力小,但对应力比较敏感	用于频率在1MHz以下的低磁场中工作的元器件
铁铝合金		与铁镍合金相比,其电阻率高、密度小,但磁导率低,随着铝含量的增加,硬度和脆性增大,塑性变差	用于在低和高磁场下工作的元器件
铁氧体		烧结体,电阻率非常高,但饱和磁感应强度低,温度稳定性较好	用于高频或高频率范围内的电磁元器件
其他软磁材料	铁钴合金	饱和磁感应强度特别高,饱和磁致伸缩系数和居里温度高,但电阻率低	用作航空元器件的铁芯、电磁铁磁极、换能器等
	恒导磁合金	在一定的磁感应强度、温度和频率范围内,磁导率基本不变	用作恒电感和脉冲变压器等的铁芯
	磁温度补偿合金	居里温度低,在环境温度范围内,磁感应强度随温度升高而急剧近似线性地降低	用于磁温度补偿元器件

(1) 硅钢片。

硅钢片是在铁中掺入 0.8%~4.5% 的硅制成的。掺入硅后可以降低损耗,含硅越多,损耗越低。但含硅多时钢片脆硬,不易加工。按照制造工艺的不同,硅钢片可分为热轧硅钢片、冷轧无取向硅钢片、冷轧晶粒取向硅钢片。20 世纪六七十年代,我国生产的硅钢片主要是热轧硅钢片,由于其铁损耗较高,导磁性能相应比较差,且铁芯叠装系数低,2003 年起已停止生产。常见硅钢片的分类、用途和标称尺寸如表 3-14 所示。

(2) 软磁合金。

软磁合金可分铁镍合金和铁铝合金两大类。铁镍合金又称坡莫合金,是由铁、镍(也有的含钼)等金属粉末制成的磁导率很高的磁性材料。铁铝合金是一种新型的软磁材料,用来取代铁镍合金,可以节约贵金属镍。一般要求在磁化电流很小的条件下得到较大的磁密度时,采用软磁合金作为铁芯。软磁合金常用于小型元器件,如高准确度等级的仪表、电流互感器、灵敏继电器、磁放大器等。

(3) 铁氧体软磁材料。

铁氧体软磁材料是由氧离子和金属离子组成的尖晶石结构的氧化物,是复合氧化物烧结体,是一种用陶瓷工艺制作的非金属磁性材料。它的电阻率高($0.1 \sim 10^4 \Omega \cdot m$),高频磁场中的涡流损耗低,特别适合于制造高频或较高频率范围的电磁元器件。常用的铁氧体软磁材料有 Mn-Zn、Ni-Zn、Mn-Mg 等尖晶石型及含钡的平面型六角晶系铁氧体,磁导率和饱和磁感应强度低、矫顽力小、化学稳定性好、价格低廉,广泛应用于无线电、微波和脉冲技术中,用于制作各类高频电感和变压器磁芯、录音录像用磁头、电波吸收材料、磁传感器及毫米波导磁材料等。

表 3-14 常见硅钢片的分类、用途和标称尺寸

分类		合金等级	含硅量/%	新牌号/旧牌号	公称厚度 mm	厚度允许偏差 mm	同板差允许值 mm	公称宽度×公称长度/mm	宽度偏差/mm	长度偏差/mm	主要用途
热轧硅钢片	热轧电机硅钢片	低硅	≤2.8	DR/D2, D3, D4	0.5	±0.05	0.06	600×1 200 670×1 340 750×1 500 810×1 620 860×1 720 900×1 800 1 000×2 000	≤+8 /750 >+10 /750	≤+25 /1 500 >+30 /1 500	大、中、小型直流电机,中、小型交流电机,微特电机,扼流圈
		高硅	>2.8								
	热轧变压器钢片	高硅	3.1~4.55	DR/D3, D4	0.35	±0.04	0.05				大型交流电机、电力变压器、互感器、调压器、电抗器、磁放大器
	中磁场	高硅	3.81~4.8	DH41	0.2	±0.02	0.04				交音频变压器、音频变流机、电信工业
	低磁场			DR41	0.1	±0.02	0.03				
	高磁场			DG41	0.35	—	—				
冷轧钢带(片)	冷轧无取向电工钢带(片)	—	1.5 2.5 3.0	DW/OD	0.65 0.50 0.35	±0.06 ±0.05 ±0.03	0.04 0.03 0.02	双方协议	上偏差+1.0 下偏差0	上偏差+10 下偏差0	发电机、电动机
	冷轧取向电工钢带(片)	—	2.8~3.5	DQ	0.30 0.27 0.25	±0.03 ±0.03 ±0.03	0.03 0.03 0.03				巨型发电机、电力变压器、电信工业

注：新牌号表示的意义——DR 表示电工用热轧硅钢片；G 表示频率为 400Hz 时在高磁场下检验的钢片，不含"G"牌号表示频率为 50Hz 时在高磁场下检验的钢片，如牌号 DR280—35 即厚度为 0.35mm 的热轧硅钢薄片；DW 表示冷轧无取向电工钢带(片)，如牌号 DW410—35 表示厚度为 0.35mm 的冷轧无取向电工钢带(片)；DQ 表示冷轧取向电工钢带(片)。

2. 永磁材料

永磁材料的磁滞回线宽而厚，它最大的特点是经过饱和磁化后，具有较高的剩磁和较大的矫顽力，磁滞回线面积大。去掉外磁场后，永磁材料仍能在较长时间内保持强而稳定的磁性。

按制造工艺及应用的不同，永磁材料可分为铝镍钴系列、铁氧体、稀土钴和塑性变形永磁材料及新开发的钕铁硼、黏结等永磁材料。

(1) 铝镍钴系列永磁材料。

铝镍钴系列永磁材料是一种金属永磁材料。此类材料按制造工艺和合金组合的特点可分为铸造铝镍钴合金永磁材料和粉末烧结铝镍钴合金永磁材料。它具有较高的剩磁、很低的磁感应温度系数和较高的居里温度，其矫顽力和最大磁能积在永磁材料中居中等以上水平，且组织结构稳定，是工业电机、电器中应用很广的永磁材料，一般应用于磁电式仪表、微电机、永磁电机、扬声器、传感器、磁性支座、微波器件等。

(2) 铁氧体永磁材料。

铁氧体永磁材料是一类氧化物永磁材料,与铝镍钴系列永磁材料相比,其矫顽力很大,回复磁导率较低,剩磁和化学稳定性好,时效变化小,温度系数高。它的最大磁能积不大,但最大回复磁能积较大,耐机械冲击能力弱。铁氧体永磁材料适合用作在动态条件下工作的永磁体,如各类永磁电机、永磁点火电机、磁疗机械、永磁选矿机、吸附用磁分离器、永磁吊头、磁推轴承、扬声器、受话器、磁控管、微波器件等。但因其剩磁低,磁感应温度系数较高而不宜用于电工测量仪表中。

(3) 稀土钴永磁材料。

稀土钴永磁材料是由部分稀土金属和钴形成的一种金属间的化合物。这类化合物的磁晶各向异性常数极大($10^6 \sim 10^7 \mathrm{J} \cdot \mathrm{m}^{-1}$),是具有优良性能的永磁材料,常见的有钐钴、镨钴、镨钐钴、混合稀土钴及铈钴铜等。它的矫顽力和最大磁能积是现有永磁材料中最大的,适宜制作微型或薄片状永磁体。此类材料与铝镍钴系列永磁材料相比,其居里温度低,磁感应温度系数较高,不宜在高于 200℃ 温度的环境下工作,且价格较昂贵。稀土钴永磁材料只有各向异性系列,制作成型时所施外磁场方向上的磁性能较好。稀土钴永磁材料宜用于低转速电机、启动电机、力矩电机、精密磁电式仪表、行波管、传感器、磁性轴承、助听器、扩音器、医疗设备、电子聚焦装置等。

(4) 钕铁硼永磁材料。

钕铁硼合金是一种新型稀土铁永磁材料,又称第三代稀土永磁,其磁性能是当今永磁材料中最好的,该材料资源丰富、价廉、相对成本低。钕铁硼永磁材料的剩磁(B_r)可达 1.0T 以上,矫顽力(H_c)可达 $800\mathrm{A} \cdot \mathrm{m}^{-1}$ 以上,最大磁能积在 $131\mathrm{kJ} \cdot \mathrm{m}^{-3}$ 以上,机械强度比其他永磁材料的高。用钕铁硼永磁体制作的电机,在功率、功率因数和效率等方面都有大幅度的提高。在电机励磁结构方面,钕铁硼永磁体结构将进一步取代传统的电机励磁结构及铝镍钴磁钢和永磁铁氧体。

(5) 黏结永磁材料。

黏结永磁材料是用黏结剂(橡胶或塑料)与某种永磁材料(如铝镍钴合金、铁氧体永磁、稀土钴永磁、钕铁硼合金)的粉末(磁粉)混合制成的复合永磁材料。与烧结或铸造磁体相比,其成品率高,成本低,宜大批量生产,材料可再利用,且尺寸精度高,不需要二次加工,机械特性好,磁性均匀,一致性好。黏结永磁材料能制作成形状复杂的、细的或薄的磁体,可与其他部件一体形成,也可制成径向取向磁体和多极充磁。

目前,常见的黏结永磁材料有黏结铁氧体和黏结稀土永磁两类。黏结铁氧体主要用于冰箱磁性门封、教具、玩具、音响设备和笛簧接点元件及微型电机等。黏结稀土永磁主要用于旋转电机、音响设备、测量通信设备及某些日用品。

3.3.4 导线连接实训

1. 实训目的

(1) 了解一般导线连接的特点和基本要求。
(2) 了解导线绝缘恢复的方法。
(3) 掌握导线连接与绝缘恢复的技能。

2. 实训要求

(1) 完成导线的剖削。

(2) 完成单股导线的"一字形"连接、"T 字形"连接。

(3) 完成多股导线的"一字形"连接、"T 字形"连接。

(4) 完成导线的绝缘恢复。

3. 实训材料

常用电工工具、1mm² 单股铜芯导线、1mm² 7 股铜芯导线、电工绝缘胶带。

4. 导线连接和绝缘恢复

1) 导线连接

导线连接是电工作业的一项基本工序,也是一项十分重要的工序。导线连接的质量直接关系到整个线路能否安全可靠地长期运行。

对导线连接的基本要求:连接牢固可靠、接头电阻小、机械强度高、耐腐蚀、耐氧化、电气绝缘性能好。

(1) 单股铜芯导线的"一字形"连接。

① 剖削绝缘层,把两线头的芯线成 X 形交叉,互相绞接 2~3 圈,如图 3-16(a)所示。

② 扳直两线头,如图 3-16(b)所示。

③ 将两线头分别贴紧芯线并缠绕 6~8 圈,用钢丝钳切去多余的芯线,并钳平切口,如图 3-16(c)所示。

(2) 单股铜芯导线的"T 字形"连接。

① 将支路芯线的线头与干路芯线十字交叉,支路芯线根部留出 3~5mm,如图 3-17(a)所示。

② 按顺时针方向将干路芯线缠绕一圈,并环绕成结状,收紧线端向干路芯线并缠绕 6~8 圈,用钢丝钳切去余下的芯线,并钳平芯线末端,如图 3-17(b)所示。

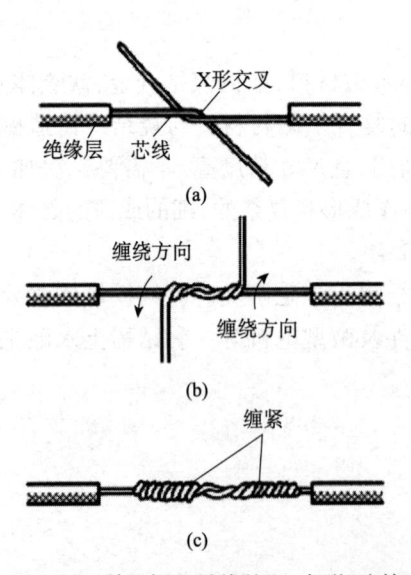

图 3-16 单股铜芯导线的"一字形"连接

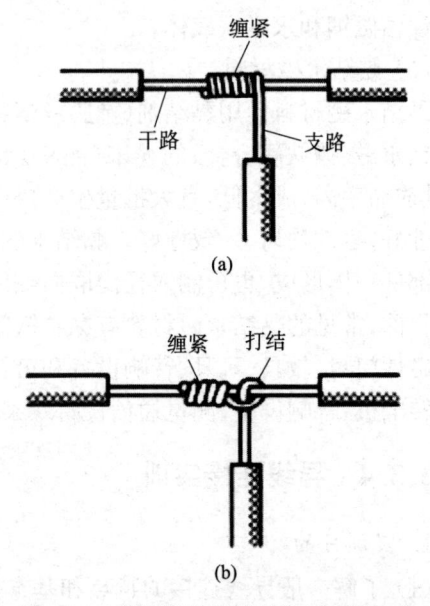

图 3-17 单股铜芯导线的"T 字形"连接

(3) 7股铜芯导线的"一字形"连接。

① 将剥去绝缘层的多股芯线拉直,将其靠近绝缘层的约1/3芯线绞合拧紧,而将其余约2/3芯线呈伞状散开,对另一根需要连接的导线芯线也做如此处理,如图3-18(a)所示。

② 将两伞状芯线相对着互相插入后捏平,如图3-18(b)所示。

③ 将每边的芯线线头按2、2、3分为3组,先将一边的第一组线头翘起并紧密缠绕在芯线上,如图3-18(c)所示。

④ 将第二组线头翘起并紧密缠绕在芯线上,如图3-18(d)所示。

⑤ 将第三组线头翘起并紧密缠绕在芯线上,如图3-18(e)所示。

⑥ 以同样的方法缠绕另一边的线头,并钳平芯线末端。

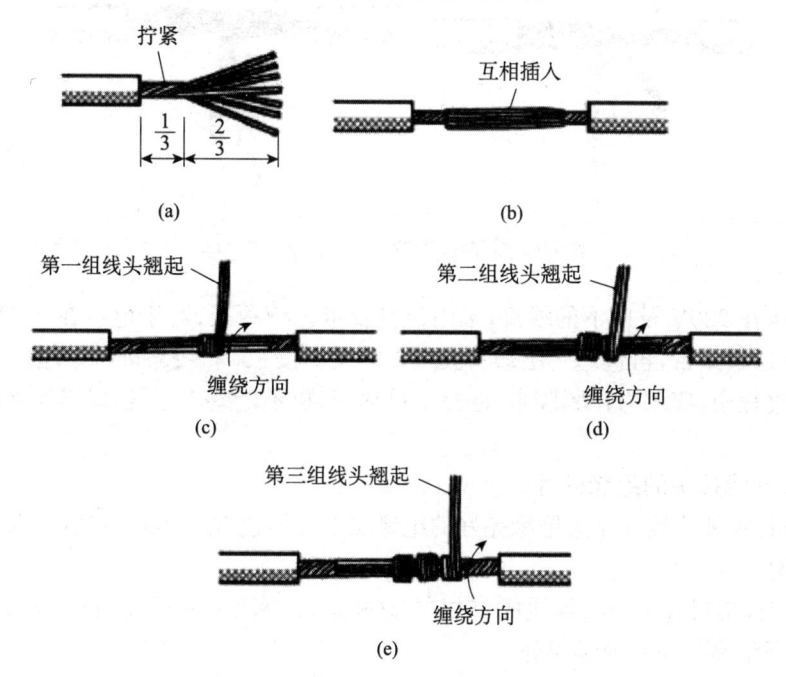

图3-18　7股铜芯导线的"一字形"连接

(4) 7股铜芯导线的"T字形"连接。

① 将支路芯线靠近绝缘层的约1/8芯线绞合拧紧,而将其余约7/8芯线分为两组,如图3-19(a)所示。

② 将一组芯线插入干路芯线,另一组放在干路芯线前面,并朝右边缠绕4～5圈,如图3-19(b)所示。

③ 将插入干路芯线的那一组芯线朝左边缠绕4～5圈,如图3-19(c)所示。

④ 钳平芯线末端。

2) 绝缘恢复

为了进行连接,导线连接处的绝缘层已被去除。导线连接完成后,必须对已被去除绝缘层的部位进行绝缘处理,以恢复导线的绝缘性能,恢复后的绝缘强度应不低于导线原有的绝缘强度。

导线连接处的绝缘处理通常采用绝缘胶带进行缠裹包扎。一般电工常用的绝缘胶带有黄蜡带、涤纶薄膜带、黑胶布带、塑料胶带、橡胶胶带等。绝缘胶带的宽度通常为20mm,使用较为方便。

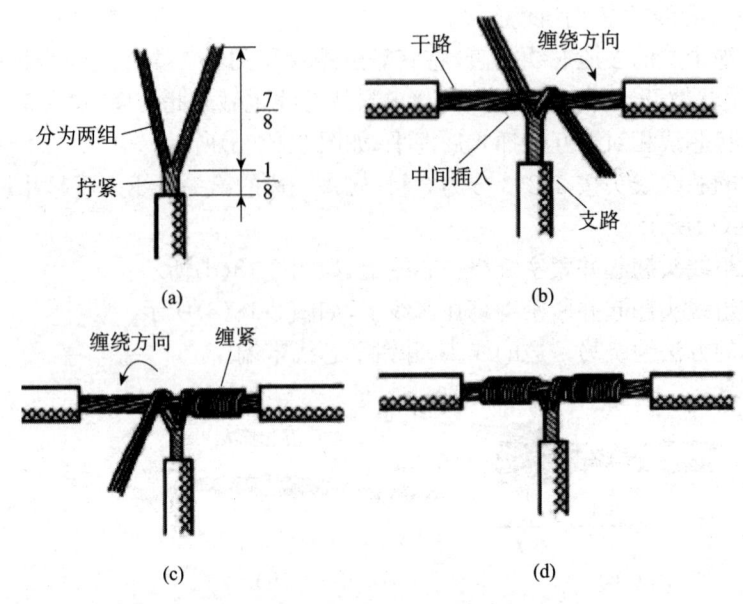

图 3-19 7 股铜芯导线的"T 字形"连接

对于电压在 220V 及以下的线路,采用塑料胶带包缠两层;对于电压在 220V 以上的线路,先包缠一层黄蜡带,再包缠一层塑料胶带。本实训按 220V 线路进行处理。

在包缠过程中,应用力拉紧胶带,注意不可稀疏,更不能露出芯线,以确保绝缘强度和用电安全。

(1)一般导线接头的绝缘处理。

① 将塑料胶带从接头左边绝缘完好的绝缘层上开始包缠,包缠两圈后进入去除了绝缘层的芯线部分。

② 包缠时,塑料胶带应与导线成 55°左右倾斜角,每圈压叠胶带宽度的 1/2,直至包缠到接头右边两圈距离的完好绝缘层处。

③ 将塑料胶带连接在第一层绝缘胶带的尾端,按另一斜叠方向从右向左包缠,仍每圈压叠胶带宽度的 1/2,直至将第一层塑料胶带完全包缠住。

一般导线接头的绝缘处理如图 3-20 所示。

(2)"T 字形"分支接头的绝缘处理。

导线分支接头的绝缘处理的基本方法同上。"T 字形"分支接头的绝缘处理如图 3-21 所示,走一个"T 字形"的来回,使每根导线上都包缠两层绝缘胶带,每根导线都应包缠到完好绝缘层的 2 倍胶带宽度处。

5. 实训步骤

(1)练习用剥线钳、钢丝钳剖削导线绝缘层。

(2)对单股铜芯导线进行"一字形"连接与"T 字形"连接。

(3)对 7 股铜芯导线进行"一字形"连接与"T 字形"连接。

(4)恢复导线的绝缘层。

(5)指导教师检查导线连接情况。

(6)完成实训报告。

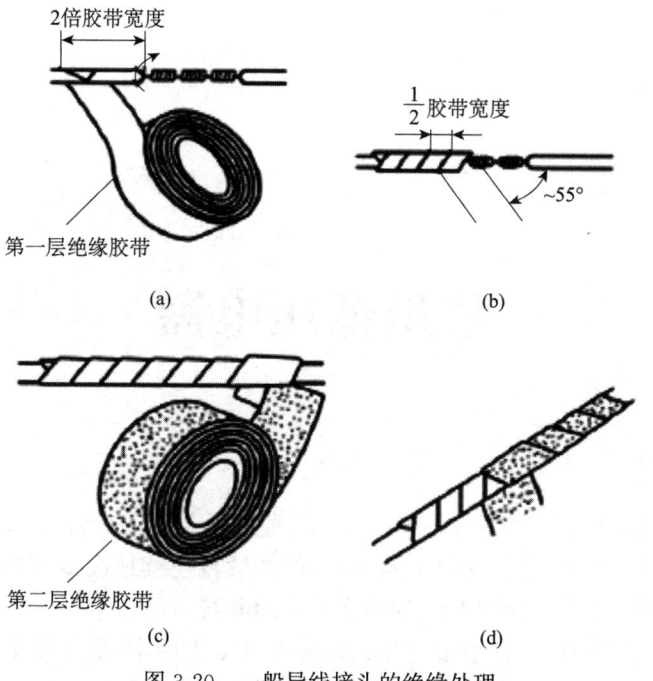

图 3-20 一般导线接头的绝缘处理

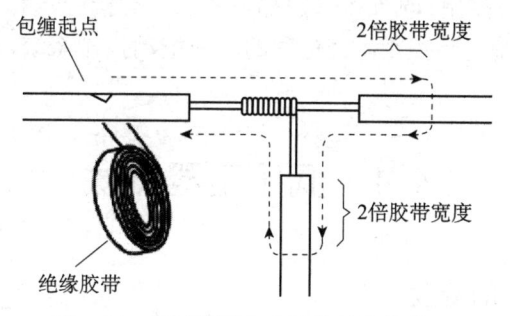

图 3-21 "T 字形"分支接头的绝缘处理

第4章 常用低压电器

低压电器是指工作在交流额定电压1 200V、直流额定电压1 500V及以下的电路中,根据外界施加的信号和要求,通过手动或自动方式,断续或连续地改变电路参数,实现对电路或非电对象的切换、控制、检测、保护、变换和调节的电器。

低压电器广泛应用在工业、农业、交通、国防及日常生活中,低压供电的输送、分配和保护是依靠刀开关、自动开关及熔断器等低压电器实现的。而低压电力的使用则是将电能转换为其他能量,过程中的控制、调节和保护都是依靠各类接触器和继电器等低压电器完成的。无论是低压供电系统还是控制生产过程的电力拖动控制系统,均由用途不同的各类低压电器组成。

4.1 低压电器概述

4.1.1 低压电器的分类

低压电器的种类繁多,按其结构、用途和所控制对象的不同,可以有不同的分类方式,常用的分类方式有以下3种。

1. 按用途和所控制对象的不同,低压电器分为配电电器和控制电器

(1) 用于低压电力网的配电电器。

用于低压电力网的配电电器包括刀开关、转换开关、空气断路器和熔断器等。对配电电器的主要技术要求是断流能力强、限流效果好,在系统发生故障时保护动作准确,工作可靠,有足够的热稳定性和动稳定性。

(2) 用于电力拖动及自动控制系统的控制电器。

用于电力拖动及自动控制系统的控制电器包括接触器、启动器和各种控制继电器等。对控制电器的主要技术要求是操作频率高、使用寿命长,且有相应的转换能力。

2. 按操作方式的不同,低压电器分为自动电器和手动电器

(1) 自动电器。

通过电磁(或压缩空气)操作来完成接通、分断、启动、反向和停止等动作的电器称为自动电器。常用的自动电器有接触器、继电器等。

(2) 手动电器。

通过人力做功直接操作来完成接通、分断、启动、反向和停止等动作的电器称为手动电器。常用的手动电器有刀开关、转换开关和主令电器等。

3. 按工作原理的不同,低压电器分为非电量控制电器和电磁式电器

(1) 非电量控制电器。

非电量控制电器是靠外力或某种非电物理量的变化而动作的低压电器,如行程开关、按钮、速度继电器、压力继电器和温度继电器等。

(2) 电磁式电器。

电磁式电器是根据电磁感应原理工作的低压电器,如接触器、各类电磁式继电器等。电磁式电器在低压电器中占有十分重要的地位,在电气控制系统中应用最为普遍。

另外,低压电器按工作条件还可划分为一般工业电器、船用电器、化工电器、矿用电器、牵引电器及航空电器等几类,对不同类型低压电器的防护形式、耐潮湿、耐腐蚀、抗冲击等性能的要求不同。

4.1.2 电磁式电器的基本知识

在结构上,电器一般都具有两个基本组成结构,即检测部分和执行部分。检测部分接收外界输入的信号,通过转换、放大与判断做出一定的反应,使执行部分动作,输出相应的指令,达到控制的目的。对于有触点的电磁式电器,检测部分是电磁机构,执行部分是触点系统。

1. 电磁机构

电磁机构由吸引线圈、铁芯和衔铁组成,其结构形式按衔铁的运动方式可分为直动式和拍合式两种。图 4-1 所示为电磁机构的常用结构形式。其中,图 4-1(a)、(b)所示为直动式电磁机构,图 4-1(c)所示为拍合式电磁机构。

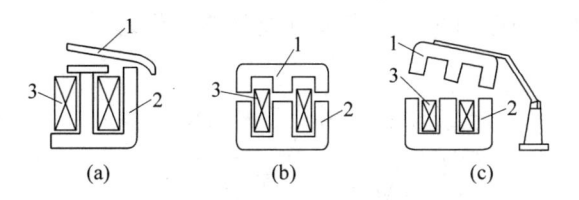

1—衔铁;2—铁芯;3—吸引线圈。

图 4-1 电磁机构的常用结构形式

吸引线圈的作用是将电能转换为磁能,即产生磁通;衔铁在电磁吸力的作用下产生机械位移,使铁芯吸合。根据吸引线圈在电路中的连接方式,它可分为串联线圈(电流线圈)和并联线圈(电压线圈)。串联线圈串接在电路中,流过的电流大,为减小对电路的影响,线圈的导线粗、匝数少、阻抗较低。并联线圈并联在电路中,为减小分流作用和对原电路的影响,需要较高的阻抗,因此线圈的导线细、匝数多。

(1) 直流电磁铁和交流电磁铁。

按吸引线圈所通电流性质的不同,电磁铁可分为直流电磁铁和交流电磁铁。

直流电磁铁由于通入的是直流电,其铁芯不发热,只有线圈发热,因此,吸引线圈与铁芯

接触以利于散热,吸引线圈制作成无骨架、高而薄的瘦高型,以改善吸引线圈自身的散热性能。铁芯和衔铁由软钢和工程纯铁制成。

交流电磁铁由于通入的是交流电,铁芯中存在磁滞损耗和涡流损耗,线圈和铁芯都发热,因此,交流电磁铁的吸引线圈设有骨架,使铁芯与线圈隔离并将线圈制成短而厚的矮胖型,这样做有利于铁芯和线圈的散热。铁芯用硅钢片叠加而成,以降低涡流损耗。

电磁铁工作时,吸引线圈产生的磁通作用于衔铁,产生电磁吸力,使衔铁产生机械位移。衔铁在复位弹簧的作用下复位。因此,作用在衔铁上的力有两个:电磁吸力与反力。电磁吸力由电磁机构产生,而反力则由复位弹簧和触点弹簧产生。铁芯吸合时要求电磁吸力大于反力,即衔铁位移的方向与电磁吸力方向相同;衔铁复位时要求反力大于电磁吸力。直流电磁铁的电磁吸力公式为

$$F = 4B^2 S \times 10^5 \tag{4-1}$$

式中,F 为电磁吸力(N);B 为气隙磁感应强度(T);S 为磁极截面积(m^2)。

由式(4-1)可知,在吸引线圈中通以直流电时,B 不变,F 为恒值;在吸引线圈中通以交流电时,磁感应强度为交变量,即

$$B = B_m \sin\omega t \tag{4-2}$$

由式(4-1)和式(4-2)可得

$$\begin{aligned} F &= 4B^2 S \times 10^5 \\ &= 4S \times 10^5 B_m^2 \sin^2\omega t \\ &= 2B_m^2 S(1 - \cos^2\omega t) \times 10^5 \\ &= 2B_m^2 S \times 10^5 - 2B_m^2 S \times 10^5 \cos^2\omega t \end{aligned} \tag{4-3}$$

由式(4-3)可知,交流电磁铁的电磁吸力在 0(最小值)~F_m(最大值)之间变化,其吸力曲线如图 4-2 所示。在一个周期内,当电磁吸力的瞬时值大于反力时,铁芯吸合;当电磁吸力的瞬时值小于反力时,铁芯释放。因此,电源电压变化一个周期,电磁铁吸合两次、释放两次,使电磁机构产生剧烈的振动和噪声,因而不能正常工作。

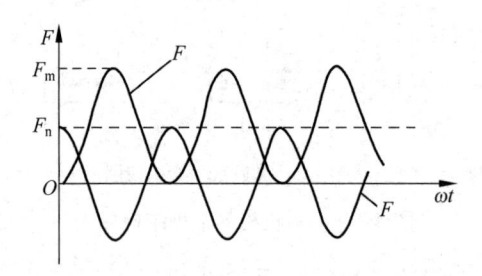

图 4-2 交流电磁铁的吸力曲线

(2)短路环的作用。

为了消除交流电磁铁产生的振动和噪声,在铁芯的端面开一个小槽,在槽内嵌入铜制短路环,如图 4-3 所示。加上短路环后,磁通被分成大小相近、相位相差约 90°电角度的两相磁通 ϕ_1 和 ϕ_2,因此两相磁通不会同时为零。由于电磁吸力与磁通的平方成正比,因此,由两相磁通产生的合成电磁吸力较为平坦,在电磁铁通电期间,电磁吸力始终大于反力,使铁芯牢牢吸合,这样就消除了振动和噪声。

1—衔铁；2—铁芯；3—线圈；4—短路环。

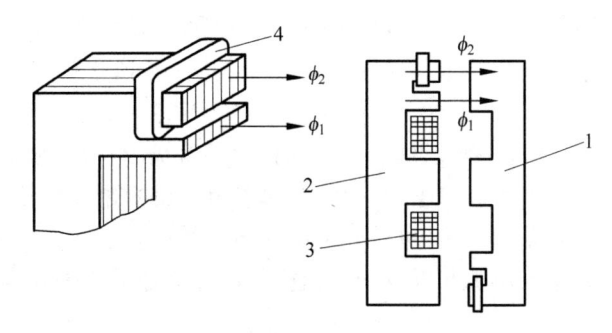

图 4-3　交流电磁铁的短路环

2. 触点系统

触点是电磁式电器的执行部分，电器就是通过触点的动作来分合被控制的电路的。触点在闭合状态下，当动、静触点完全接触，并有工作电流通过时，称为电接触。电接触的情况将影响触点的工作可靠性和使用寿命。影响电接触工作情况的主要因素是触点的接触电阻，接触电阻大易使触点发热而温度升高，从而易使触点产生熔焊现象，这样既影响触点的工作可靠性又缩短了触点的使用寿命。触点的接触电阻不仅与触点的接触形式有关，还与接触压力、触点材料及表面状况有关。

触点主要有两种结构形式：桥式触点和指形触点，如图 4-4 所示。

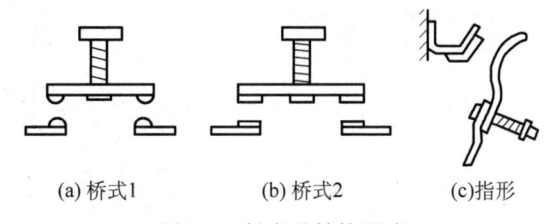

(a) 桥式1　　(b) 桥式2　　(c) 指形

图 4-4　触点的结构形式

触点的接触形式有点接触、线接触和面接触 3 种，如图 4-5 所示。

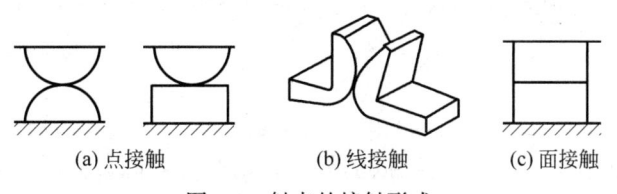

(a) 点接触　　(b) 线接触　　(c) 面接触

图 4-5　触点的接触形式

动、静触点闭合后，不可能是全部紧密地接触，从微观来看，只是在一些突出的凸起点存在有效接触，从而造成从一个导体到另一个导体的过渡区域。在过渡区域，电流只通过一些接触的凸起点，因而使这个区域的电流密度大大提升。另外，由于只是一些凸起点相接触，使有效导电面积减小，因此，该区域的电阻远远大于金属导体的电阻。这种由于动、静触点闭合时在过渡区域形成的电阻称为接触电阻。接触电阻的存在不仅会造成一定的电压损失，还会使铜耗升高，造成触点温升超过允许值。这样，触点在较高温度下很容易产生熔焊现象而使触点工作不可靠。因此,在实际中,应采取相应措施来减小接触电阻,限制触点的温升。

3. 电弧与灭弧方法

触点在通电状态下,当动、静触点脱离接触时,由于电场的存在,触点表面的自由电子大量溢出而产生电弧。电弧的存在既会烧损触点金属表面,缩短电器的使用寿命,又会延长电路的分断时间,因此,必须采取一定的措施,使电弧迅速熄灭。

常用的灭弧方法有增大电弧长度、冷却弧柱、把电弧分成若干短弧等。灭弧装置就是根据这些原理设计的。

(1) 电动力灭弧。

电动力灭弧示意图如图4-6所示。桥式触点在分断时,其本身就具有电动力灭弧功能,不用任何附加装置,便可使电弧迅速熄灭。这种灭弧方法多用于小容量交流接触器中。

(2) 磁吹灭弧。

在触点电路中串入磁吹线圈,如图4-7所示。该磁吹线圈产生的磁场由导磁夹板引向触点周围,其方向由右手定则确定(见图4-7中的⊕)。触点间的电弧产生的磁场方向为⊙。这两个磁场在弧柱下方方向相同(叠加),在弧柱上方方向相反(相减),因此,弧柱下方的磁场强于弧柱上方的磁场。在弧柱下方的磁场的作用下,电弧因受力而被吹离触点,经引弧角引进灭弧罩,使电弧熄灭。

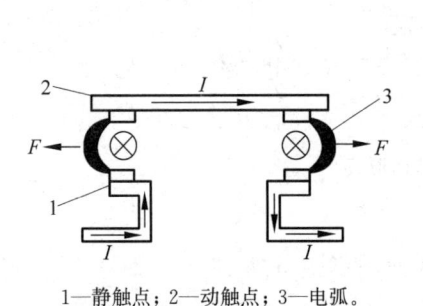

1—静触点;2—动触点;3—电弧。

图 4-6 电动力灭弧示意图

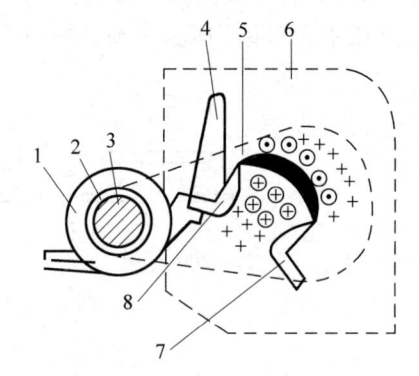

1—磁吹线圈;2—绝缘套;3—铁芯;4—引弧角;
5—导磁夹板;6—灭弧罩;7—动触点;8—静触点。

图 4-7 磁吹灭弧示意图

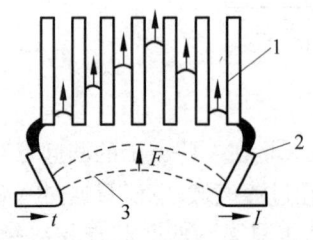

1—灭弧栅片;2—触点;3—电弧。

图 4-8 栅片灭弧示意图

(3) 栅片灭弧。

灭弧栅是一组薄铜片,它们彼此间相互绝缘,如图4-8所示。当电弧进入灭弧栅片后,被分割成一段段串联的短弧,而灭弧栅片就是这些短弧的电极。每两片灭弧栅片之间都有150~250V的绝缘强度,使整个灭弧栅的绝缘强度大大提升,以致外加电压无法维持,电弧迅速熄灭。此外,灭弧栅片还能吸收电弧热量,使电弧迅速冷却。基于上述原因,电弧进入灭弧栅片后会很快熄灭。由于栅片灭弧装置的灭弧效果在交流时比直流时好得多,因此,在交流电器中常采用栅片灭弧方法。

4.2 刀 开 关

刀开关是低压配电电器中结构最简单、应用最广泛的电器,主要用在低压成套配电装置中,用于不频繁地手动接通和分断交直流电路或作为隔离开关使用。刀开关也可以用于不频繁地接通与分断额定电流以下的负载,如小型电动机等。

4.2.1 刀开关的结构

刀开关的典型结构如图 4-9 所示,它由手柄、触刀、静插座、铰链支座和绝缘底板等组成。

刀开关按极数分为单极、双极和三极 3 种,按操作方式分为直接手柄操作式、杠杆操作机构式和电动操作机构式 3 种,按转换方向分为单投和双投两种,等等。

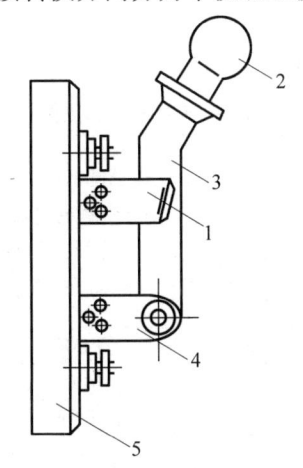

1—静插座;2—手柄;3—触刀;4—铰链支座;5—绝缘底板。

图 4-9 刀开关的典型结构

4.2.2 常用的刀开关

目前,常用的刀开关型号有 HD(单投)和 HS(双投)等系列。其中,HD 系列刀开关按现行标准应该称为 HD 系列刀形隔离器,而 HS 系列刀开关则称为 HS 系列双投刀形转换开关。在 HD 系列中,HD11、HD12、HD13、HD14 为旧型号,HD17 为新型号,产品结构基本相同,功能也相同。

HD 系列刀形隔离器和 HS 系列双投刀形转换开关主要用于交流 380V、50Hz 电力网路中,用于进行电源隔离或电流转换,是电力网路中必不可少的电器元件,常用于各种低压配电柜、配电箱、照明箱中。当其以下的电器元件或线路出现故障时,切断隔离电源就靠它来实现,以便对设备、电器元件进行修理和更换。HS 系列双投刀形转换开关主要用于转换电源,即当一路电源不能供电而需要另一路电源供电时,就由它来进行电源转换,当它处于中间位置时,可以起隔离作用。

刀开关的型号及其含义如图 4-10 所示。

为了使用方便和减小体积,在刀开关上安装熔体或熔断器,组成兼有通断电路和保护作用的开关电器,如胶盖刀开关、熔断器式刀开关等。

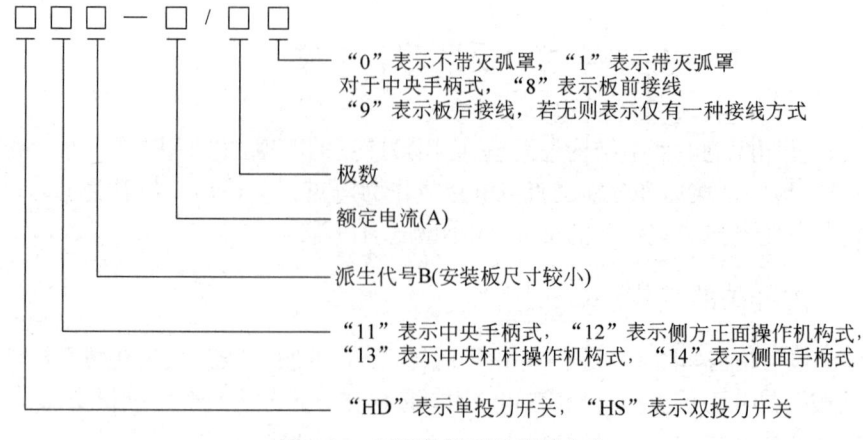

```
□□□-□/□□
         │  │
         │  └─ "0"表示不带灭弧罩，"1"表示带灭弧罩
         │     对于中央手柄式，"8"表示板前接线
         │     "9"表示板后接线，若无则表示仅有一种接线方式
         └── 极数
              额定电流(A)
              派生代号B(安装板尺寸较小)
              "11"表示中央手柄式，"12"表示侧方正面操作机构式，
              "13"表示中央杠杆操作机构式，"14"表示侧面手柄式
              "HD"表示单投刀开关，"HS"表示双投刀开关
```

图 4-10 刀开关的型号及其含义

HD17 系列刀开关的主要技术参数如表 4-1 所示。

表 4-1 HD17 系列刀开关的主要技术参数

额定电流/A	通断能力/A			在 AC 380V 和 60%额定电流下，刀开关的电气寿命/次	电动稳定性电流峰值/kA	1s 热稳定性电流/kA
	AC 380V cosφ= 0.72~0.8	DC $T=0.01\sim 0.011s$				
		220V	440V			
200	200	200	100	1 000	30	10
400	400	400	200	1 000	40	20
600	600	600	300	500	50	25
1 000	1 000	1 000	500	500	60	30
1 500	—	—	—	—	80	40

4.2.3 胶盖刀开关

胶盖刀开关即开启式负荷开关，适用于交流 50Hz，额定电压单相 220V、三相 380V，额定电流最大至 100A 的电路中，用于不频繁地接通和分断有负载电路与小容量电路的短路保护。其中，三极开关适当减小容量后，可作为小型感应电动机手动不频繁操作的直接启动及分断控制设备。胶盖刀开关常用的有 HK1 和 HK2 系列。

HK2 系列胶盖刀开关的主要技术参数如表 4-2 所示。

表 4-2 HK2 系列胶盖刀开关的主要技术参数

型号规格	额定电压/V	极数	额定电流/A	型号规格	额定电压/V	极数	额定电流/A
HK2—100/3	380	3	100	HK2—60/2	220	2	60
HK2—60/3	380	3	60	HK2—30/2	220	2	30
HK2—30/3	380	3	30	HK2—15/2	220	2	15
HK2—15/3	380	3	15	HK2—10/2	220	2	10

4.2.4 熔断器式刀开关

熔断器式刀开关即熔断器式隔离开关,是以熔断体或带有熔断体的载熔件作为动触点的一种隔离开关,常用的型号有 HR3、HR5、HR6 系列,主要用于额定电压 AC 660V(45～62Hz),额定发热电流最大至 630A,具有大短路电流的配电电路和电动机电路中,作为电源开关、隔离开关、应急开关,并用于电路保护,但一般不用于直接开关单台电动机。HR5、HR6 系列熔断器式刀开关中的熔断器为 NT 型低压高分断型熔断器。

HR5、HR6 系列熔断器式刀开关若配有熔断撞击器的熔断体,则当某极熔断体熔断时,撞击器弹出,辅助开关发出信号,实现断相保护。

熔断器式刀开关的型号及其含义如图 4-11 所示。

```
HR 5 — □/□□
         │  │└─ "0"表示无熔断信号装置型(配有熔断指示器的熔断体)
         │  │   "1"表示有熔断信号装置型(配有熔断撞击器的熔断体)
         │  └── 极数:"2"表示二极,"3"表示三极
         │      额定电流分 100A、200A、400A、630A 几种
         └───── 设计序号
                表示熔断器式刀开关
```

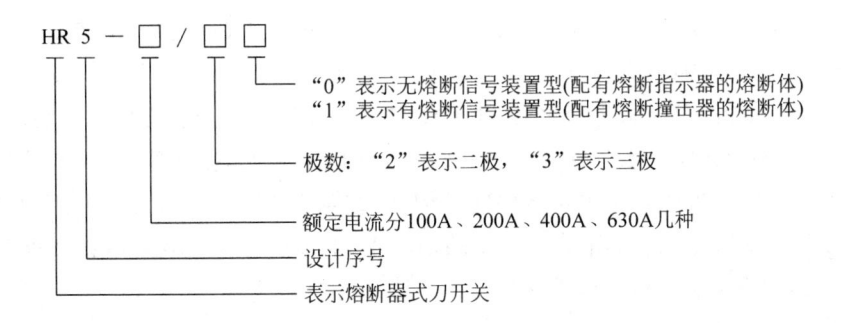

图 4-11 熔断器式刀开关的型号及其含义

HR5 系列熔断器式刀开关的主要技术参数如表 4-3 所示。

表 4-3 HR5 系列熔断器式刀开关的主要技术参数

额定电压/V	380		660	
约定发热电流/A	100	200	400	630
熔体电流/A	4～160	80～250	125～400	315～630
熔断体号	00	1	2	3

另外,还有封闭式负荷开关,即铁壳开关,常用的型号为 HH3、HH4 系列,适用于额定电压 380 V、额定电流最大至 400 A、频率 50Hz 的交流电路中,用于手动不频繁地接通和分断有负载的电路,并具有过载和短路保护作用。

4.2.5 刀开关的选用及图形、文字符号

刀开关的额定电压应等于或高于电路额定电压,其额定电流应等于(在开启和通风良好的场合)或稍大于(在封闭的开关柜内或散热条件较差的工作场合,一般选 1.15 倍)电路额定电流。在开关柜内使用刀开关还应考虑操作方式,如杠杆式操作机构、旋转式操作机构等。当用刀开关控制电动机时,其额定电流要大于电动机额定电流的 3 倍。

刀开关的图形和文字符号如图 4-12 所示。

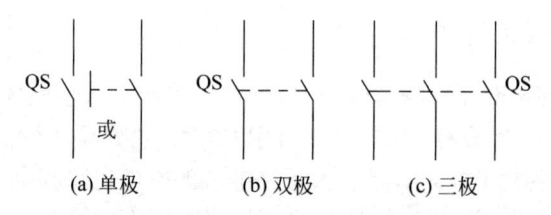

(a) 单极　　(b) 双极　　(c) 三极

图 4-12　刀开关的图形和文字符号

4.3　组 合 开 关

组合开关又称转换开关，也是一种刀开关。不过它的刀片（动触片）是转动式的，比刀开关轻巧而且组合性强，能组成各种不同的线路。

组合开关有单极、双极和三极之分，由若干动触点及静触点分别安装在数层绝缘件内组成，动触点随手柄旋转而变更其通断位置；顶盖部分由滑板、凸轮、扭簧及手柄等零件构成操作机构。由于该操作机构采用了扭簧储能结构，因此能快速闭合及分断开关，使开关闭合和分断的速度与手动操作无关，增强了产品的通断能力。组合开关结构示意图如图 4-13 所示。由图 4-13 可知，静止时虽然触点位置不同，但当手柄转动 90°时，3 对动、静触点均闭合，接通电路。

常用的组合开关有 HZ5、HZ10 和 HZW（3LB、3ST1）系列，其中，HZW 系列主要用于三相异步电动机带负荷启动、转向，以及主电路和辅助电路转换，可全面代替 HZ10、HZ12、LW5、LW6、HZ5—S 等系列组合开关。

HZW1 组合开关采用组合式结构，由定位系统、限位系统、接触系统及面板手柄等组成。接触系统采用桥式双断点结构。绝缘基座分为 1～10 节，共 10 种，定位系统采用棘爪式结构，可获得 360°旋转范围内的 90°、60°、45°、30°定位，相应实现 4 位、6 位、8 位、12 位的开关状态。

组合开关的型号及其含义如图 4-14 所示。

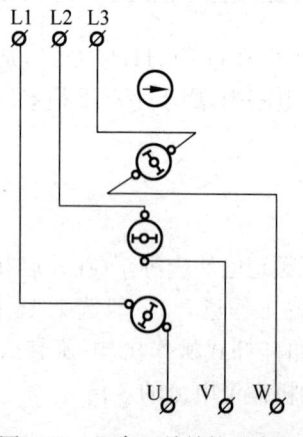

图 4-13　组合开关结构示意图 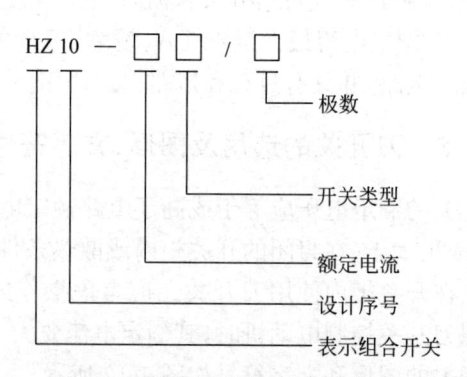　　　图 4-14　组合开关的型号及其含义

HZ10 系列组合开关的主要技术参数如表 4-4 所示。

表 4-4　HZ10 系列组合开关的主要技术参数

型号	用途	AC/A 接通	AC/A 断开	DC/A 接通	DC/A 断开	次数
HZ10—10(单极,双极,三极)	作为配电电器使用	10	10	10		10 000
HZ10—25(双极,三极)	作为配电电器使用	25	25	25		15 000
HZ10—60(双极,三极)	控制交流电动机	60	60	60		5 000
HZ10—10(三极)	控制交流电动机	60	10	—	—	5 000
HZ10—25(三极)	控制交流电动机	150	25	—	—	5 000

组合开关的图形和文字符号如图 4-15 所示。

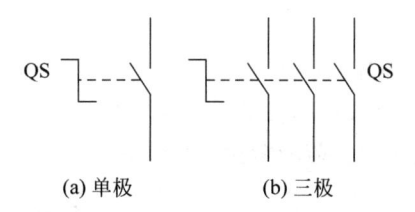

(a) 单极　　　　(b) 三极

图 4-15　组合开关的图形和文字符号

4.4　熔　断　器

熔断器是一种广泛应用的简单有效的保护电器,在电路中用于过载与短路保护,具有结构简单、体积小、质量轻、使用维护方便、价格低廉等优点。熔断器的主体是由低熔点的金属丝或金属薄片制成的熔体,串联在被保护的电路中。在正常情况下,熔体相当于一根导线,当发生短路或过载故障时,电流很大,熔体因过热熔化而切断电路。

4.4.1　熔断器的结构和工作原理

熔断器主要由熔体和安装熔体的熔管(或熔座)组成。熔体是熔断器的主要部分,其材料一般由熔点较低、电阻率较高的金属材料铝锑合金丝、铅锡合金丝和铜丝制成。熔管由陶瓷、绝缘钢纸或玻璃纤维制成,在熔体熔断时兼有灭弧作用。

熔断器的熔体与被保护的电路串联,当电路正常工作时,熔体允许通过一定大小的电流而不熔断;当电路发生短路或严重过载故障时,熔体中流过很大的故障电流,当电流产生的热量达到熔体的熔点时,熔体熔断,从而切断电路,达到保护电路的目的。

电流流过熔体时产生的热量与电流的平方和电流通过的时间成正比,因此,电流越大,熔断时间越短。这一特性称为熔断器的保护特性(或安秒特性),如图 4-16 所示。

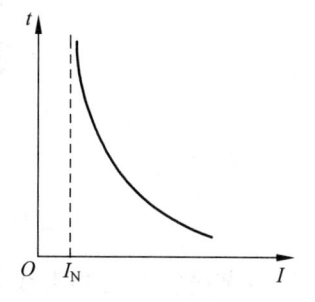

图 4-16　熔断器的保护特性

熔断器的保护特性为反时限特性,即短路电流越大,熔断时间越短,这样就能满足短路保护的要求。由于熔断器对过载反应不灵敏,因此不宜用于过载保护,主要用于短路保护。

表 4-5 所示为常用熔体的保护特性。

表 4-5 常用熔体的保护特性

熔体通过电流/A	$1.25I_N$	$1.6I_N$	$1.8I_N$	$2.0I_N$	$2.5I_N$	$3I_N$	$4I_N$	$8I_N$
熔断时间/s	∞	3 600	1 200	40	8	4.5	2.5	1

4.4.2 熔断器的分类

熔断器的种类很多,按结构形式可分为插入式熔断器、螺旋式熔断器、封闭管式熔断器、快速熔断器和自复式熔断器等。

1. 插入式熔断器

常用的插入式熔断器有 RC1A 系列,其结构如图 4-17 所示。它由瓷盖、瓷座、触点和熔体等部分组成。由于其结构简单、价格便宜、更换熔体方便,因此广泛应用于 380V 及以下的配电线路末端,作为电力、照明负荷的短路保护装置。

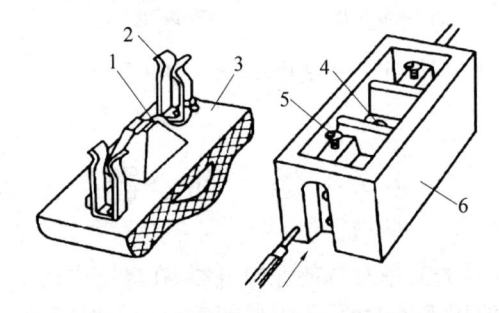

1—熔体;2—动触点;3—瓷盖;4—空腔;5—静触点;6—瓷座。

图 4-17 RC1A 系列插入式熔断器的结构

2. 螺旋式熔断器

常用的螺旋式熔断器有 RL1 系列,其外形与结构如图 4-18 所示。它由瓷座、瓷帽和熔断管组成。熔断管上有一个标有颜色的熔断指示器,当熔体熔断时,熔断指示器会自动脱落,显示熔体已熔断。

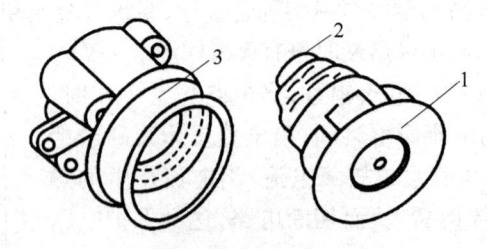

1—瓷帽;2—熔断管;3—瓷座。

图 4-18 RL1 系列螺旋式熔断器的外形与结构

在装接使用时,电源线应接于下接线座,负载线应接于上接线座。这样,在更换熔断管(旋出瓷帽)时,金属螺纹壳的上接线座便不会带电,从而保证维修者的安全。螺旋式熔断器多用于机床配线,作为短路保护装置。

3. 封闭管式熔断器

封闭管式熔断器主要用于负载电流较大的电力网络或配电系统中,熔体采用封闭式结构,一是可防止电弧的飞出和熔化金属的滴出;二是在熔断过程中,封闭管内将产生大量的气体,使管内压力升高,从而使电弧因受到剧烈压缩而很快熄灭。封闭管式熔断器有无填料式和有填料式两种,常用的型号有 RM10、RT0 系列。

4. 快速熔断器

快速熔断器是在 RL1 系列螺旋式熔断器的基础上,为保护可控硅半导体元件而设计的,其结构与 RL1 系列螺旋式熔断器的结构完全相同。快速熔断器常用的型号有 RLS、RS0 系列等。其中,RLS 系列主要用于小容量可控硅元件及其成套装置的短路保护,RS0 系列主要用于大容量晶闸管元件的短路保护。

5. 自复式熔断器

RZ1 型自复式熔断器是一种新型熔断器,它采用金属钠作为熔体。在常温下,钠的电阻很小,允许通过正常工作电流。当电路发生短路故障时,短路电流产生高温,使钠迅速气化,气态钠的电阻变得很大,从而限制了短路电流;当故障消除时,温度下降,气态钠又变为固态钠,恢复其良好的导电性。它的优点是动作快,能重复使用,无须备用熔体;缺点是不能真正分断电路,只能利用高阻闭塞电路,故常与自动开关串联使用,以提高其组合分断性能。

4.4.3 熔断器的选择

在选用熔断器时,应根据被保护电路的需要,首先确定熔断器的类型,然后选择熔体的规格,最后根据熔体确定熔断器的规格。

1. 熔断器类型的选择

在选择熔断器的类型时,主要根据线路要求、使用场合、安装条件、负载要求的保护特性和短路电流的大小等来进行。电网配电一般用封闭管式熔断器,电动机保护一般用螺旋式熔断器,照明电路一般用插入式熔断器,而保护可控硅元件则应选择快速熔断器。

2. 熔断器额定电压的选择

熔断器额定电压高于或等于线路的工作电压。

3. 熔断器熔体额定电流的选择

(1) 对于变压器、电炉和照明等负载,熔体的额定电流 I_{fN} 应略大于或等于负载电流 I,即

$$I_{fN} \geqslant I \tag{4-4}$$

(2) 保护一台电动机时,考虑启动电流的影响,可按下式选择熔断器熔体的额定电流:

$$I_{fN} \geqslant (1.5 \sim 2.5) I_N \tag{4-5}$$

式中,I_N 为电动机的额定电流(A)。

(3) 保护多台电动机时,可按下式选择熔断器熔体的额定电流:

$$I_{fN} \geqslant (1.5 \sim 2.5) I_{Nmax} + \sum I_N \tag{4-6}$$

式中,I_{Nmax} 为容量最大的一台电动机的额定电流;$\sum I_N$ 为其余电动机的额定电流之和。

4. 熔断器额定电流的选择

熔断器额定电流必须大于或等于所装熔体的额定电流。熔断器型号的含义和电气符号如图 4-19 所示。

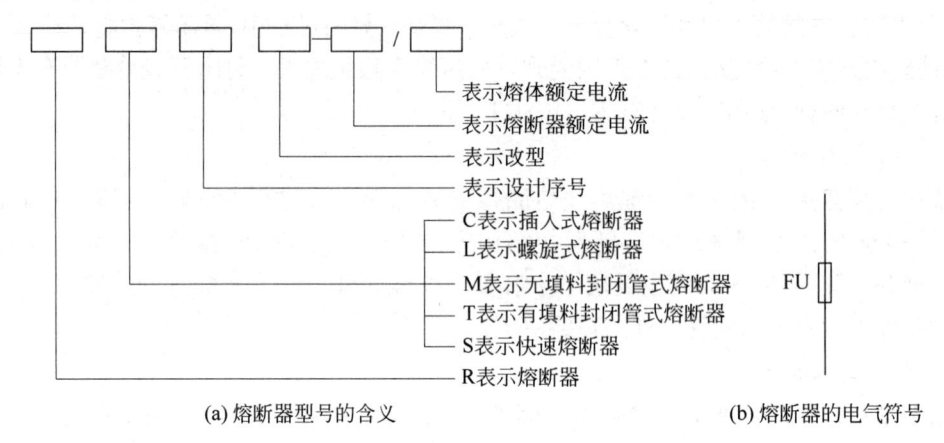

图 4-19 熔断器型号的含义和电气符号

(a) 熔断器型号的含义：
- 表示熔体额定电流
- 表示熔断器额定电流
- 表示改型
- 表示设计序号
- C 表示插入式熔断器
- L 表示螺旋式熔断器
- M 表示无填料封闭管式熔断器
- T 表示有填料封闭管式熔断器
- S 表示快速熔断器
- R 表示熔断器

(b) 熔断器的电气符号：FU

4.5 接 触 器

4.5.1 接触器的作用与分类

接触器是一种用来自动接通和断开大电流电路的电器。在大多数情况下，其控制对象是电动机，也可用于其他电力负载，如电热器、电焊机、电炉变压器等。接触器不仅能自动接通和断开电路，还具有控制容量大、低电压释放保护、使用寿命长、能远距离控制等优点，因此，它在电气控制系统中应用十分广泛。

接触器的触点系统可以用电磁铁、压缩空气或液体压力等来驱动，因而可分为电磁式接触器、气动式接触器和液压式接触器，其中以电磁式接触器应用最为广泛。根据主触点通过电流的种类，接触器可分为交流接触器和直流接触器。

4.5.2 接触器的结构与工作原理

电磁式接触器的主要结构有如下几部分。

1. 电磁机构

电磁机构由线圈、铁芯和衔铁组成。

2. 主触点和灭弧系统

主触点有桥式触点和指形触点两种类型，且直流接触器和电流在 20A 以上的交流接触器均装有灭弧罩，有的还带有灭弧栅片或磁吹灭弧装置。

3. 辅助触点

辅助触点有常开和常闭两种类型，在结构上，它们均为桥式双断点。

辅助触点的容量较小，接触器安装辅助触点的目的是使其在控制电路中起联动作用。

辅助触点不装设灭弧装置,因此,它不能用来分合主电路。

4. 反力装置

反力装置由释放弹簧和触点弹簧组成,且均不能进行弹簧松紧的调节。

5. 支架和底座

支架和底座用于接触器的固定与安装。

当接触器线圈通电后,在铁芯中产生磁通。由此在衔铁气隙处产生吸力,使衔铁产生闭合动作,主触点在衔铁的带动下也闭合,于是接通了主电路。同时,衔铁还带动辅助触点动作,使原来打开的辅助触点闭合,而使原来闭合的辅助触点打开。当线圈断电或电压显著降低时,吸力消失或减弱,衔铁在释放弹簧的作用下打开,主触点、辅助触点又恢复到原来状态。这就是接触器的工作原理。图4-20所示为交流接触器的结构剖面示意图。

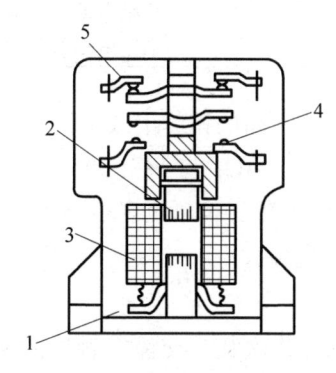

1—铁芯;2—衔铁;3—线圈;4—常开触点;5—常闭触点。

图4-20 交流接触器的结构剖面示意图

4.5.3 接触器的主要技术参数

1. 额定电压

接触器铭牌上标注的额定电压是指主触点的额定电压。交流接触器常用的额定电压等级为220V、380V、660V,直流接触器常用的额定电压等级为220V、440V、660V。

2. 额定电流

接触器铭牌上标注的额定电流是指主触点的额定电流,其值是接触器安装在敞开式控制屏上,触点工作温度不超过额定温升,负荷为间断-长期工作制时的电流值。交流接触器常用的额定电流等级为10A、20A、40A、60A、100A、150A、250A、400A、600A,直流接触器常用的额定电流等级为40A、80A、100A、150A、250A、400A、600A。

3. 线圈的额定电压

线圈的额定电压是指接触器电磁线圈正常工作时的电压。常用的交流线圈的额定电压等级为127V、220V、380V,直流线圈的额定电压等级为110V、220V、440V。

4. 接通和分断能力

接通和分断能力是指主触点在规定条件下能可靠地接通和分断的电流。在此电流下,接通时,主触点不应发生熔焊现象;分断时,主触点不应发生长时间燃弧现象。若超出此电流,则其分断是熔断器、自动开关等保护电器的任务。

接触器根据其类别不同,对主触点的接通和分断能力的要求也不同,而不同类别接触器的主触点的接通和分断能力是根据其不同控制对象(负载)的控制方式规定的。在电力拖动控制系统中,常见接触器的类别及其典型用途如表 4-6 所示。

表 4-6 常见接触器的类别及其典型用途

电流种类	使用类别	典型用途
AC 交流	AC1	无感或微感负载、电阻炉
	AC2	绕线式电动机的启动和中断
	AC3	笼型电动机的启动和中断
	AC4	笼型电动机的启动、反接制动、反向和点动
DC 直流	DC1	无感或微感负载、电阻炉
	DC2	并励电动机的启动、反接制动、反向和点动
	DC3	串励电动机的启动、反接制动、反向和点动

接触器的类别代号通常标注在产品的铭牌上或工作手册中。表 4-6 中要求接触器的主触点达到的接通和分断能力分别为:AC1 与 DC1 允许接通和分断额定电流,AC2、DC2、DC3 允许接通和分断 4 倍的额定电流,AC3 允许接通 6 倍的额定电流和分断额定电流,AC4 允许接通和分断 6 倍的额定电流。

5. 额定操作频率

额定操作频率是指每小时的操作次数。交流接触器的最高操作频率为每小时 600 次,直流接触器的最高操作频率为每小时 1 200 次。操作频率直接影响接触器的电气寿命和灭弧罩的工作条件,对于交流接触器,还影响其线圈的温升。

6. 机械寿命和电气寿命

机械寿命是指接触器在需要修理或更换机械零件前所能承受的无载操作循环次数;电气寿命是在规定的正常工作条件下,接触器不需要修理或更换零件后的负载操作循环次数。

常见接触器有 CJ12、CJ20、CJX1 和 CJX2 系列。其中,CJ20 系列是较新的产品;CJX1 系列是从西门子公司引进技术制造的新型接触器,其性能等同于西门子公司的 3TB、3TF 系列产品,适用于交流 50Hz(或 60Hz)、电压最高至 660V、额定电流最大至 630A 的电路中,用于远距离接通和分断电路,并适用于频繁地启动及控制交流电动机。经加装机械联锁机构后,组成 CJX1 系列可逆接触器,可控制电动机的启停及反转。

CJX2 系列交流接触器是参照法国 TE 公司的 LC1-D 产品开发制造的,其结构先进、外形美观、性能优良、组合方便、安全可靠。该系列产品主要用于交流 50Hz(或 60Hz)、电压在 660V 以下的电路中,在 AC3 使用类别下,其用于额定电压为 380V,额定电流最大至 95A 的电路中,供远距离接通和分断电路,并适用于频繁地启动和控制交流电动机,也能在适当减小控制容量及降低操作频率后用于 AC4 使用类别。

4.5.4 接触器的选择

1. 接触器类别的选择

接触器的类别应根据负载电流的类型和负载的大小来选择,即是交流负载还是直流负载,是小负载、一般负载还是大负载。

2. 主触点额定电流的选择

接触器主触点的额定电流应大于或等于被控电路的额定电流。对于电动机负载,可根据下列经验公式来计算接触器主触点的额定电流:

$$I_{NC} \geqslant P_{NM}/(1 \sim 1.4)U_{NM}$$

式中,I_{NC} 为接触器主触点的额定电流(A);P_{NM} 为电动机的额定功率(W);U_{NM} 为电动机的额定电压(V)。

若接触器控制的电动机启动、制动或正反转频繁,则一般将接触器主触点的额定电流降一级使用。

3. 主触点额定电压的选择

接触器主触点的额定电压应高于或等于被控电路的额定电压。

4. 吸引线圈额定电压的选择

吸引线圈的额定电压不一定等于主触点的额定电压,当线路简单、使用电器数量少时,可直接选用380V或220V电压;若线路复杂,使用电器超过5个,则可选用24V、48V或110V电压。吸引线圈允许在额定电压的80%~105%内使用。

5. 接触器的触点数量和种类的选择

接触器的触点数量和种类应满足主电路与控制电路的要求。不同类型接触器的触点数量不同。交流接触器的主触点有3对(常开触点);一般有4对辅助触点(2对常开触点、2对常闭触点),最多可达6对(3对常开触点、3对常闭触点)。直流接触器的主触点一般有2对(常开触点),辅助触点有4对(2对常开触点、2对常闭触点)。

接触器的型号及其含义与电气符号如图4-21所示。

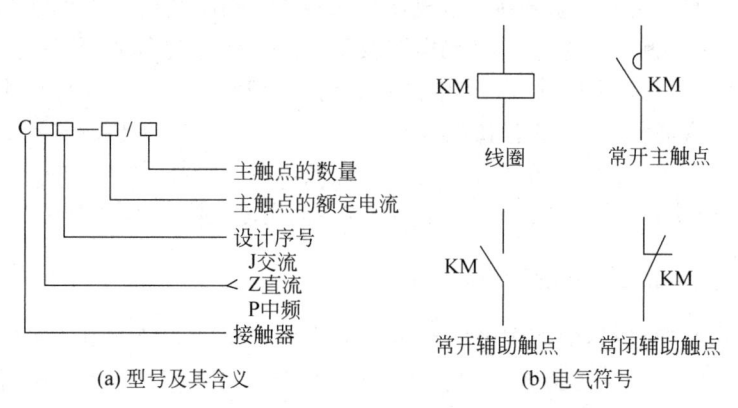

图4-21 接触器的型号及其含义与电气符号

4.6 低压断路器

低压断路器又称自动空气开关或自动空气断路器,主要用于低压动力线路中。它相当于刀开关、熔断器、热继电器和欠压继电器的组合,不仅可以接通和分断正常负荷电流、过负荷电流,还可以分断短路电流。低压断路器可以手动直接操作和电动操作,也可以远距离遥控操作。

4.6.1 低压断路器的工作原理

低压断路器主要由触点系统、操作机构和保护元件3部分组成。主触点由耐弧合金制成，采用灭弧栅片灭弧；操作机构较复杂，其通断可通过操作手柄实现，也可通过电磁机构实现，故障时自动脱扣，触点通断瞬时动作与手柄操作速度无关。低压断路器的工作原理图如图4-22所示。

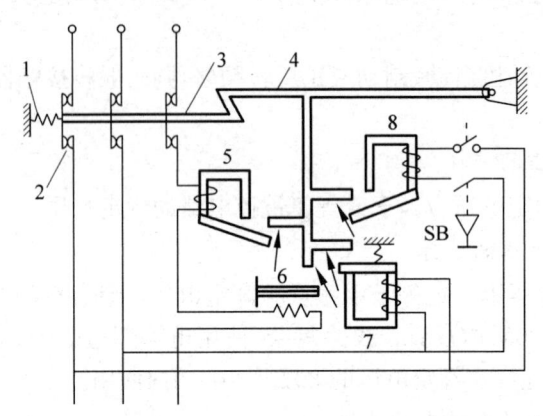

1—分闸弹簧；2—主触点；3—传动杆；4—锁扣；5—过电流脱扣器；
6—过载脱扣器；7—失压脱扣器；8—分励脱扣器。

图4-22 低压断路器的工作原理图

断路器的主触点是靠操作机构手动开闸的，并由自动脱扣机构将主触点锁在合闸位置上。如果电路发生故障，则自动脱扣机构在有关脱扣器的推动下动作，使钩子脱开，于是，主触点在分闸弹簧的作用下迅速分断。过电流脱扣器的线圈和过载脱扣器的线圈与主电路串联，失压脱扣器的线圈与主电路并联，当电路发生短路或严重过载故障时，过电流脱扣器的衔铁被吸合，使自动脱扣机构动作；当电路过载时，过载脱扣器的热元件产生的热量增加，使双金属片向上弯曲，推动自动脱扣机构动作；当电路失压时，失压脱扣器的衔铁释放，也使自动脱扣机构动作。分励脱扣器用于远距离分断电路，根据操作人员的命令或其他信号，使线圈通电，从而使断路器跳闸。断路器根据其不同用途可配备不同的脱扣器。

4.6.2 低压断路器的主要技术参数

(1) 额定电压。断路器的额定电压在数值上取决于电网的额定电压等级，我国电网标准规定为 AC 220V、380V、660V 及 1140 V，DC 220V、440V 等。应该指出，同一断路器可以规定在几种额定电压下使用，但相应的通断能力并不相同。

(2) 额定电流。断路器的额定电流就是过电流脱扣器的额定电流，一般指断路器的额定持续电流。

(3) 通断能力。断路器的通断能力是指开关电器在规定的条件(电压、频率及交流电路的功率因数和直流电路的时间常数)下，能在给定的电压下接通和分断的最大电流，也称额定短路通断能力。

(4) 分断时间。分断时间是指切断故障电流所需的时间，包括固有的断开时间和燃弧时间。

4.6.3 低压断路器典型产品介绍

低压断路器按其结构特点可分为框架式低压断路器和塑料外壳式低压断路器两大类。

1. 框架式低压断路器

框架式低压断路器又叫万能式低压断路器，主要用于 40～100kW 电动机回路的不频繁全压启动，并起短路、过载、失压保护作用。它的操作方式有手动、杠杆、电磁铁和电动机操作 4 种。框架式低压断路器的额定电压一般为 380V，额定电流有 200～4 000A 若干种。常见的框架式低压断路器有 DW 系列等。

（1）DW10 系列断路器。本系列产品的额定电压为交流 380V 和直流 440V，额定电流为 200～4 000A，非选择型（无短路短延时）由于其技术指标较低，现已逐渐被淘汰。

（2）DW15 系列断路器。它是更新换代产品，其额定电压为交流 380 V，额定电流为 200～4 000A，其极限分断能力是 DW10 系列断路器的 2 倍。它分选择型和非选择型两种，选择型采用半导体脱扣器。在 DW15 系列断路器结构的基础上，适当改变触点的结构，可制成 DWX15 系列限流式断路器，它具有快速断开和限制短路电流增大的特点，因此特别适用于可能产生特大短路电流的电路。在正常情况下，它也用于电路的不频繁通断及电动机的不频繁启动。

2. 塑料外壳式低压断路器

塑料外壳式低压断路器又称装置式低压断路器或塑壳式低压断路器，一般用作配电线路的保护开关，以及电动机和照明线路的控制开关等。

塑料外壳式低压断路器有一个绝缘塑料外壳，触点系统、灭弧室及脱扣器等均安装于外壳内，而手动手柄露在外壳外，可手动或电动分/合闸。它也有较高的分断能力和动稳定性及比较完善的选择性保护功能。目前，我国生产的塑料外壳式低压断路器有 DZ5、DZ10、DZX10、DZ12、DZ15、DZX19、DZ20 及 DZ108 等系列产品。其中，DZ108 系列为引进西门子公司的 3VE 系列塑料外壳式低压断路器技术而生产的产品。

DZ20 系列塑料外壳式低压断路器的型号及其含义如图 4-23 所示。

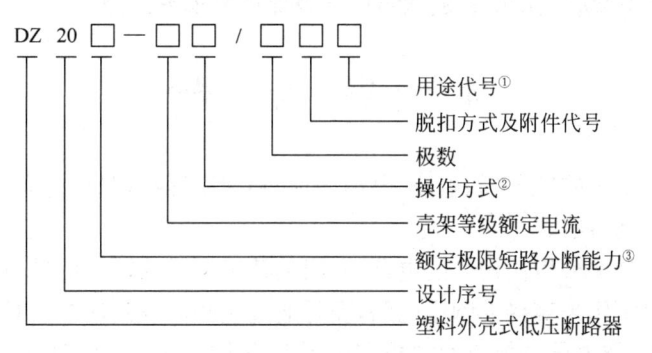

DZ20 □—□□/□□□
- 用途代号①
- 脱扣方式及附件代号
- 极数
- 操作方式②
- 壳架等级额定电流
- 额定极限短路分断能力③
- 设计序号
- 塑料外壳式低压断路器

图 4-23 DZ20 系列塑料外壳式低压断路器的型号及其含义

DZ20 系列塑料外壳式低压断路器的主要技术参数如表 4-7 所示。

---

① 配电用无代号，保护电机用以"2"表示。
② 手柄直接操作无代号，电动机操作用"P"表示，转动手柄用"Z"表示。
③ 按额定极限短路分断能力高低分：Y—一般型，G—最高型，S—四极型，J—较高型，C—经济型。

表 4-7　DZ20 系列塑料外壳式低压断路器的主要技术参数

型号	额定电压/V	壳架额定电流/A	断路器额定电流 I_N/A	瞬时脱扣器整定电流倍数
DZ20Y—100 DZ20J—100 DZ20G—100	AC380	100	16,20,25,32,40, 50,63,80,100	配电用 $10I_N$ 保护电动机用 $12I_N$
DZ20Y—225 DZ20J—225 DZ20G—225		225	100,125,160, 180,200,225	配电用 $5I_N$、$10I_N$ 保护电动机用 $12I_N$
DZ20Y—400 DZ20J—400 DZ20G—400	DC220	400	250,315,350,400	配电用 $10I_N$ 保护电动机用 $12I_N$
DZ20Y—630 DZ20J—630		630	400,500,630	配电用 $5I_N$、$10I_N$

断路器的图形符号及文字符号如图 4-24 所示。

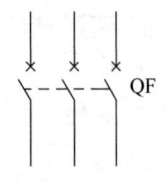

图 4-24　断路器的图形符号及文字符号

4.6.4　低压断路器的选择

（1）断路器的额定电压应高于或等于线路或设备的额定电压。对配电电路来说,应注意区别是电源端保护还是负载端保护,电源端电压比负载端电压高出约 5%。

（2）断路器主电路的额定电流大于或等于负载工作电流。

（3）断路器的过载脱扣整定电流应等于负载工作电流。

（4）断路器的额定通断能力大于或等于电路的最大短路电流。

（5）断路器的欠压脱扣器的额定电压等于主电路的额定电压。

（6）断路器的类型应根据电路的额定电流及保护要求来选择。

4.7　继　电　器

继电器是根据一定的信号（如电流、电压、时间和速度等物理量）的变化来接通或分断小电流电路的自动控制电器。

继电器实质上是一种传递信号的电器,它根据特定形式的输入信号而动作,从而达到控制的目的。它一般不用来直接控制主电路,而是通过接触器或其他电器对主电路进行控制,因此同接触器相比,继电器的触点通常接在控制电路中,触点断流容量较小,一般不需要灭弧装置,但对继电器动作的准确性要求较高。

继电器一般由 3 个基本部分组成：检测机构、中间机构和执行机构。检测机构的作用是接收外界输入信号并将信号传递给中间机构；中间机构对信号的变化进行判断、物理量转换、放大等；当输入信号变化到一定值时,执行机构（一般是触点）动作,从而使控制电路的状态发生变化,接通或分断某部分电路,达到控制或保护的目的。

继电器的种类很多,按输入信号可分为电压继电器、电流继电器、功率继电器、速度继电器、压力继电器、温度继电器等,按工作原理可分为电磁式继电器、感应式继电器、电动式继电器、电子式继电器、热继电器等,按用途可分为控制继电器与保护继电器,按输出形式可分为有触点继电器和无触点继电器。

电磁式继电器是依据电压、电流等电量,利用电磁原理使衔铁闭合,进而带动触点动作,使控制电路接通或分断,实现动作状态的改变的。

4.7.1 电磁式继电器的结构和特性

1. 电磁式继电器的结构

电磁式继电器的结构和工作原理与电磁式接触器的相似。它是由电磁机构、触点系统和释放弹簧等部分组成的。电磁式继电器的典型结构如图 4-25 所示。

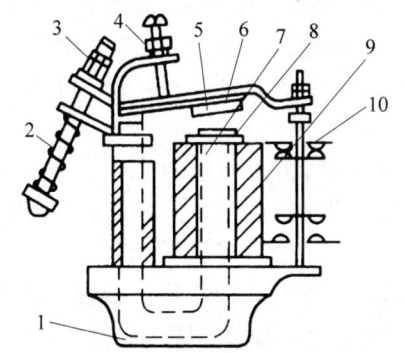

1—底座;2—反力弹簧;3、4—调节螺钉;5—非磁性垫片;6—衔铁;
7—铁芯;8—极靴;9—电磁线圈;10—触点系统。

图 4-25 电磁式继电器的典型结构

(1) 电磁机构。

直流继电器的电磁机构形式为 U 形拍合式。

铁芯和衔铁均由电工软铁制成。为了增大闭合后的气隙,在衔铁的内侧面上装有非磁性垫片,铁芯铸在铝基座上。

交流继电器的电磁机构有 U 形拍合式、E 形直动式、空心或装甲螺管式等。U 形拍合式和 E 形直动式交流继电器的铁芯及衔铁均由硅钢片叠成,且在铁芯柱端上面装有分磁环。

(2) 触点系统。

交、直流继电器的触点由于均接在控制电路上,且电流小,因此不装设灭弧装置,其触点一般为桥式触点,有常开和常闭两种形式。

另外,为了实现电磁式继电器动作参数的改变,电磁式继电器一般还具有改变反力弹簧松紧及衔铁打开气隙大小的调节装置,如调节螺母。

2. 电磁式继电器的特性

电磁式继电器的主要特性是输入/输出特性,又称继电器特性。当改变继电器输入量的大小时,对于输出量的触点,只有"通"与"断"两个状态,如图 4-26 所示。当继电器输入量 x 由零增至 x_1 以前,继电器输出量 y 为零;当继电器输

图 4-26 继电器特性曲线

入量 x 由 x_1 增至 x_2 时,继电器吸合,继电器输出量为 y_1;如果继电器输入量 x 继续增大,那么继电器输出量 y_1 保持不变。当继电器输入量 x 减小到 x_1 时,继电器释放,继电器输出量由 y_1 减小到零;如果继电器输入量 x 继续减小,那么继电器输出量 y 均为零。x_2 称为继电器的吸合值,要使继电器吸合,输入量必须等于或大于 x_2;x_1 为继电器的释放值,要使继电器释放,输入量必须等于或小于 x_1。

4.7.2 继电器的主要技术参数

(1) 额定参数。额定参数指继电器的线圈和触点在正常工作时的电压或电流允许值。

(2) 动作参数。动作参数指衔铁动作时线圈的电压或电流。对于电压继电器,有吸合电压 U_2 和释放电压 U_1;对于电流继电器,有吸合电流 I_2 和释放电流 I_1。

(3) 整定值。根据控制电路的要求,对继电器参数进行调整的数值称为整定值。

(4) 返回系数。返回系数指继电器的释放值与吸合值之比,以 $K=x_1/x_2$ 表示。对于电压继电器,x_1 为释放电压 U_1,x_2 为吸合电压 U_2;对于电流继电器,x_1 为释放电流 I_1,x_2 为吸合电流 I_2。

不同的场合要求有不同的 K 值,可以通过调节反力弹簧的松紧程度(拧紧时 K 增大,放松时 K 减小)或铁芯与衔铁之间非磁性垫片的厚度(增厚时 K 增大,减薄时 K 减小)来达到所要求的 K 值。

(5) 吸合时间和释放时间。吸合时间指从线圈接收电信号到衔铁完全吸合所需的时间;释放时间指从线圈失电到衔铁完全释放所需的时间。一般继电器的吸合时间与释放时间为 $0.05\sim0.2s$,其大小影响继电器的操作频率。

(6) 消耗功率。消耗功率指继电器线圈运行时消耗的功率,与其线圈匝数的二次方成正比。继电器的灵敏度越高,要求继电器的消耗功率越小。

4.7.3 电磁式电压继电器和电流继电器

1. 电磁式电流继电器

触点的动作与通过线圈的电流大小有关的继电器叫作电流继电器。电流继电器主要用于电动机、发电机或其他负载的过载及短路保护,以及直流电动机的磁场控制或失磁保护等。电流继电器的线圈串联在被测电路中,其线圈匝数少、导线粗、阻抗低。电流继电器除用于电流保护的场合外,还经常用于按电流原则控制的场合。电流继电器有过电流和欠电流两种形式。

过电流继电器在电路正常工作时,衔铁是释放的,一旦电路发生过载或短路故障,衔铁吸合,带动相应的触点动作,即常开触点闭合、常闭触点断开。

欠电流继电器在电路正常工作时,衔铁是吸合的,其常开触点闭合、常闭触点断开,一旦线圈中的电流减小为额定电流的 $10\%\sim20\%$ 或以下时,衔铁释放,发出信号,从而改变电路的状态。

2. 电磁式电压继电器

触点的动作与加在线圈上的电压高低有关的继电器称为电压继电器。它用于电力拖动系统的电压保护和控制。电压继电器反映的是电压信号,它的线圈并联在被测电路两端,因此其线圈匝数多、导线细、阻抗高。电压继电器按动作电压的不同,分为过电压和欠电压两种形式。

过电压继电器在电路电压正常时,衔铁释放,一旦电路电压升高至额定电压的110%~115%或以上时,衔铁吸合,带动相应的触点动作;欠电压继电器在电路电压正常时,衔铁吸合,一旦电路电压降至额定电压的5%~25%或以下时,衔铁释放,输出信号。

4.7.4 电磁式中间继电器

电磁式中间继电器实质上也是一种电压继电器,只是它的触点对数较多、容量较大、动作灵敏,主要起扩展控制范围或传递信号的中间转换作用。

电磁式中间继电器的型号及其含义和电气符号如图4-27所示。

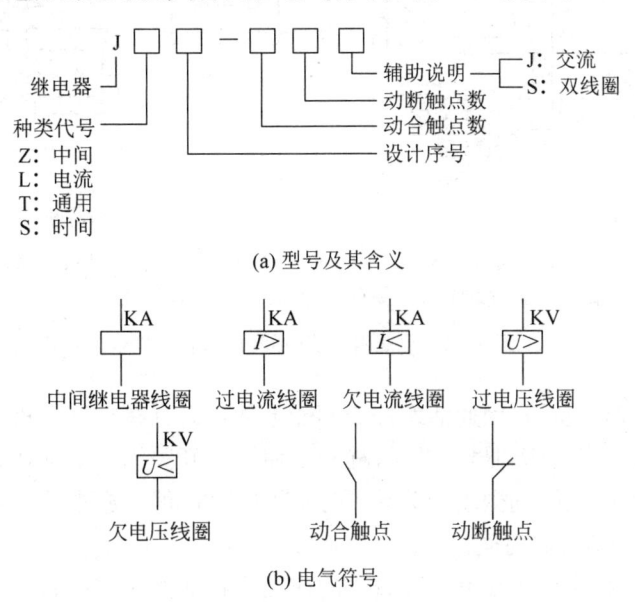

图 4-27 电磁式中间继电器的型号及其含义和电气符号

4.7.5 时间继电器

在自动控制系统中,有时需要继电器得到信号后不立即动作,而是先顺延一段时间再动作并输出控制信号,以达到按时间顺序进行控制的目的。时间继电器就可以满足这种要求。

时间继电器按工作原理可分为直流电磁式、空气阻尼式(气囊式)、晶体管式、电动式等几种,按延时方式分可分为通电延时型和断电延时型两种。

1. 空气阻尼式时间继电器

空气阻尼式时间继电器利用空气通过小孔时产生阻尼的原理获得延时,其由电磁机构、延时机构和触点系统3部分组成,如图4-28所示。电磁机构为双E形直动式,触点系统为微动开关,延时机构采用气囊式阻尼器。

空气阻尼式时间继电器既有通电延时型,又有断电延时型。只要改变电磁机构的安装方向,便可实现不同的延时方式:当衔铁位于铁芯和延时机构之间时,为通电延时型;当铁芯位于衔铁和延时机构之间时,为断电延时型。

图4-28(a)所示为通电延时型时间继电器,当线圈1通电后,铁芯2将衔铁3吸合,活塞杆6在塔形弹簧8的作用下,带动活塞12及橡皮膜10向上移动,由于橡皮膜10下方的气

(a) 通电延时型　　　　　　　　　(b) 断电延时型

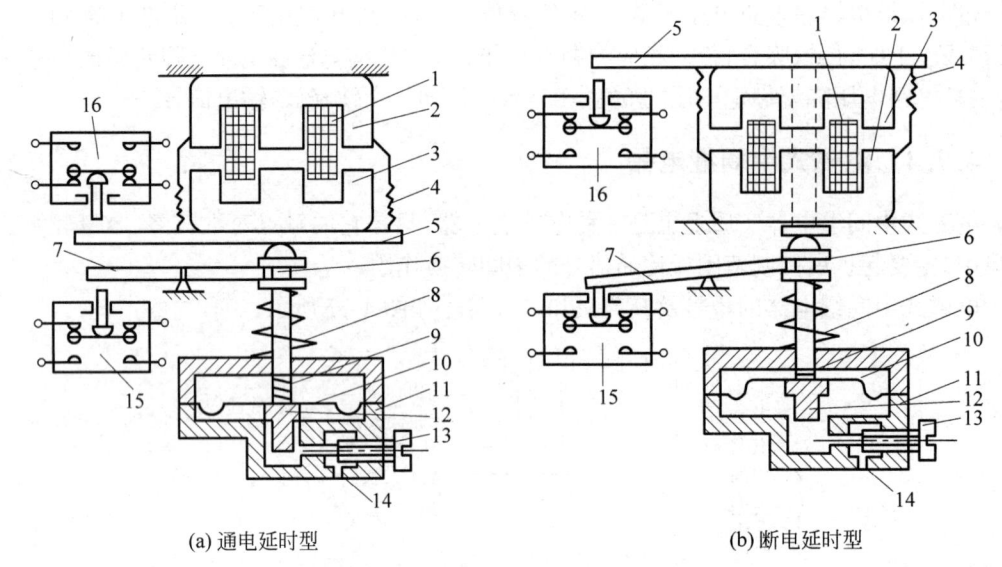

1—线圈；2—铁芯；3—衔铁；4—复位弹簧；5—推板；6—活塞杆；7—杠杆；8—塔形弹簧；9—弹簧；10—橡皮膜；11—气室；12—活塞；13—调节螺杆；14—进气孔；15、16—微动开关。

图 4-28　空气阻尼式时间继电器的结构

室 11 中空气稀薄，形成负压，因此活塞杆 6 不能上移。只有在空气由进气孔 14 进入时，活塞杆 6 才逐渐上移。当它移到最上端时，杠杆 7 使微动开关 15、16 动作。延时时间即从电磁铁吸引线圈通电时刻起，到微动开关动作时止的这段时间。通过调节螺杆 13 调节进气孔 14 的大小，就可以调节延时时间。

当线圈 1 断电时，衔铁 3 在复位弹簧 4 的作用下将活塞 12 推向最下端。因活塞 12 被往下推时，橡皮膜 10 下方的气室 11 内的空气通过橡皮膜 10、弹簧 9 和活塞 12 肩部所形成的单向阀，经上气室缝隙顺利排掉，因此延时与不延时的微动开关 15 与 16 都迅速复位。

空气阻尼式时间继电器的优点是结构简单、使用寿命长、价格低廉，缺点是精度低、延时误差大，在延时精度要求高的场合不宜采用。

2. 晶体管式时间继电器

晶体管式时间继电器常用的有阻容式时间继电器，它利用 RC 电路中电容电压不能跃变，只能按指数规律逐渐变化的原理——电阻尼特性获得延时。因此，只要改变充电回路的时间常数即可改变延时时间。由于调节电容比调节电阻困难，因此多用调节电阻的方式来改变延时时间。晶体管式时间继电器原理图如图 4-29 所示。

晶体管式时间继电器具有延时范围广、体积小、精度高、使用方便及使用寿命长等优点。

3. 时间继电器的电气符号

时间继电器的图形和文字符号如图 4-30 所示。

对于通电延时型时间继电器，当线圈得电时，其延时常开触点要延时一段时间才闭合，延时常闭触点要延时一段时间才断开；当线圈失电时，其延时常开触点迅速断开，延时常闭触点迅速闭合。

对于断电延时型时间继电器，当线圈得电时，其延时常开触点迅速闭合，延时常闭触点迅速断开；当线圈失电时，其延时常开触点要延时一段时间才断开，延时常闭触点要延时一段时间才闭合。

图 4-29 晶体管式时间继电器原理图

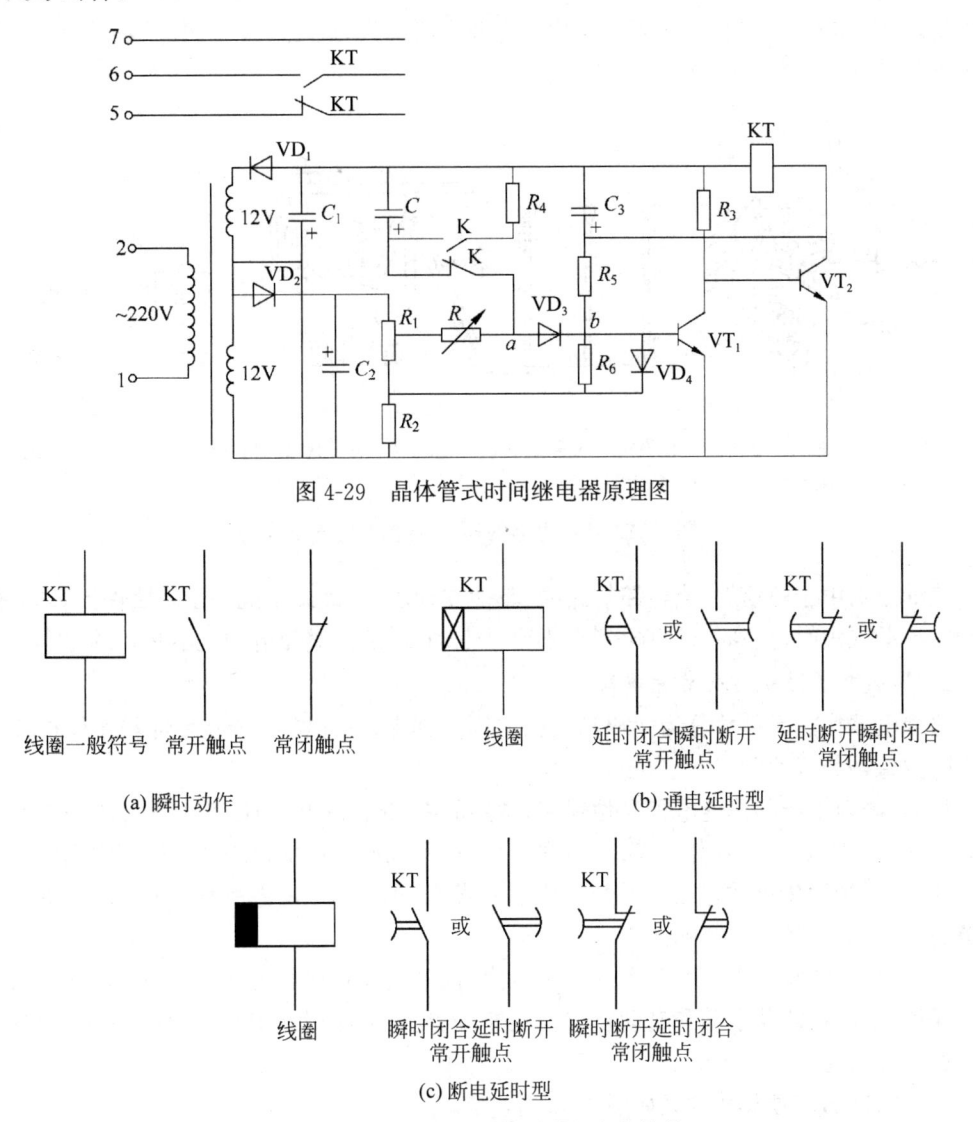

图 4-30 时间继电器的图形和文字符号

4.7.6 热继电器

热继电器是电流通过热元件产生热量，检测元件受热弯曲而推动机构动作的一种继电器。由于热继电器中热元件的发热惯性，它在电路中不能用于瞬时过载保护和短路保护。它主要用于电动机的过载保护、断相保护和三相电流不平衡运行保护。

1. 热继电器的结构和工作原理

热继电器的形式有很多种，其中以双金属片式使用最多。双金属片式热继电器主要由热元件、双金属片和触点 3 部分组成，如图 4-31 所示。双金属片是热继电器的感测元件，由两种膨胀系数不同的金属片碾压而成。当串联在电动机定子绕组中的热元件有电流流过时，热元件产生的热量使双金属片伸长，由于膨胀系数不同，致使双金属片发生弯曲。电动机正常运行时，双金属片的弯曲程度不足以使热继电器动作。当电动机过载时，流过热元件的电流增大，加上时间效应，使双金属片的弯曲程度加大，最终使双金属片推动导板，从而使热继电器的触点动作，切断电动机的控制电路。

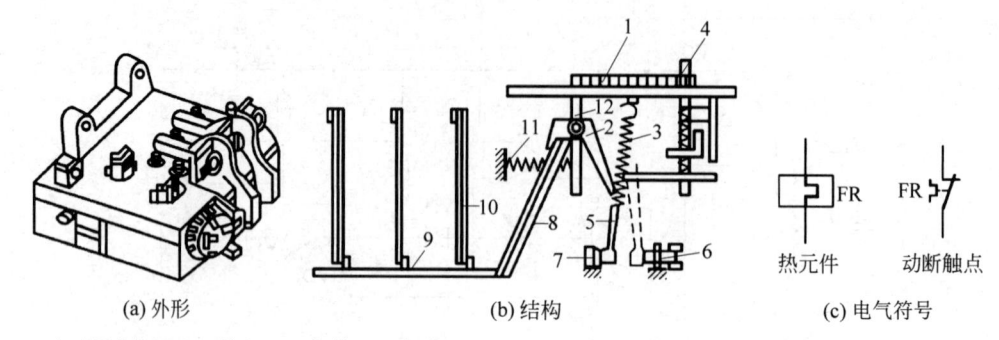

(a) 外形　　(b) 结构　　(c) 电气符号

1—电流调节旋钮；2—推杆；3—拉簧；4—复位按钮；5—动触片；6—限位螺钉；7—静触点；8—人字拨杆；9—滑杆；10—双金属片；11—压簧；12—连杆。

图 4-31　热继电器的外形、结构与电气符号

热继电器由于热惯性，当电路短路时，不能立即动作，因此不能用于短路保护。同理，在电动机启动或短时过载时，热继电器也不会马上动作，从而避免电动机不必要的停车。

2. 热继电器的分类及常见规格

热继电器按热元件数分为两相和三相结构。其中，三相结构又分为带断相保护装置和不带断相保护装置两种。

目前，国内生产的热继电器品种很多，常用的有 JR20、JRS1、JRS2、JRS5、JR16B 和 T 系列等。其中，JRS1 系列为引进 TE 公司的 LR1-D 系列而生产的，JRS2 系列为引进西门子公司的 3UA 系列而生产的，JRS5 系列为引进三菱公司的 TH-K 系列而生产的，T 系列为引进 ABB 公司的产品而生产的。

JR20 系列热继电器采用立体布置式结构，且系列动作机构通用。它除具有过载保护、断相保护、温度补偿及手动和自动复位功能外，还具有动作脱扣灵活、动作脱扣指示及断开检验按钮等功能。

热继电器的型号及其含义如图 4-32 所示。

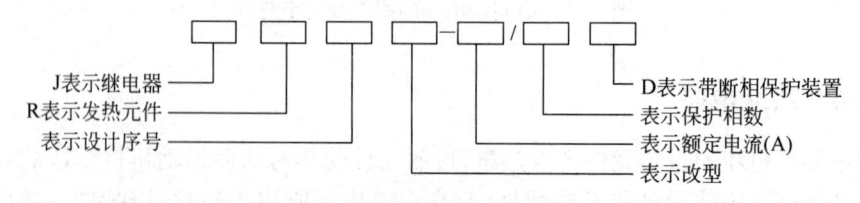

J表示继电器
R表示发热元件
表示设计序号
D表示带断相保护装置
表示保护相数
表示额定电流(A)
表示改型

图 4-32　热继电器的型号及其含义

3. 热继电器的选择

在选择热继电器时，必须了解被保护对象的工作环境、启动情况、负载性质、工作制及电动机允许的过载能力。选择的原则是热继电器的保护特性位于电动机过载特性之下，并尽可能接近。

(1) 热继电器的类型选择。若热继电器用于电动机缺相保护,则应考虑电动机的接法。对于采用Y连接的电动机,当某相断线时,其余未断相绕组的电流与流过热继电器的电流的增加比例相同。一般的三相式热继电器只要整定电流调节合理,就可以对采用Y连接的电动机实现断相保护。对于采用△连接的电动机,当某相断线时,流过未断相绕组的电流与流过热继电器的电流的增加比例不同。也就是说,流过热继电器的电流不能反映断相后绕组的过载电流,因此,一般的热继电器,即使是三相式,也不能为采用△连接的三相异步电动机的断相运行提供充分保护。此时,应选用三相带断相保护装置的热继电器。带断相保护装置的热继电器的型号后面有 D、T 或 3UA 字样。

(2) 热元件额定电流的选择。应按照被保护电动机额定电流的 1.1~1.15 倍选取热元件的额定电流。

(3) 热元件整定电流的选择。一般将热继电器的整定电流调整为电动机的额定电流;对于过载能力差的电动机,可将热元件的整定电流调整为电动机额定电流的 0.6~0.8 倍;对于启动时间较长、拖动冲击性负载或不允许停车的电动机,热元件的整定电流应调整为电动机额定电流的 1.1~1.15 倍。

4.7.7 速度继电器

速度继电器是利用转轴的一定转速来切换电路的自动电器。它主要用于笼型异步电动机的反接制动控制,故称为反接制动继电器。

图 4-33 所示为速度继电器的结构原理示意图。它主要由转子、定子和触点 3 部分组成。

转子是一个圆柱形永久磁铁,定子是一个笼型空心圆环,由硅钢片叠成,并装有笼型绕组。速度继电器与电动机同轴相连,当电动机旋转时,速度继电器的转子随之转动,在空间产生旋转磁场,切割定子绕组,在定子绕组中感应出电流。此电流又在旋转的转子磁场作用下产生转矩,使定子随转子的转动方向旋转,与定子装在一起的摆锤推动动触点动作,使常开触点闭合、常闭触点断开。当电动机的转速低于某一值时,动作产生的转矩减小,动触点复位。

常用的速度继电器有 YJ1 型和 JFZ0—2 型。速度继电器的电气符号如图 4-34 所示。

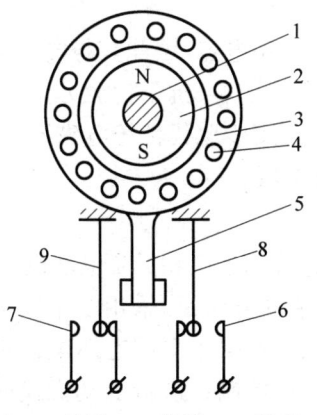

1—转轴;2—转子;3—定子;4—绕组;5—摆锤;6、7—静触点;8、9—动触点。

图 4-33 速度继电器的结构原理示意图

图 4-34 速度继电器的电气符号

4.7.8 固态继电器

固态继电器(Solid State Relay,SSR)是一种新型无触点继电器。固态继电器与机电继电器相比,是一种没有机械运动,不含运动零件的继电器,但它具有与机电继电器本质上相同的功能。固态继电器是一种全部由固态电子元器件组成的无触点开关电器,它利用电子元器件的电、磁和光特性实现输入与输出的可靠隔离,利用大功率三极管、功率场效应管、单向可控硅和双向可控硅等元器件的开关特性实现无触点、无火花地接通和断开被控电路。

1. 固态继电器的组成

固态继电器由 3 部分组成：输入电路、隔离(耦合)和输出电路。按输入电压的不同类别,输入电路可分为直流输入电路、交流输入电路和交直流输入电路 3 种。有些输入电路还具有与 TTL/CMOS 兼容、正负逻辑控制和反相等功能。固态继电器的输入电路与输出电路的隔离(耦合)方式有光电耦合、变压器耦合两种。固态继电器的输出电路可分为直流输出电路、交流输出电路和交直流输出电路等形式,交流输出时通常使用两个可控硅或一个双向可控硅,直流输出时可使用双极性元器件或功率场效应管。

2. 固态继电器的工作原理

固态继电器是一种无触点通断电子开关,为四端有源器件。其中,两个端子为输入控制端,另外两个端子为输出受控端,中间采用光电隔离,作为输入与输出之间的电气隔离(浮空)。在输入控制端加上直流或脉冲信号,输出受控端就能从关断状态转变成导通状态(无信号时呈阻断状态),从而控制较大负载。整个器件无可动部件及触点,可实现与常用的机械式电磁继电器一样的功能。

固态继电器依据触发形式可分为零压型(Z)和调相型(P)两种。在输入控制端施加合适的控制信号 V_{IN},P 型固态继电器立即导通。当撤销 V_{IN} 后,在负载电流小于双向可控硅维持电流(交流换向)时,固态继电器关断。Z 型固态继电器内部包括过零检测电路,在施加控制信号 V_{IN} 时,只有当负载电源电压达到过零区时,固态继电器才能导通,并有可能造成电源半个周期的最大延时。Z 型固态继电器的关断条件同 P 型固态继电器,但由于其负载工作电流近似正弦波,高次谐波干扰小,因此其应用广泛。

由于固态继电器是由固态电子元器件组成的无触点开关电器,因此其与电磁继电器相比具有工作可靠、使用寿命长、对外界干扰小、能与逻辑电路兼容、抗干扰能力强、开关速度快和使用方便等一系列优点,故具有很广泛的应用领域,有逐步取代传统电磁继电器之势,并可进一步扩展到传统电磁继电器无法应用的计算机等领域。

3. 固态继电器的应用

固态继电器可直接用于三相异步电动机的控制,如图 4-35 所示。最简单的方法是,采用 2 个固态继电器进行电动机通断控制,采用 4 个固态继电器进行电动机换相控制,第三相不控制。进行电动机换向控制时应注意,由于电动机的运动惯性,必须在电动机停稳后才能换向,以避免产生类似电动机堵转的情况,引起较高的冲击电压和较大的冲击电流。在控制电路的设计

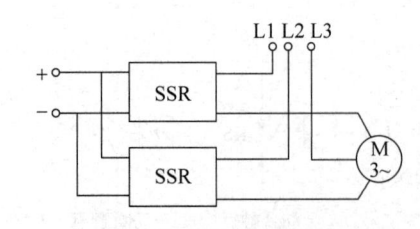

图 4-35 用固态继电器控制三相异步电动机

上,要注意任何时刻都不应产生换相固态继电器同时导通的情况。上下电时序应采用先加后断控制电路电源,后加先断电动机电源的时序。换相固态继电器之间不能简单地采用反相器连接方式,以避免导通的固态继电器未关断,另一相固态继电器导通而引起相间短路事故。此外,电动机控制中的保险、缺相和温度继电器也是保证系统正常工作的保护装置。

4.8 主令电器

主令电器主要用于闭合或断开控制电路,以发出指令信号,实现对电力拖动系统的控制或程序控制。常用的主令电器有控制按钮、行程开关、接近开关、万能转换开关等。

4.8.1 控制按钮

控制按钮是一种短时接通或断开小电流电路的电器,它不直接控制主电路的通断,而在控制电路中发出指令信号,控制接触器、继电器等电器,由它们控制主电路的通断。

控制按钮由按钮帽、复位弹簧、桥式触点和外壳等组成,通常制作成复合式,即具有常开触点和常闭触点,其结构和电气符号如图 4-36 所示。

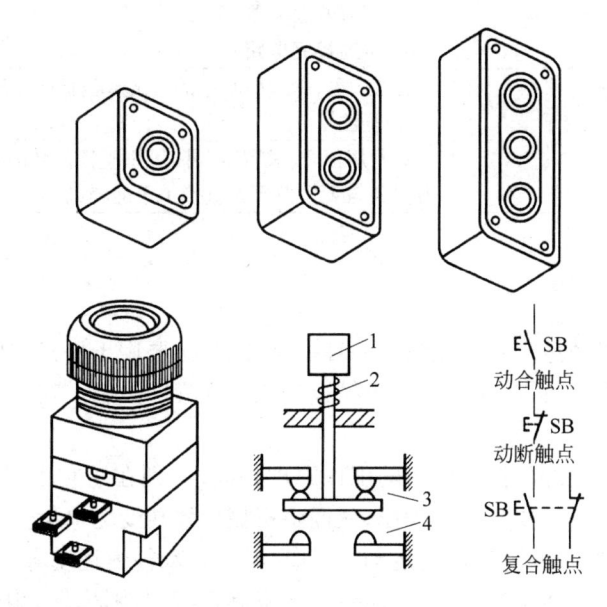

1—按钮帽;2—复位弹簧;3—支柱连杆;4—常闭静触点。

图 4-36 控制按钮的结构和电气符号

指示灯式控制按钮内可装入指示灯显示信号;紧急式控制按钮装有蘑菇形按钮帽,以便于紧急操作;旋钮式控制按钮通过扭动旋钮进行操作。

常见的控制按钮有 LA 和 LAY1 系列。LA 系列控制按钮的额定电压为交流 500V、直流 440V,额定电流为 5A;LAY1 系列控制按钮的额定电压为交流 380V、直流 220V,额定电流为 5A。按钮帽有红、绿、黄、白等颜色,一般红色用作停止按钮,绿色用作启动按钮。控制按钮主要根据所需的触点数、使用场合及颜色来选择。控制按钮的颜色、含义及典型应用如表 4-8 所示。

表 4-8 控制按钮的颜色、含义及典型应用

颜色	颜色含义	典型应用
红	急情出现时动作	急停
红	停止或断开	① 总停； ② 停止一台或几台电动机； ③ 停止机床的一部分； ④ 停止循环（如果操作人员在循环期间按此控制按钮，则机床在有关循环完成后停止）； ⑤ 断开开关装置； ⑥ 兼有停止作用的复位
黄	干预	排除反常情况或避免不希望的变化，当循环尚未完成时，把机床部件返回循环起始点，按压黄色控制按钮可以超越预选的其他功能
绿	启动或接通	① 总启动； ② 启动一台或几台电动机； ③ 启动机床的一部分； ④ 启动辅助功能； ⑤ 闭合开关装置； ⑥ 接通控制电路
蓝	红、黄、绿 3 种颜色未包含的任何特定含义	① 红、黄、绿 3 种颜色的含义未包括的特殊情况可以用蓝色； ② 复位
黑、灰、白	辅助功能	除专用停止功能按钮外，可用于任何功能，如黑色为点动，白色为控制与工作循环无直接关系的辅助功能

4.8.2 行程开关

位置开关是由机械运动部件操纵的一种控制开关，主要用于将机械位移转变为电信号，使电动机运行状态发生改变，从而限制机械运动或实现程序控制。它包括行程开关（限位开关）、接近开关等。

行程开关的工作原理与控制按钮的工作原理相同，区别在于它不靠手指的按压而利用生产机械运动部件的碰压使其触点动作，从而将机械位移转变为电信号，控制运动机械按一定的位置或行程实现自动停止、反向运动、变速运动或自动往返运动等。

若将行程开关安装在生产机械行程终点，以限制其行程，则称之为限位开关。

各系列行程开关的基本结构大体相同，都是由触点系统、操作机构和外壳组成的。以某种行程开关元件为基础，装置不同的操作机构，可得到不同形式的行程开关，常见的有按钮式（直动式）和旋转式（滚轮式）。常见的行程开关有 LX19、LX22、JLXK1 和 JLXW5 系列。行程开关的额定电压为交流 500V、380V，直流 440V、220V；额定电流为 20A、5A 和 3A。JLXK1 系列行程开关的外形如图 4-37 所示。

在选用行程开关时，主要考虑机械位置对开关种类的要求，控制线路对触点数量和触点性质的要求，闭合类型（限位保护或行程控制）和可靠性，以及电压、电流等级。

行程开关的电气符号如图 4-38 所示。

在安装行程开关时，安装位置要准确，安装要牢固；滚轮的方向不能装反，挡铁与其碰

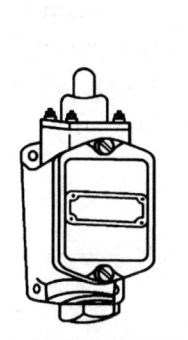

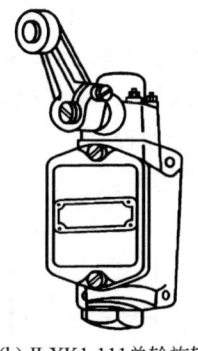

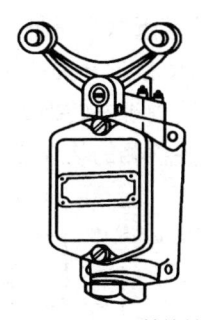

(a) JLXK1-311按钮式　　(b) JLXK1-111单轮旋转式　　(c) JLXK1-211双轮旋转式

图 4-37　JLXK1 系列行程开关的外形

撞的位置应符合控制线路的要求,并确保能可靠地与挡铁碰撞。

行程开关在使用中,要定期检查和保养,除去油污和粉尘,清理触点,经常检查其动作是否灵活、可靠,及时排除故障。防止因行程开关触点接触不良,或者接线松脱产生误动作而导致设备和人身安全事故。

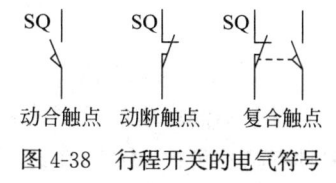

动合触点　动断触点　复合触点

图 4-38　行程开关的电气符号

4.8.3　接近开关

接近开关是一种无须与运动部件进行机械接触就可以操纵的位置开关,当物体接近此类开关的感应面时,不需要机械接触及施加任何压力即可使开关动作,从而驱动交流或直流电器,或者给计算机装置提供控制指令。接近开关是一种开关型传感器(无触点开关),它既有行程开关具备的行程控制及限位保护特性,又可用于高速计数、检测金属体的存在、测速、液位控制、检测零件尺寸,以及用作无触点式按钮等。

接近开关的动作可靠,性能稳定,频率响应快,使用寿命长,抗干扰能力强,并具有防水、防振、耐腐蚀等特点。

1. 接近开关的分类

目前,应用较为广泛的接近开关按工作原理可以分为以下几种类型:①高频振荡型接近开关,用以检测各种金属体;②电容型接近开关,用以检测各种导电或不导电的液体或固体;③光电型接近开关,用以检测所有不透光物质;④超声波型接近开关,用以检测不透过超声波的物质;⑤电磁感应型接近开关,用以检测导磁或不导磁金属。

接近开关按其外型形状可分为圆柱型、方型、沟型、穿孔(贯通)型和分离型几种。圆柱型接近开关比方型接近开关安装方便,但其检测特性相同;沟型接近开关的检测部位在槽内侧,用于检测通过槽内的物体;贯通型接近开关在我国很少生产,而在日本则应用较为普遍,可用于小螺钉或滚珠之类的小零件和浮标组装成水位检测装置等。

接近开关按供电方式可分为直流型和交流型;按输出形式又可分为直流两线制、直流三线制、直流四线制、交流两线制和交流三线制等。

2. 高频振荡型接近开关的工作原理

高频振荡型接近开关的工作原理图如图 4-39 所示,它属于一种有开关量输出的位置传感器，由LC高频振荡器、整形检波电路和信号处理电路组成，LC高频振荡器产生一个交变磁场，当金属物体接近这个磁场，并达到感应距离时，在金属物体内产生涡流。这个涡流反作用于接近开关，使接近开关的振荡能力衰减，以致停振。LC高频振荡器振荡及停振的变化被后级放大电路处理并转换成开关量，进而控制开关的通断，由此识别出有无金属物体接近。这种接近开关检测的物体必须是金属物体。

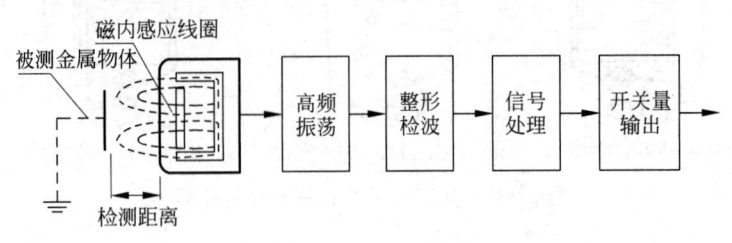

图 4-39　高频振荡型接近开关的工作原理图

3. 接近开关的选型

对于不同材质的检测体和不同的检测距离，应选用不同类型的接近开关，以使其在系统中具有高性价比，为此，在选型中应遵循以下原则。

（1）当检测体为金属材料时，应选用高频振荡型接近开关，该类型接近开关对铁镍、A3钢类检测体的检测最为灵敏；对于铝、黄铜和不锈钢类检测体，其检测灵敏度低。

（2）当检测体为非金属材料时，如木材、纸张、塑料、玻璃和水等，应选用电容型接近开关。

（3）金属物体和非金属物体要进行远距离检测与控制时，应选用光电型接近开关或超声波型接近开关。

（4）当检测体为金属时，若对检测灵敏度要求不高，则可选用价格低廉的磁性接近开关或霍尔式接近开关。

接近开关的电气符号如图4-40所示。

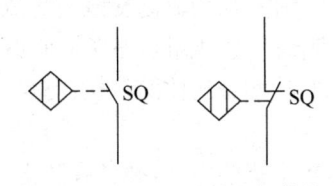

图 4-40　接近开关的电气符号

4.8.4　万能转换开关

万能转换开关是一种多挡式、控制多回路的主令电器，一般可用于多种配电装置的远距离控制，也可作为电压表、电流表的换相开关，还可用于小容量电动机的启动、制动、调速及正反向转换的控制。由于其触点挡数多、换接线路多、用途广泛，因此有"万能"之称。

万能转换开关主要由操作机构、面板、手柄及数个触点座等部件组成，用螺栓组装成整体。触点座可有1~10层，每层均可装3对触点，并由其中的凸轮进行控制。由于每层凸轮可制作成不同的形状，因此当手柄转到不同位置时，通过凸轮的作用，可使各对触点按需要的规律接通和分断。

常见的万能转换开关为LW5和LW6系列。在选用万能转换开关时，可从以下两方面入手：若用于控制电动机，则应预先知道电动机的内部接线方式，根据内部接线方式、接线指示牌及所需的万能转换开关断合次序表，画出电动机接线图，只要电动机接线图与转换开关的实际接法相符即可，还需要考虑额定电流是否满足要求；若用于控制其他电路，则只需考虑额定电流、额定电压和触点对数即可。

万能转换开关的结构原理图和电气符号如图 4-41 所示。

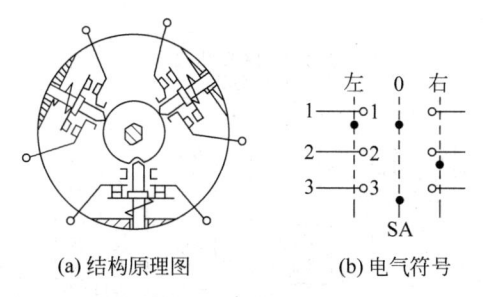

(a) 结构原理图　　(b) 电气符号

图 4-41　万能转换开关的结构原理图和电气符号

4.9　智能低压电器

近年来,随着电子技术和计算机技术的发展,低压电器的智能化趋势越来越明显,市场上出现了一些智能低压电器,如电子式热继电器、智能接触器、智能断路器等,应用较多的是智能断路器。这些智能低压电器普遍采用单片机进行控制,并具有通信功能。

智能断路器是指具有智能控制单元的低压断路器。

智能断路器与普通断路器一样,也有绝缘外壳、触点系统和操作机构,所不同的是,普通断路器的脱扣器换成了具有一定人工智能的控制单元,或者称为智能脱扣器。这种智能控制单元的核心是具有单片机处理器,其功能不但包括全部脱扣器的保护功能(如短路保护、过流保护、过热保护、漏电保护、缺相保护等),而且能够显示电路中的各种参数(电流、电压、功率、功率因数);各种保护功能的动作参数也可以设定、修改和显示;保护电路动作时的故障参数可以存储在非易失存储器中,以便查询。此外,它还扩充了测量、控制、报警、数据记忆及传输、通信等功能,其性能大大优于普通断路器。

智能断路器原理框图如图 4-42 所示。单片机对各路电压和电流信号进行规定的检测。当电压过高或过低时,发出脱扣信号;当缺相功能有效时,如三相电流不平衡超过设定值,发出缺相脱扣信号;同时,对各相电流进行监测,根据设定的参数实施三段式(瞬动、短延时、长延时)电流热模拟保护。

智能断路器是以微处理器为核心的机电一体化产品,采用了系统集成技术。它包括供电部分(常规供电、电池供电、电流互感器自供电)、传感器、控制部分、调整部分及开关部分,各部分既相互关联又相互影响。系统集成技术用于协调和处理好各部分的关系,使其既满足所有功能要求,又在体积、功耗、可靠性、电磁兼容性等方面不超出现有技术条件允许的范围。

智能型可通信断路器属于第四代低压电器产品。随着集成电路技术的发展和微处理器功能越来越强大,集成电路和微处理器成为第四代低压电器的核心控制技术。专用集成电路(如漏电保护专用集成电路、缺相保护专用集成电路、专用运算电路等)的采用不仅能减轻 CPU 的工作负荷,还能提高系统的响应速度。另外,断路器要实现多种保护功能,就要有相应的传感器,因此,要求传感器有较高的精度、较宽的动态范围,同时要求其体积要小,输出

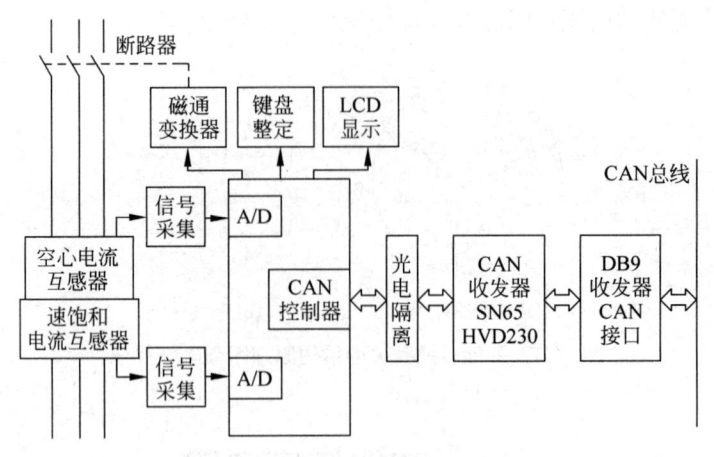

图 4-42　智能断路器原理框图

信号还要便于与智能控制电路连接。故新型智能化、集成化传感器的采用可使智能断路器的整体性能提高一个档次。

习　题

1. 什么是低压电器？常用的低压电器有哪些？
2. 电磁式低压电器由哪几部分组成？说明各部分的作用。
3. 灭弧的基本原理是什么？低压电器常用的灭弧方法有哪几种？
4. 熔断器有哪些用途？一般应如何选用？在电路中应如何连接？
5. 交流接触器主要由哪些部分组成？在运行中有时产生很大的噪声，试分析发生该现象的原因。
6. 交流电磁线圈误接入直流电源，或者直流电磁线圈误接入交流电源会出现什么现象？为什么？
7. 交流接触器的主触点、辅助触点和线圈各接在什么电路中？应如何连接？
8. 什么是继电器？它与接触器的主要区别是什么？在什么情况下可用中间继电器代替接触器启动电动机？
9. 空气阻尼式时间继电器是利用什么原理达到延时目的的？如何调整延时时间的长短？
10. 热继电器有何作用？如何选用热继电器？在实际使用中应注意哪些事项？
11. 低压断路器具有哪些脱扣装置？试分别叙述其功能。
12. 什么是速度继电器？它的作用是什么？速度继电器内部的转子有什么特点？若其触点过早动作，则应如何调整？
13. 常用电子电器有哪些特点？主要由哪几部分组成？主要参数有哪些？
14. 某生产设备采用△连接的异步电动机，其 $P_N=5.5\text{kW}$，$U_N=380\text{V}$，$I_N=12.5\text{A}$，$I_S=6.5I_N$。现用控制按钮对其进行启动、停止控制，同时有短路/过载保护。试选用接触器、控制按钮、熔断器、热继电器和组合开关。

第5章 继电接触器控制技术

5.1 继电接触器控制技术概述

继电接触器控制是一种传统的自动控制方式。继电接触器控制系统主要由各种接触器、继电器、按钮、行程开关等电器元件组成,完成电动机的启动、换向、制动、点动、顺序控制及保护等功能,满足生产工艺要求,实现生产加工自动化。这种控制系统有以下优点。

(1) 能满足电动机的动作要求,如能够实现启动、制动、反转或在一定范围内平滑调速。
(2) 各电器元件可按一定的顺序准确动作,抗干扰性强,不易发生误动作。
(3) 设有安全保护电路,在电路发生故障时能实施保护,防止事故扩大。
(4) 可采用自动和手动两种控制方式,维护和操作方便。
(5) 线路短、电器元件少、结构简单、故障率低、经济性较好。

但继电接触器控制动作缓慢、触点易烧蚀、使用寿命短、可靠性差、控制系统体积大、耗电量大,因此不适合复杂的控制系统。

在继电接触器控制系统中,所使用的电器元件以低压电器为主,一般包括:①控制电器,用来控制电动机的启动、制动、反转和调速,如磁力启动器、接触器、继电器等;②保护电器,用来保护电动机和电路中的一些重要电器元件,如熔断器、过电压和过电流保护器等;③执行电器,用来操纵或带动机械装置运动。

各种生产机械的工作性质和加工工艺不同,使得它们对电动机的控制要求不同。要使电动机按照生产机械的要求正常、安全地运转,必须配备一定的电器元件,组成一定的控制线路。在生产实践中,一台生产机械的控制线路可能比较简单,也可能相当复杂,但任何复杂的控制线路都是由一些基本控制线路有机地组合起来的。电动机常见的基本控制线路有以下几种:点动控制线路、正转控制线路、正/反转控制线路、位置控制线路、顺序控制线路、多地控制线路、降压启动控制线路、调速控制线路和制动控制线路等。

常用电气控制线路图有电路原理图、电器布置图、安装接线图。对初学者来说,首先要掌握电路原理图。

电路原理图是根据生产机械的运动形式对电气控制系统的要求,采用国家统一规定的图形符号和文字符号,按照电气设备和电器元件的工作顺序,详细表示电路、设备或成套装置的全部组成和连接关系,而不考虑实际位置的一种简图。它是电气线路安装、调试、维修的理论依据。

电路原理图一般分为主电路和辅助电路两部分。主电路是电气控制线路中强电流通过的部分,由电动机及与其相连接的电器元件组成;辅助电路中通过的电流比较小,包括控制电路、照明电路、信号电路及保护电路等,其中最主要的部分为控制电路,由接触器的线圈和辅助触点、继电器的线圈和触点、按钮及其他电器元件等组成。

绘制电路原理图主要遵循的原则有如下几条。

(1) 图中所有电器元件都应使用国家统一的图形符号和文字符号。

(2) 主电路绘制在图面的左侧或上方,辅助电路绘制在图面的右侧或下方。电器元件按功能进行布置,尽可能按动作顺序进行排列,按从左到右、从上到下的方式布局,避免线条交叉。

(3) 所有电器元件的可动部分均以自然状态画出。所谓自然状态,就是指各电器元件在没有通电或没有外力作用下的状态。

(4) 同一电器元件的各部分可以不画在一起,但必须使用统一的文字符号;对于多个同类电器元件,需要在其文字符号后加上一个数字序号,以示区别,如 KM1、KM2 等。

(5) 根据图面布局的需要,可以将图形符号旋转 90°、180°或 45°绘制,画面可以水平布置或垂直布置。

(6) 电路原理图的绘制要层次分明,各电器元件安排合理,所用电器元件数量最少,耗能最低,同时应保证线路运行可靠,节省连接导线,施工、维修方便等。

5.2 三相异步电动机

三相异步电动机构造简单、价格便宜、工作可靠,用来拖动各种生产机械,如机床、水泵、起重机、压缩机、鼓风机等,广泛应用在各行各业和人们的日常生活中。

交流电动机是将交流电能转换成机械能的装置,可分为异步电动机和同步电动机两类,其中,异步电动机最为常用,如图 5-1 所示。

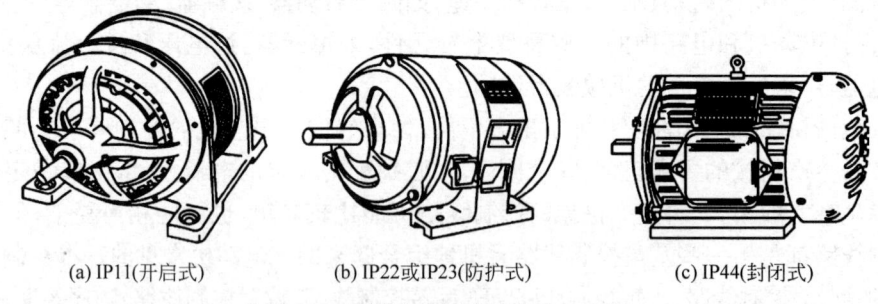

(a) IP11(开启式)　　(b) IP22或IP23(防护式)　　(c) IP44(封闭式)

图 5-1　不同防护形式的异步电动机

5.2.1　三相异步电动机的结构

三相异步电动机主要由两大部分组成:固定部分——定子,转动部分——转子。

1. 定子

三相异步电动机的定子是由接线盒、定子铁芯、定子绕组等组成的。机座内装有用 0.35~0.5mm 厚的硅钢片叠压而成的筒形定子铁芯,如图 5-2 所示。

定子铁芯的内圆上有若干均匀分布的铁芯槽,用来安装定子绕组。

2. 转子

三相异步电动机的转子是由转子铁芯和转子绕组、转轴组成的,转子铁芯是由如图 5-3(a)所示的硅钢片叠压而成的,转子绕组如图 5-3(b)所示。

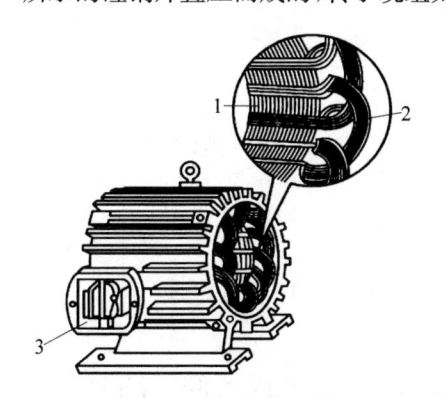

1—定子铁芯;2—定子绕组;3—接线盒。

图 5-2 三相异步电动机的定子

(a) 转子铁芯　　(b) 转子绕组

图 5-3 三相异步电动机的转子

转子铁芯固定在转轴上,在转子铁芯的外圆上均匀分布着放置导条或线圈的槽,各槽中的线圈连接起来成为转子绕组,单独将转子绕组拿出来,其形状像一个笼子,故称为笼型绕组,采用这种绕组的电动机称为笼型异步电动机。还有一种是绕线型绕组,采用这种绕组的电动机称为绕线转子异步电动机。两种电动机只是转子绕组的结构不同,而工作原理基本相同。

5.2.2 三相异步电动机各部分的用途及所用材料

1. 定子

(1) 机座。机座是电动机的外壳和支架,用铸铁或铸钢制成,用途是固定和保护定子铁芯及定子绕组并支撑端盖,以便安装和固定电动机。

(2) 定子铁芯。定子铁芯是电动机磁路的一部分,主要起导磁作用,要求用导磁性能好且涡流损耗低的铁磁材料制成,用硅钢片叠压而成。

(3) 定子绕组。定子绕组是电动机的电路部分,通以三相交流电后产生旋转磁场,一般用高强度漆包线或外层包有绝缘的铜或铝导线绕制而成。

2. 转子

转子在定子绕组产生的旋转磁场的作用下获得一定的转矩而旋转,带动机械负载工作。

(1) 转子铁芯。转子铁芯也是电动机磁路的一部分,它与定子铁芯之间有一定的间隙(称空气隙),转子铁芯与定子铁芯一样,也是在硅钢片外圆上冲槽并叠压而成的。

(2) 转子绕组。转子绕组也是电动机的电路部分,当给三相异步电动机的定子绕组通入三相交流电后,产生旋转磁场,转子绕组将切割磁感线,产生感应电流。

(3) 转轴。转轴支撑转子铁芯，以承受较大的转矩。

3. 其他部分

(1) 风扇：增加散热。

(2) 端盖：起支撑转子和防护作用，一般用铸铁制造。

(3) 接线盒：固定在机壳上，其内装有接线板，接线板上有接线柱，连接定子绕组引出线。

5.2.3 三相异步电动机接线盒内的接线

三相异步电动机接线盒内的接线图如图 5-4 所示。

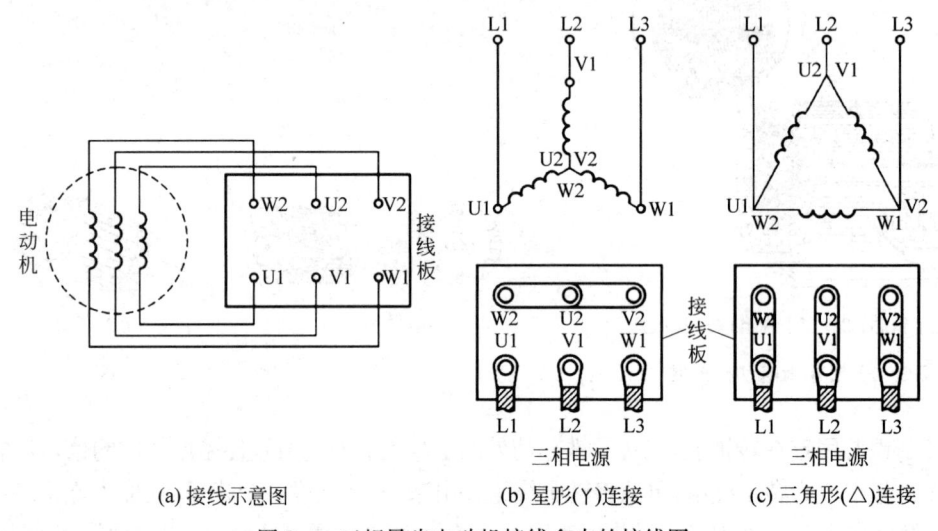

(a) 接线示意图　　　　(b) 星形(Y)连接　　　　(c) 三角形(△)连接

图 5-4　三相异步电动机接线盒内的接线图

(1) 对于电动机的三相定子绕组，每相定子绕组都有两个接线端子，一端称为首端，另一端称为尾端。规定第一相定子绕组的首端用 U1 表示，尾端用 U2 表示；第二相定子绕组的首端用 V1 表示，尾端用 V2 表示；第三相定子绕组的首端和尾端分别用 W1 与 W2 表示。三相定子绕组共有 6 个接线端子，分别接到接线盒的接线柱上，接线柱上相应标出 U1、V1、W1、U2、V2、W2。

(2) 三相定子绕组的 6 个接线端子可将三相定子绕组接成星形(Y)或三角形(△)。

① 星形连接：将三相定子绕组的尾端连接在一起，即将 U2、V2、W2 接线端子用铜片连接在一起；将三相定子绕组的首端分别接入三相交流电源，即将 U1、V1 和 W1 分别接 L1、L2 和 L3 三相电源。

② 三角形连接：将第一相定子绕组的首端 U1 与第三相定子绕组的尾端 W2 连接在一起，并接入第一相电源；第二相定子绕组的首端 V1 与第一相定子绕组的尾端 U2 连接在一起，并接入第二相电源；第三相定子绕组的首端 W1 与第二相定子绕组的尾端 V2 连接在一起，并接入第三相电源。

③ 三相定子绕组接成星形还是三角形，要依据电力网的线电压和各相定子绕组的额定电压而定。如果电力网的线电压是 380 V，电动机各相定子绕组的额定电压是 220 V，那么定子绕组必须接成星形。

一台电动机是接成星形还是三角形,可从电动机铭牌上查看。

三相定子绕组的首、尾端是生产厂家确定的,不能随意颠倒,但是可以将三相定子绕组的首、尾端同时颠倒。

5.2.4 三相异步电动机的铭牌

在异步电动机的机座上都有一块铭牌,铭牌上标出了电动机的一些技术数据,通过铭牌上的技术数据可以了解电动机的性能,根据加工生产机械的需要选用电动机。表 5-1 所示为一台三相异步电动机的铭牌。

表 5-1 三相异步电动机的铭牌

三相异步电动机			
	型号 Y2—132S—4	额定功率 5.5kW	额定电流 11.7A
额定频率 50Hz	额定电压 380V	接法△	转速 1 440r/min
防护等级 IP44	质量 68kg	工作制 S1	F 级绝缘
××电机厂			

铭牌数据的含义如下。

(1) 常用的封闭式异步电动机的型号及其含义如图 5-5 所示。

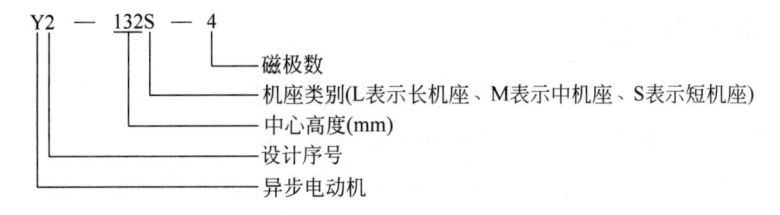

```
Y2 — 132S — 4
              └── 磁极数
          └────── 机座类别(L表示长机座、M表示中机座、S表示短机座)
      └────────── 中心高度(mm)
    └──────────── 设计序号
 └─────────────── 异步电动机
```

图 5-5 常用的封闭式异步电动机的型号及其含义

(2) 额定功率:电动机在额定工作状态下运行时,轴上所能输出的机械功率,单位为 kW。

(3) 额定频率:加在电动机定子绕组上的交流电的频率,我国为 50Hz。

(4) 额定电压:电动机定子绕组规定使用的线电压,单位为 V 或 kV。

(5) 额定电流:电动机在额定工作状态下运行时,电源输入电动机的线电流,单位为 A。

(6) 额定转速:电动机在额定工作状态下运行时,转子的转速。

(7) 绝缘等级:电动机绝缘材料的耐热等级。

(8) 接法:电动机三相定子绕组的连接方法。

(9) 工作制:电动机在额定条件下工作时,可以持续运行的时间和顺序。

5.2.5 双速异步电动机

双速异步电动机是变极调速中最常用的一种形式的电动机。双速异步电动机定子绕组接线图如图 5-6 所示。

图 5-6(a)所示为双速异步电动机三相定子绕组做△连接，各相定子绕组的两个线圈串联，三相电源分别与接线端子 U1、V1 和 W1 相连，每相定子绕组的中点接线端子 U2、V2 和 W2 空着。此时，电动机磁极数为 4，同步转速为 1 500r/min。

图 5-6(b)所示为双速异步电动机三相定子绕组做Y连接，各相定子绕组的接线端子 U1、V1 和 W1 连接在一起，三相电源分别与接线端子 U2、V2 和 W2 相连。此时，电动机磁极数为 2，同步转速为 3 000r/min。可见，双速异步电动机的高转速是低转速的 2 倍。

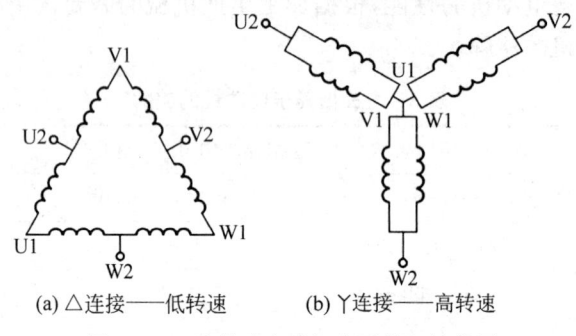

(a) △连接——低转速　　(b) Y连接——高转速

图 5-6　双速异步电动机定子绕组接线图

注意：这种类型的双速异步电动机从一种连接改为另一种连接时，为了保证旋转方向不变，应把电源相序反过来。

5.2.6　电动机的检查

在安装电动机前，要对电动机进行全面检查，避免安装运行后出现故障。检查内容如下。

(1) 核对铭牌上的各项技术数据与图纸规定是否相符。

(2) 检查外观、油漆是否完好，外壳、风罩、风叶是否无破损，有无旋向标志。

(3) 检查装配：装配是否符合要求，轴转动是否灵活，端盖、电扇是否安装牢固，润滑脂是否正常。

(4) 用仪表进行检测。用兆欧表检测电动机绕组间及绕组与机壳间的绝缘，用万用表检查三相绕组的通断情况。

只有在确认电动机完好后才可安装。

5.3　三相异步电动机的单元控制电路

5.3.1　三相异步电动机的正转直接启动控制电路

三相异步电动机可以通过低压开关直接控制电动机的启停，在工厂中常被用来控制三相电风扇和砂轮机等设备。

在如图 5-7 所示的电路中，低压开关起接通、断开电源的作用，熔断器用于短路保护。此控制电路的工作原理如下。

启动：合上电源开关 QS，电动机 M 接通电源，启动运转。

停止：断开电源开关 QS，电动机 M 脱离电源，失电停转。

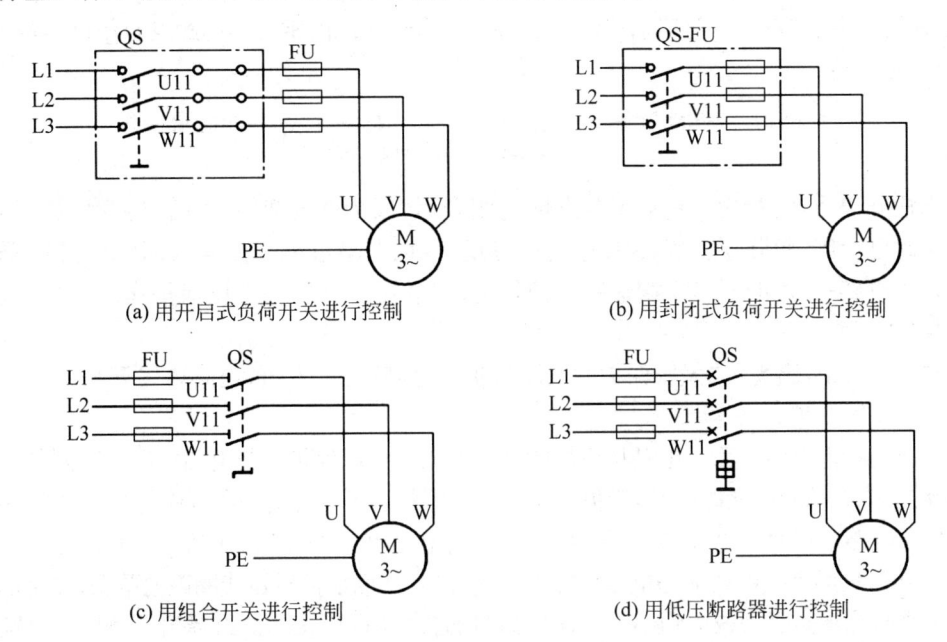

(a) 用开启式负荷开关进行控制

(b) 用封闭式负荷开关进行控制

(c) 用组合开关进行控制

(d) 用低压断路器进行控制

图 5-7　手动正转控制电路

三相异步电动机也可以通过控制按钮及接触器来实现电动机的启停控制。图 5-8 所示为具有欠压、失压（或零压）和过载保护的接触器自锁正转控制电路。

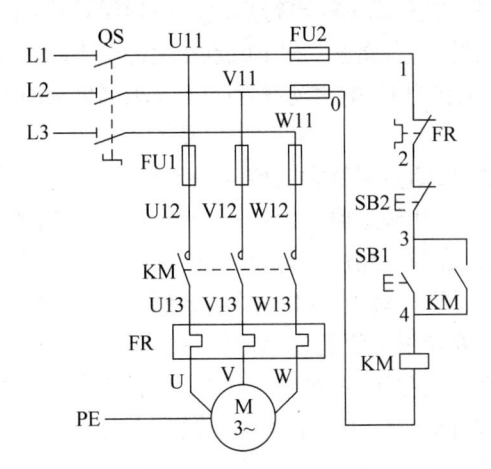

图 5-8　具有欠压、失压（或零压）和过载保护的接触器自锁正转控制电路

该控制电路的工作原理如下（先闭合电源开关 QS）。

(1) 启动：

按下 SB1 → KM 线圈得电 → KM 主触点闭合 → 电动机 M 启动并连续运转
　　　　　　　　　　　　→ KM 常开辅助触点闭合

当松开启动按钮 SB1，其常开触点恢复分断后，因为接触器 KM 常开辅助触点闭合时已将 SB1 短接，控制电路仍保持接通状态，所以接触器 KM 线圈继续得电，电动机 M 实现连续运转。像这种松开启动按钮 SB1 后,接触器 KM 通过自身常开辅助触点而使线圈保持得电状态的作用叫作自锁。与启动按钮 SB1 并联起自锁作用的常开辅助触点叫作自锁触点。

(2) 停止:

按下SB2 → KM线圈失电 → KM主触点断开 → 电动机M停转
　　　　　　　　　　　└→ KM常开辅助触点断开 ┘

当松开停止按钮 SB2,其常闭触点恢复闭合后,因为接触器 KM 的自锁触点在切断控制电路时已分断,解除了自锁,SB1 也是分断的,所以 KM 线圈不能得电,电动机 M 不转动。

在该电路中,熔断器 FU 起短路保护作用,接触器起欠压和失压保护作用,热继电器起过载保护作用。

在图 5-8 中,出现了"欠压保护""失压保护""过载保护"术语,现简述如下。

(1) 欠压保护。

欠压是指电路电压低于电动机应加的额定电压。欠压保护是当电路电压下降到某一数值时,电动机能自动脱离电源停转,避免电动机在欠压状态下运行的一种保护措施。采用接触器自锁控制电路就可避免电动机欠压运行。因为当电路电压下降到一定值(一般指低于额定电压85%)时,接触器线圈两端的电压同样下降到此值,从而使接触器线圈磁通减弱,产生的电磁吸力减小。当电磁吸力减小到小于反作用弹簧的拉力时,动铁芯被迫释放,主触点、自锁触点同时分断,自动切断主电路和控制电路,电动机失电停转,从而达到欠压保护的目的。

(2) 失压保护。

失压保护是电动机在正常运行过程中,当由于外界某种原因突然断电时,能自动切断电动机电源;当重新供电时,保证电动机不能自行启动的一种保护措施。接触器自锁控制电路也可实现失压保护。因为接触器的自锁触点和主触点在电源断电时已经断开,控制电路和主电路都不能接通,所以在电源恢复供电时,电动机不会自行启动运转,从而保证人身和设备的安全。

(3) 过载保护。

电动机在运行过程中,长期负载过大或启动操作频繁,或者缺相运行等,都可能使电动机定子绕组的电流增大,超过其额定值。而在这种情况下,熔断器往往并不熔断,从而引起定子绕组过热,温度升高。若温度超过允许温升,则会使绝缘损坏,缩短电动机的使用寿命,严重时甚至会使电动机定子绕组烧毁。在接触器自锁正转控制电路中,如果电动机在运行过程中由于过载或其他原因导致电流超过额定值,那么经过一定的时间,串接在主电路中的热继电器的热元件因受热发生弯曲,通过动作机构,串接在控制电路中的常闭触点分断,切断控制电路,接触器 KM 线圈失电,其主触点、自锁触点分断,电动机 M 失电停转,从而达到过载保护的目的。

但是,热继电器在三相异步电动机控制电路中只能用于过载保护,不能用于短路保护。因为热继电器的热惯性大,即热继电器的双金属片受热膨胀弯曲需要一定的时间。当电动机发生短路时,由于短路电流很大,热继电器还没来得及动作,供电电路和电源设备可能已经损坏。

在图 5-8 中,若去掉接触器 KM 常开触点和 SB2,则构成简单的点动控制电路,其工作原理为:按下 SB1,接触器 KM 线圈得电,电动机 M 运转;松开 SB1,接触器 KM 线圈失电,电动机 M 停转。

[例 5-1] 图 5-9 所示为自锁正转控制电路,试分析并指出电路中的有关错误及出现的现象,加以改正。

解：在图 5-9(a)中，接触器 KM 自锁触点不应该用常闭辅助触点。因为使用常闭辅助触点不但失去了自锁作用，而且会使电路出现时通时断的现象，所以应把常闭辅助触点换成自锁触点，使电路正常工作。

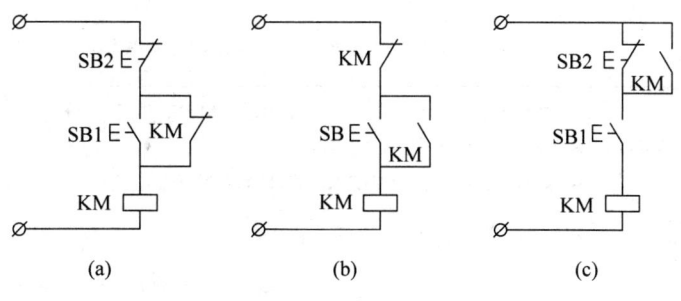

图 5-9 自锁正转控制电路

在图 5-9(b)中，接触器 KM 常闭辅助触点不能串接在电路中，否则，按下启动按钮 SB 后，电路会出现时通时断的现象，应把接触器 KM 常闭辅助触点换成停止按钮，使电路正常工作。

在图 5-9(c)中，接触器 KM 自锁触点不能并接在停止按钮 SB2 两端，否则，就失去了自锁作用，电路只能实现点动控制，应把接触器 KM 自锁触点并接在启动按钮 SB1 两端。

5.3.2 三相异步电动机的正/反转直接启动控制电路

正转控制电路只能使电动机朝一个方向旋转，带动生产机械的运动部件朝一个方向运动。但许多生产机械往往要求运动部件能向正、反两个方向运动，如机床工作台的前进与后退、万能铣床主轴的正转与反转、起重机的上升与下降等，这些生产机械要求电动机能实现正/反转控制。

当改变接入电动机定子绕组的三相电源相序，即把接入电动机三相电源进线中的任意两相对调接线时，电动机就可以反转。

图 5-10 所示为三相异步电动机双重联锁的正/反转控制电路。

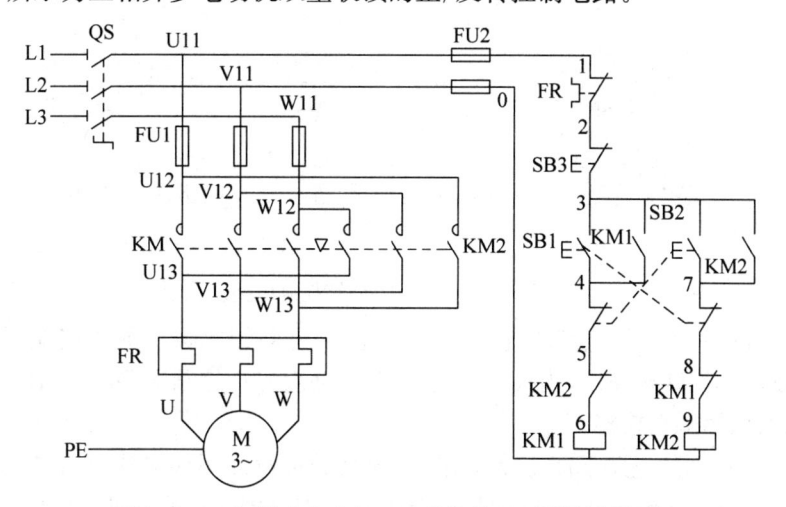

图 5-10 三相异步电动机双重联锁的正/反转控制电路

此控制电路的工作原理如下（先合上电源开关 QS）。

(1) 正转控制：

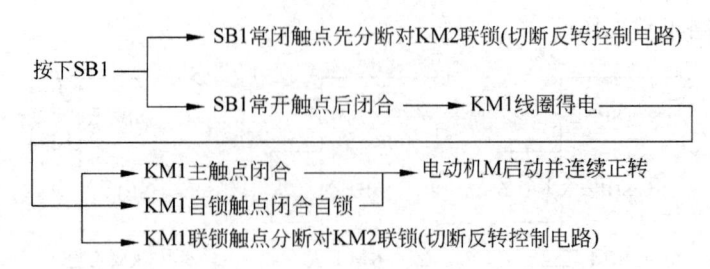

按下SB1 → SB1常闭触点先分断对KM2联锁（切断反转控制电路）
         → SB1常开触点后闭合 → KM1线圈得电
                                  → KM1主触点闭合 → 电动机M启动并连续正转
                                  → KM1自锁触点闭合自锁
                                  → KM1联锁触点分断对KM2联锁（切断反转控制电路）

(2) 反转控制：

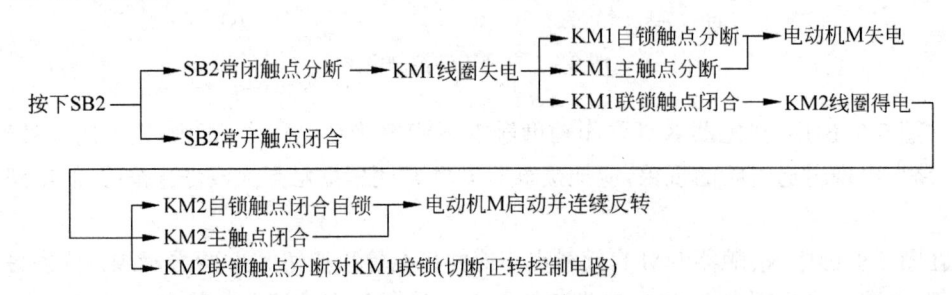

按下SB2 → SB2常闭触点分断 → KM1线圈失电 → KM1自锁触点分断 → 电动机M失电
                                           → KM1主触点分断
                                           → KM1联锁触点闭合 → KM2线圈得电
         → SB2常开触点闭合
                → KM2自锁触点闭合自锁 → 电动机M启动并连续反转
                → KM2主触点闭合
                → KM2联锁触点分断对KM1联锁（切断正转控制电路）

若要电动机 M 停转，则按下 SB3，整个控制电路失电，主触点分断，电动机 M 失电停转。

该控制电路操作方便，工作安全可靠。当电动机从正转变为反转时，可直接按下 SB2，不必先按 SB3。因为当按下 SB2 时，串接在正转控制电路中的 SB2 动断触点先分断，使正转接触器 KM1 线圈失电，KM1 主触点和自锁触点分断，电动机 M 失电并惯性运转。SB2 动断触点分断后，其动合触点随后闭合，接通反转控制电路，电动机 M 便反转。这样既保证了 KM1 和 KM2 的线圈不会同时得电，又可不按 SB3 而直接按 SB2 实现反转。同样，若使电动机从反转变为正转，则也只需直接按下 SB1 即可。

[例 5-2] 几种正/反转控制电路如图 5-11 所示。试分析各电路能否正常工作。若不能正常工作，请找出原因，并改正过来。

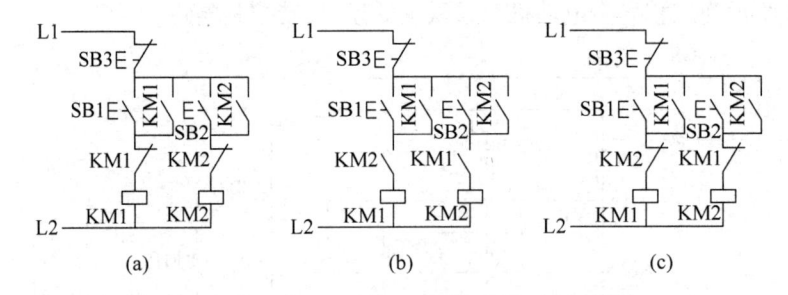

图 5-11 几种正/反转控制电路

解：图 5-11(a) 所示的电路不能正常工作，原因是联锁触点不能用接触器动断辅助触点，这样不仅起不到联锁作用，当按下启动按钮后，还会出现控制电路时通时断的现象，应把电路中的两对联锁触点换接。

图 5-11(b) 所示的电路不能正常工作，原因是联锁触点不能采用动合辅助触点，这样，即使按下启动按钮，接触器线圈也不能得电动作，应把联锁触点换成动断辅助触点。

图 5-11(c)所示的电路只能实现点动正/反转控制,不能连续工作,原因是自锁触点起不到自锁作用。若要使电路能连续工作,则应把电路中的两对自锁触点换接。

5.3.3 多地控制电路

能在两地或多地控制同一台电动机的控制方式称为电动机的多地控制。图 5-12 所示为具有过载保护功能的自锁正转两地控制电路。其中,SB11、SB12 分别为安装在甲地的启动按钮和停止按钮;SB21、SB22 分别为安装在乙地的启动按钮和停止按钮。该电路的特点是两地的启动按钮 SB11、SB21 要并联在一起,停止按钮 SB12、SB22 要串联在一起。这样就可以分别在甲、乙两地启停同一台电动机,达到操作方便的目的。

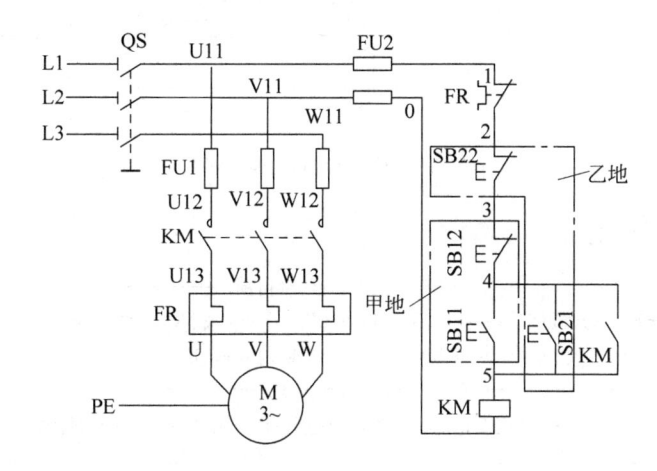

图 5-12 具有过载保护功能的自锁正转两地控制电路

若要对三地或多地进行控制,则只要把各地的启动按钮并联起来、停止按钮串联起来即可。

5.3.4 位置控制

在生产过程中,一些生产机械运动部件的行程或位置会受到限制,或者需要其运动部件在一定范围内自动往返循环等。例如,在摇臂钻床、万能铣床、镗床、桥式起重机及各种自动或半自动控制机床设备中,就经常遇到这种控制要求,而实现这种控制要求所依靠的主要电器是行程开关。

利用生产机械运动部件上的挡铁与行程开关进行碰撞,使其触点动作,以此来接通或分断电路,实现对生产机械运动部件的位置或行程的自动控制,这称为位置控制。图 5-13 所示为位置控制电路原理图。工厂车间里的行车常采用这种电路,其中,右下角是行车运动示意图,行车前后的终点处各安装一个行程开关 SQ1 和 SQ2,将这两个行程开关的动断触点分别串接在正转控制电路和反转控制电路中。行车前后各装有挡铁 1 和挡铁 2,行车的行程和位置可通过改变行程开关的安装位置来调节。

图 5-13 所示的电路的工作原理如下(先合上电源开关 QS)。

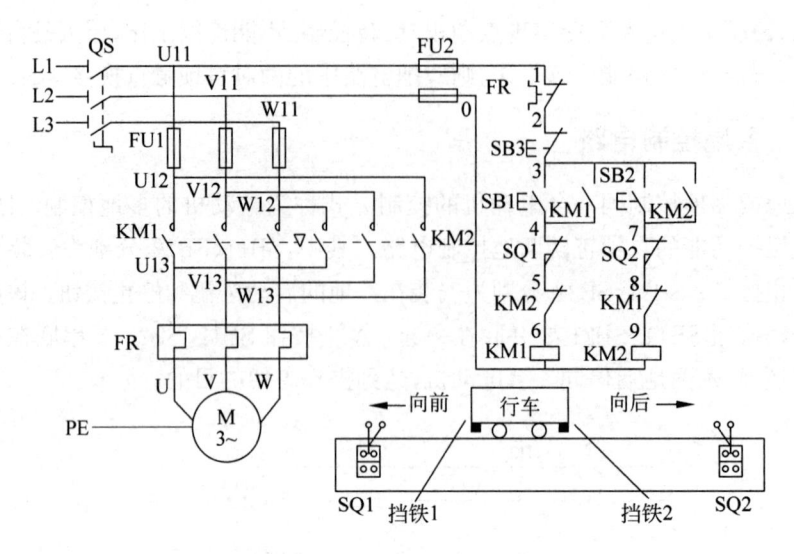

图 5-13 位置控制电路原理图

(1) 行车向前运动：

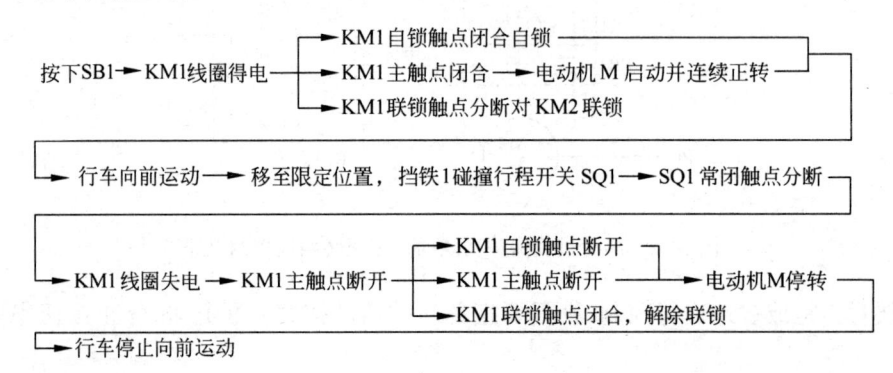

按下 SB1 → KM1 线圈得电 → KM1 自锁触点闭合自锁
　　　　　　　　　　　　→ KM1 主触点闭合 → 电动机 M 启动并连续正转
　　　　　　　　　　　　→ KM1 联锁触点分断对 KM2 联锁

→ 行车向前运动 → 移至限定位置，挡铁1碰撞行程开关 SQ1 → SQ1 常闭触点分断

→ KM1 线圈失电 → KM1 主触点断开 → KM1 自锁触点断开
　　　　　　　　　　　　　　　　→ KM1 主触点断开 → 电动机 M 停转
　　　　　　　　　　　　　　　　→ KM1 联锁触点闭合，解除联锁
→ 行车停止向前运动

此时，即使再按下 SB1，由于 SQ1 动断触点已分断，接触器 KM1 线圈也不会得电，保证了行车不会超过 SQ1 所在的位置。

(2) 行车向后运动：

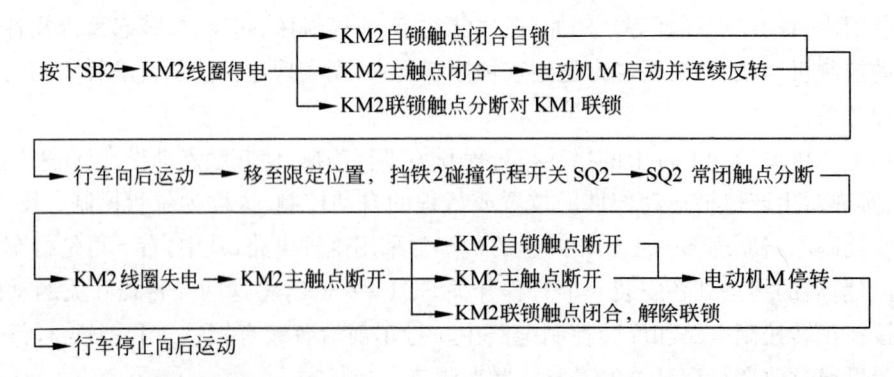

按下 SB2 → KM2 线圈得电 → KM2 自锁触点闭合自锁
　　　　　　　　　　　　→ KM2 主触点闭合 → 电动机 M 启动并连续反转
　　　　　　　　　　　　→ KM2 联锁触点分断对 KM1 联锁

→ 行车向后运动 → 移至限定位置，挡铁2碰撞行程开关 SQ2 → SQ2 常闭触点分断

→ KM2 线圈失电 → KM2 主触点断开 → KM2 自锁触点断开
　　　　　　　　　　　　　　　　→ KM2 主触点断开 → 电动机 M 停转
　　　　　　　　　　　　　　　　→ KM2 联锁触点闭合，解除联锁
→ 行车停止向后运动

(3) 停车时，只需按下 SB3 即可。

5.3.5 顺序控制

在实际生产中,有些设备常常要求按一定的顺序实现多台电动机的启停控制。例如,对于磨床,要求先启动油泵电动机,再启动主轴电动机。图 5-14 所示为两台电动机顺序启动控制电路。其中,图 5-14(a)所示为主电路,图 5-14(b)所示为使用时间继电器实现电动机顺序启动的控制电路。

该电路的工作原理简单叙述如下:按下 SB2,KM1 线圈得电,电动机 M1 启动并连续运转,同时,通电延时型时间继电器 KT 线圈得电;延时一段时间后,KT 延时闭合动合触点闭合,使 KM2 线圈得电,电动机 M2 也启动并连续运转(同时 KT 线圈失电);按下 SB1,KM1、KM2 和 KT 线圈均失电,电动机 M1 和 M2 停转。其中,通电延时型时间继电器 KT 线圈中串入接触器 KM2 动断触点的目的是减少 KT 线圈的通电时间,当 KM2 实现自锁后,KT 完成自己的任务,由 KM2 动断触点切除。

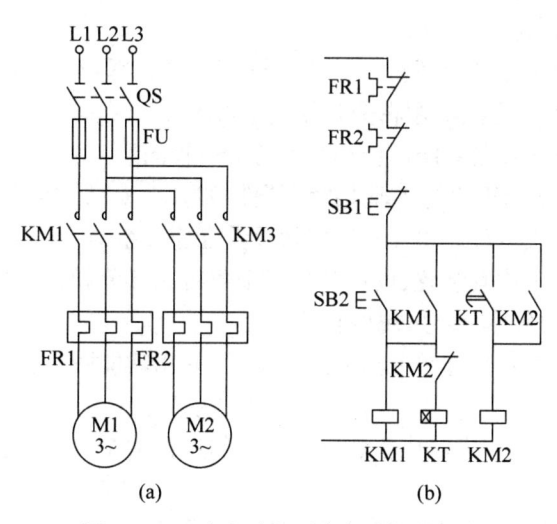

图 5-14 两台电动机顺序启动控制电路

5.4 电气工程制图规范及电气图纸的识读方法

5.4.1 电气图的定义

电气图即用电气图形符号、带注释的框或简化外形表示电气系统或设备中各组成部分之间相互关系及连接关系的一种图形。广义地说,表明两个或两个以上变量之间关系的曲线,用于说明系统、成套装置或设备中各组成部分间的相互关系或连接关系,或者用于提供工作参数的表格、文字等也属于电气图。

5.4.2 电气图有关国家标准

GB/T 24340—2009《工业机械电气图用图形符号》。
GB/T 10609.1—2008《技术制图 标题栏》。

GB/T 14691—1993《技术制图 字体》。
GB/T 4458.1—2002《机械制图 图样画法 视图》。
GB/T 18229—2000《CAD 工程制图规则》。
GB/T 18135—2008《电气工程 CAD 制图规则》。

5.4.3 电气图的分类

(1) 系统图或框图：用符号或带注释的框概略表示系统或分系统的基本组成、相互关系及其主要特征的一种简图。

(2) 电气原理图：用图形符号表示并按工作顺序排列，详细表示电路、设备或成套装置的全部组成和连接关系，而不考虑其实际位置的一种简图。绘制电路图的目的是便于详细了解电路的作用和工作原理，分析和计算电路特性。

(3) 功能图：表示理论的或理想的电路而不涉及实现方法的一种图形，其用途是提供绘制电路图或其他有关电气图的依据。

(4) 逻辑图：主要用二进制逻辑(与、或、异或等)单元图形符号绘制的一种简图，其中只表示功能而不涉及实现方法的逻辑图叫作纯逻辑图。

(5) 功能表图：表示控制系统的作用和状态的一种图形。

(6) 等效电路图：表示理论的或理想的元器件(如 R,L,C)及其连接关系的一种功能图。

(7) 程序图：详细表示程序单元和程序块及其互连关系的一种简图。

(8) 设备元件表：由成套装置、设备和装置中各组成部分和相应数据列出的表格，其用途是表示各组成部分的名称、型号、规格和数量等。

(9) 端子功能图：表示功能单元全部外接端子，并用功能图、功能表图或文字表示其内部功能的一种简图。

(10) 接线图或接线表：表示成套装置或设备的连接关系，用于进行接线和检查的一种简图或表格。

① 单元接线图或单元接线表：表示成套装置或设备中一个结构单元(指在各种情况下均可独立运行的组件或某种组合体)内的连接关系的一种接线图或接线表。

② 互联接线图或互联接线表：表示成套装置或设备的不同单元之间连接关系的一种接线图或接线表。

③ 端子接线图或端子接线表：表示成套装置或设备的端子，以及接在端子上的外部接线(必要时包括内部接线)的一种接线图或接线表。

④ 电费配置图或电费配置表：提供电缆两端位置，必要时还包括电费功能、特性和路径等信息的一种接线图或接线表。

(11) 数据单：对特定项目给出详细信息的资料。

(12) 简图或位置图：表示成套装置或设备中各项目的位置的一种简图或位置图，是用图形符号绘制的图，用来表示一个区域或一座建筑物内成套装置中的元器件位置和连接布线。

5.4.4 电气图的特点

电气图主要用来阐述电路的工作原理，描述系统或设备的构成和功能，是提供装接和使用信息的重要工具与手段。

（1）简图是电气图的主要表达方式，是用图形符号、带注释的框或简化外形表示系统或设备中各组成部分之间相互关系及连接关系的一种图形。

（2）元件和连接线是电气图的主要表达内容。一个电路通常由电源、开关设备、用电设备和连接线4部分组成，如果将电源、开关设备和用电设备看作元件，则电路由元件与连接线组成，或者说各种元件按照一定的次序用连接线连接起来构成一个电路。元件和连接线的表示方法如下。

① 元件用于电路图中时，有集中表示法、分开表示法、半集中表示法。
② 元件用于布局图中时，有位置布局法和功能布局法。
③ 连接线用于电路图中时，有单线表示法和多线表示法。
④ 连接线用于接线图及其他电气图中时，有连续线表示法和中断线表示法。

（3）图形符号、文字符号、项目代号是电气图的主要组成部分。一个电气系统或一种电气装置由各种元器件组成，在主要以简图形式表达的电气图中，无论是表示构成、功能，还是表示电气接线等，通常都用简单的图形符号来表示。

（4）对能量流、信息流、逻辑流、功能流的不同描述构成了电气图的多样性。在一个电气系统中，各种电气设备和装置之间，从不同角度、不同侧面存在着不同的关系。

① 能量流——电能的流向和传递。
② 信息流——信号的流向和传递。
③ 逻辑流——相互间的逻辑关系。
④ 功能流——相互间的功能关系。

5.4.5　电气图的一般规则

（1）电气图面的构成：边框线、图框线、标题栏、会签栏。

（2）幅面及其尺寸：边框线围成的图面叫作图纸的幅面。

幅面尺寸分为5类：A0～A4，如表5-2所示。其中，A0～A2号图纸一般不得加长；A3、A4号图纸可根据需要沿短边加长。

表5-2　幅面尺寸及代号　　　　　　　　　　　　　　　单位：mm

幅面代号	A0	A1	A2	A3	A4
宽×长（$B \times L$）	841×1 189	594×841	420×594	297×420	210×297
留装订边的边宽（C）	10			5	
不留装订边的边宽（C）	20			10	
装订侧的边宽（a）	25				

选择幅面尺寸的基本前提：保证幅面布局紧凑、清晰和使用方便。

选择幅面时应考虑的因素如下。

① 设计对象的规模和复杂程度。
② 由简图种类确定的资料的详细程度。
③ 尽量选用较小的幅面。
④ 便于图纸的装订和管理。

⑤ 符合复印和缩微的要求。
⑥ 符合计算机辅助设计的要求。

(3) 标题栏是用于确定图样名称、图号、张次和有关人员签名等内容的栏目，相当于图样的"铭牌"。

标题栏的位置一般在图纸的右下方或下方。标题栏中的文字方向为看图方向，会签栏是供各相关专业的设计人员会审图样时签名和标注日期用的。图5-15所示为设计通用标题栏(A2～A4)。

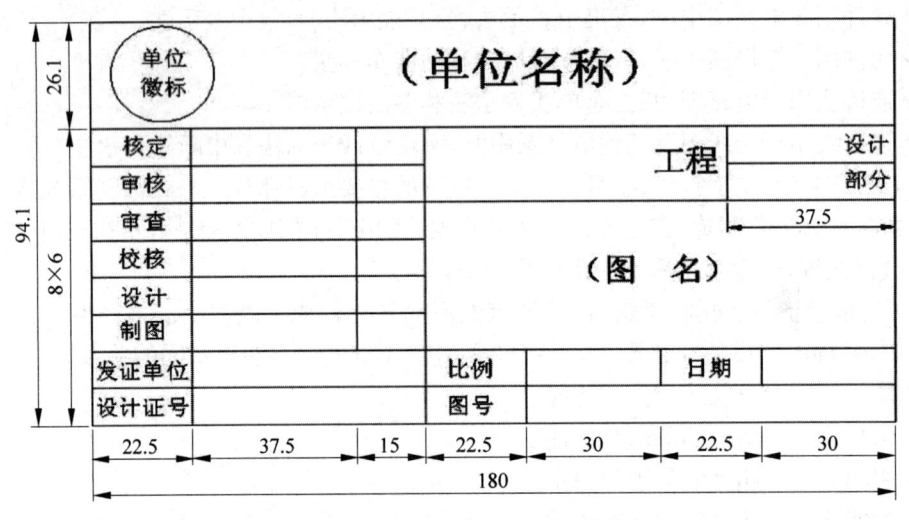

图5-15 设计通用标题栏(A2～A4)(单位为mm)

(4) 图样编号由图号和检索号两部分组成。

(5) 图幅的区分。在图的边框处，竖边方向用大写拉丁字母进行编号，横边方向用阿拉伯数字进行编号，编号的顺序从标题栏相对的左上角开始，分区数是偶数。

5.4.6 电气元件的触点分类、工作状态和技术数据等的表示方法

(1) 触点分两类，一类是靠电磁力或由人工操作的触点（接触器、电磁继电器、开关、按钮等的触点）；另一类为非电和非人工操作的触点（非电继电器、行程开关等的触点）。

(2) 触点的表示方法。

① 接触器、电磁继电器、开关、按钮等的触点符号：在同一电路中，在加电和受力后，各触点符号的动作方向应取向一致，当触点具有保持、闭锁和延时功能时更是如此。

② 非电和非人工操作的触点：必须在其触点符号附近标明运行方式，用图形、操作器件符号及注释、标记和表格表示。

(3) 工作状态的表示方法。元件和设备的可动部分通常应表示在非激励或不工作的状态或位置。

① 继电器和接触器处于非激励状态。
② 断路器、负荷开关和隔离开关在断开位置。
③ 带零位的手动控制开关在零位位置，不带零位的手动控制开关在图中规定的位置。

④ 机械操作开关的工作状态与工作位置的对应关系一般应表示在其触点符号附近,或者另附说明。事故、备用、报警等开关应表示在设备正常使用的位置,多重开闭元件的各组成部分必须表示在相互一致的位置上,而不管电路的工作状态。

(4) 技术数据的表示方法。电气元件的技术数据一般标注在图形符号旁边。当连接线水平布置时,尽可能将其标注在图形符号的下方;当连接线垂直布置时,标注在项目代号的下方。另外,还可以标注在框符号或简化外形符号内。

(5) 注释和标记的表示方法。

① 注释的位置:直接放在所要说明的设计对象附近或图中的其他位置。

② 如果设备面板上有信息标记,则应在有关元件的图形符号旁加上同样的标记。

5.4.7 连接线

连接线又称导线,是电气图上各种图形符号间的连线。

1. 导线的表示方法

导线的一般表示方法如图 5-16 所示。

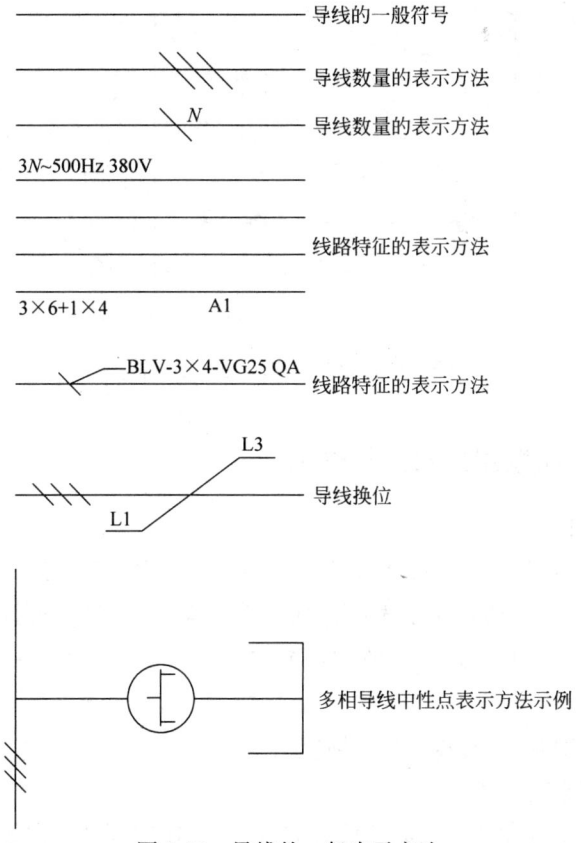

图 5-16 导线的一般表示方法

2. 导线的粗细

电源主电路、一次电路、主信号通路等采用粗线,与之相关的其余部分采用细线。

3. 导线的分组

母线、总线、配电线束、多芯电线电缆等可视为平行导线。多条平行导线应按功能进行分组；不能按功能进行分组的，可以任意分组，每组不多于 3 条，组间距离大于线间距离。

导线标记一般置于导线上方，也可置于导线中断处，必要时，还可在导线上标出信号特性信息。

4. 导线连接点的表示方法

① T 形连接点可加或不加实心圆点(·)。

② 十字形连接点必须加实心圆点(·)。

③ 对于交叉而不连接的两条导线，在交叉处不能加实心圆点，并应避免在交叉处改变方向，也应避免穿过其他导线的连接点。

④ 导线与设备端子的固定连接点用空心圆圈表示。

导线连接点的表示方法如图 5-17 所示。

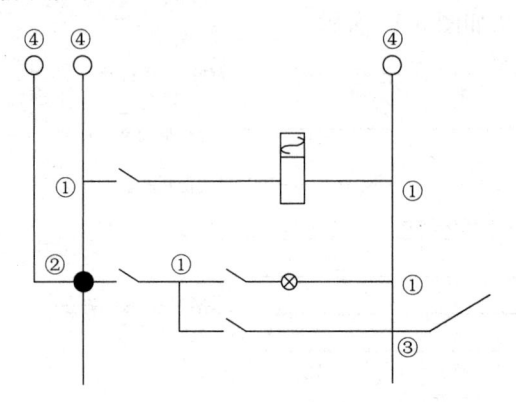

图 5-17　导线连接点的表示方法

5.4.8　系统图和框图的对比与作用

1. 系统图和框图的对比

系统图与框图都是用符号或带注释的框来表示的，其区别在于，系统图通常用于表示系统或成套装置，而框图则通常用于表示分系统或设备；系统图若标注项目代号，则一般为高层代号，框图若标注项目代号，则一般为种类代号。

2. 系统图和框图的作用

(1) 作为进一步编制详细技术文件的依据。

(2) 供操作和维修时参考。

(3) 供有关部门了解设计对象的整体方案、简要工作原理和主要组成部分。

5.4.9　系统图和框图绘制的基本原则与方法

1. 图形符号的运用

(1) 采用方框符号。方框符号表示元件、设备等的组合及其功能，是既不给出元件、设备细节,又不考虑所有连接的一种简单的图形符号。

(2) 采用带注释的框。系统图和框图中的框可能为同一系统、分系统、成套装置或功能单元,用带注释的框表示设计对象。框的形式有实线框和点画线框,其中,点画线框包含的容量大。

2. 层次划分

较高层次的系统图和框图可反映设计对象的概况,较低层次的系统图和框图可将设计对象表达得较为详细。

3. 项目代号的标注方法

(1) 在系统图和框图中,各个框可标注项目代号。

(2) 在较高层次的系统图中标注高层代号,在较低层次的框图中标注种类代号。

(3) 由于系统图和框图不具体表示项目的实际导线与安装位置,因此一般不标注端子代号和位置代号。

(4) 项目代号标注在各框的上方或左上方。

4. 导线的表示方法

(1) 连接方法:当采用点画线框绘制时,其导线接到该框内的图形符号上;当采用方框符号或带注释的实线框时,将导线接到框的轮廓线上。

(2) 导线型式:电线导线——细实线,电源电路和主信号电路——粗实线,机械导线——虚线。

(3) 信号流向:系统图和框图的布局要清晰并有利于识别过程与信息的流向。控制信号流向与过程流向垂直绘制,在导线上用开口箭头表示电信号的流向,用实心箭头表示非电过程和信息的流向。

(4) 导线上有关内容的标注:在系统图和框图中,根据需要加注各种形式的注释与说明。

5.4.10 电气原理图

1. 电气原理图的基本特征、绘制要求及用途

(1) 绘制电气原理图的要求。

① 所有电器元件的触点均按没有通电或没有发生机械动作时的位置画出。接触器在动铁芯没被吸合时的位置,按钮在没被按下时的位置。如果这时触点是断开的,则称之为动合触点(一动就合);如果这时触点是闭合的,则称之为动断触点(一动就断)。在不同的工作阶段,各电器元件的动作不同,触点时闭时开,而在电气原理图中,只能表示出电器元件的一种状态。

② 同一电器元件的各部件是分开的,不按它们的实际位置画在一起。例如,接触器 KM 的线圈和主触点就分别画在两个不同的位置,但标注相同的文字符号 KM。因为电气原理图是为了方便阅读和分析电路控制动作绘制的,所以它不反映电器元件的结构、体积和实际安装位置。

③ 各电器元件统一采用国家标准规定的图形符号和文字符号。

④ 明确电路中电器元件的数目、种类和规格。

⑤ 为方便检查电路和排除故障,按规定对电气原理图标注线号,将主电路与控制电路分开标注,从电源端起,顺次标到负载,每段导线均有线号,且一线一号,不能重复。

⑥ 在电源电路上编号可以遵循以下规则。

a. 主电路三相电源相序依次编写为 L1、L2、L3，电源控制开关的接线端按三相电源相序依次编号为 U11、V11、W11。从上至下，每经过一个电器元件的接线端子，编号就要递增，如 U11、V11、W11、U21、V21、W21 等。没有经过接线端子的编号不变，电动机的 3 根引线按相序依次编号为 U、V、W。

b. 对于控制电路与照明、指示电路，从左至右（或从上至下）用数字编号，每经过一个接线端子，编号就要递增。

(2) 图例（见图 5-18）。

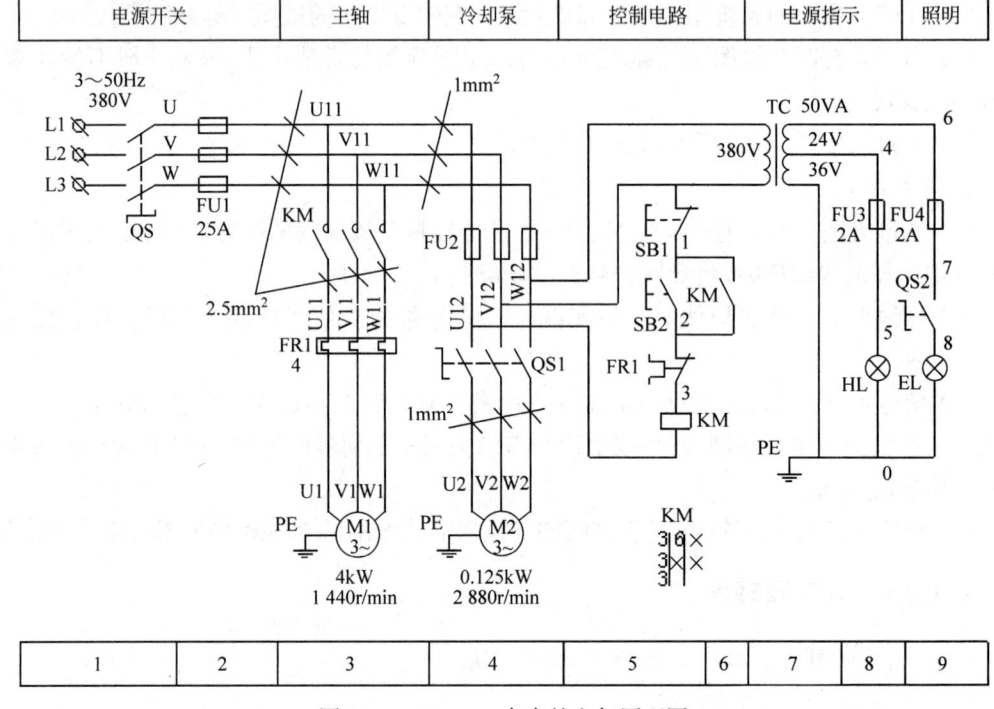

图 5-18 CW6132 车床的电气原理图

由 CW6132 车床的电气原理图可以分析出电动机 M1 和 M2 的供电、保护及控制等电路的构成和工作原理。此电气原理图有如下特点。

① 按供电电源和功能划分为两部分：主电路按能量流（电流）流向绘制，表示电能经熔断器、接触器至电动机的供电关系；辅助电路按动作顺序，即功能关系绘制。

② 主电路采用垂直布置方式，辅助电路采用水平布置方式。

(3) 用途。

① 供详细表达和理解设计对象（电路、设备或装置）的功能与工作原理，以及分析和计算电路特性之用。

② 作为编制接线图的依据。

③ 为测试和寻找故障提供信息。

2. 电气原理图图标的标识

为了方便阅读，在电气原理图中，有图区编号、符号位置的索引代号、接触器和继电器的线圈与触点的从属关系代号等标识。

(1) 图区编号。

在图 5-18 中,图纸下方的 1、2、3 等数字是图区编号,它是为了便于检索电气线路,方便阅读分析、避免遗漏而设置的。图区编号也可设置在图的上方。图纸最上方的文字表明其对应的下方元件的名称或电路功能,使读者能清楚地知道某元件或某部分电路的功能,以利于理解全部电路的工作原理。

(2) 符号位置的索引代号。

符号位置的索引代号是使用图号、页号和图区编号的组合索引,其组成如下：图号/页号·图区编号。

图号是指当某设备的电气原理图按功能多册装订时每册的编号,一般用数字表示。

当某元件相关的各符号元素出现在不同图号的图纸上,而每个图号又仅有一页图纸时,索引代号中可省略"页号"及分隔符"·"。

当某元件相关的各符号元素出现在同一图号的图纸上,而该图号有几张图纸时,可省略"图号"和分隔符"/"。

当某元件相关的各符号元素出现在只有一张图纸的不同图区时,索引代号用"图区编号"表示。

(3) 接触器和继电器的线圈与触点的从属关系代号。

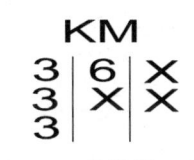

接触器和继电器的线圈与触点的从属关系如图 5-19 所示,在线圈的下方,给出触点的图形符号,并在下面标明相应触点的索引代号,且对未使用的触点用"×"表示,有时也可采用符号位置索引的省略方法来省略触点。

对于接触器,其线圈与触点的从属关系在各栏的含义从左至右分别为主触点所在的图区编号、辅助动合触点所在的图区编号、辅助动断触点所在的图区编号。

图 5-19 接触器和继电器的线圈与触点的从属关系

对于继电器,其线圈与触点的从属关系在各栏的含义从左至右分别为动合触点所在的图区编号、动断触点所在的图区编号。

5.4.11 安装接线图

1. 绘制安装接线图的原则

安装接线图要根据电气原理图、电器布置图及安装接线的技术要求进行绘制。

(1) 各电器元件的位置要与实际安装位置一致。

(2) 电器元件按实际尺寸用统一比例绘制。

(3) 同一电器元件要把安装部分(触点、线圈)画在一起,并用虚线框起来。

(4) 各电器元件的位置依据电气原理图的控制关系、各电器元件的性能和面板大小来确定。

(5) 图形符号与电气原理图一致,符合国家标准。

(6) 各电器元件上需要接线的端孔螺钉或瓦形片都要绘制出来并标注线号。电动机接线端子编号与实际一致。

(7) 同一根导线上连接的端子编号应相同。

(8) 安装板以外的电器元件在接线时要经过接线端子板并在接线端子板外标注线号。

(9) 走向相同的相邻导线要绘制成一股线。

(10) 将绘制好的安装接线图与电气原理图仔细核对，防止错画、漏画，避免给安装电路造成麻烦。

2. 电器元件布置

根据电动机控制电路中主电路、辅助电路的连接特点，以方便接线为原则，确定诸如刀开关、熔断器、接触器、热继电器、按钮等电器元件在电工模拟装置上的位置。确定合理的电器元件位置是做好接线工艺的基础，电器元件位置设计得是否合理将影响后续的工艺过程，以至于决定接线后整体是否美观。图 5-20 所示为位置控制电路（见图 5-13）的电器布置图。

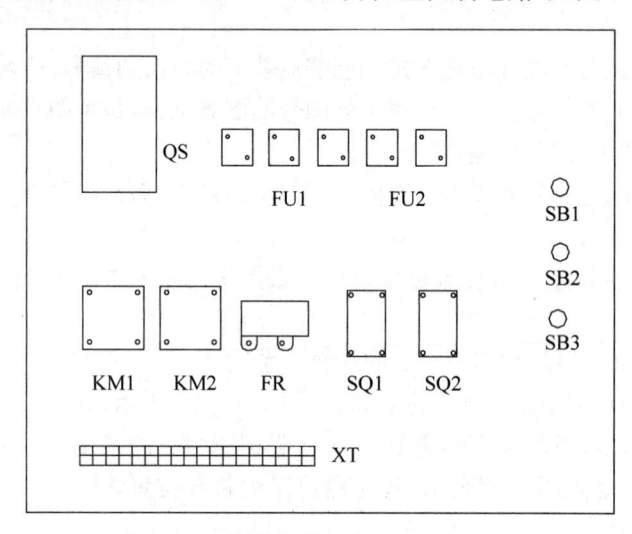

图 5-20 位置控制电路的电器布置图

3. 绘制安装接线图的步骤

首先在电气原理图上标注各连接点的编号；然后将各电器元件画成展开图，并将各电器元件展开图按电器布置图的实际位置进行布置；最后在展开图上标注和电气原理图对应的编号，将相同编号的点连接起来。

首先将各电器元件画成展开图，这里以常用的 CJ10-20 交流接触器为例进行说明。在该接触器中，有 3 对常开主触点，分别为 L1-T1、L2-T2、L3-T3；A1、A2 为接触器线圈两端，A2 是厂家为方便接线设置的，它有两个接线点，是一样的。常闭触点和常开触点都是辅助触点，NC 是常闭触点，NO 是常开触点。常开触点和常闭触点的编号是有规律的，11 和 12 是一对常闭触点，13 和 14 是一对常开触点，21 和 22 是一对常闭触点，23 和 24 是一对常开触点，依次类推，之后凡是有 2 的触点都是常闭触点，有 4 的触点都是常开触点；偶数编号是引出端，奇数编号是公共端。CJ10-20 交流接触器展开图如图 5-21 所示。

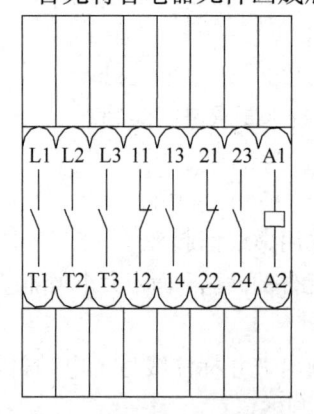

图 5-21 CJ10-20 交流接触器展开图

然后将各电器元件展开图按电器布置图的实际位置进行布置，在展开图各触点上标注和电气原理图各触点对应的编号。编号标注完成后，只需把相同编号的点连接在一起即可完成电路连接。例如,QS 中的 U11、V11、W11 分别和 FU1 中的 U11、V11、W11 相连,SB3 中的 3 分别和 SB1、SB2、KM1、KM2 中的 3 相连。位置控制电路(原理图见图 5-13)接线图如图 5-22 所示。

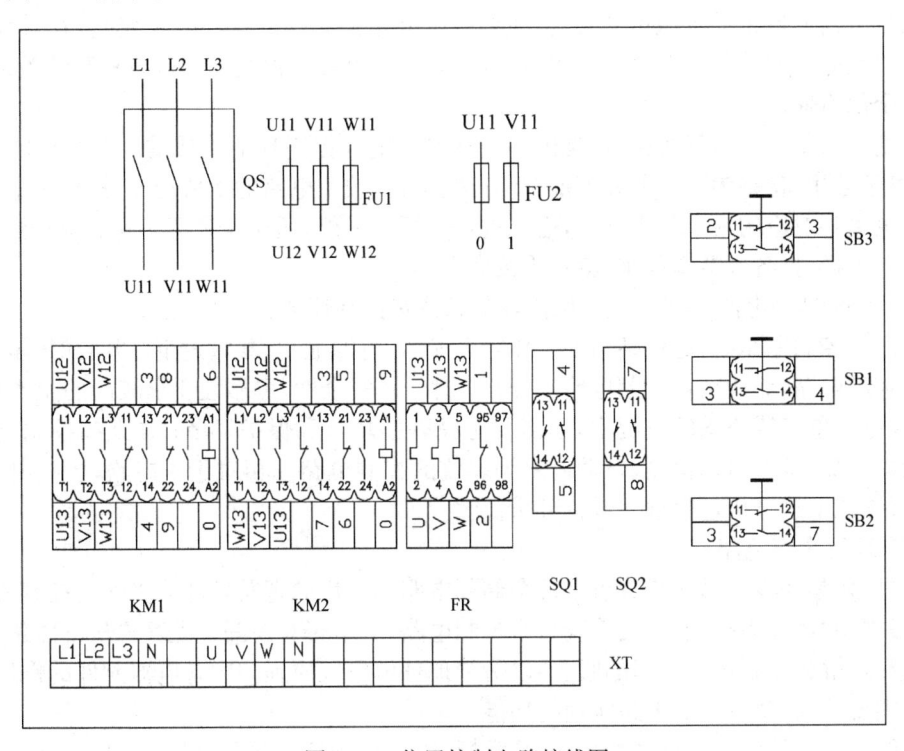

图 5-22 位置控制电路接线图

5.4.12 识读和分析电气线路图

1. 识读和分析电气线路图的基本方法

识读和分析电气线路图的基本方法为查线读图法,其步骤如下。

(1)了解生产工艺与执行电器元件的关系。

在分析电气线路图之前,应该了解生产设备要完成哪些动作,这些动作之间又有什么联系,即熟悉生产设备的工艺情况。必要时可以画出简单的工艺流程图,明确各个动作之间的关系。例如,车床主轴转动时,要求油泵先给齿轮箱供油润滑,即应保证在润滑泵电动机启动后,主拖动电动机启动,即控制对象对控制电路提出了按顺序工作的联锁要求。此外,还应进一步明确生产设备的动作与电路中执行电器元件的关系,给分析电气线路图提供线索和方便。

(2)分析主电路。

在分析电气线路图时,一般应先从主电路着手,看主电路由哪些控制电器元件构成,从主电路的构成可分析出电动机或执行电器元件的类型、工作方式、启动、转向、调速和制动等基本控制要求,如是否有正/反转要求、是否有启动/制动要求、是否有调速要求等。这样,在分析控制电路的工作原理时,就能做到心中有数、有的放矢。

(3)分析控制电路。

分析控制电路一般是由上往下或由左往右识读电路的。设想按下了操作按钮(应记住各信号电器元件、控制电器元件或执行电器元件的原始状态),依各电器元件的得电顺序检查线路(跟踪追击),观察有哪些电器元件受控动作。逐一查看这些动作电器元件的触点是如何控制其他电器元件动作的,进而驱动被控机械或被控对象有何运动。另外,还需要继续追查执行电器元件带动机械运动时,会使哪些信号电器元件的状态发生变化,查对线路,看执行电器元件如何动作。在读图过程中,特别要注意电器元件之间的联系和制约关系,直至将线路全部看懂。

无论多么复杂的电气线路,都是由一些基本的电气控制环节构成的。在分析电气线路时,要善于运用"化整为零""顺藤摸瓜"等方法。可以按主电路的构成情况,把控制电路分解成与主电路相对应的几个基本环节,逐一进行分析。另外,还应注意那些满足特殊要求的特殊部分。这样,把各环节串起来,就不难读懂全图了。

(4) 分析辅助电路、联锁环节、保护环节和特殊控制环节。

在电气控制电路中,还包括诸如工作状态显示、电源显示、参数设定、照明和故障报警等部分的辅助电路,需要结合控制电路来分析;对于对安全性、可靠性要求较高的生产设备的控制,在分析电气线路图的过程中,还需要考虑联锁环节和保护环节;在某些控制电路中,还有诸如产品计数、自动检测、自动调温等装置的控制电路。相对于主电路,控制电路比较独立,可参照上述分析过程逐一进行分析。

(5) 理解全部电路。

经过"化整为零",已逐步分析了每个局部电路的工作原理及各部分之间的控制关系,此时,还必须用"集零为整"的方法检查整个控制电路,看是否有遗漏。尤其要从整体角度进一步检查和理解各控制环节之间的联系,以清楚地理解电气原理图中各电器元件的作用、工作过程及主要参数,理解全部电路实现的功能。

查线读图法的优点是直观性强,容易掌握,因而得到广泛采用;缺点是在分析复杂电路时易出错,叙述也较冗长。

此外,在分析电气控制电路时,还需要采用"图示分析法""逻辑分析法"等,它们一般只用来进行局部电路原理的分析或配合查线读图法使用。

2. C650 卧式车床电气控制电路分析

卧式车床是一种应用极为广泛的金属切削加工机床,主要用来加工各种回转表面、螺纹和端面,并可通过尾架进行钻孔、铰孔和攻螺纹等切削加工。下面以 C650 卧式车床电气控制电路(见图 5-23)为例进行控制电路分析。

(1) 了解生产工艺与执行电器元件的关系,分析控制要求。

卧式车床通常由一台主电动机拖动,经由机械传动链,实现切削主运动和刀具进给运动的输出,其运动速度由变速齿轮箱通过手柄操作进行切换。刀具的快速移动、冷却泵和液压泵等常采用单独的电动机来驱动。

C650 卧式车床属于中型车床,可加工的最大工件回转直径为 1 020mm,最大工件长度为 3 000mm,车床的结构简图如图 5-24 所示。

C650 卧式车床主要由床身、主轴、刀架、尾架和溜板箱等部分组成。该车床有两种主要运动:一种是安装在床身主轴箱中的主轴转动,称为主运动;另一种是溜板箱中的溜板带动刀架的直线运动,称为进给运动。

刀具安装在刀架上,与溜板一起随溜板箱沿主轴轴线方向实现进给运动,主轴的转动和溜板箱的移动均由主电动机驱动。

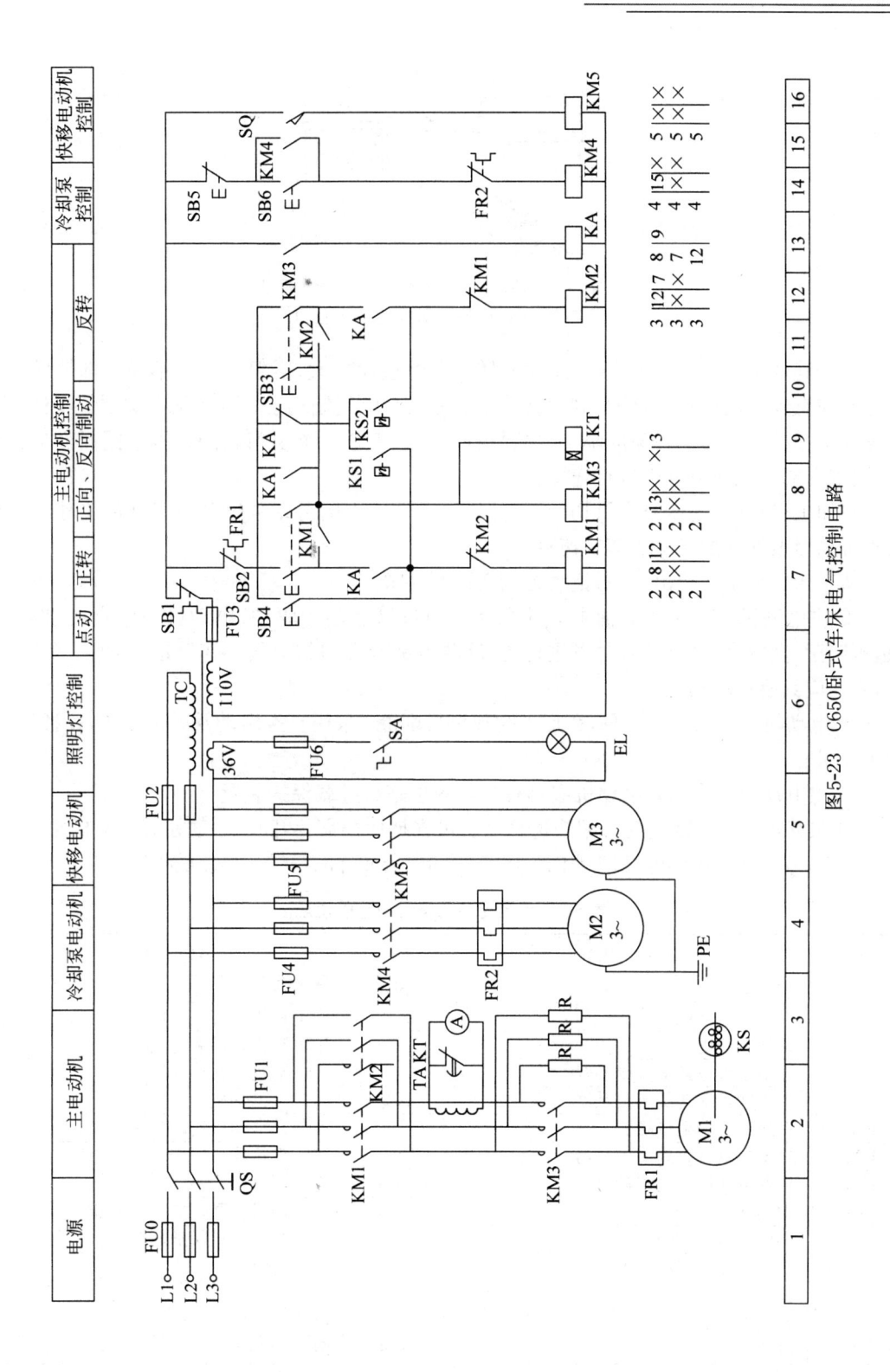

图5-23 C650卧式车床电气控制电路

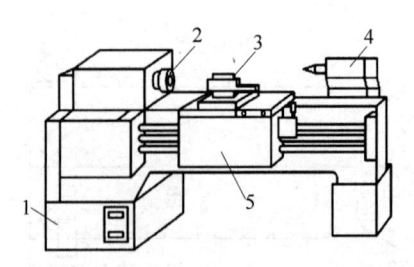

1—床身；2—主轴；3—刀架；4—尾架；5—溜板箱。
图 5-24 C650 卧式车床的结构简图

由于其加工的工件比较大，加工时其转动惯量也比较大，需要停车时不易立即停转，因此它必须有停车制动功能，停车制动常采用的方法是电气制动法。为了加工螺纹等工件，主轴需要正/反转，主轴的转速应随工件的材料、尺寸、工艺要求及刀具的种类不同而变化，因此，要求在相当宽的范围内进行速度调节。

在加工过程中，还需要提供切削液，并且为减轻工人的劳动强度和节省辅助工作时间，要求带动刀架移动的溜板能够快速移动。

从车床的加工工艺出发，对拖动控制有以下要求。

① 主电动机 M1 完成主轴主运动和溜板箱进给运动的驱动，电动机采用直接启动方式，可向正、反两个方向旋转，并可进行正、反两个旋转方向的电气停车制动；为加工调整方便，它还应具有点动功能。

② 电动机 M2 拖动冷却泵，在加工时提供切削液；采用直接启动及停止方式，并且为连续工作状态。

③ 主电动机和冷却泵电动机应具有必要的短路与过载保护装置。

④ 快移电动机 M3 拖动刀架快速移动。可根据使用需要，随时手动控制电动机启停。

在 C650 卧式车床的电气控制电路中，使用的电器元件的符号与功能说明如表 5-3 所示。

表 5-3 电器元件的符号与功能说明

符号	名称及用途	符号	名称及用途
M1	主电动机	SB1	总停按钮
M2	冷却泵电动机	SB2	主电动机正转点动按钮
M3	快移电动机	SB3	主电动机正转启动按钮
KM1	主电动机正转交流接触器	SB4	主电动机反转启动按钮
KM2	主电动机反转交流接触器	SB5	冷却泵电动机停止按钮
KM3	短接限流电阻接触器	SB6	冷却泵电动机启动按钮
KM4	冷却泵电动机启动接触器	TC	控制变压器
KM5	快移电动机启动接触器	FU0~FU6	熔断器
KA	中间继电器	FR1	主电动机过载保护热继电器
KT	通电延时型时间继电器	FR2	冷却泵电动机保护热继电器
SQ	快移电动机点动行程开关	R	限流电阻
SA	开关	EL	照明灯
KS	速度继电器	TA	电流互感器
A	电流表	QS	隔离开关

（2）分析主电路。

图 5-23 所示的主电路中有 3 台电动机，隔离开关 QS 将 380V 的三相电源引入。电动

机 M1 的电路接线分为 3 部分：第 1 部分由 KM1 和 KM2 的两组主触点构成电动机的正/反转接线；第 2 部分为电流表 A 经电流互感器 TA 接在主电动机 M1 的主电路上，以监视电动机绕组工作时的电流变化，为防止电流表被启动电流冲击损坏，利用时间继电器的延时动断触点在启动的短时间内将电流表暂时短接；第 3 部分为串联电阻控制部分，KM3 的主触点控制限流电阻 R 的接入和切除，在进行点动调整时，为防止连续的启动电流造成电动机过载，串入限流电阻 R，保证电路设备正常工作。

速度继电器 KS 的速度检测部分与电动机的主轴同轴相连，在停车制动过程中，当主电动机的转速低于 KS 的动作值时，其动合触点可将控制电路中反接制动的相应电路切断，完成停车制动。

电动机 M2 由 KM4 主触点控制其主电路的接通和分断，电动机 M3 由 KM5 主触点进行控制。

为保证主电路的正常运行，主电路中还设置了熔断器的短路保护环节和热继电器的过载保护环节。

(3) 分析控制电路。

图 5-25 所示为控制主电动机的基本控制电路。控制电路可分为主电动机 M1 的控制电路和电动机 M2 及 M3 的控制电路两部分。由于主电动机 M1 的控制电路比较复杂，因此可进一步将主电动机 M1 的控制电路分为正/反转启动、点动和反接制动等局部控制电路。下面对各部分控制电路进行分析。

① 主电动机正/反转启动与点动控制电路。由图 5-25(a)可知，当主电动机正转启动按钮 SB3 被按下时，其两个动合触点同时闭合，其中一个动合触点接通 KM3 的线圈电路和 KT 的线圈电路，KT 动断触点在主电路中短接电流表，防止电流对电流表的冲击，经延时断开后，电流表接入电路正常工作；KM3 主触点将主电路中的限流电阻短接，其辅助动合触点同时将中间继电器 KA 的线圈电路接通，KA 动断触点将反接制动的基本电路切除，其动合触点与 SB3 动合触点均处于闭合状态，控制 KM1 线圈得电工作并自锁，其主触点闭合，电动机正向直接启动。KM1 的自锁回路由它的动合辅助触点和 KM3 线圈上方的 KA 动合触点组成，维持 KM1 的通电状态。反转直接启动控制过程与其相同，只是启动按钮为 SB4。

SB2 为主电动机正转点动按钮。按下 SB2，KM1 的线圈电路接通，电动机 M1 正向直接启动。这时，KM3 的线圈电路并没有接通，因此其主触点不闭合，限流电阻接入主电路进行限流，其辅助动合触点不闭合，KA 线圈不能得电工作，从而使 KM1 的线圈电路无法形成自锁回路。松开 SB2，主电动机 M1 停转，实现了主电动机串联电阻限流的点动控制。

② 主电动机反接制动控制电路。图 5-25(b)所示为主电动机反接制动控制电路。C650 卧式车床采用反接制动方式进行停车制动，停车按钮被按下后开始制动过程。当电动机转速接近零时，速度继电器的触点打开，结束制动。下面以原工作状态为正转时进行停车制动为例来说明电路的工作过程。当电动机正转时，速度继电器 KS 的动合触点 KS1 闭合，制动电路处于准备状态，按下 SB1，切断控制电源，KM1、KM3、KA 线圈均失电。此时，控制反接制动控制电路工作与不工作的 KA 动断触点恢复原始闭合状态，与 KS1 触点一起，主电动机反转交流接触器 KM2 的线圈电路接通，主电动机 M1 接入反转序电流，反转启动转矩将平衡正转惯性转动转矩，强迫电动机迅速停车。当电动机转速趋于零时，速度继电器触点 KS2 复位打开，KM2 的线圈电路被切断，完成正转的反接制动。

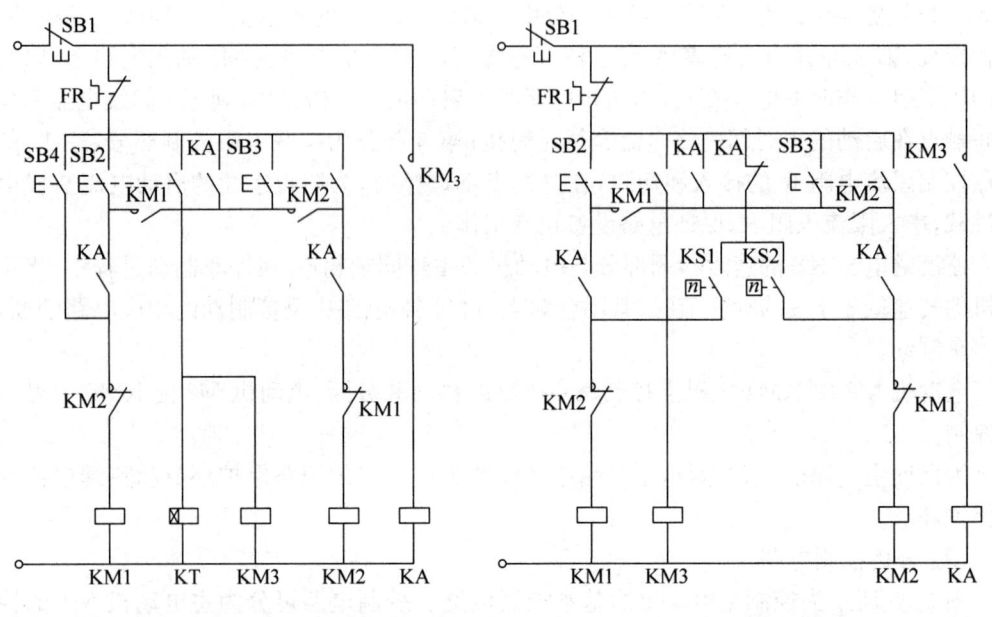

(a) 主电动机正/反转启动与点动控制电路　　(b) 主电动机反接制动控制电路

图 5-25　控制主电动机的基本控制电路

在反接制动过程中，KM3 线圈失电，因此，限流电阻 R 一直起限制反接制动电流的作用。反转时的反接制动工作过程与之相似，在反转状态下，KS2 触点闭合，制动时，接通 KM1 的线圈电路，进行反接制动。

另外，接触器 KM3 的辅助触点数量是有限的，故在控制电路中使用了中间继电器 KA，因为 KA 有主触点，而 KM3 辅助触点又不够，所以用 KM3 连带一个 KA，这样解决了在主电路中使用主触点而控制电路辅助触点不够的问题。

③ 刀架的快速移动和冷却泵电动机的控制电路。转动刀架手柄，压动位置开关 SQ，接通快移电动机 M3 的启动接触器 KM5 的线圈电路，KM5 主触点闭合，M3 电动机启动运行，经传动系统驱动溜板，带动刀架快速移动。

④ 冷却泵电动机 M2 的控制电路。由启动按钮 SB6、停止按钮 SB5 和 KM4 辅助触点组成自锁回路，并控制接触器 KM4 的线圈电路的通断，以此来实现对冷却泵电动机 M2 的控制。

开关 SA 可控制照明灯 EL。EL 的电压为 36V 安全照明电压。

(4) 理解全部电路。

上述 C650 卧式车床电气控制电路的功能如下。

① 主电路具有正/反转控制、点动控制功能及监视电动机绕组工作电流变化的电流表和电流互感器。

② 采用反接制动的方式控制 M1 的正/反转制动。

③ 能实现刀架的快速移动。

5.5 继电接触器控制电路的安装及工艺

5.5.1 安装电路的规则

要使安装的三相异步电动机控制电路符合调试、试车的要求,就必须掌握安装电路的规则。安装电路一般按以下操作步骤进行。

(1) 熟悉电气原理图、掌握电路控制动作的顺序。
(2) 依据电气原理图绘制电器布置图和安装接线图。
(3) 检查电器元件的数量和质量。
(4) 按电器布置图将电器元件固定牢靠。
(5) 按照安装接线图布线。
(6) 检查电路后,给电动机通电试车。

在每个安装步骤中,都要掌握一定的操作方法和注意事项。

(1) 绘制、阅读电气控制电路原理图。
(2) 绘制电气安装图。
(3) 检查电器元件的原则。安装接线前应对所使用的电器元件逐个进行检查,避免由电器元件故障与电路错接、漏接造成的故障混在一起。

① 检查电器元件的型号、规格、额定电压、额定电流是否符合电路要求。
② 检查电器元件的外观。
③ 检查电器元件的触点系统。
④ 检查电器的电磁机构和传动部件。
⑤ 用万用表测量所有电器元件(包括继电器、接触器及电动机)的电磁线圈的直流电阻并做好记录,以备检查电路和排除故障时作为参考。

(4) 固定电器元件。

① 在安装板上,依据电器布置图和电器元件安装要求固定电器元件,并按电气原理图上的符号在各电器元件的醒目处贴上标志。
② 电器元件之间的距离要适当,既要节省板面,又要方便走线和检修。固定电器元件时应按以下步骤进行。

a. 定位——用尖锥在安装孔中心做好记号。
b. 打孔——孔径略大于固定螺钉的直径。
c. 固定——用螺钉将电器元件固定在安装板上,固定电器元件时,在螺钉上加装平垫圈和弹簧垫圈。

(5) 控制电路的布线原则。

① 接头接点布线工艺。选择适当截面的导线并校直,按安装接线图规定的方位,在固定好的电器元件之间截取合适长度的导线,剥去两端的绝缘皮,用钳口钳成型,将成型的导线套上线号管。

• 线头与接线柱的连接应做到单股芯线头连接时,按顺时针方向绕成圆环并压进接线端子,放垫片、弹簧垫圈,避免拧紧螺钉时导线挤出造成虚接,同时防止电器元件动作时因振动而松脱。
- 外露裸导线不超过芯线外径,每个接点不超过两个线头。
- 芯线与接线端圆孔连接时,芯线头插入接线端子的圆孔时要插到底,不能悬空,更不能压绝缘皮,拧紧上面的螺钉,保证导线与端子接触良好;使用多股芯线时,要将线头绞紧,必要时进行烫锡处理。
- 软线与接线柱连接时,线头绞紧后顺时针围绕螺钉一圈并回绕一圈压入螺钉。

② 板前布线工艺。
- 接线时,按安装接线图规定的线路方位进行接线,从电源端开始,按线号顺序进行接线,先主电路,后控制电路。
- 走线尽量在一个平面内,不要交叉,布线要横平竖直,弯成直角。
- 布线通道尽可能少,同路并列的导线按主电路与控制电路分类集中,单层密排,靠近安装底板布线。
- 安装板内外的电器元件要通过接线排进行连接,安装板外部的按钮、行程开关、电动机的连线应穿护线管并在接线端子排外标清线号。

③ 板后网式安装工艺。
- 复杂的电器控制板(箱)可采用板后布线方式,用专用绝缘穿线板,由板后穿到板前,接到电器元件的接线柱上。
- 根据两个接线柱的位置决定走线方位,导线拉直即可。
- 从板后穿到板前的导线要求线路横平竖直,弯成直角。
- 根据设计要求,用软线、单股硬线均可。
- 接头、接点要求与板前布线工艺相同。

④ 塑料槽板布线工艺。
- 复杂的电器控制设备采用塑料槽板布线,槽板应安装在控制板上,与电器元件位置保持横平竖直。
- 将主电路与控制电路导线自由放入槽内,将接线端线头从槽板侧孔穿出至电器元件的接线柱。布线完毕,将槽板扣上。
- 槽板拐弯的接合处成直角,要接合牢固。
- 接头、接点要求与板前布线工艺相同。

⑤ 线束布线工艺。
- 复杂的控制电路应按主电路、控制电路分别排成线束。
- 每根导线两端套上相同的线号管。
- 尽量横平竖直,弯成直角,力求布线整齐。
- 接头、接点要求与板前布线工艺相同。

5.5.2 电力拖动控制电路安装方法

1. 安装电器元件

(1) 安装前应先分析图纸及技术要求。
(2) 检查产品型号,以及电器元件的型号、规格、数量等与图纸是否相符。
(3) 检查电器元件有无损坏。

(4) 电器元件的组装顺序为由左至右、由上至下。

(5) 同一型号产品应保证组装一致性。

(6) 安装后的电路应符合以下条件：操作方便，在操作电器元件时，不应受到空间的妨碍，不应有触及带电体的可能；维修容易，能够较方便地更换电器元件及维修连线；各种电器元件和装置的电气间隙、爬电距离应符合规定；保证一、二次线的安装距离。

(7) 安装所用紧固件及金属零部件均应有防护层，对螺钉过孔、边缘及表面的毛刺、尖峰应打磨平整后涂敷导电膏。

(8) 对于螺栓的紧固，应选择适当的工具，不得破坏紧固的防护层，并注意扭矩。

2. 连接导线

实际安装仍然遵循先辅助电路后主电路、由内而外进行连接的原则。一般情况下，辅助电路的安装是从接触器等电器元件的线圈开始的，先是 0 号线，完成后，从辅助电路图中最左边线圈的非 0 号端开始，从左向右，一条一条地向上安装。特别要指出的是，每个安装步骤都要完成一个线号的所有导线的连接，即一个线号的导线不能分多次连接，以防出错。

下面以位置控制电路（原理图见图 5-13，接线图见图 5-22）中的 3 号线为例来说明安装过程。

首先根据接线图中各接点的标注位置，在实物上找到该线号对应的全部接点。3 号线共有 5 个接点，分别是 SB3 常闭触点 12 端的 3，SB1、SB2 常开触点 13 端的 3 和 KM1、KM2 常开辅助触点 13 端的 3。然后在实物上用导线按空间顺序依次连接所有接点，导线的根数为接点数减 1。

接线工艺是实训中的一个难点。工艺要求导线与电器元件的连接处不压绝缘层、不露铜芯、不出现交叉线，接出线要横平竖直，转角成 90°，整齐美观；主电路、辅助电路要分路敷设，颜色应做区分等。为了提高接线速度，可将常用尺寸（如接触器的触点、线圈等接线桩距板面的高度）画在电工模拟板上，这样在使用时就不需要从实物上量取，而直接从尺寸上量取就行了。当然，对于上述工艺要求，还需要反复练习，只有这样，才能熟练掌握。

3. 检查电路

在电路安装结束后，如何在不通电的情况下快速地检查电路是否正确也是一个难点。如果一条线一条线地核对，那么所花时间长，效果也不好。通常做法是按动所有能动的电器元件，改变其触点状态，从而改变其线圈接入电路的情况，通过测量辅助电路两端（0 号线与 1 号线之间）的直流电阻进行判断。常用电器元件线圈（380V）直流电阻：接触器（CJ10-20）1 800Ω、中间继电器（JZ7-44）1 200Ω、时间继电器（JS7-2A）1 200Ω。

下面以图 5-13 为例说明电路检查方法：用万用表 $R \times 100$ 欧姆挡测量 0 号线与 1 号线之间的直流电阻。当所有电器元件均未按动前，其阻值应为无穷大，否则电路有误。当按下 SB2 时，KM2 线圈接入电路，用万用表测出其线圈的并联阻值约为 1 800Ω。若测出阻值为 0，则说明电路短路，可检查 KM1 线圈上的 0～6 号线；若测出阻值为无穷大，则说明电路断路，即 KM1 线圈未接入电路，此时可检查 KM1 线圈控制部分的相关连线。按下 SB1，KM1 线圈接入电路，用万用表测出其线圈的并联阻值约为 1 800Ω。若测出阻值为 0，则说明电路短路，此时可检查 KM2 线圈上的 0～3 号线和 7～9 号线；若测出阻值为无穷大，则说明电路断路，即 KM2 线圈未接入电路，此时可检查 KM2 线圈控制部分的相关连线。

5.5.3 用万用表查找故障的方法

1. 电压分阶测量法

测量时,首先把万用表的量程选择开关置于交流电压 500V 的挡位上,然后按如图 5-26 所示的方法进行测量。

断开主电路,接通控制电路的电源。若在按下启动按钮 SB1 时,接触器 KM 不吸合,则说明控制电路有故障。

检测时,需要两人配合进行。一人先用万用表测量 0 和 1 两点之间的电压,若电压为 380V,则说明控制电路的电源电压正常;然后由另一人按下 SB1 不放,一人把黑表笔接到 0 点,红表笔依次接到 2、3、4 各点,分别测量出 0-2、0-3、0-4 两点间的电压,根据测量结果即可找出故障点,如表 5-4 所示。

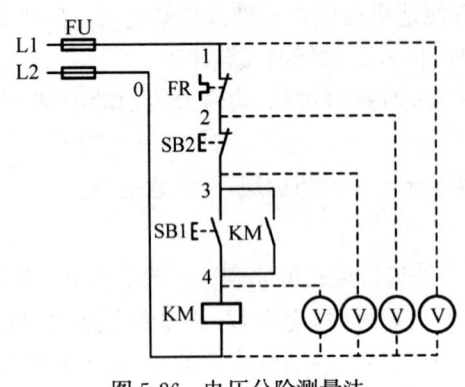

图 5-26 电压分阶测量法

表 5-4 电压分阶测量法查找故障点

故障现象	测试状态	0-2/V	0-3/V	0-4/V	故障点
按下 SB1,KM 不吸合	按下 SB1 不放	0	0	0	FR 动断(常闭)触点接触不良
		380	0	0	SB2 动断(常闭)触点接触不良
		380	380	0	SB1 动合(常开)触点接触不良
		380	380	380	KM 线圈断路

这种测量方法像下(或上)台阶一样依次测量电压,故被称为电压分阶测量法。

2. 电阻分阶测量法

测量时,首先把万用表的量程选择开关置于倍率适当的欧姆挡,然后按如图 5-27 所示的方法进行测量。

断开主电路,接通控制电路电源。若在按下启动按钮 SB1 时,接触器 KM 不吸合,则说明控制电路有故障。

检测时,首先切断控制电路电源(这点与电压分阶测量法不同),然后一人按下 SB1 不放,另一人用万用表依次测量 0-1、0-2、0-3、0-4 两点间的电阻,根据测量结果可找出故障点,如表 5-5 所示。

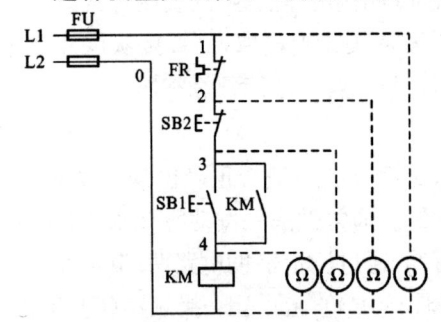

图 5-27 电阻分阶测量法

表 5-5 电阻分阶测量法查找故障点

故障现象	测试状态	0-1	0-2	0-3	0-4	故障点
按下 SB1,KM 不吸合	按下 SB1 不放	∞	R	R	R	FR 动断(常闭)触点接触不良
		∞	∞	R	R	SB2 动断(常闭)触点接触不良
		∞	∞	∞	R	SB1 动合(常开)触点接触不良
		∞	∞	∞	∞	KM 线圈断路

注:R 为 KM 线圈的电阻。

3. 电压分段测量法

先把万用表的量程选择开关置于交流电压 500V 的挡位上,然后按如下方法进行测量。

先用万用表测量如图 5-28 所示的 0-1 两点间的电压,若为 380V,则说明电源电压正常;然后一人按下启动按钮 SB2,若接触器 KM1 不吸合,则说明电路有故障。这时,另一人可用万用表的红、黑表笔逐段测量 1-2、2-3、3-4、4-0 两点间的电压。根据测量结果即可找出故障点,如表 5-6 所示。

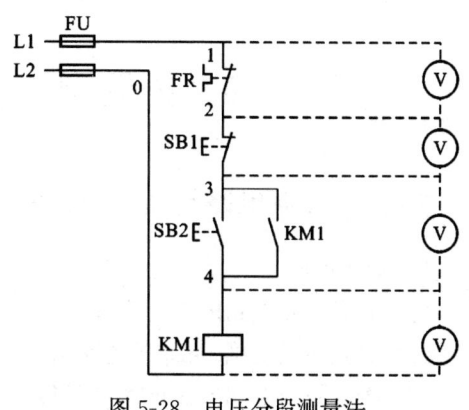

图 5-28 电压分段测量法

表 5-6 电压分段测量法所测电压值及故障点

故障现象	测试状态	1-2/V	2-3/V	3-4/V	4-0/V	故障点
按下 SB2,KM1 不吸合	按下 SB2 不放	380	0	0	0	FR 动断(常闭)触点接触不良
		0	380	0	0	SB1 动断(常闭)触点接触不良
		0	0	380	0	SB2 动合(常开)触点接触不良
		0	0	0	380	KM1 线圈断路

4. 电阻分段测量法

测量时,首先切断电源,然后把万用表的量程选择开关置于倍率适当的欧姆挡,并逐段测量如图 5-29 所示的 1-2、2-3、3-4(测量时由一人按下 SB2)、4-0 两点间的电阻。如果测得某两点间的电阻很大(∞),则说明该两点间接触不良或导线断路,如表 5-7 所示。

电阻分段测量法的优点是安全,缺点是测量结果不准确时易造成判断错误,为此应注意以下几点。

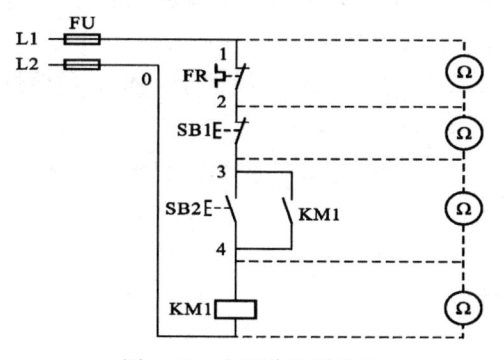

图 5-29 电阻分段测量法

(1) 一定要先切断电源。

(2) 所测量电路若与其他电路并联,则必须将该电路与其他电路断开,否则测量结果不准确。

(3) 测量大电阻电器元件时,要将万用表的欧姆挡转换至适当挡位。

表 5-7 电阻分段测量法查找故障点

故障现象	测量点	电阻	故障点
按下 SB2,KM1 不吸合	1-2	∞	FR 动断(常闭)触点接触不良或误动作
	2-3	∞	SB1 动断(常闭)触点接触不良
	3-4	∞	SB2 动合(常开)触点接触不良
	4-0	∞	KM1 线圈断路

5.6 照明电路及继电控制电路实训

5.6.1 照明电路及插座的安装

1. 实训目的

(1) 了解照明电路的工作原理、构成和接线方法。

(2) 掌握导线正确、可靠的连接方法。

(3) 通过照明电路安装的实践技能训练,学生可以掌握电工的基本操作工艺、常用照明电路的安装及电路的工作原理等。

2. 实训要求

(1) 完成一个开关控制一盏灯电路的安装。

(2) 完成两个开关控制一盏灯电路的安装。

(3) 完成五孔插座电路的安装。

(4) 接头连接要求:零线直接进灯座,相线经开关后进灯座;零线、相线、地线直接进插座,零线接 N 端,相线接 L 端,地线接 PE 端。

(5) 工艺要求:导线布线应横平竖直,弯成直角,"少用导线少交叉,多线并拢一起走"。

3. 实训材料

常用电工工具、导线、灯座、插座、照明灯具、开关、实训装置等。

4. 照明电路的安装

1) 照明电路电气原理图(见图 5-30)

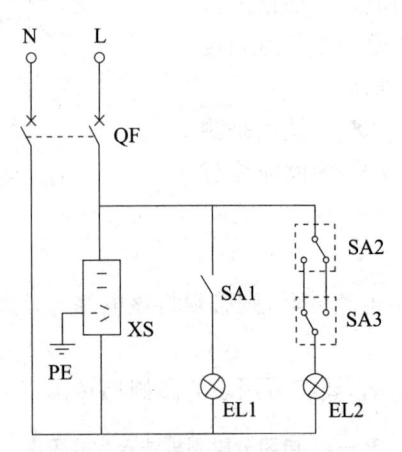

图 5-30 照明电路电气原理图

照明电路由断路器(QF)、连接导线、开关(SA)、插座(XS)、照明灯具(EL)等组成。

电路中插座和单控开关的原理比较简单,这里不再描述,以下主要介绍用双联开关构成的双控电路。双控电路是指可对某设备进行两地控制的电路,由两个双联开关构成。双联开关(见图 5-31)有一个动触点(3 号端子,为公用点)和两个静触点(1、2 号端子,总是一个常开一个常断),当将开关拨向 1 时,1、3 号端子接通,2、3 号端子断开;当将开关拨向 2 号端子时,2、3号端子接通,1、3号端子断开。如图5-32所示,把两个双联开关的两个端子分别相连,即SA2的1号端子与SA3的1号端子相连,SA2的2号端子与SA3的2号端子相连,两个开关的3号端子作为整个开关的两端接入照明灯具EL两端。这样,当SA2和SA3同时连接各自1号端子或2号端子时,电路接通,照明灯具EL亮。若两个开关一个连接1号端子而另一个连接2号端子,则电路不通,照明灯具EL灭。因此,两个开关都可以控制照明灯具EL。

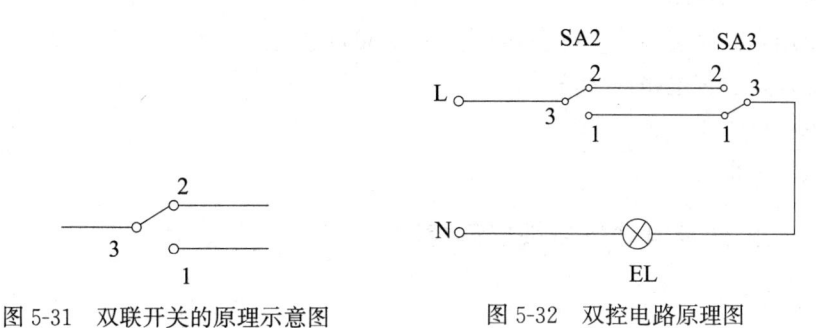

图5-31 双联开关的原理示意图　　图5-32 双控电路原理图

2)照明电路的安装注意事项

一般,照明电路及插座的安装接线可参考图5-33,首先,按图示固定电器元件(对于接线盒,要注意其开口方向)和线槽,要求布局合理;接着,在实验装置上按电气原理图布线。

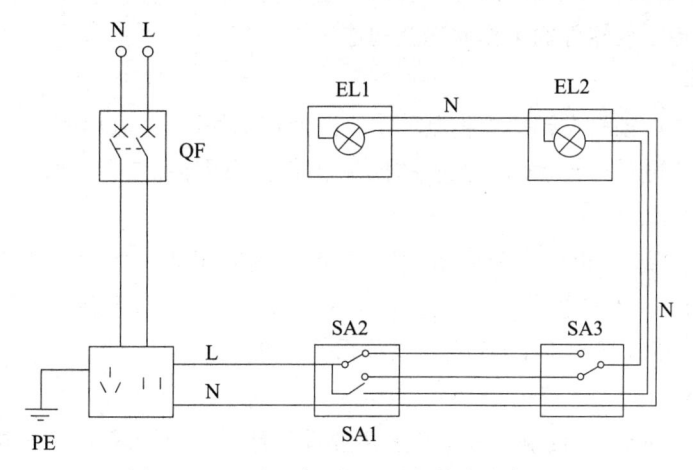

图5-33 照明电路及插座的安装接线参考图

(1)插座的接法。

对于单相插座,通常采用左零右相的接法;三相插座采用上地左零右相的接法;对于三孔插座,在有接地标号端子处连接地线并接地。

(2)电路中的开关连接。

相线进开关,零线进灯头。在使用中,要将相线接入开关,以达到控制负载通断的目的。单联开关在电路中单个使用便可控制电路的通断,双联开关在电路中需要两个配套使用才能控制电路的通断,双联开关可在两个不同的地点控制一盏灯。

(3)照明灯具在电路中的连接。

照明灯具接在电路中必须有相线和零线。接线时要注意灯座上的标号,将相线接在标记为 L 的接线端子上,将零线接在标记为 N 的接线端子上。

5. 实训步骤

(1) 根据电路原理图,检查电器元件的质量和数量。
(2) 根据已设计的电器布置图,在实验架上合理固定器材。
(3) 按电气原理图布线。
(4) 对照电气原理图进行检验。
(5) 用万用表检测接线的正确性,防止直通短路现象的发生。
(6) 指导教师检查电路连接情况。
(7) 通电检测。
(8) 完成实训报告。

5.6.2 三相异步电动机自锁启停控制

1. 实训目的

(1) 了解三相异步电动机自锁启停控制电路的基本原理。
(2) 熟悉三相异步电动机自锁启停控制电路的控制过程。
(3) 掌握三相异步电动机自锁启停控制电路的接线技能。
(4) 熟悉电气控制柜及采用线槽布线的布线工艺。
(5) 熟悉各控制元器件的工作原理及构造。

2. 实训内容

(1) 三相异步电动机自锁启停控制的主电路原理图如图 5-34(a)所示。
(2) 三相异步电动机自锁启停控制的控制电路原理图如图 5-34(b)所示。

3. 实训材料

实训安装架 1 套(含电流表 3 个、电压表 1 个、电流互感器 3 个),三相笼型异步电动机 1 台,交流接触器 1 个,热继电器 1 个,按钮开关 3 个,指示灯 2 个,小型三相断路器 1 个,小型两相断路器 1 个,接线端子 1 个,连接导线及相关工具若干。

4. 工作原理

(1) 交流电动机继电-接触控制电路的主要设备是交流接触器,其主要构造如下。

① 电磁系统——铁芯、吸引线圈和短路环。
② 触点系统——主触点和辅助触点,还可按吸引线圈得电前后触点的动作状态分动合(常开)、动断(常闭)两类。
③ 消弧系统——在切断大电流的触点上装有灭弧罩,以迅速切断电弧。
④ 接线端子,反作用弹簧。

(2) 在控制电路中,常采用接触器辅助触点来实现自锁和互锁控制,要求接触器线圈得电后能自动保持动作后的状态,这就是自锁,通常用接触器自身的动合触点与启动按钮并联来实现,以达到电动机的长期运行,这一动合触点称为自锁触点,使两个电器元件不能同时得电的控制称为互锁控制。例如,为了避免正/反转时两个接触器线圈同时得电而造成三相电源短路事故,必须增设互锁控制环节。为操作方便,也为防止因接触器主触点长期大电流的烧蚀而偶发触点粘连后造成三相电源的短路事故,通常在具有正/反转控制的电路中采用既有接触器的动断辅助触点的电气互锁,又有复合按钮机械互锁的双重互锁控制环节。

(a) 主电路原理图　(b) 控制电路原理图

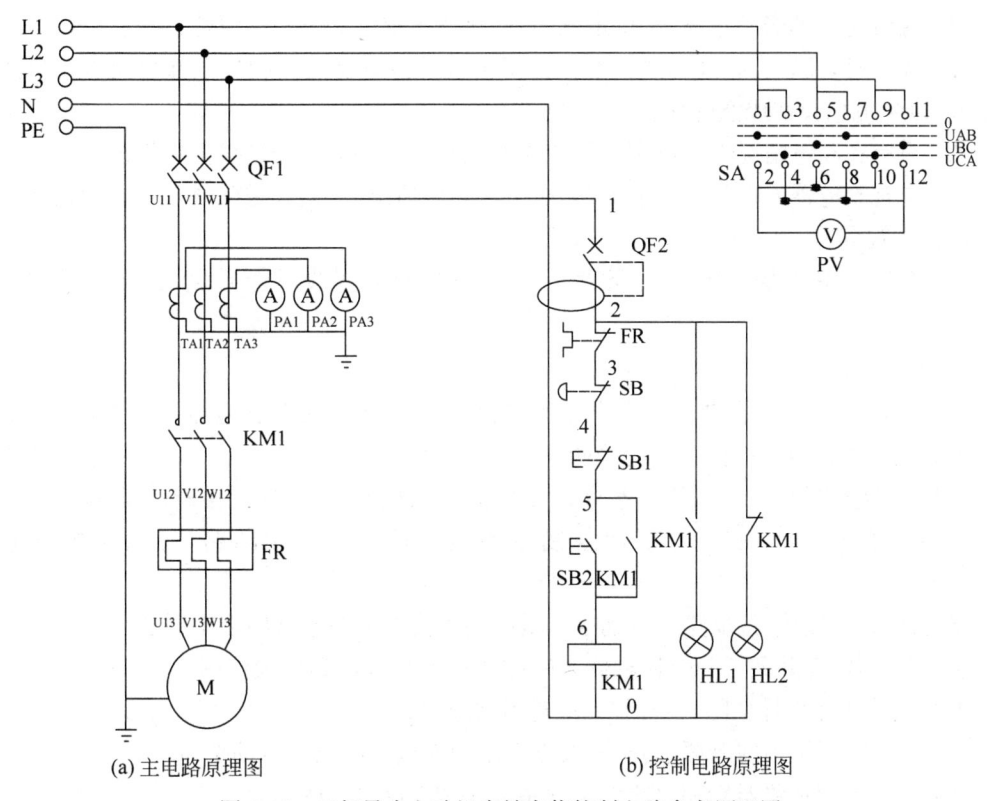

图 5-34　三相异步电动机自锁启停控制电路参考原理图

(3) 控制按钮通常用于短时通断小电流的控制电路,以实现近远距离控制电动机等执行部件的启停或正/反转控制。按钮是专供人工操作使用的。对于复合按钮,其触点的动作规律是,当按下时,其动断触点先分断,动合触点后闭合;当松开时,其动合触点先分断,动断触点后闭合。

(4) 在电动机运行过程中,应对可能出现的故障进行保护。采用断路器进行短路保护,当电动机或电器元件发生短路时,断路器跳闸,达到保护电路、电源的目的。

采用热继电器实现过载保护,使电动机免受过载危害,其主要技术指标是整定电流,当电流超过此值的20%时,热继电器的动断触点应能在一定时间内断开,切断控制电路,动作后只能由人工复位。

(5) 在电气控制线路中,最常见的故障发生在接触器上。接触器线圈的电压等级通常有220V和380V等,使用时必须认清,切勿疏忽。否则,电压过高时易烧坏线圈;电压过低时吸力不够,不易吸合或吸合频繁,这不但会产生很大的噪声,而且会因磁路气隙增大,致使电流过大,也易烧坏线圈。此外,在接触器铁芯的部分端面上嵌有短路(铜)环,其作用是使铁芯吸合牢靠,消除颤动与噪声,若短路环脱落或断裂,则接触器会产生很大的振动与噪声。

(6) 指示灯 HL1 为电动机运转指示灯，通过交流接触器 KM1 辅助常开触点进行控制；HL2 为电动机停止指示灯，通过交流接触器 KM1 辅助常闭触点进行控制。

5. 注意事项

(1) 接线时合理安排布线，保持走线美观，接线要求牢靠、整齐、清楚、安全、可靠。

(2) 操作时要胆大、心细、谨慎，不允许用手触及各电器元件的导电部分及电动机的转动部分，以免触电及造成意外伤害。

(3) 只有在断电情况下才可用万用电表的欧姆挡检查电路的接线正确与否。

(4) 在观察电器元件的动作情况时，必须在断电情况下小心地打开柜门面板，接通电源进行操作和观察。

(5) 在进行主电路接线时，一定要注意各相之间的连线不能弄混，否则会导致相间短路。

6. 实训步骤

认识各电器元件的结构、图形符号、接线方法；抄录电动机及各电器元件铭牌数据；用万用表的欧姆挡检查各电器元件的线圈、触点是否完好。

三相笼型异步电动机采用Y连接；实验主电路电源接小型三相断路器输出端 L1、L2、L3，供电线电压为 380V；二次控制电路电源接小型二相断路器，L、N 供电电压为 220V。

参考图 5-34 接线，该电路与点动控制电路的不同之处在于其中多串联了一个常闭按钮 SB1，同时在 SB2 上并联了一个接触器 KM1 常开触点，以起到自锁作用。

接好线路并经指导教师检查后，方可进行通电操作。

(1) 合上控制柜内的电源总开关，按下控制柜面板上的电源启动按钮。

(2) 合上小型断路器 QF1、QF2，启动主电路和控制电路的电源。

(3) 按下 SB2，松手后观察电动机 M 及指示灯工作情况。

(4) 按下 SB1，松手后观察电动机 M 及指示灯工作情况。

(5) 按下控制屏停止按钮，切断实验电路三相电源，拆除控制电路中的 KM1 自锁触点；再次接通三相电源，启动电动机，观察电动机及接触器的运转情况，从而验证自锁触点的作用。

(6) 实验完毕，按下控制电路停止按钮，切断实验电路的三相交流电源，拆除线路。

7. 思考题

(1) 点动控制电路与自锁控制电路从结构上看的主要区别是什么？从功能上看的主要区别是什么？

(2) 自锁控制电路在长期工作后可能出现失去自锁作用的现象，试分析原因。

5.6.3 低压配电屏主电路及测量电路的制作

1. 实训目的

(1) 使学生了解低压配电的基本概念。

(2) 使学生对过流、过压等保护措施有基本的了解和认识。

(3) 使学生掌握一些简单的低压电器的使用方法和技巧。

(4) 培养学生对电气装置的布线能力。

2. 实训要求

(1) 在实训安装架上,完成配电线路的主电路与测量电路的安装。

(2) 电路应具有过流、短路和欠压保护功能。

(3) 要求电路设计简明、正确,接线规范、整齐。

(4) 具体要求如下:将 380/220V 三相四线制电源接到一个车间,分到两个工段,要有主电路、控制电路及测量电路,两个工段电源应互不影响;主电路需要有短路和过载保护功能。

该实训要求完成一个完整的低压配电电路,需要有主电路、控制电路、测量电路,主电路用来提供车间及各工段的电源,并且有过流和短路保护功能;控制电路的作用是控制主电路接触器的状态;测量电路用来测量主电路的电压及电流。

3. 实训材料

实训安装架、空气开关、接触器、电流互感器、接线端子、转换开关、电压表、电流表、导线等。

4. 工作原理

(1) 主电路。

主电路包括接触器、输入/输出接线端、过流及短路保护器件。

根据接触器的特性可知,接触器具有通断电路的功能,因此,可以利用接触器来控制输出接线端是否输出电压,也可以通过不同继电器的吸合来控制电能向不同的负载输出。

输入接线端用来外接电源,是总电路的电源进线端;输出接线端外接负载,在这里是同一车间的两个工段,用来向每个工段的设备提供电源,通过控制它可控制各个工段电源的通断。这相当于一个车间的电源控制柜,可使在进线端电源状况不变的情况下,开关不同工段及整个车间的电源。

这里选用的过流及短路保护器件是空气开关。空气开关具有短路及过流保护功能。由空气开关的特性可知,通过选择具有不同的动作电流的空气开关可实现整个电路及负载的分段保护。

主电路的电器元件的位置从进线端到出线端的顺序如下:输入接线端→空气开关(总)→电流互感器→空气开关(分)→接触器→输出接线端。

(2) 测量电路。

在本实训中,只测量电压及电流。工厂中不仅有单相设备,还有大量三相设备,三相电流大小不同,为了整个电网的稳定,要尽量使三相电流相当稳定,因此,需要测量三相电流大小。在工厂实际使用中,在电流较大的情况下测量电流时,电流表不能直接接入主电路,而是利用电流互感器,使电流表处于电流互感器的次级,构成测量电流的二次电路。(注:将电流表接入主电路,电流表也可以测量电流,但当负载电流很大时,电流表同样承受很大的电流,当电流表因电流过大或其他原因而损坏时,电流表开路,主电路断开。这样,测量装置的损坏影响了主电路的工作。)

电压的测量相对简单。由于电压表的理论工作状态为开路状态,因此,只要让电压表的两端处于所测试的线路上即可。(注:电压表损坏开路后并不影响主电路的工作。)

低压配电屏主电路及测量电路原理图如图 5-35 所示。

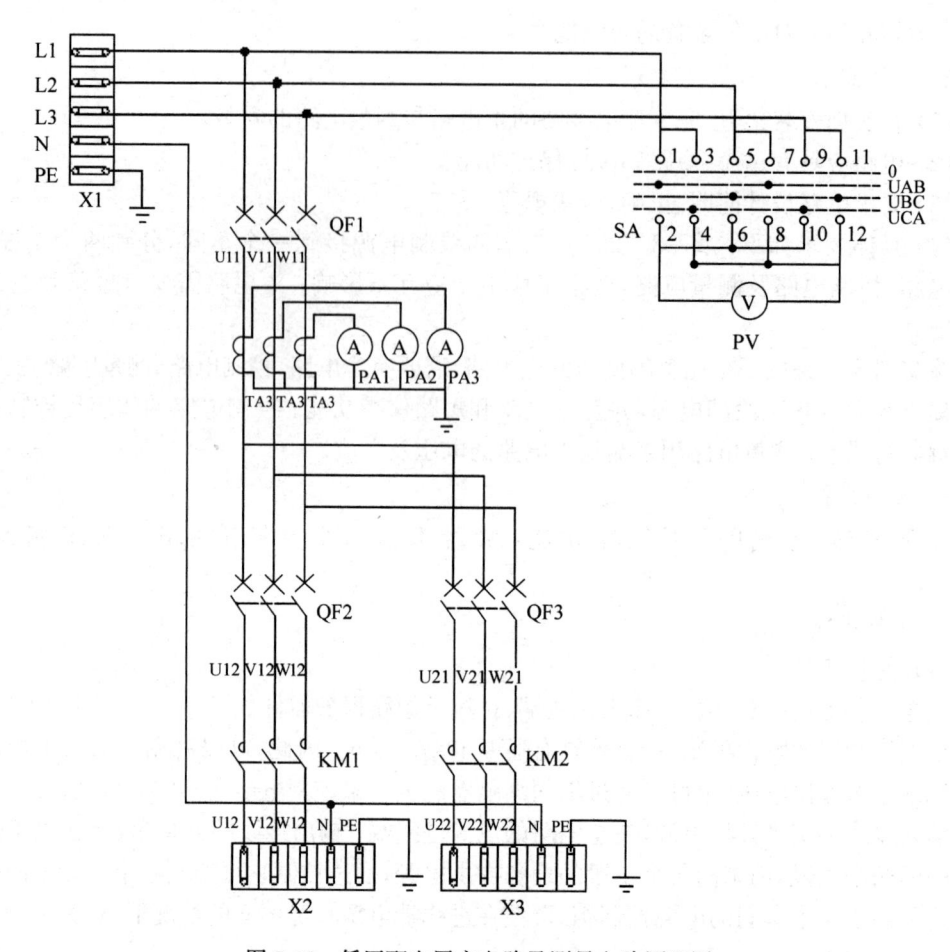

图 5-35 低压配电屏主电路及测量电路原理图

(3) 导线截面的选择。

在选择导线和电缆截面时,必须满足下列条件:发热条件、电压损耗条件、经济电流密度和机械强度。在本实训中,主要提供 3 种截面的导线——$4mm^2$、$2.5mm^2$ 和 $1.5mm^2$。在设计过程中,应按照总线、动力负载线、照明线和控制线的电流来选择相应的导线。

5. 实训步骤

(1) 熟悉该实训操作所需的电器元件及材料。
(2) 考虑主电路与测量电路的连接方法并画出电路草图。
(3) 选择导线截面。
(4) 完成装置主电路的安装。
(5) 自行检查电路。
(6) 指导教师检查电路。
(7) 完成实训报告。

5.6.4 低压配电屏控制电路的制作与调试

本实训需要完成的是低压配电屏电路的二次电路部分,只有控制电路正常工作,主电路才能正常工作，其电路功能才能实现。本实训和 5.6.3 节的实训是低压配电屏电路的两个模块。

1. 实训目的

(1) 了解基本继电控制电路的识别和设计方法。
(2) 掌握基本接触器开关电路的应用。
(3) 掌握电气装置的基本调试方法和故障查找方法。
(4) 培养学生对电气装置的布线能力。

2. 实训要求

(1) 在实训安装架上完成控制电路的安装。
(2) 该控制电路能完成主电路的开关功能。
(3) 要求电路设计简明、正确，接线规范、整齐。
(4) 具体要求为，利用启动按钮和关闭按钮进行控制，能对主电路进行如下控制：当按下 SB2(绿色)时，接通第一工段电源；当按下 SB1(红色)时，切断第一工段电源；当按下 SB4(绿色)时，接通第二工段电源；当按下 SB3(红色)时，切断第二工段电源。

3. 实训材料

实训安装架、空气开关、接触器、按钮、接线端子、导线等。

4. 工作原理

两个工段(对应两个电路)的供电采用两个接触器控制，当接触器 KM1 接通时，给第一工段供电；当接触器 KM2 接通时，给第二工段供电；当接触器 KM1、KM2 均接通时，两个工段均有电。用 5 个按钮控制接触器的状态，启动按钮为 SB2、SB4；按下 SB2→KM1 得电→KM1 自锁→给第一工段供电，按下 SB4→KM2 得电→KM2 自锁→给第二工段供电，按下 SB2、SB4→KM1、KM2 得电→KM1、KM2 自锁→两个电路均有电；按下 SB1→KM1 失电→停止向第一工段供电，按下 SB3→KM2 失电→停止向第二工段供电，按下 SB→KM1、KM2 均失电→停止向两个工段供电。图 5-36 所示为低压配电屏控制电路原理图；图 5-37 所示为低压配电屏电路(双路配电)原理图。

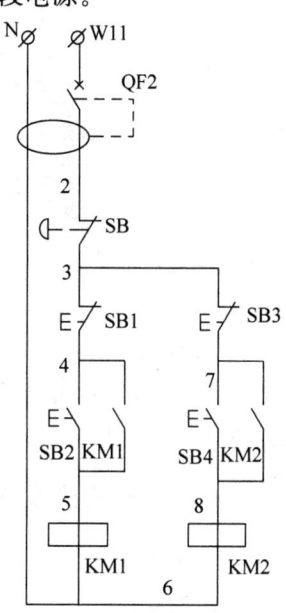

图 5-36 低压配电屏控制电路原理图

5. 实训步骤

(1) 熟悉该实训操作所需的电器元件及材料。
(2) 确定控制电路的连接方法并画出电路草图。
(3) 安装完成控制电路。
(4) 自行检查测量电路。
(5) 指导教师检查电路。
(6) 通电调试。
(7) 完成实训报告。

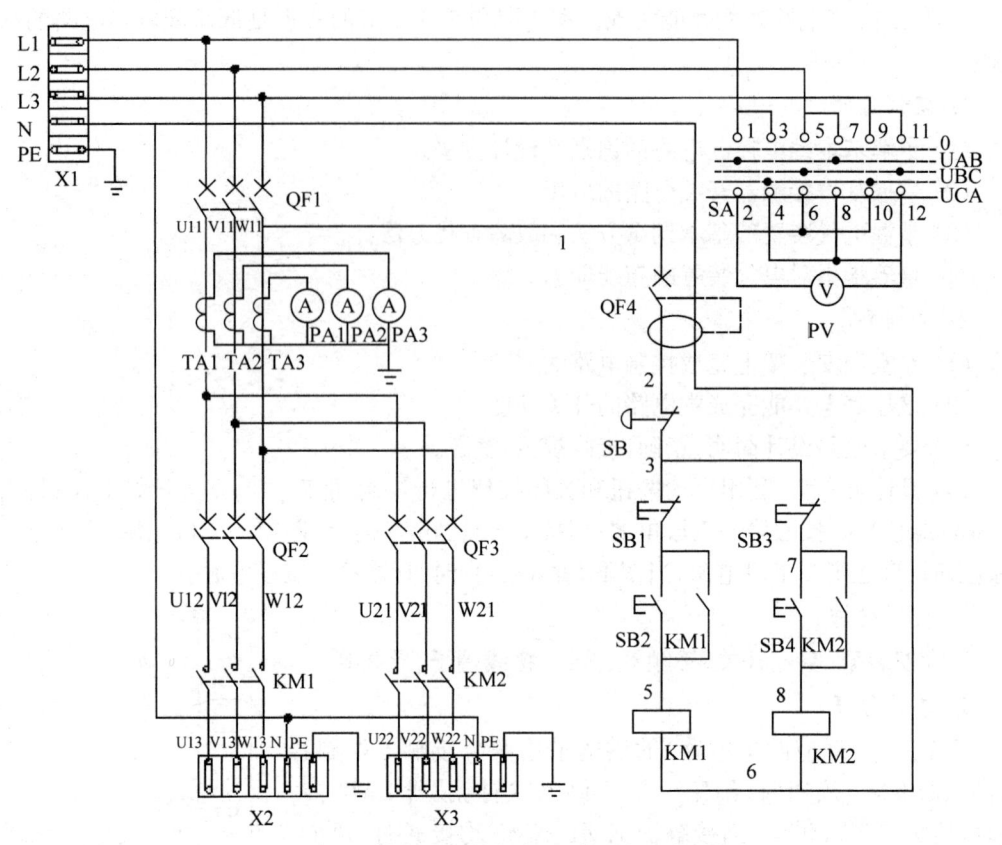

图 5-37 低压配电屏电路（双路配电）原理图

6. 思考题

在控制电路中，短路、过载、失压、欠压保护等功能是如何实现的？在实际运行过程中，这几种保护有何意义？

5.6.5 电动机双向转动控制的控制电路、测量电路和指示电路的制作与调试

1. 实训目的

（1）了解电气装配图的识别和设计方法。
（2）掌握接触器和开关互锁控制电路的构成与应用。
（3）掌握电气装置的基本调试方法和故障查找方法。
（4）掌握电动机过载保护控制电路的构成与应用。
（5）掌握指示电路的构成与应用。

2. 实训要求

（1）在实训安装架上，完成电动机双向转动控制的控制电路、测量电路和指示电路的安装。
（2）能测量电路的电压和电流。
（3）该控制电路能实现主电路的开关和过载保护功能。
（4）要求电路设计简明、正确，接线规范、整齐。

(5) 具体要求为,利用启动按钮和关闭按钮进行控制,电流测量必须在二次电路中进行,能对主电路进行如下控制:当按下 SB2(绿色)时,接触器 KM1 吸合,电动机实现正转,SB2 上的绿色信号指示灯亮;当按下 SB3(绿色)时,接触器 KM1 断开,KM2 吸合,电动机实现反转,SB2 上的绿色信号指示灯灭,SB3 上的绿色信号指示灯亮;当按下 SB1(红色)时,电动机关闭,SB2、SB3 上的绿色信号指示灯灭,同时 SB1 上的红色信号指示灯亮。

3. 实训材料

实训安装架、空气开关、接触器、电流互感器、按钮、接线端子、电压表、电流表、导线、热继电器、电动机等。

4. 工作原理

在三相笼型异步电动机正/反转控制电路中,需要通过相序的更换来改变电动机的旋转方向。如图 5-38 所示,HL1 为停止指示灯,HL2 为电动机正转指示灯,HL3 为电动机反转指示灯。通过交流接触器的交替动作控制电动机的供电相序,从而控制其正/反转。本实训利用电气和机械双重联锁来控制电动机的正/反转。除电气互锁外,还可采用 SB1 与 SB2 组成的机械互锁环节,以保证电路工作更加可靠。

5. 注意事项

(1) 接通电源后,按 SB1(或 SB2),接触器吸合,但电动机不转,且发出嗡嗡声响;或者电动机能启动,但转速很低,这种故障来自主电路,大多是由一相断线或电源缺相造成的。

(2) 接通电源后,按 SB1(或 SB2),若接触器通断频繁,且发出连续的噼啪声响;或者吸合不牢,发出颤动声,则原因可能如下。

① 电路接错,将接触器线圈与自身的动断触点串在一条回路上了。

② 自锁触点接触不良,时通时断。

③ 接触器铁芯上的短路环脱落或断裂。

④ 电源电压过低或与接触器线圈电压等级不匹配。

6. 实训步骤

认识各电器元件的结构、图形符号,了解其接线方法;抄录电动机及各电器元件铭牌数据;用万用电表欧姆挡检查各电器元件的线圈、触点是否完好。

三相笼型异步电动机接线采用Y连接;主电路电源接三路小型断路器输出端 L1、L2、L3,供电线电压为 380V;二次控制电路电源接二路小型断路器输出端 L、N,供电电压为 220V。

参考图 5-38,分别完成主电路及二次控制电路的接线,经指导教师检查后,方可进行通电操作。

(1) 合上控制柜内的电源总开关,按下控制柜面板上的电源启动按钮。

(2) 合上小型断路器 QF1、QF2,启动主电路和控制电路的电源。

(3) 按 SB2,电动机正转,观察电动机的转向及接触器、指示灯工作情况;按 SB1,电动机停转。

(4) 按 SB2,电动机反转启动,观察电动机的转向及接触器、指示灯工作情况;按 SB1,电动机停转。

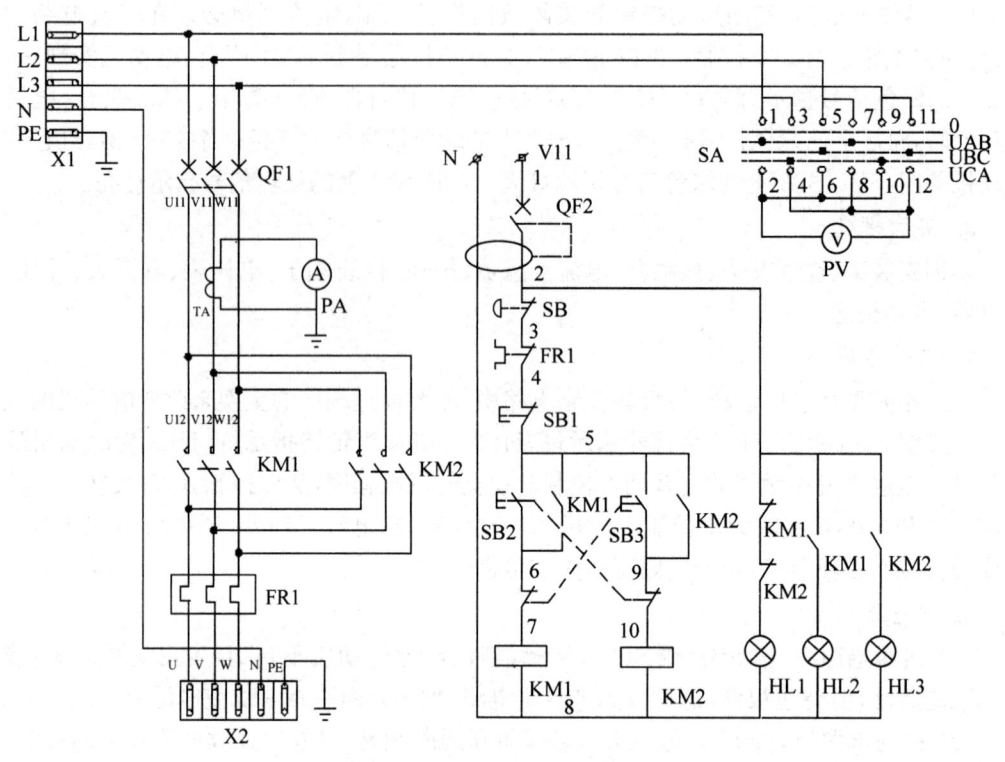

图 5-38　电动机正/反转控制电路原理图

(5) 按正转(或反转)启动按钮,电动机启动后按反转(或正转)启动按钮,观察有何情况发生。

(6) 电动机停稳后,同时按正、反转启动按钮,观察有何情况发生。

(7) 失压保护。按 SB2(或 SB3),电动机启动后,按控制屏停止按钮,断开电路三相电源,模拟电动机失压(或零压)状态,观察电动机与接触器的动作情况;按控制屏启动按钮,接通三相电源,但不按 SB2(或 SB3),观察电动机能否自行启动。

(8) 过载保护。打开热继电器的后盖,当电动机启动后,人为地拨动双金属片,模拟电动机过载情况,观察电动机、电器元件的动作情况。

(9) 实验完毕,按控制柜面板上的电源停止按钮,切断三相交流电源,拆除连线。

7. 思考题

在电动机正/反转控制电路中,为什么必须保证两个接触器不能同时工作?采用哪些措施可解决此问题?这些措施有何利弊?最佳措施是什么?

5.6.6　Y-△降压启动控制电路的制作与调试

1. 实训目的

(1) 了解电气装配图的识别和设计方法。

(2) 掌握接触器降压启动电路的构成与应用。

(3) 掌握电气装置的基本调试方法和故障查找方法。
(4) 掌握电动机过载保护控制电路的构成与应用。
(5) 掌握指示灯电路的构成与应用。

2. 实训要求

(1) 在实训安装架上，完成电动机Y-△降压启动控制的控制电路、测量电路和指示电路的安装。
(2) 能测量电路的电压和电流。
(3) 该控制电路能完成主电路的开关和过载保护功能。
(4) 要求电路设计简明、正确，接线规范、整齐。

3. 实训材料

实训安装架、空气开关、接触器、电流互感器、按钮、接线端子、电压表、电流表、导线、热继电器、电动机等。

4. 工作原理

常见的电动机降压启动方法有以下 4 种：①定子绕组串联电阻降压启动；②自耦变压器降压启动；③Y-△降压启动；④延边三角形降压启动。

在电动机启动时，先将定子绕组接线采用Y连接，降压启动；再采用△连接，全压运行。凡是在铭牌上"接法"一栏标注"△"的异步电动机，均可采用这种降压启动方法。

时间继电器 KT 用于控制Y连接降压启动的时间和完成Y-△自动切换。Y-△降压启动电路如图 5-39 所示。

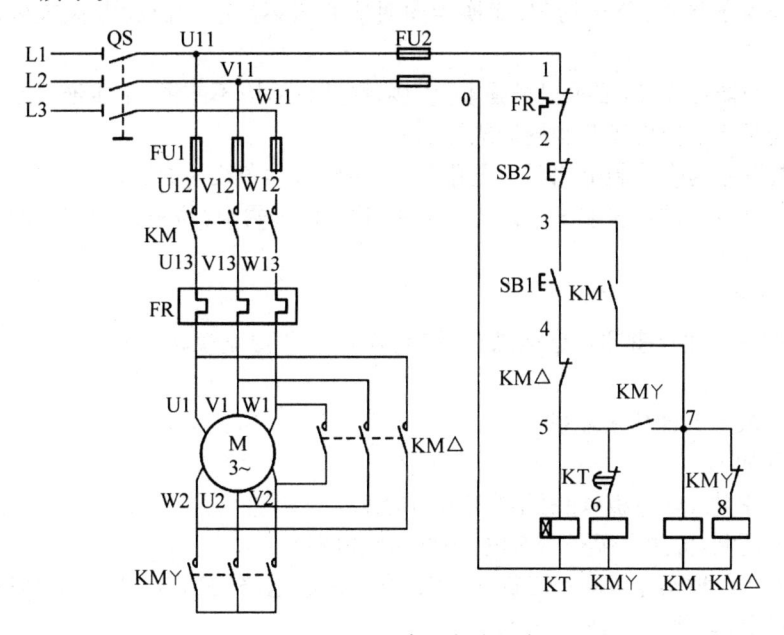

图 5-39 Y-△降压启动电路

电路的工作原理如下（合上电源开关 QS，停止时按下 SB2 即可）：

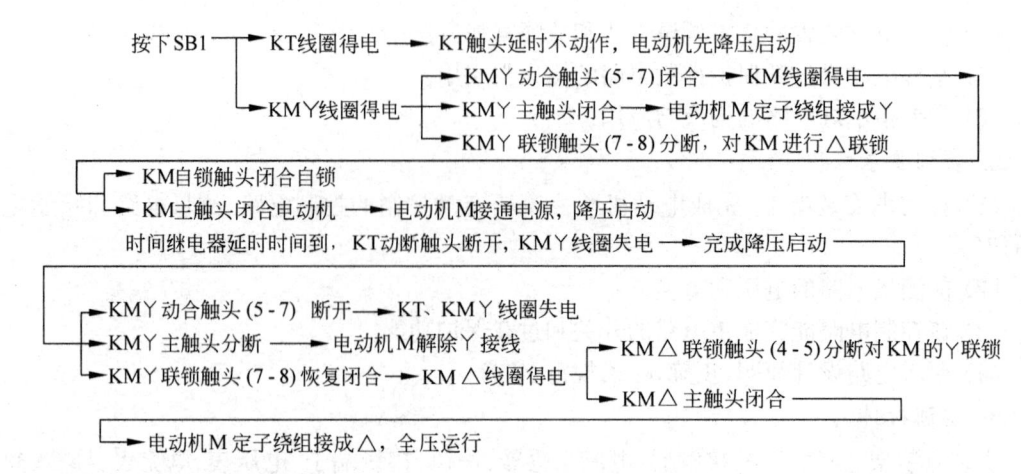

按下SB1 → KT线圈得电 → KT触头延时不动作，电动机先降压启动
         → KMY线圈得电 → KMY动合触头(5-7)闭合 → KM线圈得电
                      → KMY主触头闭合 → 电动机M定子绕组接成Y
                      → KMY联锁触头(7-8)分断，对KM进行△联锁
→ KM自锁触头闭合自锁
→ KM主触头闭合电动机 → 电动机M接通电源，降压启动
时间继电器延时时间到，KT动断触头断开，KMY线圈失电 → 完成降压启动
→ KMY动合触头(5-7)断开 → KT、KMY线圈失电
→ KMY主触头分断 → 电动机M解除Y接线   → KM△联锁触头(4-5)分断对KM的Y联锁
→ KMY联锁触头(7-8)恢复闭合 → KM△线圈得电
                                      → KM△主触头闭合
→ 电动机M定子绕组接成△，全压运行

对电动机定子绕组进行Y连接时，启动电流为△连接时的1/3，Y连接时的启动转矩是△连接时的1/3，因此，这种方法只适用于空载或轻载启动，由于Y-△降压启动投资少、维修方便，因此它在生产中得到了广泛应用。

5. 布线工艺要求

(1) 板前布线要求布线通道尽可能少，同路并行，导线按主电路、控制电路分类集中，单层密排，紧贴安装面。

(2) 同一平面导线应高低一致或前后一致，不能交叉；若非交叉不可，则可在另一根导线进入触点而抬高时，从其下空隙穿越，走线必须合理。

(3) 布线横平竖直、分布均匀，变换走向时应垂直，导线进/出配电板应从接线端子板引出。

(4) 导线与器件连接，要求机械强度高、接触电阻小，应不露铜、不压绝缘层、不反圈。

(5) 布线时严禁损伤线芯和导线绝缘层。

(6) 布线顺序为先控制电路后主电路，以不妨碍后续布线为原则。

(7) 一个电器元件接线端子上的连接导线不得超过两根，每节接线端子的连接导线一般只允许连接一根。

6. 通电试车

通电前的安全注意事项：穿绝缘鞋，螺旋式熔断器拧紧瓷套、瓷帽，刀开关、按钮罩上盖子。

通电时由教师或课代表监护。

通电步骤如下。

(1) 将电源引入配电板(注意不准带电引入)。

(2) 合闸送电，检测电源是否有电(用低压验电器)。

(3) 按工作原理操作电路；切断电动机，检查控制电路的功能；接入电动机，检查主电路的功能，判断电动机运行是否正常。

(4) 如果发现故障，则需要仔细检查并排除后按上述过程通电试车。

7. 思考题

电动机为什么要降压启动？常用的降压启动方法有几种？这些方法有何利弊？Y-△降压启动的主要优点是什么？它适用于什么场合？

第6章

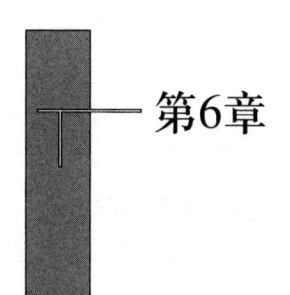

常用电子元器件

电子产品中的电子元器件种类繁多,不同种类的电子元器件的性能和应用范围也有很大的不同。随着电子工业的飞速发展,电子元器件的新产品层出不穷,其品种、规格十分繁杂。学习和掌握常用电子元器件的性能、用途与质量判别方法等是设计、组装、调试、排除电子线路故障必备的基本技能之一。本章主要介绍电阻器、电位器、电容器、电感器,以及二极管、三极管、晶闸管、场效应管、集成电路这些常用电子元器件。

6.1 电 阻 器

在电路中对电流有阻碍作用并且会造成能量消耗的元器件叫作电阻器(简称电阻)。电阻器是电子线路中应用最广的电子元器件之一。在电路中,电阻器可用于限流、分流、降压、分压、偏置、滤波(与电容器组合使用)和阻抗匹配等,并可作为负载。

6.1.1 电阻器的电路符号、阻值单位与特性

1. 电阻器的电路符号

电阻器在电路中用 R 表示,其电路符号如图 6-1 所示。

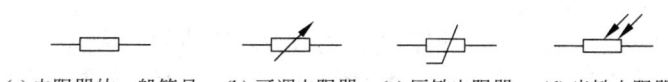

(a) 电阻器的一般符号　(b) 可调电阻器　(c) 压敏电阻器　(d) 光敏电阻器

图 6-1　电阻器的电路符号

2. 电阻器的阻值单位

电阻器阻值的基本单位是欧姆,简称欧(Ω),阻值的常用单位还有千欧(kΩ)、兆欧(MΩ),三者的换算关系是 $1M\Omega = 10^3 k\Omega = 10^6 \Omega$。

3. 电阻器的特性

电阻器为线性元器件,即电阻器两端的电压与流过电阻器的电流成正比,通过电阻器的电流大小与电阻器的阻值成反比。欧姆定律: $I = U/R$。

6.1.2 电阻器的分类

电阻器的种类很多,根据电阻器的工作特性及其在电路中的作用来划分,电阻器可分为固定电阻器、可调电阻器(电位器)、敏感电阻器三大类。

按电阻体的材料和结构特征来划分,电阻器可分为线绕电阻器和非线绕电阻器两大类,非线绕电阻器又可分为合成电阻器和薄膜电阻器。

1. 线绕电阻器

线绕电阻器(RX)是在绝缘体上用高电阻率的金属导线绕制而成的。由于电阻丝采用的是金属导线,材料又具有均匀细致的结晶体组织结构,因此其具有耐高温、热稳定性好、温度系数低、电流噪声小等特点。从而,线绕电阻器可制成低噪声、耐热性好的功率型普通电阻器和精密电阻器、高精密和高稳定的电阻器。它的额定功率为 4~300W,阻值为几欧至几十千欧,允许偏差为 0.5%~2%。但一般线绕电阻器由于结构上的原因,其分布电容、分布电感较大,因此不宜应用在高频电路中。

2. 合成电阻器

合成电阻器又称实心电阻器。用石墨粉作为导电材料,用黏土、石棉或石英作为填充剂,加上黏合剂,装上引线,在模具内压制成型,经热处理后成为坚固的实心电阻体,外层喷漆和标上阻值后就成了合成电阻器。改变石墨粉的含量就可以改变合成电阻器阻值的大小。

合成炭质电阻器的可靠性高、体积较小、易于自动化生产、价格低廉,但其稳定性差、噪声也较大。合成炭质电阻器一般用于要求不高的电路中。

3. 薄膜电阻器

薄膜电阻器是在一个绝缘体(一般是圆柱形瓷棒)上真空喷镀一层导电薄膜或通过化学热分解的方法淀积一层导电膜,加上引线,喷上保护漆制成的。薄膜电阻器的阻值可通过薄膜厚度来控制,更多时候采用刻槽的方法来控制。将镀好膜的瓷棒夹在槽机上,瓷棒开始旋转,用刻刀把薄膜刻成螺旋状,薄膜被刻得越细越长,阻值越大。

常用的薄膜有碳膜、金属膜和金属氧化膜,因而有碳膜电阻器、金属膜电阻器和金属氧化膜电阻器之分。

(1) 碳膜电阻器 (RT):一般采用汽油或庚烷,通过真空高温热分解出的结晶碳沉积在棒状或管状的陶瓷骨架上制成。

这种电阻器的特点是电压稳定性好,电压的改变对阻值的影响极小,可以忽略不计;高频特性好;对于脉冲负荷的适应性好;固有噪声电动势小,而且具有负温度系数,有较好的稳定性。

(2) 金属膜电阻器(RJ):使用场合非常广泛。它的制作方法有两种,一种是采用多元合金的金属粉,通过真空蒸发的方法,合金粉淀积在瓷基体上,形成薄膜;另一种是化学沉积法,将瓷基体放入配制好的溶液中,边加热边搅拌,使金属沉积在瓷基体上,形成薄膜。金属膜电阻器的特点是电压稳定性好,电压系数可忽略不计,噪声小,温度特性好,并且具有较好的高频特性。它可制成精密金属膜电阻器、高阻金属膜电阻器、高压金属膜电阻器和各种形状不同的供微波使用的衰减片。

(3) 金属氧化膜电阻器 (RY):将锡和锑的盐化物配制成溶液,用喷雾器将其送入 500~555℃的加热炉内,覆在旋转的陶瓷基体上形成。它的性能与金属膜电阻器的性能类似。

它的突出特点是用上述工艺制成的薄膜与基体结合得很牢固,耐酸和碱的能力很强。但是由于材料某些特性的限制,其阻值范围尚不能超过几百千欧。它的长期工作稳定性稍差,不适宜用作精密电阻器。它的耐热性好,可制成极限温度达 200~240℃的电阻器。

4. 敏感电阻器

敏感电阻器又有热敏电阻器(RT)、光敏电阻器(RL 或 RG)和压敏电阻器(RV)之分。

(1) 热敏电阻器。

特性:阻值随温度显著变化。

优点:对温度灵敏、热惰性低、使用寿命长、体积小、结构简单。

用途:测温、控温、报警、气象探测、微波和激光功率测量等。

分类:按温度特性分为正温度系数热敏电阻器 PTC($T\uparrow \to R\uparrow$)、负温度系数热敏电阻器 NTC($T\uparrow \to R\downarrow$)。

(2) 光敏电阻器。

特性:阻值随外界光照强度的变化而变化。

优点:对光敏感。无光照时呈高阻态;有光照时,阻值随光照强度的增加而减小。

用途:照明控制、报警、相机自动曝光控制及测量仪器等。

分类:按光谱特性分为可见光光敏电阻器、紫外光光敏电阻器、红外光光敏电阻器。

(3) 压敏电阻器。

特性:阻值随电压非线性变化,当其两端电压低于标称额定值时,阻值接近无穷大;当其两端电压略高于标称额定值时,压敏电阻器被击穿导通,由高阻态变为低阻态。

用途:过压保护、防雷、抑制浪涌电流、吸收尖峰脉冲、限幅、高压灭弧、消噪和保护半导体元器件等。

6.1.3 电阻器的型号命名

电阻器的型号由 4 部分组成:第一部分是主称,用字母 R 表示;第二部分表示电阻体的材料,用字母表示;第三部分表示分类,用数字及字母表示;第四部分为序号,用数字表示,如表 6-1 所示。

表 6-1 电阻器的型号命名

第一部分(主称)		第二部分(材料)		第三部分(分类)		第四部分(序号)
符号	意义	符号	意义	符号	产品类型	
R	电阻器	T	碳膜	0		数字常用个位数表示
		H	合成膜	1	普通	
		S	有机实心	2	普通	
		N	无机实心	3	超高频	
		J	金属膜(箔)	4	高阻	
		Y	氧化膜	5	高温	
		I	玻璃釉膜	7	精密	
		X	线绕	8	高压	
				9	特殊	
				G	功率型	

6.1.4 电阻器的主要性能参数

电阻器的主要性能参数有标称值、允许误差、额定功率、最大工作电压、温度系数和噪声。

1. 标称值及允许误差

（1）标称值。在选用电阻器时,首先要看它的阻值是多少。为了便于生产使用,国家制定了标称值的标准,如表6-2所示。其中所列的是标准阻值的基数,电阻器的阻值可以是表6-2中的基数乘以10、100等,从而得到更多的标称值。例如,基数5.6,标称值可以有5.6Ω、56Ω、560Ω、5.6kΩ、56kΩ、560kΩ、5.6MΩ等。

表6-2 标准化的电阻器标称值

标称值系列	允许偏差	电阻器标称值/Ω
Ⅰ级(E24)	±5%	1.0 1.1 1.2 1.3 1.5 1.6 1.8 2.0 2.2 2.4 2.7 3.0 3.3 3.6 3.9 4.3 4.7 5.1 5.6 6.2 6.8 7.5 8.2 9.1
Ⅱ级(E12)	±10%	1.0 1.2 1.8 2.2 2.7 3.3 3.9 4.7 5.6 6.8 7.5 8.2
Ⅲ级(E6)	±20%	1.0 1.5 2.2 3.3 4.7 6.8

（2）允许偏差。电阻器的实际阻值与标称值之间的允许偏差对于不同系列的电阻器是不同的。正如表6-2所规定的:Ⅰ级电阻器的允许偏差为±5%,Ⅱ级电阻器的允许偏差为±10%,Ⅲ级电阻器的允许偏差为±20%。精密电阻器的偏差等级有±0.05%、±0.2%、±0.5%、±1%、±2%等。

电阻器的标称值和允许偏差一般都标注在电阻体上,标注方法有3种,即直标法、数标法和色标法。

① 直标法:将电阻器的标称值用数字和文字符号直接标注在电阻体上,其允许偏差用百分数表示,未标注允许偏差的即±20%,如在电阻体上标注5Ω1(5.1Ω)、4k5(4.5kΩ)等。

② 数标法:主要用于贴片等小体积的电阻器,在3位数码中,从左至右,第1、2位数表示有效数字,第3位数表示10的幂或用R表示(R表示0)。例如,472表示 $47 \times 10^2 \Omega$ (4.7kΩ),104表示100kΩ,R22表示0.22Ω,122表示1 200Ω(1.2kΩ)。

SMT精密电阻器一般用两位数字和一个字母表示,两位数字是有效数字,字母表示10的幂,但是要根据实际情况在精密电阻器查询表中查找。

③ 色标法:用不同颜色的色环表示电阻器的标称值和允许偏差。普通电阻器用2位有效数字的色标法,即用4条色环表示标称值和允许偏差,其中,3条表示标称值,1条表示允许偏差。例如,电阻器的色环依次为红、红、黑、金,则其标称值和允许偏差分别为22Ω、±5%。精密电阻器用3位有效数字的色标法,即用5条色环表示标称值和允许偏差。例如,电阻器的色环依次为黄、紫、黑、金、棕,其标称值和允许偏差分别为47Ω、±1%,如图6-2所示。

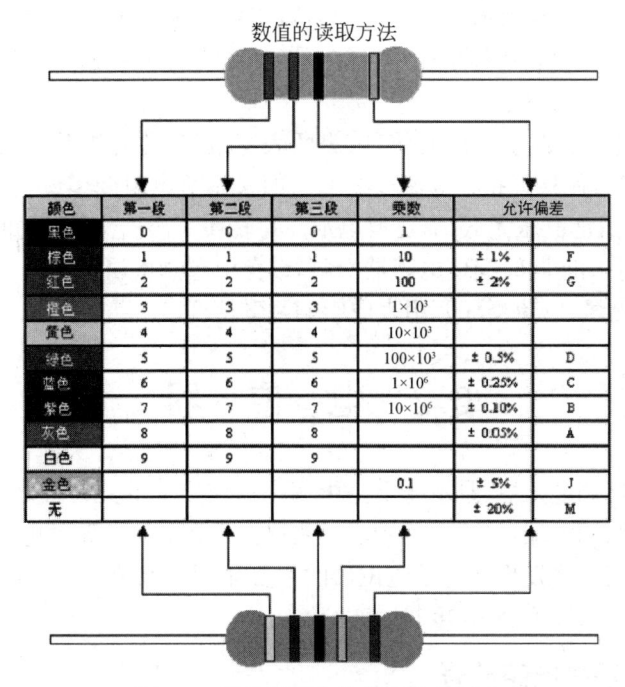

图 6-2 标称值和允许偏差的色标法

2. 额定功率

电阻器的额定功率通常是指在正常的气候条件(如大气压、温度等)下,电阻器长时间连续工作允许消耗的最大功率。电阻器的功率等级如表 6-3 所示。

表 6-3 电阻器的功率等级

名称	额定功率/W					
实心电阻器	0.25	0.5	1	2	5	
线绕电阻器	0.5	1	2	6	10	15
	25	35	50	75	100	150
薄膜电阻器	0.025	0.05	0.125	0.25	0.5	1
	2	5	10	25	50	100

3. 最大工作电压

电阻器的额定工作电压(U_R)在量值上用下式计算:

$$U_R = \sqrt{P_R R_R}$$

式中,P_R 为电阻器的额定功率;R_R 为电阻器的标称值。

由公式可知,对于某一确定的电阻器,其工作电压不应超过额定电压,否则电阻器的实际功率将超过额定功率,导致电阻器损坏。最大工作电压在数值上按下式进行计算:

$$U_{max} = \sqrt{P_R R_{LJ}}$$

式中,P_R 为电阻器的额定功率;R_{LJ} 为电阻器的临界阻值。

6.1.5 电阻器的测量

这里所说的测量仅指用万用表测量阻值。在测量时,应注意以下几点。

（1）正确选用万用表欧姆挡。由于万用表欧姆挡刻度线不均匀,因此在测量电阻器的阻值时,必须合理选择量程,使指示值尽可能位于刻度线的 0 刻度线至 2/3 刻度线这一范围内,以提高测量精度。

（2）欧姆挡调零。在测量前应先将红、黑两表笔短接,此时指针便向 0 刻度线偏转；然后调节电阻调零旋钮,使指针指在 0 刻度线上。如果调节电阻调零旋钮也无法使指针位于 0 刻度线,则说明干电池电压太低,需更换电池。每转换一次挡位,均需重新调零。

（3）测量时两手不能同时捏住电阻器引脚,以免引起测量误差。

（4）不能带电测量,以免损坏万用表或影响测量精度。

6.2 电 位 器

电位器是一种可调电阻器,是电子电路中用途比较广泛的元器件之一。它对外有 3 个引出端,其中,两个为固定端,另一个为中心抽头(也叫可调端)。转动电位器转轴,其中心抽头与固定端之间的阻值将发生变化。电位器的主要作用是调节电压和电流,常在电子设备中用于调节音量、音调、亮度、对比度等。

6.2.1 电位器的电路符号

电位器的电路符号如图 6-3(a)所示,实物图如图 6-3(b)所示,它在电路中用 R_P 表示。

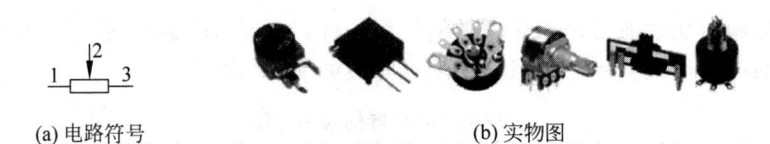

(a) 电路符号　　　　　　　　(b) 实物图

图 6-3　电位器的电路符号和实物图

6.2.2 电位器的分类

电位器的种类很多,用途各不相同,通常可按其制作材料、结构特点、调节方式、运动方式等进行分类。

1. 按制作材料进行分类

根据制作材料不同,电位器可分为线绕电位器和非线绕电位器两大类。

（1）线绕电位器。

线绕电位器是将电阻丝缠绕在涂有绝缘物的金属或非金属的板条上,经涂胶干燥处理后,用专用工具使其弯成环形,装入基座内,并配上转动系统组成的。这种电位器由于电阻体是由金属导线绕制而成的,能承受较高的温度,因此可制成功率型电位器。它的额定功率一般为 0.25~50W,阻值为 100Ω~100kΩ。线绕电位器噪声小、耐热性好、功率大；但价格较高,固有电感、电容较大,不能用于频率较高的电路。线绕电位器可制作成微调型、多圈型、功率型等多种类型。

（2）非线绕电位器。

非线绕电位器按电阻体材料不同可分为碳膜电位器、合成碳膜电位器、金属膜电位器、玻璃釉膜电位器、有机实心电位器等。它们的共同特点是阻值范围宽、制作容易、分布电感和分布电容小。它的缺点是其噪声比线绕电位器的噪声大,额定功率较小,使用寿命较短。非线绕电位器广泛应用于收音机、电视机、收录机等家用电器中。

2. 按结构特点进行分类

根据结构特点不同,电位器可分为单圈电位器、多圈电位器,单联、双联和多联电位器,以及带开关电位器、锁紧和非锁紧电位器等。

3. 按调节方式进行分类

根据调节方式不同,电位器可分为旋转式电位器和直滑式电位器两种。旋转式电位器的电阻体呈圆弧形,调节时,中心抽头在电阻体上做旋转运动。直滑式电位器的电阻体呈长条形,调节时,中心抽头在电阻体上做直线运动。

6.2.3 电位器的型号命名

电位器的型号命名一般采用直标法,把材料性能、额定功率和标称值直接印在电位器的外壳上。电位器的型号一般由 4 部分组成,如图 6-4 所示。

第一部分表示电位器的主称,用字母 W 表示。

第二部分表示电位器的电阻体材料类别,用字母表示。

第三部分表示电位器的分类,用数字或字母表示。

第四部分表示电位器的生产序号,用字母表示。

电位器的常用型号及名称如表 6-4 所示。

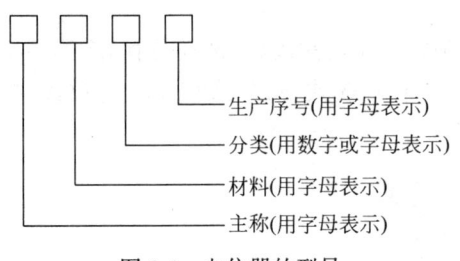

图 6-4 电位器的型号

表 6-4 电位器的常用型号及名称

型号	名称
WT	碳膜电位器
WH	合成膜电位器
WN	无机实心电位器
WX	线绕电位器
WI	玻璃釉膜电位器
WJ	金属膜电位器
WS	有机实心电位器

6.2.4 电位器的主要性能参数

电位器的性能参数很多,最主要的性能参数有 3 个:标称值、额定功率和阻值变化规律。

1. 标称值

标称值是指标注在电位器上的阻值,其值等于电位器的两个固定端之间的阻值。电位器的标称值系列与电阻器的标称值系列相同,其允许偏差为±20%、±10%、±5%、±2%、±1%,精密电位器的允许偏差可达±0.1%。

2. 额定功率

电位器的额定功率是指两个固定端之间允许耗散的最大功率,中心抽头与固定端之间所承受的功率小于额定功率。电位器的额定功率系列值如表 6-5 所示。

表 6-5　电位器的额定功率系列值

额定功率系列/W	线绕电位器/W	非线绕电位器/W
0.025	—	0.025
0.05	—	0.05
0.1	—	0.1
0.25	0.25	0.25
0.5	0.5	0.5
1.0	1.0	1.0
1.6	1.6	—
2	2	2
3	3	3
5	5	—
10	10	—
16	16	—
25	25	—
40	40	—
63	63	—
100	100	—

3. 阻值变化规律

电位器的阻值变化规律是指其阻值与中心抽头触点旋转角度(或滑动行程)之间的变化关系。这种关系理论上可以是任意函数形式，常用的有直线式、对数式和反转对数式(指数式)，分别用 A、B、C 表示，如图 6-5 所示。

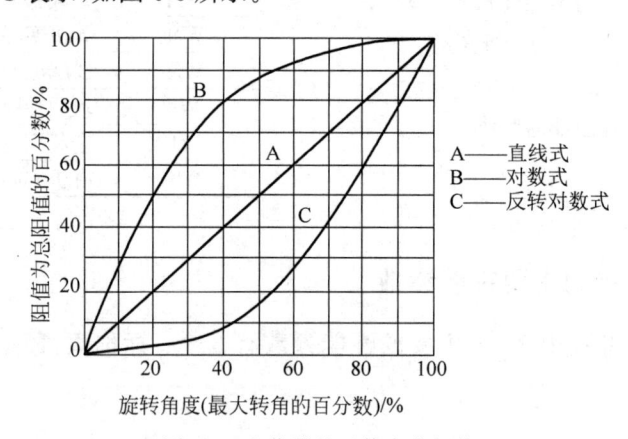

图 6-5　电位器的阻值变化规律

直线式电位器的阻值是随着转轴的旋转均匀变化的，并与旋转角度成正比。也就是说，其阻值随旋转角度的增大而线性增大。这种电位器适用于调整分压、偏流。

对数式电位器的阻值随着转轴的旋转成对数规律变化，阻值的变化开始较快，而后逐渐减慢。这种电位器适用于音调控制和黑白电视机的黑白对比度的调整。

反转对数式电位器的阻值随着转轴的旋转成指数规律变化，阻值的变化开始比较缓慢，随着旋转角度的增大,阻值的变化逐渐加快。这种电位器适用于音量控制,多用在音量控制电路中,以适应人耳听觉的需要。

6.3 电 容 器

简单地讲,电容器就是储存电荷的容器。电容器在电子线路中应用十分广泛,常用于交流耦合、隔离直流、滤波、旁路、定时、谐振选频等。

电容器储存电荷数量的多少取决于电容器的容量。电容器的容量在数值上定义为导电板上的电荷量与两块导电板之间的电位差的比值。

6.3.1 电容器的电路符号与单位

常用电容器的电路符号如图 6-6 所示。

(a) 固定电容器 (b) 电解电容器 (c) 半可变电容器 (d) 可变电容器 (e) 双联可变电容器

图 6-6 常用电容器的电路符号

电容器的符号为 C 或 CN(排容),其容量的基本单位是法拉 F(简称法),F 这个单位太大,不便于使用。电容器常见的单位有毫法(mF)、微法(μF)、纳法(nF)、皮法(pF)。这些单位之间的换算关系如下:

$$1\text{pF} = 10^{-3}\text{nF} = 10^{-6}\mu\text{F} = 10^{-9}\text{mF} = 10^{-12}\text{F}$$

6.3.2 电容器的分类

电容器的种类很多,分类方法也各有不同。

1. 按结构不同进行分类

按结构不同,电容器可分为固定电容器、半可变(又称微调)电容器、可变电容器。

(1) 固定电容器。

固定电容器是指电容器一经制成,其容量不能再改变的电容器。它的电路符号如图 6-6(a)所示。这类电容器按其绝缘介质的不同又可分为瓷介电容器、云母电容器、涤纶电容器、金属化纸介电容器、聚丙乙烯电容器、独石电容器、电解电容器等。

(2) 半可变电容器。

半可变电容器的特点是容量可以在较小范围内变化(容量在 5~45pF 内可调),多用在收音机的输入调谐电路和振荡回路中,起补偿作用,调整后就固定在某个电容值。常见的几种半可变电容器的外形如图 6-7 所示。

(3) 可变电容器。

可变电容器是容量可在一定范围内调节的电容器,主要用于收音机电台选择。可变电容器按介质不同又可分为空气电容器和有机薄膜电容器。它的极片是由两组相互平行的铜片或铝片组成的,其中一组平行金属片可以旋转进入另一组平行金属片空隙内,随着转入有效面积的改变,电容器的容量也随之变化。其中,可旋转的金属片称为动片,位置固定不变的金属片称为定片。可变电容器常由一组或几组同轴单元组成,前者称为单联,后者称为多联,如双联、三联等,各级单元之间由金属板隔开,以防寄生耦合。可变电容器的外形如图 6-8 所示。

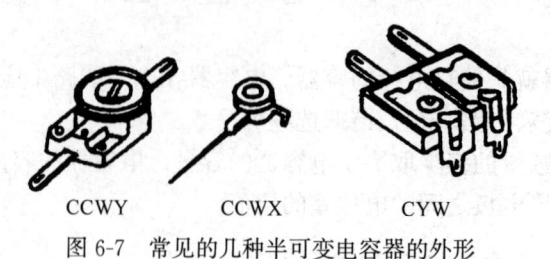

图 6-7　常见的几种半可变电容器的外形

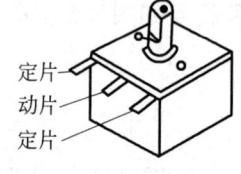

(a) 单联可变电容器　　(b) 双联可变电容器

图 6-8　可变电容器的外形

2. 按介质材料不同进行分类

电容器按介质材料不同分为有机介质电容器、无机介质电容器、电解电容器和气体介质电容器等。

(1) 有机介质电容器有纸介电容器、聚苯乙烯电容器、聚丙烯电容器、涤纶电容器等。

(2) 无机介质电容器有云母电容器、玻璃釉电容器、陶瓷电容器等。

(3) 电解电容器有铝电解电容器、钽电解电容器等。

(4) 气体介质电容器有空气介质电容器、真空电容器。

3. 按用途不同进行分类

电容器按用途不同分为高频旁路电容器、低频旁路电容器、滤波电容器、调谐电容器、高频耦合电容器、低频耦合电容器、小型电容器。

(1) 高频旁路电容器:陶瓷电容器、云母电容器、玻璃膜电容器、涤纶电容器、玻璃釉电容器。

(2) 低频旁路电容器:纸介电容器、陶瓷电容器、铝电解电容器、涤纶电容器。

(3) 滤波电容器:铝电解电容器、纸介电容器、复合纸介电容器、液体钽电容器。

(4) 调谐电容器:陶瓷电容器、云母电容器、玻璃膜电容器、聚苯乙烯电容器。

(5) 高频耦合电容器:陶瓷电容器、云母电容器、聚苯乙烯电容器。

(6) 低频耦合电容器:纸介电容器、陶瓷电容器、铝电解电容器、涤纶电容器、固体钽电容器。

(7) 小型电容器:金属化纸介电容器、陶瓷电容器、铝电解电容器、聚苯乙烯电容器、固体钽电容器、玻璃釉电容器、金属化涤纶电容器、聚丙烯电容器、云母电容器。

6.3.3 常用介质电容器简介

1. 有机薄膜电容器

有机薄膜电容器的一般特性是容量为 100pF~100μF,允许偏差为 0.25%~10%,使用温度为 -65~+125℃,额定直流工作电压为 30V~15kV,绝缘电阻为 $1～5\times10^5$ MΩ。一种有机薄膜电容器可以以铝箔作为电极,以薄膜作为介质,卷绕圆柱体,经过缩合制成。精密型电容器还有外壳包装;另一种有机薄膜电容器是在薄膜上蒸发金属薄膜作为电极,经卷绕缩合制成的,有聚苯乙烯电容器、金属化涤纶电容器、聚四氟乙烯电容器、涤纶薄膜电容器等。

2. 瓷片电容器

瓷片电容器是以陶瓷材料为介质,并在其表面烧渗银层作为电极的电容器。由于陶瓷材料具有优异的电气性能,同时材料来源丰富、价格低廉,因此由它制作的电容器品种越来越多,应用也越来越广泛,常见的有管型、圆片型、筒型等。瓷片电容器的容量通常较小,一般为几微法或几百皮法。瓷片电容器性能稳定、损耗很低、漏电很小,很适合在高频高压电路中使用。

3. 云母电容器

云母电容器是以云母为介质,由金属箔或在云母表面喷银构成电极,按所需容量叠合后,经浸渍压塑在胶木壳内构成的电容器。云母电容器的主要优点是损耗低,频率稳定性好,高频特性好,工作电压为 50~5 000V,绝缘电阻为 1 000~7 500MΩ,分布电感小,很适合在高频电路和高压设备中使用。

4. 电解电容器

电解电容器的介质是一层极薄的附着在金属极片上的氧化膜。金属极片为铝、钽、铌等,附着有氧化膜的金属极片为阳极,阴极是液体、半液体或胶状电解液。电解液除作为阴极外,还起到修补氧化膜介质的作用。电解电容器的一般性质主要取决于氧化膜和电解液。电解电容器的氧化膜具有单向导电性。因此,在连接电源或接入电路时,一定要将附着氧化膜的金属极片接正极,只有这样,氧化膜才有较高的介电强度;如果接反,则通过氧化膜的电流大,导致其过热击穿。前面提到,电解电容器按阳极材料的不同分为铝电解电容器、钽电解电容器。电解电容器按极性又可分为有极性电容器和无极性电容器两种。在实际使用中,绝大部分为有极性电容器。目前,我国生产较多的是箔式液体铝电解电容器和烧结钽电解电容器。

6.3.4 电容器的型号命名

国家标准(GB/T 2470—1995)规定,国产电容器的型号由 4 部分组成,如图 6-9 所示,各部分的具体含义如表 6-6 和表 6-7 所示。

第一部分:主称,用字母表示(一般用 C 表示)。
第二部分:材料,用字母表示。
第三部分:特征(结构类型),用字母或数字表示。

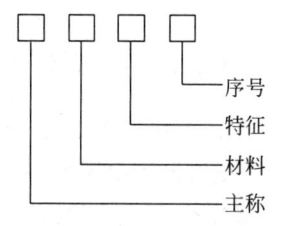

图 6-9 电容器的型号

第四部分：序号，用数字表示。

表 6-6 电容器的型号

第一部分	第二部分		第三部分		第四部分
	符号	含义	符号	含义	
主称 C	C	1类陶瓷介质	G	高功率	数字
	T	2类陶瓷介质			
	I	玻璃釉介质	1		
	O	玻璃膜介质	2		
	Y	云母介质	3		
	Z	纸介质	4		
	J	金属化纸介质	5		
	B	非极性有机薄膜	6		
	L	涤纶	7		
	Q	漆膜介质	8		
	H	复合介质	9		
	D	铝电解			
	A	钽电解			
	N	铌电解			
	G	合金电解			
	E	其他材料电解			
	S	3类陶瓷介质			
	V	云母纸介质			

表 6-7 电容器型号第三部分数字的含义

名称	类别								
	1	2	3	4	5	6	7	8	9
瓷介电容器	圆形	管形	迭片	多层（独石）	穿心	支柱式	交流	高压	
云母电容器	非密封	非密封	密封	独石			标准	高压	
有机介质电容器	非密封（金属箔）	非密封（金属化）	密封（金属化）	密封（金属化）	穿心	交流	片式	高压	特殊
电解电容器	箔式	箔式	烧结粉非固体	烧结粉固体		交流	无极性		特殊

6.3.5 电容器的主要性能参数

1. 标称容量与允许偏差

电容器和电阻器一样，在选用时，首先要看其容量能否满足要求。为了便于生产和满足实际需要，国家也规定了一系列容量值作为产品标准，系列容量值就称为标称容量。

实际电容器的容量不可能和标称容量完全一致，由于生产过程中的误差，电容器的容量具有一定的分散性。为了便于管理和组织生产,工程上按使用的需要和生产制作上的可能给出允许偏差,如±5%、±2%等。电容器容量的允许偏差按下式进行计算:

$$\delta = \frac{C - C_R}{C_R} \times 100\%$$

式中,C为电容器的实际容量;C_R为电容器的标称容量。

电容器的标称容量和允许偏差一般标注在电容体上。

容量表示法一般有以下3种。

(1) 直接表示法:通常用表示数量级的字母(如 μ、n、p 等)加上数字组合而成。例如,4n7 表示 4.7nF,即 4.7×10^{-9}F 或 4 700pF;47n 表示 47×10^{-9}F,即 47 000pF;6p8 表示 6.8pF。另外,有时还在数字前冠以 R,如 R33,表示 $0.33\mu F$。有时用大于 1 的数字表示,单位为 pF,如 2 200 表示 2 200 pF;有时用小于 1 的数字表示,单位为 μF,如 0.22 表示 $0.22\mu F$。

(2) 3 位数码表示法:一般用 3 位数字来表示容量的大小,单位为 pF。其中,前两位为有效数字;后一位表示倍率,数字是几就是加几个零,但当其是 9 时,对有效数字乘以 0.1。例如,104 表示 100 000pF,223 表示 22 000pF。这种表示法比较常见,也经常用于电位器的阻值表示。

(3) 色码表示法:与电阻器的色标法类似,颜色涂在电容器的一端或从顶端向另一侧排列。前两位为有效数字,第三位为倍率,单位为 pF。有时色环较宽,如红橙色环,两个红色环涂成一个宽的一个窄的,表示 22 000 pF。

允许偏差的表示法一般有以下两种。

(1) 直接表示法:将电容器容量的绝对偏差直接标出。例如,8.2 ± 0.4pF,表示该电容器的容量为$(8.2-0.4) \sim (8.2+0.4)$pF。

(2) 字母表示法:具体如表 6-8 所示。

表 6-8 电容器的允许偏差的字母表示

字母	W	B	C	D	F	G	J	K	M	N
允许偏差/%	±0.05	±0.1	±0.25	±0.5	±1	±2	±5	±10	±20	±30
字母	Q		T		S		Z		R	
允许偏差/%	−10~+30		−10~+50		−20~+50		−20~+80		−10~+100	

2. 额定电压

额定电压指的是在最低环境温度和额定环境温度之间的任一温度下,可以连续加在电容器上的最大直流电压或交流电压的有效值。额定电压的高低与电容器所用介质有关。此外,环境温度不同,电容器能承受的工作电压也不同,因此选用时应考虑这一因素,选择合适的品种和规格,以保证电容器安全、可靠地工作。

3. 绝缘耐压(标准中的抗电强度)

绝缘耐压是描述一个电容器的两引出端之间、连接起来的引出端与金属外壳之间所能承受的最大电压。该电压一般为直流工作电压的 1.5~2 倍。绝缘耐压实际上反映了电容器的两引出端之间或连接起来的引出端与金属外壳之间的绝缘物的绝缘能力及电容器的结构设计是否合理。

4. 绝缘电阻

电容器的绝缘电阻在数值上等于加在电容器两端的电压除以漏电流,即

$$R_{uz} = \frac{U}{I_Y}$$

式中,R_{uz} 为绝缘电阻(MΩ);U 为加在电容器上的直流电压(V);I_Y 为漏电流(μA)。绝缘电阻越大,电容器的质量越好。

5. 固有电感

电容器的固有电感包括极片电感和引线电感,尽管其数值很小,但高频应用时,必须考虑其影响。

6.3.6 电容器的测量

固定电容器的常见故障是开路失效、短路击穿、漏电、容量减小等。电容器开路失效、短路击穿、漏电等故障可用普通万用表进行检测,容量减小用专用仪器进行测量(如数字 RLC 电桥)。

1. 用机械万用表欧姆挡测量电容器的好坏

方法如下。

(1) 把电容器的两电极引脚短路放电。

(2) 将万用表置于合适的量程(参照表 6-9)。

(3) 黑表笔接电容器正极,红表笔接电容器负极(指有极性电容器,如电解电容器,其余无极性电容器不分极)。

① 表针摆动大(摆动幅度越大,被测电容器的容量越大),且返回,返回位置接近无穷大刻度线,表示电容器正常。

② 表针摆动大,且返回,返回位置与无穷大刻度线有一定的距离,表示电容器漏电。

③ 表针摆动大,不返回,说明电容器被击穿。

④ 表针不摆动,表明电容器开路。

表 6-9 万用表量程与电容值参考对应关系

电容值	万用表量程
500μF 到几千微法	R×1
100～500μF	R×100
<100μF	R×1k
<1μF	R×10k

注意:表 6-9 中所列的对应关系仅仅是参考,在实际操作中,并没有这样明确的关系,选择的标准是只要表针摆动明显,人眼能分辨清楚就行,因为这原本就是一种定性的判别方法。还需要注意的一点是,对于 0.01μF 以下容量的电容器,在使用万用表进行测量时,该判别方法并不适用。

2. 可变电容器的检测

一个良好的可变电容器,其外表应光亮,无腐蚀和划痕,旋转灵活不碰片,且可以方便地停留在任何角度上,不受振动的影响。可变电容器由于动片和定片之间的距离很小,易发生

碰片短路，因此在使用前应使用万用表进行测量。

用万用表 $R×1$ 挡测量动片和定片引脚。旋转调整可变电容器，万用表应没有任何指示，若在某点有指示，则说明可变电容器发生碰片短路。另外，在转轴转动时，应十分平稳，不应有松有紧；用手将转轴向各个方向推动时，不应有任何松动的感觉。

6.4 电 感 器

根据电学原理，任何通以电流的电路周围都有磁场存在。当电路电流发生变化时，电路周围的磁场也随之变化。按照电磁感应定律，磁通的变化将在导体内引起感生电动势。电路电流发生变化时产生感生电动势的现象称为自感应。电感就是用来表征自感应特性的一个量。为了使电感在电子设备中得到广泛应用，可以制作具有各种电感数值的电感器。电感器是用漆包线在绝缘骨架上绕制而成的一种能够存储磁场能量的电子元器件，又称电感线圈。

电感器的特性可以总结为通直流隔交流，通低频阻高频。在电路中，电感器常用于滤波、调谐、振荡、耦合、补偿、变压等。

6.4.1 电感器的电路符号与单位

电感器在电路中用字母 L 表示。常用电感器的电路符号如图 6-10 所示。

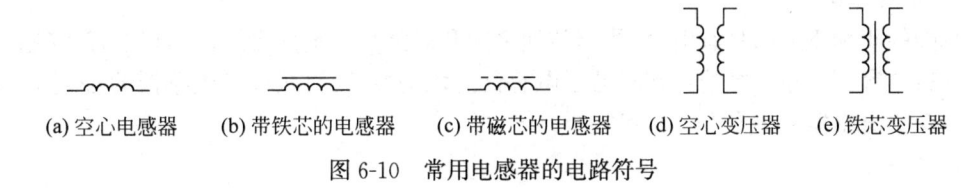

(a) 空心电感器　(b) 带铁芯的电感器　(c) 带磁芯的电感器　(d) 空心变压器　(e) 铁芯变压器

图 6-10　常用电感器的电路符号

电感的国际标准单位是 H(亨)、mH(毫亨)、μH(微亨)、nH(纳亨)。1H 是指电路 1s 内电流平均变化 1A 时，在电路内感应出 1V 自感电动势的电感量值。在电路中，常采用较小的电感单位 mH 和 μH。电感的单位换算如下：

$$1H=10^3 mH=10^6 \mu H=10^9 nH,\quad 1nH=10^{-3} \mu H=10^{-6} mH=10^{-9} H$$

6.4.2 电感器的分类

电感器可分为固定电感器和可变电感器、带磁芯和不带磁芯的电感器、高频和低频电感器等。随着微型元器件技术的不断发展及工艺水平的提高，片状(贴片)线圈和印制线圈的应用范围也相应拓展。电感器除少数可采用现成产品外，通常为非标准元器件，可根据电路要求自行设计与制作。

6.4.3 电感器的主要性能参数

电感器的特性可由其性能参数来表示。电感器的性能参数主要有电感和允许偏差、品质因数、分布电容、稳定性等。

1. 电感

电感的大小根据电感器在电路中的用途来确定。例如，应用于短波波段的谐振回路，其电感为几微亨,而中波波段则为几百微亨,长波波段为数千微亨。电感的允许偏差也取决于其用途。例如,用于滤波器或统调回路,其允许偏差范围小;而对于一般耦合电感器、扼流圈等,其允许偏差范围较大。

电感器一般有直标法和色标法两种表示方法,其色标法与电阻器的色标法类似,如棕、黑、金、金表示电感为 $1\mu H$,允许偏差为 $\pm 5\%$。

2. 品质因数

品质因数是表示电感器质量的一个量。它是指电感器在某一频率的交流电压下工作时,所呈现的感抗和电感器的直流电阻的比值,用公式可表示为

$$Q = \frac{2\pi f L}{R} = \frac{\omega L}{R}$$

式中,Q 为电感器的品质因数;L 为电感;R 为电感器的等效损耗电阻;$2\pi f L$ 为感抗,是用来描述电感器对交流电的阻力的。

当 ω 和 L 一定时,品质因数就只与 R 有关,R 越大,Q 值就越小;反之,Q 值就越大。在谐振回路中,电感器的 Q 值越大,回路的损耗就越低,因此回路的效率就越高,滤波性能就越好。Q 值的增大往往受到一些因素的限制,如导线的直流电阻、电感器的介质损耗,以及由屏蔽和铁芯引起的损耗和在高频工作时的趋肤效应等。因此,电感器的实际 Q 值不能很大,通常为几十至一百,最高至四五百。

3. 分布电容

线圈的匝和匝之间具有电容,线圈与地之间和线圈与屏蔽盒之间也具有电容,这些电容称为分布电容。分布电容的存在降低了电感器的稳定性,同时减小了电感器的 Q 值,因此,一般总希望电感器的分布电容尽可能小。

4. 稳定性

在温度、湿度等因素改变时,电感器的电感及 Q 值便随之改变,而稳定性则表示电感器的性能参数随外界条件的变化而改变的程度。

6.4.4 电感器的测量

电感器的测量包括外观检测和阻值测量。首先检测电感器的外表是否完好,磁线有无缺损、裂缝,金属部分是否腐蚀氧化,标志是否完整清晰,接线有无断裂和拆伤等。用万用表对电感器做初步检测,测量线圈的直流电阻,并与已知的正常电阻进行比较。如果检测值比正常值显著增大,或者指针不动,则说明电感器本体已开路损坏;若检测值比正常值小很多,则可判断电感器本体严重短路。线圈的局部短路需要用专用仪器进行检测。

6.5 二极管

半导体二极管也叫晶体二极管,简称二极管,它的显著特性是单向导电。所谓单向导电,就是指向一个方向通电时,它的电阻极小,可近似看作短路;而向反方向通电时,电阻极大,可近似看作开路。

6.5.1 常用二极管的电路符号

二极管是用一个 PN 结作为管芯,在 P 区和 N 区两侧各接上电极引线,并用管壳封装而成的。从 P 区引出的电极为二极管的正极,从 N 区引出的电极为二极管的负极。常用二极管的电路符号如图 6-11 所示。

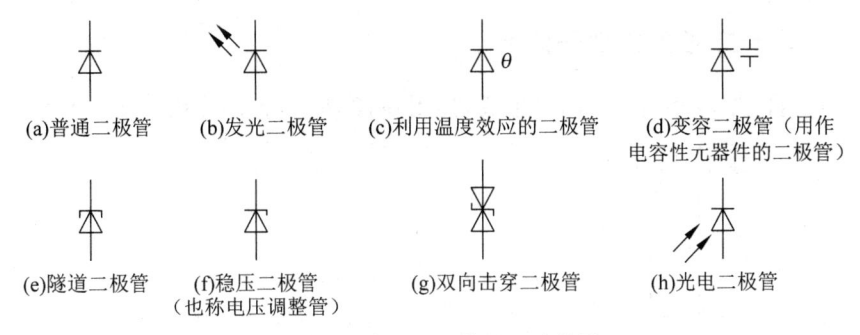

(a)普通二极管　(b)发光二极管　(c)利用温度效应的二极管　(d)变容二极管(用作电容性元器件的二极管)

(e)隧道二极管　(f)稳压二极管(也称电压调整管)　(g)双向击穿二极管　(h)光电二极管

图 6-11　常用二极管的电路符号

6.5.2 二极管的主要性能参数

二极管的主要性能参数是用来表示它的性能和应用范围的,是选用二极管的依据,有最大正向电流、反向电流、动态电阻、反向电压、反向击穿电压、最高反向工作电压、最大整流电流、最高工作频率等。不同用途的二极管,其主要性能参数也不同。

1. 二极管的电阻

给二极管加上一定的正向电压时,它就有一定的正向电流,因而二极管在正向工作时,可近似用正向电阻等效。二极管的正向电阻有两种:一是直流电阻,二是动态电阻。

(1) 直流电阻。

在二极管上施加一定的直流电压 V,就有一定的直流电流 I,直流电压 V 与直流电流 I 的比值就是二极管的等效直流电阻。

(2) 动态电阻(R_Z)。

在二极管上加有一定的直流电压 V 的基础上,加上一个增量电压 ΔV,此时,二极管也有一个增量电流 ΔI。增量电压 ΔV 与增量电流 ΔI 的比值就是二极管的动态电阻,即动态电阻是二极管两端电压变化与电流变化的比值。

二极管的直流电阻和动态电阻都是随工作点的不同而变化的。普通二极管反向工作时,其直流电阻和动态电阻都很大,通常可近似为无穷大。

2. 二极管的额定电流

二极管的额定电流是指二极管长时间连续工作时,允许通过的最大正向平均电流。在二极管连续工作时,为使 PN 结的温度不超过某一极限值,整流电流不应超过标准规定的允许值。对于大功率二极管,为了降低它的温度、增大电流,必须为其加装散热片。

3. 二极管的反向击穿电压

二极管的反向击穿电压是指二极管在工作中能承受的最高反向工作电压,它也是使二极管不致反向击穿的电压极限值。在一般情况下,最高反向工作电压应低于反向击穿电压。

在选用二极管时，还要以最高反向工作电压为准，并留有适当的余地，以保证二极管不损坏。

4. 二极管的最高工作频率

二极管的最高工作频率是指二极管能正常工作的最高频率。在选用二极管时，必须使它的工作频率低于最高工作频率。例如，2AP8B 型二极管的最高工作频率为 150MHz，2CZ12 型二极管的最高工作频率为 3kHz，2AP16 型二极管的最高工作频率为 40MHz。

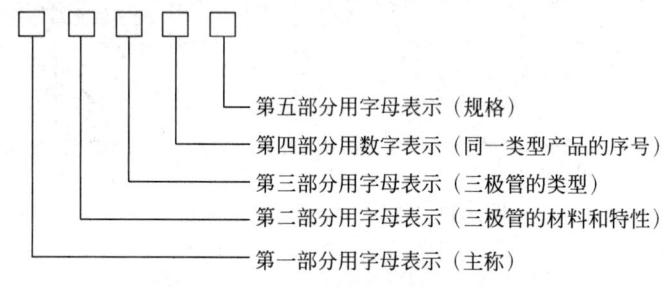

6.5.3 国产二极管的型号命名

国产二极管的型号命名由 5 部分组成，如图 6-12 所示，各部分的含义如表 6-10 所示。

```
□ □ □ □ □
│ │ │ │ └── 第五部分用字母表示（规格）
│ │ │ └──── 第四部分用数字表示（同一类型产品的序号）
│ │ └────── 第三部分用字母表示（三极管的类型）
│ └──────── 第二部分用字母表示（三极管的材料和特性）
└────────── 第一部分用字母表示（主称）
```

图 6-12 国产二极管的型号命名

表 6-10 国产二极管的型号各组成部分的含义

第一部分		第二部分		第三部分				第四部分	第五部分
主称		材料和特性		类型				序号	规格
符号	含义	符号	含义	符号	含义	符号	含义		
2	二极管	A	N 型,锗材料	P	小信号管	C	变容管	反映二极管性能参数的级别	反映二极管承受反向击穿电压的高低
		B	P 型,锗材料	Z	整流管				
		C	N 型,硅材料	W	电压调整管和电压基准管	N	噪声管		
		D	P 型,硅材料	K	开关管				
		E	化合物或合金材料	L	整流堆				

6.5.4 二极管的种类

二极管的种类很多，分类方法也很多。它按材料可分为锗管和硅管两种；按应用功能可分为整流二极管、检波二极管、稳压二极管、微波二极管、发光二极管等；按结构可分为点接触型和面接触型两种；按封装形式可分为小型玻璃外壳二极管、金属外壳二极管、塑料外壳二极管等。

下面按应用功能对一些常用二极管进行介绍。

1. 整流二极管

整流二极管（简称整流管）主要用于整流电路，利用二极管的单向导电性，将交流电变为直流电。由于整流二极管的正向电流较大，因此整流二极管多为面接触型二极管，其结面积大、结电容大，但工作频率低。整流二极管中有两种特别而又较常用的产品，一种是硅整流堆,另一种是高压整流硅堆。这两种产品其实是由2个或3个及以上的整流二极管组合而成的,主要为了缩小体积和便于安装。硅整流堆有半桥堆(由2个整流二极管组成)和全桥堆(由4个整流二极管组成)两种。

在选用整流二极管时,主要考虑其最大整流电流、最高反向工作电压、反向电流和最高工作频率等性能参数。

2. 稳压二极管

稳压二极管在电子设备电路中起稳定电压的作用。常用稳压二极管的外形与普通小功率整流二极管的外形相似。稳压二极管有金属外壳、塑料外壳等封装形式。它的稳压作用是通过 PN 结反向击穿后,使其两端电压变化很小,基本维持为一个恒定值来实现的。当反向电压低于击穿电压时,反向电流很小;当反向电压接近击穿电压时,反向电流剧增。稳压二极管在反向击穿前的导电特性与普通整流、检波二极管的导电特性相似。在击穿电压下,只要限制其通过的电流(不超过额定值),它是可以安全工作在反向击穿状态的,其两端电压基本保持不变,起到稳压作用。

稳压二极管的主要性能参数有以下几个。

(1) 最大工作电流:稳压二极管长时间工作时,允许通过的最大反向电流。在使用稳压二极管时,其工作电流不能超过这个数值,否则,可能会把稳压二极管烧坏。为了确保安全,在电路中必须采取限流措施,使通过稳压二极管的电流不超过允许值。例如,2CW52 型稳压二极管的最大工作电流不能超过 55mA。

(2) 稳定电压:稳压二极管在起稳压作用的范围内,其两端的反向电压。不同型号的稳压二极管,稳定电压是不同的。

(3) 动态电阻:反映了稳压二极管的稳压特性,其值越小,稳压二极管的性能越好。

3. 变容二极管

变容二极管是利用 PN 结空间电荷层具有电容特性的原理制成的特殊二极管。变容二极管为反向偏压二极管,其结电容就是耗尽层的电容,因此可近似把耗尽层看作平行板电容,且导电板之间有介质。一般的二极管在多数情况下,其结电容很小,不能有效利用。变容二极管具有相当大的内部电容量,并可像电容器一样应用于电子电路中。由于用途不同,低功耗变容二极管用玻璃壳封装,带有轴向引线,功耗为几百毫瓦;较大功率的变容二极管与功率二极管相似,用螺栓安装,工作频率低于 500MHz;微波高频变容二极管占变容二极管的大多数,其工作频率比 500MHz 高得多。这种变容二极管的封装设计要尽量减小杂散电容和电感。变容二极管的结电容随加到其上的电压的变化而变化。变容二极管一般工作在比击穿电压低的反向偏置状态,反向偏压越低,结电容越大;反向偏压越高,结电容越小。

变容二极管的主要性能参数有最高反向工作电压、反向击穿电压、结电容、结电容变化范围、品质因数等。变容二极管具有内部电容,同样具有一定的 Q 值,并且大多数变容二极管具有很大的 Q 值。由于变容二极管的电容量与反偏电压呈反向变化,因此 Q 值随着反向偏压的升高而增大。

4. 开关二极管

开关二极管利用了二极管的单向导电性,在半导体 PN 结上加上正向偏压后,在导通状态下,电阻很小(几十欧到几百欧);加上反向偏压后截止,其电阻很大,在电路中起到控制电流接通或关断的作用,成为一个理想的电子开关。开关二极管的正向电阻很小,反向电阻很大,开关速度很快。

常用开关二极管可分为小功率型和大功率型两类。小功率型开关二极管主要用于电视机、收录机及其他电子设备的开关电路、检波电路、高频高速脉冲整流电路等,大功率型开关二极管主要在各类大功率电源中用于续流、高频整流、桥式整流或用于其他开关电路。

开关二极管的主要性能参数有以下几个。

(1) 反向恢复时间:反映开关二极管特性好坏的一个参数。

(2) 反向击穿电压:加在开关二极管两端的反向电压超过规定的值,使开关二极管可能击穿的电压。

(3) 最高反向工作电压:加在开关二极管两端的反向电压不能超过规定的允许值。

(4) 正向电流:在正向工作电压下工作时,允许通过开关二极管的正向电流。

5. 发光二极管

发光二极管的内部结构为一个 PN 结,而且具有二极管的通性,即单向导电性。当给发光二极管的 PN 结加正向电压时,由于外加电压产生电场的方向与 PN 结内电场方向相反,PN 结势垒(内总电场)减弱,因此,载流子的扩散作用占了优势。因此,P 区的空穴很容易扩散到 N 区,N 区的电子也很容易扩散到 P 区,相互注入的电子和空穴相遇后会复合,复合时产生的能量大部分以光的形式出现,会使二极管发光。

发光二极管采用砷化镓、磷化镓、镓铝砷等材料制成。不同材料的发光二极管能发出不同颜色的光。有发绿光的磷化镓发光二极管,发红光的磷砷化镓发光二极管,发红外光的砷化镓二极管,双向变色发光二极管(加正向电压时发红光,加反向电压时发绿光),还有三颜色变色发光二极管等。发光二极管的外形有圆形、方形、三角形、组合形等,封装形式有透明和散射等,外表有无色和着色等。常见的发光二极管的外形如图 6-13 所示。

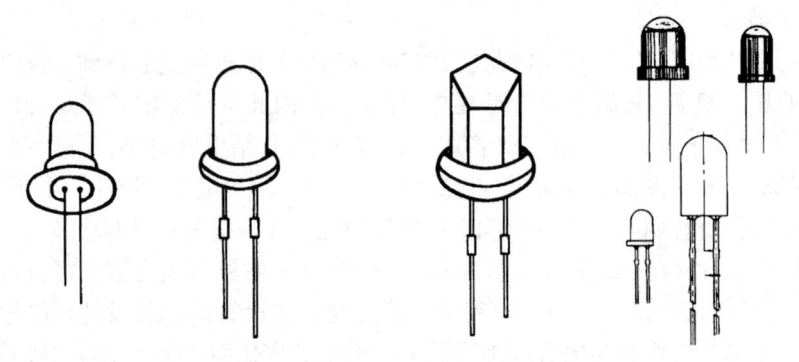

图 6-13 常见的发光二极管的外形

发光二极管的主要性能参数有以下几个。

(1) 最大工作电流:发光二极管长期正常工作时,允许通过的最大电流。

(2) 正向电压:通过规定的正向电流时,发光二极管两端产生的正向电压。

(3) 反向电流:在发光二极管两端加上规定的反向电压时,管内的反向电流。

(4) 发光强度:表示发光二极管亮度的参数,其值为通过规定的电流时,在管芯垂直方向上,单位面积通过的光通量。

(5) 发光波长:发光二极管在一定工作条件下发出光的峰值(为发光强度最大的一点)对应的波长,也称峰值波长(λ)。

6. 光电二极管

光电二极管是一种光电转换器件，在一定条件下，它可以把光能转换成电能。常用的光电二极管和普通二极管的结构类似，只是在接收光照的部分加了一个透明窗口，其他部分用金属和塑料等壳体材料进行封装。光电二极管的特点是当给它加反向电压时，PN 结受光照射后，电流随光照强度的变化而变化。常用的光电二极管有硅 PN 结型光电二极管、锗雪崩型光电二极管、肖特基结型光电二极管。

光电二极管的主要性能参数有以下几个。

(1) 最高工作电压：在无光照射时，光电二极管所允许施加的最高反向电压(反向电流为规定值)。

(2) 光电流：在规定的光照条件下，当给光电二极管加上一定的反向工作电压时，管中流过的电流。一般情况下，光电二极管的光电流越大越好。

(3) 暗电流：在无光照射的条件下，当给光电二极管加上规定的反向工作电压时，管子的反向漏电流。光电二极管的暗电流越小越好，暗电流小的光电二极管的稳定性好、检测弱信号的能力强。

(4) 光电灵敏度：在规定的波长入射光照下，当给光电二极管加上反向偏压时，输出电流与输入光功率的比，单位为 $\mu A/\mu W$。

(5) 光谱响应波长范围：在相等光功率和规定反向偏压下，光谱响应曲线上不小于最大幅度 10% 所对应的波长范围。

(6) 响应时间：光电二极管对入射光信号的反应速度用响应时间(τ)来表示。响应时间包括开通时间、上升时间和衰减时间。

(7) 结电容：在无光照和规定的反向偏压下，被测光电二极管两端的电容。

6.5.5 二极管极性的识别与检测

很多二极管的型号直接标注在管壳上，这里介绍两种二极管极性的识别方法。

1. 目视法判断二极管的极性

一般在实物电路中，可以通过眼睛直接看出二极管的极性；对于二极管实物，如果一端有颜色标示，则表示该端是负极，另外一端是正极。

2. 用万用表(指针式)判断二极管的极性

通常选用万用表的欧姆挡($R\times 100$ 或 $R\times 1k$)来测量，将万用表的两表笔分别接到二极管的两个引脚上，当测量的阻值较小时，黑表笔接的是二极管的正极，红表笔接的是二极管的负极；当测量的阻值很大时，黑表笔接的是二极管的负极，红表笔接的是二极管的正极。

注意事项：当用数字式万用表测量二极管，将红表笔接二极管的正极，黑表笔接二极管的负极时，测得的阻值是二极管的正向导通阻值，这与指针式万用表的表笔接法刚好相反。

利用二极管的单向导电性，可以用万用表测量其正/反向电阻，以此来判断它的好坏。

检测的方法是先将万用表置于 $R\times 100$ 或 $R\times 1k$ 挡，测量二极管的电阻，然后将红表笔和黑表笔倒换一下再次测量。如果两次测得的阻值一大一小，且大的那一次趋于无穷大，就可断定这个二极管是良好的，如图 6-14 所示。两次测量中可能出现以下几种情况。

(1) 一次阻值接近无穷大，而另一次阻值较小：二极管良好。

(2) 两次测量的阻值都为无穷大：二极管内断路。

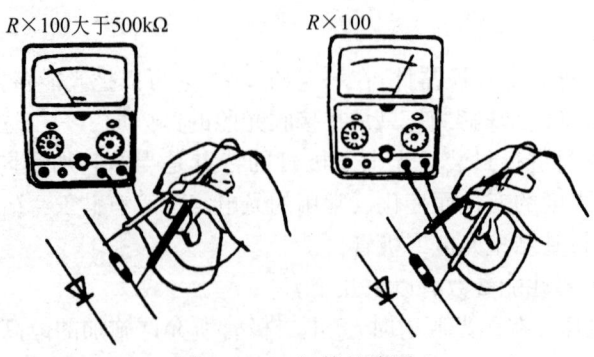

图 6-14 二极管的检测

(3) 两次测量的阻值都很小：二极管短路，即被击穿。
(4) 两次测量的阻值一样：二极管失去单向导电作用。
(5) 两次测量的阻值相差不太大：二极管的单向导电性差。

6.6 三 极 管

晶体三极管(简称三极管)是由两个 PN 结和外部 3 个电极，即发射极、集电极和基极组成的半导体器件。三极管具有放大作用，有 3 种工作状态，因而被广泛应用。

6.6.1 三极管的构成和电路符号

在一块半导体晶片上制成两个符合要求的 PN 结，并引出 3 个电极(发射极用 E 表示、基极用 B 表示、集电极用 C 表示)，这 3 个电极分别与三极管内部半导体的 3 个区(发射区、基区、集电区)相连接，组成一个三极管。

图 6-15 所示为三极管的构成和电路符号。电路符号中的箭头方向表明了三极管发射极电流的实际方向。三极管根据 3 个区半导体类型的不同，可分为 PNP 型和 NPN 型两种。如果基区是 N 型半导体，发射区和集电区是 P 型半导体，就构成 PNP 型三极管；如果基区是 P 型半导体，发射区和集电区是 N 型半导体，就构成 NPN 型三极管。在半导体 3 个区的交界面形成两个 PN 结，其中，发射区与基区间的 PN 结为发射结，集电区与基区间的 PN 结为集电结。在应用三极管时，从发射区引出的发射极和集电极是有区别的，不能互换使用。无论是 PNP 型三极管，还是 NPN 型三极管，其工作原理是一样的；所不同的是，PNP 型三

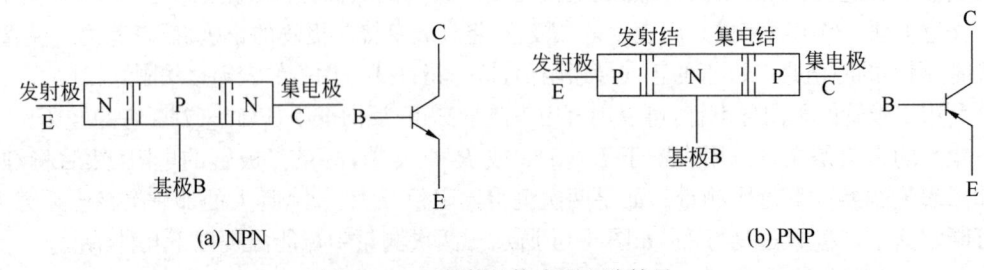

(a) NPN   (b) PNP

图 6-15 三极管的构成和电路符号

极管由空穴导电,发射区发射的多数载流子是空穴;而 NPN 型三极管则由电子导电,发射区发射的多数载流子是电子。

6.6.2 三极管的主要性能参数

三极管的性能参数很多,对于不同的三极管,其性能参数的侧重面也有所不同,现简介如下。

1. 极限参数

(1) I_{cm}——集电极最大允许电流。集电极最大允许电流 I_{cm} 是指三极管能够正常工作的集电极最大电流。在使用三极管时,集电极电流不能超过 I_{cm}。

(2) P_{cm}——集电极最大允许耗散功率。三极管在工作时,集电结要承受较高的反向电压和通过较大的电流,因消耗功率而发热。当集电极消耗的功率过大时,就会产生高温而烧坏三极管,因此,规定三极管集电极温度升高到不至于将集电结烧坏所消耗的功率为集电极最大允许耗散功率。在使用三极管时,不能超过这个极限。

(3) T_{JM}——最高允许结温。

(4) R_T——热阻。

2. 直流参数

(1) U_{CE}——集电极与发射极之间的电压。
- U_{CEO}——基极开路时,集电极与发射极之间的电压。
- U_{CES}——基极与发射极短路时,集电极与发射极之间的电压。
- U_{RCEO}——基极开路时,集电极与发射极之间的击穿电压。
- U_{CEsat}——集电极与发射极之间的饱和压降。

(2) I_{CBO}——发射极开路时,集电极与基极(集电结)之间的反向饱和电流。

(3) I_{CEO}——基极开路时,集电极与发射极之间的反向饱和电流(穿透电流)。

(4) $H_{FE}(\beta)$——共发射极接法短路电流放大系数,也称直流 β。

3. 交流参数

(1) f_α——共基极接法的截止频率。

(2) f_β——共发射极接法的截止频率。

(3) h_{ie}——共发射极接法的输入电阻。

(4) h_{fe}——共发射极接法的短路交流放大系数。

(5) h_{re}——共发射极接法的交流开路电压反馈系数。

(6) h_{ve}——共发射极接法的交流开路输出导纳。

(7) f_T——特征频率。

(8) n_f——噪声系数。

(9) K_p——功率增益。

(10) C_{ob}——共基极接法的输出电容。

(11) r_{bb}——基区扩散电阻(基区本征电阻)。

6.6.3 国产三极管的型号命名

国产三极管的型号命名由 5 部分组成,如图 6-16 所示,各部分的含义如表 6-11 所示。

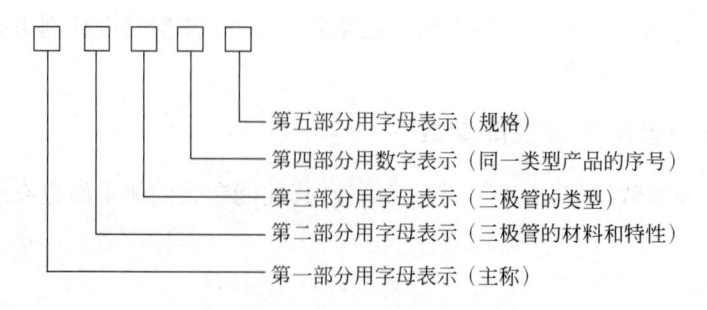

```
┌─┬─┬─┬─┬─┐
│ │ │ │ │ │──── 第五部分用字母表示(规格)
│ │ │ │ │────── 第四部分用数字表示(同一类型产品的序号)
│ │ │ │──────── 第三部分用字母表示(三极管的类型)
│ │ │────────── 第二部分用字母表示(三极管的材料和特性)
│ │──────────── 第一部分用字母表示(主称)
```

图 6-16 国产三极管的型号命名

表 6-11 国产三极管的型号各组成部分的含义

第一部分		第二部分		第三部分				第四部分	第五部分
主称		材料和特性		类型				序号	规格
符号	含义	符号	含义	符号	含义	符号	含义		
3	三极管	A	PNP锗	V	微波管	D	低频大功率晶体管	数字表示同一类型号产品的序号	用字母A、B、C、D等表示同一型号产品的档次等
		B	NPN锗	S	隧道管	A	高频大功率晶体管		
		C	PNP硅	K	开关管	Y	体效应管		
		D	NPN硅	X	低频小功率晶体管	CS	场效应晶体管		
		E	化合物或合金材料	G	高频小功率晶体管	BJ	特殊晶体管		
				B	雪崩管	FH	复合管		
				J	阶跃恢复管	PIN	PIN二极管		
				T	闸流管				

6.6.4 三极管的分类

三极管的分类方法有很多,按材料和极性分有硅管、锗管、砷化镓管和磷化镓管,按极性分有 NPN 型和 PNP 型管,按工作频率分有低频管、高频管和超高频管,按功率分有大功率、中功率和小功率管,按结构和工艺分有扩散管、合金管、平面管,按外形结构分有金属封装、玻璃壳封装、陶瓷封装和全塑封装等三极管,按用途分有开关三极管、复合管、光电三极管、低噪声放大管、中高频放大管等。在电子设备中,比较常用的是小功率的硅管和锗管。

1. 硅管和锗管

三极管按半导体材料不同分为硅三极管和锗三极管,简称硅管和锗管。锗管比硅管的起始工作电压低、饱和压降小。三极管导通时,对于发射极和集电极间的电压,锗管比硅管低。锗管的正向导通电压为 0.2~0.3V,硅管为 0.6~0.7V,因此,锗管在发射极和基极之间只要有 0.2~0.3V 的电压就可以开始工作。但锗管有些特性不如硅管,特别是其温度特性更差。硅管比锗管的反向漏电流小,输出特性平直,耐压比较高。

硅管与锗管有区别,也有相同之处,它们的工作原理基本相同,都有 PNP 型管和 NPN

型管,都有大功率管和小功率管,都有高频管和低频管。

2. 高频管和低频管

我国标准规定,三极管的特征频率 f_T 低于或等于 3MHz 的称为低频管,特征频率 f_T 高于 3MHz 的称为高频管。目前,多用硅材料制成三极管,特征频率 f_T 一般都高于 3MHz,因此,高频管和低频管的界线已不那么明显。

3. 高、低频小功率管

高频小功率管一般是指特征频率高于 3MHz(有的 $f_T \geqslant 100$MHz,有的 $f_T \geqslant 600$MHz)、功率小于 1W 的三极管。低频率小功率管一般是指功率小于 1W、特征频率低于 3MHz 的三极管。低频小功率管主要用于电子设备的功率放大电路、低频放大电路。

4. 高、低频大功率管

高频大功率管一般是指特征频率高于 3MHz、功率大于 1W 的三极管。例如,3DA152 型、3DA150 型、3DA87A 型高频大功率管,其工作频率为 10～100MHz,耗散功率为 1～3mW。高频大功率管适用于功率放大电路、开关电路、稳压电路,以及无线电通信、无线电广播、电视发送设备的放大电路、功率驱动电路等。

低频大功率管是指特征频率在 3MHz 以下、功率大于 1W 的三极管。低频大功率管的类型比较多,用途也较广泛。在录音机、电视机、CD 唱机、扩音机等音响设备的低频功率放大电路中,可选用低频大功率管作为功放管,以提供给扬声器足够的音频功率。在稳压电源电路、开关电路中,也可选用它作为调整管和低速大功率开关管。

5. 超高频低噪声管

超高频低噪声管一般用于超高频放大电路、高频放大电路、振荡和混频电路,具有正向自动增益的管子可用于电视机的前级中放,微波低噪声管可用于微波通信设备进行小信号放大。

6. 开关三极管

开关三极管在开关电路中用于控制电路的开启和关闭,由加在开关三极管基极上的脉冲信号来控制"断路"或"开通",它是一个无触点电子开关。它具有使用寿命长、安全可靠、没有机械磨损、开关速度快、体积小等特点。开关三极管可以用很小的电流控制大电流的通断,有较广泛的应用。小功率开关三极管可用于电源电路、驱动电路、开关电路等;大功率开关三极管可用于彩色电视机、通信设备的开关电源,也可用于低频功率放大电路、电源调整电路等;高反压大功率开关三极管可用作彩色电视机行输出管。

7. 光敏(光电)三极管

光敏三极管的结构与普通三极管的结构一样,它也具有两个 PN 结,采用硅(锗)半导体材料制成。为了更好地实现光电转换能力,光敏三极管的基区面积比普通三极管的基区面积大,而发射区面积较小。光敏三极管具有对光电信号的放大作用,当光信号从基极(大多光窗口即基极)输入时,激发了基区半导体,产生电子和空穴的运动,从而在发射区有空穴的积累,相当于在发射极施加了正向偏压,使光敏三极管具有放大作用。通过光敏三极管可得到随输入光的变化而放大的电信号。

光敏三极管适用于光探测、光电传感、自动控制、光耦合、编码、译码、激光接收等方面。

光敏三极管的外形和电路符号如图 6-17 所示。光敏三极管的引脚一般有两种形式,一种为 2 个引脚,另一种为 3 个引脚。在 2 个引脚的光敏三极管中,光窗口就是基极,2 个引脚分别为发射极 E 和集电极 C。只有 2 个引脚的光敏三极管可视为基极开路的三极管,并且发射极引脚比集电极引脚长一些。

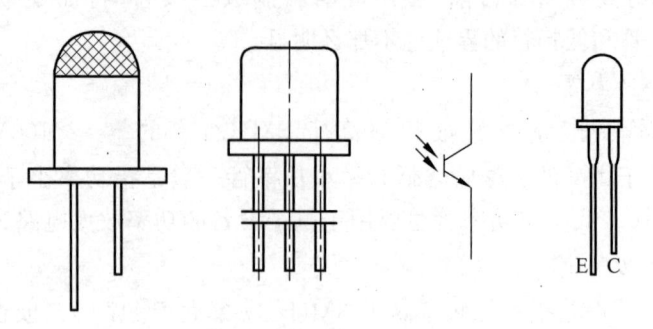

图 6-17 光敏三极管的外形和电路符号

6.6.5 三极管的 3 种工作状态

三极管具有 3 种工作状态,即放大、饱和和截止。在模拟电路中,一般应用放大状态;饱和和截止状态一般用在数字电路中。

三极管的 3 种基本放大电路如表 6-12 所示。

表 6-12 三极管的 3 种基本放大电路

	共发射极放大电路	共集电极放大电路	共基极放大电路
电路形式			
直流通道			

续表

	共发射极放大电路	共集电极放大电路	共基极放大电路
静态工作点	$I_B \doteq \dfrac{U_{CC}}{R_b}$ $I_C = \beta I_B$ $U_{CE} = U_{CC} - I_C R_c$	$I_B = \dfrac{U_{CC}}{R_b + (1+\beta)R_e}$ $I_C = \beta I_B$ $U_{CE} = U_{CC} - I_C R_e$	$U_B \doteq \dfrac{R_{b2}}{R_{b1}+R_{b2}} U_{CC}$ $I_C = I_E = \dfrac{U_B - 0.7}{R_e}$ $U_{CE} = U_{CC} - I_C(R_c + R_e)$
交流通道			
微变等效电路			
$\dot{A}_u$	$-\dfrac{\beta R'_L}{r_{be}}$	$\dfrac{(1+\beta)R'_L}{r_{be}+(1+\beta)R'_L}$	$\dfrac{\beta R'_L}{r_{be}}$
r_i	$R_b // r_{be}$	$R_b //[r_{be}+(1+\beta)R'_L]$	$R_e // \dfrac{r_{be}}{1+\beta}$
r_o	R_c	$R_e // \dfrac{r_{be}+R'_s}{1+\beta}, R'_s = R_b // R_s$	R_c
用途	多级放大电路的中间级	输入/输出级或缓冲级	高频电路或恒流源电路

6.6.6 三极管的特性

三极管具有放大功能(三极管是电流控制型元件,通过基极电流或发射极电流控制集电极电流;又由于其多数载流子和少数载流子都可导电,因此它又被称为双极型元件)。NPN型三极管的输入/输出特性曲线如图 6-18 所示。

三极管各区的工作条件如下。

(1) 放大区：发射结正偏,集电结反偏。

(2) 饱和区：发射结正偏,集电结正偏。

(3) 截止区：发射结反偏,集电结反偏。

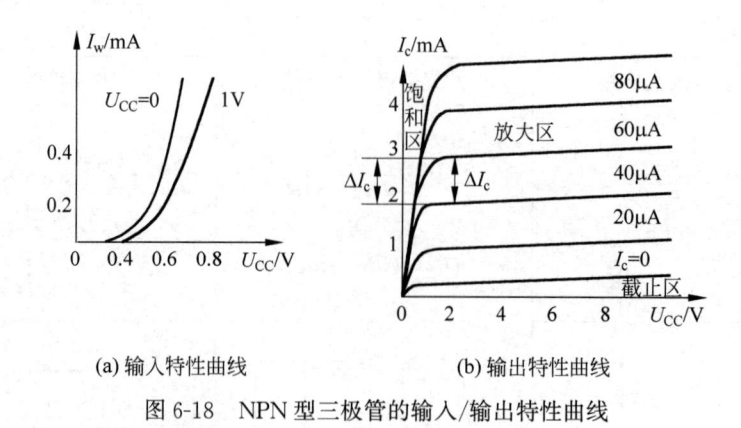

(a) 输入特性曲线 (b) 输出特性曲线

图 6-18 NPN 型三极管的输入/输出特性曲线

6.6.7 三极管的判别

无论是 PNP 型三极管还是 NPN 型三极管,都可看作由两只二极管反极性串联而成,如图 6-19 所示。

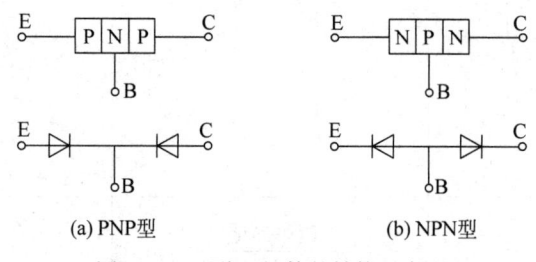

(a) PNP型 (b) NPN型

图 6-19 两种三极管的结构示意图

三极管的各种型号、规格、引脚极性和性能参数均可从产品说明书或有关汇编手册中查阅。如果需要判别引脚极性、初步判别管子的好坏,则可以用万用表欧姆挡进行检测。用万用表(指针式)进行检测的步骤:首先将万用表置于欧姆挡,选择合适的倍率,完成欧姆调零操作,即短接两表笔,调节欧姆调零旋钮,使指针指在零刻度线处,随即分开两表笔。

1. 判别三极管的基极

(1) 先选量程:$R \times 100$ 挡或 $R \times 1k$ 挡。

(2) 将万用表的黑表笔固定接三极管的某个电极,红表笔分别接三极管的另外两个电极,观察指针偏转情况。若两次测得的阻值都大或小,则黑表笔所接电极就是基极(两次阻值都小的为 NPN 型三极管,两次阻值都大的为 PNP 型三极管);若两次测得的阻值一大一小,则将黑表笔重新固定接三极管的某个电极,继续测量,直到找到基极,如图 6-20 所示。

2. 判别三极管的集电极和发射极

(1) 对于有 h_{FE} 测量插孔的万用表,先测出基极后,将三极管随意插到插孔中(当然,基极是可以插准确的),测量 h_{FE} 值;然后将管子倒过来测量一遍,测得 h_{FE} 值比较大的一次,各引脚插入的位置是正确的。

(2) 对于无 h_{FE} 测量插孔的万用表,或者管子太大而不方便插入插孔的,可以使用如下方法:对于 NPN 型三极管,先测出基极(三极管为 NPN 型还是 PNP 型及其基极都很容易测出),假定其余两个电极中的一个为集电极,将黑表笔接集电极,红表笔接发射极,用手握住两个电极(见图 6-21,注意两个电极不能相碰),记录测得的阻值;做相反的假设,记录测得的阻值,阻值小的一次假设成立,黑表笔所接为集电极。若需要判别 PNP 型三极管,则仍可使用上述方法,但必须把表笔极性对调一下。

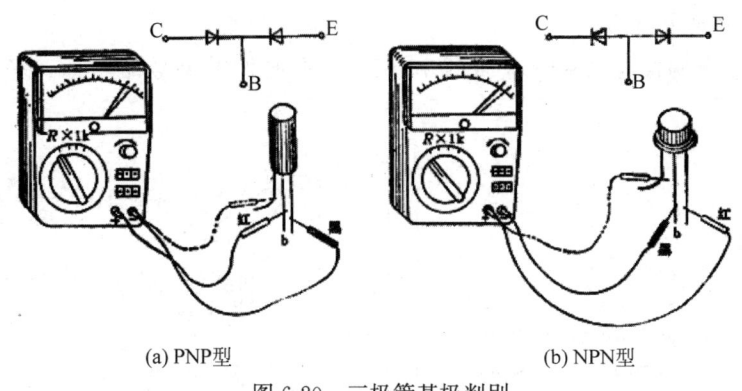

(a) PNP型　　(b) NPN型

图 6-20　三极管基极判别

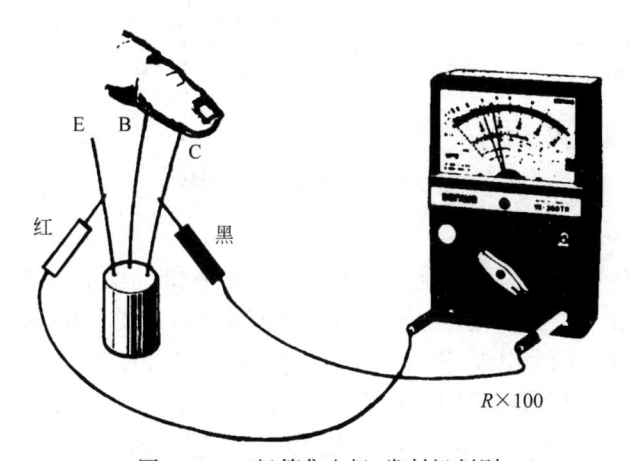

图 6-21　三极管集电极、发射极判别

3. 判别三极管的好坏

在判断出基极后,用合适的表笔固定好基极,当用另一个表笔碰测其余两个电极时,万用表上的读数都应是合适的小阻值。如果阻值很大,则说明极间开路;如果阻值很小,则说明极间短路。对于三极管的集电极和发射极之间的阻值,其中所测得的一次阻值应为无穷大;如果在两次测量中,万用表指针都有偏转,则说明三极管的集电极和发射极之间漏电严重,该三极管基本不能使用。

6.7　晶　闸　管

晶闸管又称可控硅,是一种大功率的半导体器件,具有体积小、质量轻、容量大、效率高、使用维护简单、控制灵敏等优点。同时,它的功率放大倍数很大,可以用小功率的信号对大功率的电源进行控制和变换。在脉冲数字电路中,晶闸管可作为功率开关使用。它的缺点是过载能力和抗干扰能力较差、控制电路比较复杂等。晶闸管的种类很多,可分为单向晶闸管、双向晶闸管、高频晶闸管、光控晶闸管、栅极可关断晶闸管(GTO)等。下面的表述在未加说明的情况下均指单向晶闸管。

6.7.1 晶闸管的型号命名与结构

1. 晶闸管的型号命名

我国目前生产的普通晶闸管有 3CT 和 KP 系列，它们的型号命名有一些差别，分别如图 6-22(a)、(b)所示。

(a) 3CT系列晶闸管的型号命名

- 3个电极
- N型硅材料
- 晶闸管通态
- 晶闸管额定通态平均电流(A)
- 晶闸管断态型重复峰值电压(V)

(b) KP系列晶闸管的型号命名

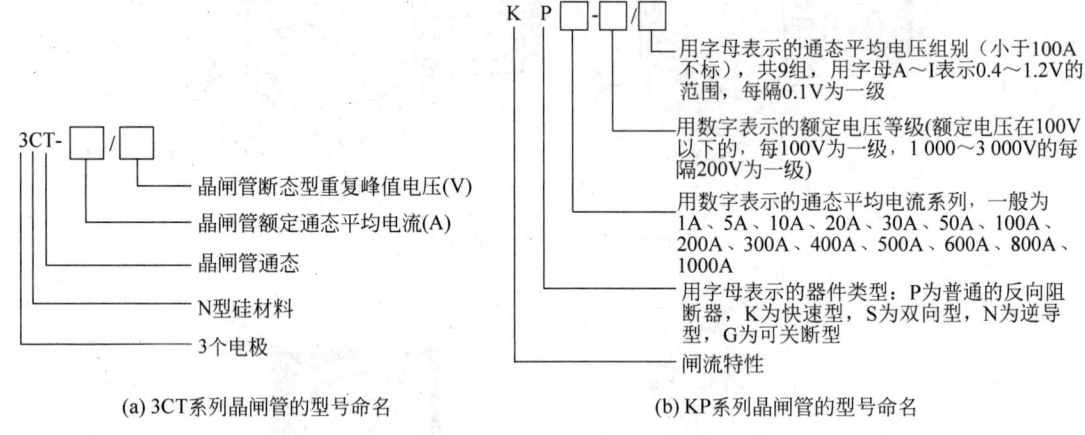

- 闸流特性
- 用字母表示的器件类型：P为普通的反向阻断器，K为快速型，S为双向型，N为逆导型，G为可关断型
- 用数字表示的通态平均电流系列，一般为1A、5A、10A、20A、30A、50A、100A、200A、300A、400A、500A、600A、800A、1000A
- 用数字表示的额定电压等级(额定电压在100V以下的，每100V为一级，1 000～3 000V的每隔200V为一级)
- 用字母表示的通态平均电压组别（小于100A不标），共9组，用字母A～I表示0.4～1.2V的范围，每隔0.1V为一级

图 6-22 晶闸管的型号命名

2. 晶闸管的结构

晶闸管的电路符号如图 6-23(a)所示。将 P 型半导体和 N 型半导体交替叠合成 4 层，形成 3 个 PN 结，并引出 3 个电极，这就是晶闸管的管心结构，如图 6-23(b)所示。其中，最外层的 P 区和 N 区分别引出两个电极，称为阳极 A 和阴极 K，中间的 P 区引出控制极（或称门极）。

普通晶闸管的外形有螺栓式和平板式两种，它们都有 3 个电极：阳极 A、阴极 K、控制极 G。螺栓式晶闸管有螺栓的一端是阳极，使用时可将螺栓固定在散热器上，另一端的粗引脚是阴极，细引脚是控制极，如图 6-24(a)所示。平板式晶闸管的中间金属环的引脚是控制极，离控制极较远的端面是阳极，离控制极较近的端面是阴极，如图 6-24(b)所示。使用时，可把晶闸管夹在两个散热器中间，这样做的散热效果好。

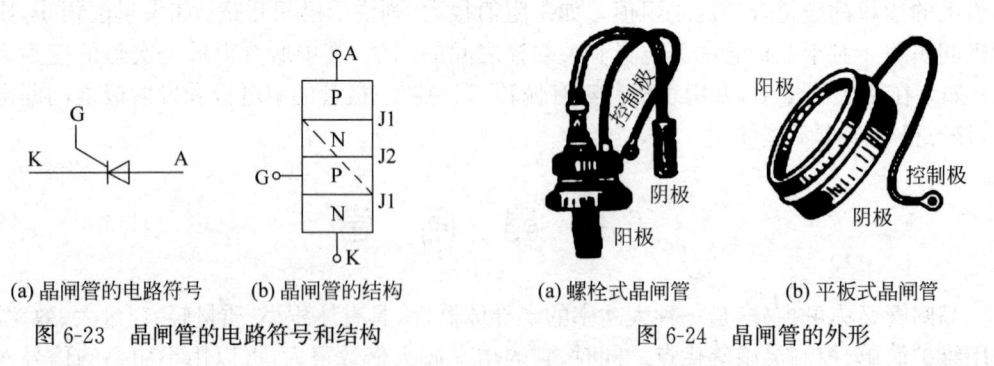

(a) 晶闸管的电路符号 (b) 晶闸管的结构

图 6-23 晶闸管的电路符号和结构

(a) 螺栓式晶闸管 (b) 平板式晶闸管

图 6-24 晶闸管的外形

6.7.2 晶闸管的工作状态

晶闸管的工作状态有3种：反向阻断、正向阻断和正向导通。这3种工作状态可以用下面的实验电路予以说明。

1. 反向阻断

将晶闸管的阴极接电源的正极，阳极接电源的负极，使晶闸管承受反向电压，如图 6-25(a)所示。这时，无论开关 S 闭合与否，灯泡都不会发光。这说明晶闸管加反向电压时不会导通，处于反向阻断状态，其原因是在反向电压作用下，晶闸管的 3 个 PN 结均处于反向偏置状态，故晶闸管不会导通。

2. 正向阻断

在晶闸管的阳极和阴极之间加正向电压，开关 S 不闭合，灯泡也不亮，晶闸管处于正向阻断状态，如图 6-25(b)所示。形成正向阻断的原因是，当晶闸管只加正向电压而控制极未加电压时，PN 结 J2 处于反向偏置状态，故晶闸管不会导通。

3. 正向导通

在晶闸管的阳极和阴极之间加正向电压的同时，将开关 S 闭合，使控制极也加正向电压，如图 6-25(c)所示。此时，灯泡发出亮光，说明晶闸管处于导通状态。可见，晶闸管的导通条件是在阳极与阴极之间加上正向电压，在控制极与阴极之间也加上正向电压。晶闸管导通后，如果把开关 S 断开，则灯泡仍然发光，即晶闸管仍然处于导通状态。这说明晶闸管一旦导通，控制极便失去了控制作用。因此，在实际应用过程中，只需在控制极上施加一定的正脉冲电压，便可触发晶闸管导通。

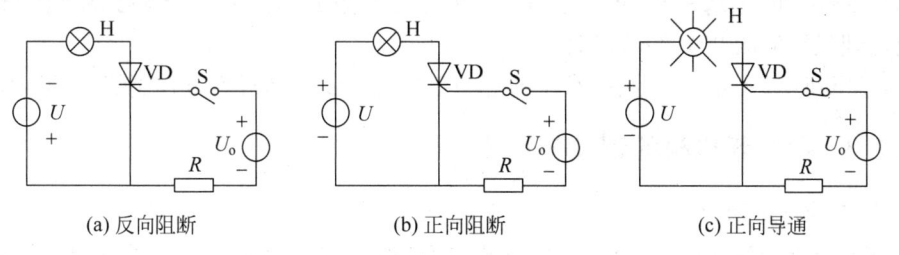

(a) 反向阻断　　　　　　(b) 正向阻断　　　　　　(c) 正向导通

图 6-25　晶闸管的工作状态

综上所述，可以总结出晶闸管工作状态转换的条件，如表 6-13 所示。上述实验表明，只有在同时具备正向阳极电压和正向控制极电压这两个条件时，晶闸管才能导通。一旦晶闸管导通，控制极就失去了控制作用；要使晶闸管阻断，必须把正向阳极电压或通态电流降低或减小到一定的值。

当然，将正向阳极电压断开或反向也能使晶闸管阻断。

表 6-13　晶闸管工作状态转换的条件

状态	条件	说明
从关断到导通	① 阳极电位高于阴极电位； ② 控制极有足够的正向电压和电流	两者缺一不可

续表

状态	条件	说明
维持导通	① 阳极电位高于阴极电位； ② 阳极电流大于维持电流	两者缺一不可
从导通到关断	① 阳极电位低于阴极电位； ② 阳极电流小于维持电流	满足任一条件即可

通常,晶闸管的控制极电压比较低、电流比较小,而对被控制的元器件可以施加高达几千伏的电压、通过上千安的电流。晶闸管具有控制特性好、效率高、耐压高、容量大、体积小、质量轻等特点。晶闸管相当于一个无触点单向可控导电开关,以弱电控制强电。利用晶闸管的这种特性,可以将它用于可控整流、交直流变换、调速、开关、调光等自动控制电路中。

6.7.3 晶闸管的主要性能参数

(1) 额定正向平均电流 I_T——在规定条件下,在阳极和阴极之间可以连续通过的 50Hz 正弦半波电流的平均值。

(2) 正向阻断峰值电压 U_{DRM}——正向转折电压减去 100V 后的电压。

(3) 反向阻断峰值电压 U_{RRM}——反向击穿电压减去 100V 后的电压。

(4) 维持电流 I_H——在规定条件下,维持晶闸管导通的最小正向电流。

(5) 栅极触发电压 U_{GT} 和触发电流 I_{GT}——在规定条件下,加在栅极上可以使晶闸管导通所必需的最低电压和最小电流。

(6) 导通时间 $t_{gT(ton)}$——从在晶闸管的栅极上加触发电压 U_{GT} 开始到晶闸管导通,且其电流达到最终值的 90% 的这段时间。

(7) 关断时间 $t_{q(toff)}$——从切断晶闸管的正向电流到控制极恢复控制能力的这段时间。

6.7.4 晶闸管电极的识别与检测

1. 晶闸管电极的识别

用万用表识别晶闸管的电极时,将万用表拨至 $R\times1k$ 挡,分别测量各引脚之间的正/反向电阻,如果测得某两个引脚之间的电阻较大[见图 6-26(a)],则将两个表笔对调,重新测量这两个引脚之间的电阻,如果阻值较小[见图 6-26(b)],则这时黑表笔所接为控制极(G),红表笔所接为阴极(K),剩余的引脚便是阳极(A)。在测量中,如果正/反向电阻都很大,则应该更换引脚重新测量,直到出现上述情况。

2. 极间阻值的测量

G 和 K 之间的正向阻值应为几千欧。若测量阻值很小,则说明 G 和 K 之间的 PN 结击穿;若测量阻值过大,则说明极间有断路现象。G 和 K 之间的反向电阻应为无穷大,当测量阻值很小或为零时,说明 PN 结有击穿。

A 和 G 之间反向电阻应为无穷大,若测量阻值较小,则说明内部有击穿或短路。

测量 A 和 K 之间的正/反向电阻都应为无穷大,否则说明内部有击穿或短路。

(a)　　　　　　　　　　(b)

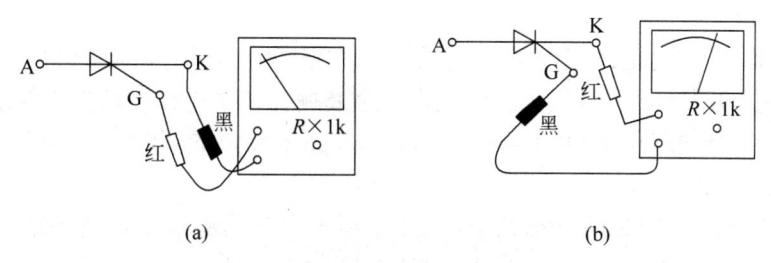

图 6-26　用万用表识别晶闸管的电极

6.8　场 效 应 管

场效应管也是用半导体材料制成的一种晶体管,由于它具有输入阻抗高、噪声小、热稳定性好、抗辐射能力强等特点而得到了广泛的应用。由于场效应管只依靠半导体中的多子(多数载流子)导电,因此称它为单极型晶体管。

场效应管的外形与双极型晶体管的外形一样,但工作原理不同。双极型晶体管是电流控制器件,通过控制基极电流来控制集电极或发射极电流;而场效应管则是电压控制器件,其输出电流取决于输入信号电压的高低。

6.8.1　场效应管的分类、特点与型号命名

1. 场效应管的分类

根据结构和原理的不同,场效应管分为结型场效应管(简称 JFET)和绝缘栅型场效应管(简称 IGFET)两种。

(1) JFET。

JFET 分为 N 沟道和 P 沟道两种。N 沟道 JFET 的结构示意图如图 6-27(a)所示。它在一块 N 型半导体两侧各制作一个 PN 结(图中的斜线部分);N 型半导体的两端各引出一个电极,分别叫作漏极(D)和源极(S);把两个 P 区连接在一起的电极叫作栅极(G);两个 PN 结中间的 N 型半导体区域称为导电沟道(电流通道)。两种 JFET 的电路符号分别如图 6-27(b)、(c)所示。

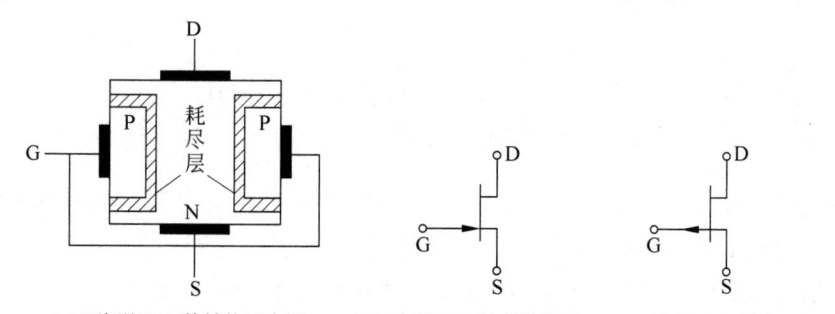

(a) N沟道JFET的结构示意图　(b) N沟道JFET的电路符号　(c) P沟道JFET的电路符号

图 6-27　JFET 的结构和电路符号

(2) IGFET。

IGFET 按其工作状态分为增强型和耗尽型两类,每类又有 N 沟道和 P 沟道之分。应用最为广泛的 IGFET 以二氧化硅(SiO$_2$)作为金属栅极和半导体之间的绝缘层,故它是由金属(Metal)、氧化物(Oxide)和半导体(Semiconductor)组成的,称为 MOSFET,简称 MOS 管,其输入电阻很大。

① 增强型 MOS 管(EMOS 管):图 6-28(a)所示为 N 沟道 EMOS 管的结构示意图。它在一块低掺杂的 P 型硅片上,通过扩散工艺形成两个相距很近的高掺杂的 N 区,分别作为源极(S)和漏极(D)。在两个 N 型半导体区域之间的硅表面上有一层很薄的 SiO$_2$ 绝缘层,将两个 N 区隔绝起来,在 SiO$_2$ 绝缘层上面覆盖一层金属电极就称为栅极(G)。N 沟道和 P 沟道 EMOS 管的电路符号分别如图 6-28(b)、(c)所示。

(a) N沟道EMOS管的结构示意图　　(b) N沟道EMOS管的电路符号　　(c) P沟道EMOS管的电路符号

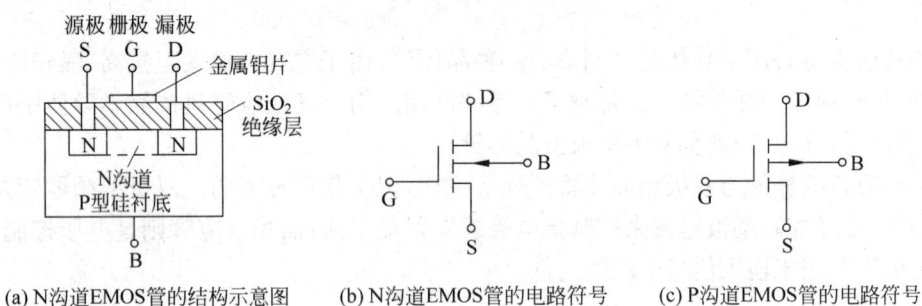

图 6-28　EMOS 管的结构和电路符号

② 耗尽型 MOS 管(DMOS 管):N 沟道 DMOS 管的结构示意图如图 6-29(a)所示。它与 N 沟道 EMOS 管的结构基本相同,不过,在制造时,在两个 N 型半导体区域之间的 P 型衬底表面注入少量 5 价元素,形成局部低掺杂的 N 型半导体区域。N 沟道和 P 沟道 DMOS 管的电路符号分别如图 6-29(b)、(c)所示。

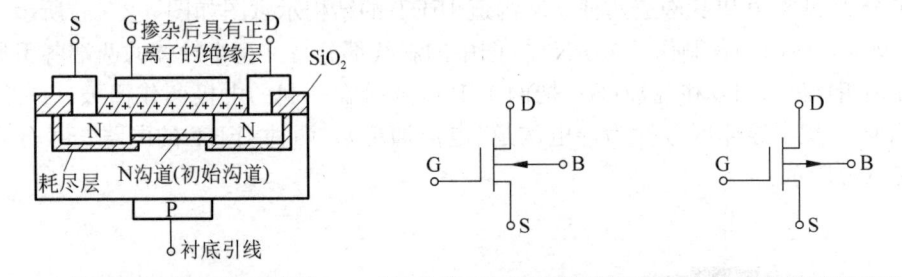

(a) N沟道DMOS管的结构示意图　　(b) N沟道DMOS管的电路符号　　(c) P沟道DMOS管的电路符号

图 6-29　DMOS 管的结构和电路符号

EMOS 管和 DMOS 管的区别:当 $U_{GS}=0$ 时,源极和漏极之间存在导电沟道的是 DMOS 管;必须使 $|U_{GS}|>0$ 才有导电沟道的是 EMOS 管。

所谓增强型,就是指当 $U_{GS}=0$ 时,场效应管呈截止状态,加上正确的 U_{GS} 后,多子被吸引到栅极,从而"增强"了该区域的载流子,形成导电沟道。

耗尽型是指当 $U_{GS}=0$ 时即形成导电沟道,加上正确的 U_{GS} 后,能使多子流出导电沟道,因而"耗尽"了载流子,使场效应管转向截止状态。常见的场效应管的外形如图 6-30 所示。

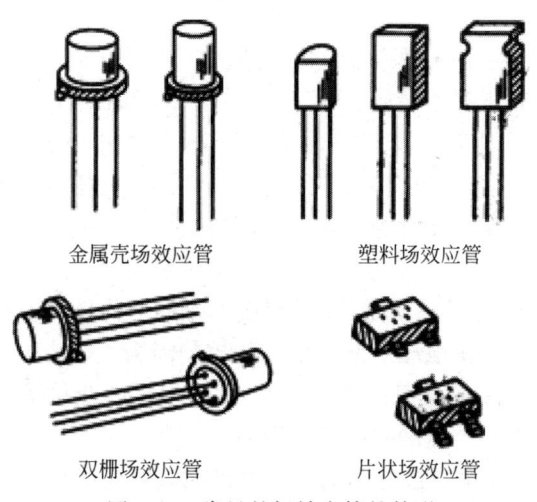

图 6-30　常见的场效应管的外形

2. 场效应管的特点

与双极型晶体管相比，场效应管具有如下特点。

(1) 场效应管是电压控制器件，它通过 U_{GS} 来控制 I_D。
(2) 场效应管的控制输入电流极小，因此它的输入电阻很大（$10^7 \sim 10^{12}\Omega$）。
(3) 场效应管是利用多子来导电的，因此它的温度稳定性较好。
(4) 场效应管组成的放大电路的电压放大系数小于三极管放大电路的电压放大系数。
(5) 场效应管的抗辐射能力强。
(6) 由于场效应管不存在由杂乱运动的电子扩散引起的散粒噪声，因此其噪声小。

3. 场效应管的型号命名

国产场效应管的型号命名方法有两种，第一种命名方法与普通三极管的命名方法类似，如图 6-31 所示。

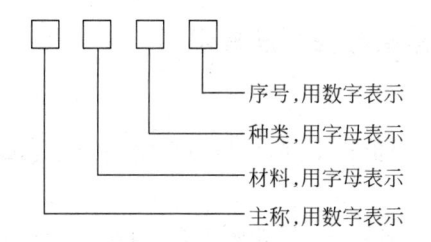

图 6-31　国产场效应管的第一种命名方法

第二种命名方法用"CS××♯"表示，其中，"CS"代表场效应管，"××"是以数字代表的不同型号的序号，"♯"是以字母代表的同一型号的不同规格，如 CS14A、CS45G 等。

6.8.2　场效应管的主要性能参数及特性

1. 场效应管的主要性能参数

场效应管的主要性能参数包括直流参数、交流参数和极限参数三大类。

(1) 直流参数。

饱和漏极电流 I_{DSS}：在栅极、源极之间的电压（栅源电压）$U_{GS}=0$ 的条件下，漏极、源极之间的电压（漏源电压）高于夹断电压（$|U_{DS}| \geq |U_P|$）时对应的漏极电流 i_D。

夹断电压 U_P：在 U_{DS} 为某一固定值时，使 i_D 等于一微小电流所需的 U_{GS}。

开启电压 U_T：在 U_{DS} 为某一固定值时，使 i_D 达到某一数值所需的 U_{GS}。

直流输入电阻 R_{GS}：$U_{DS}=0$ 时的 U_{GS} 与 I_G 的比值。

(2) 交流参数。

低频跨导 g_m：当 U_{DS} 为某一固定值时，漏极电流的变化量和引起这个变化量的栅源电压变化量之比。它反映了栅源电压对漏极电流的控制能力。

漏极输出电阻 r_{ds}：当 U_{GS} 为某一固定值时，漏源电压的变化量与相应的漏极电流的变化量之比。它反映了漏源电压对漏极电流的影响。

极间电容：场效应管 3 个电极之间的电容。极间电容会影响场效应管的高频性能。

(3) 极限参数。

漏源击穿电压 $U_{(BR)DS}$：漏极电流急剧增大而产生雪崩击穿时的 U_{DS}。

栅极击穿电压 $U_{(BR)GS}$：栅极与导电沟道间的 PN 结的反向击穿电压。

最大耗散功率 P_{DM}：与三极管的 P_{CM} 相同，是受场效应管的最高工作温度和散热条件限制的参数。

2. 场效应管的特性

场效应管的特性常用的有转移特性和输出特性两种。由于其输入电流几乎等于零，因此讨论场效应管的输入特性是没有意义的。

场效应管的转移特性表示当 U_{DS} 为某一定值时，i_D 与 u_{GS} 之间的关系：

$$i_D = f(u_{GS})\big|_{U_{DS}=常数}$$

场效应管的输出特性又称漏极特性，表示当 U_{GS} 为某一定值时，i_D 与 u_{DS} 之间的关系：

$$i_D = f(u_{DS})\big|_{U_{GS}=常数}$$

6.8.3 场效应管的检测与使用注意事项

1. JFET 的电极判断

根据 PN 结正、反向电阻阻值的不同，可以方便地用万用表欧姆挡判断出 JFET 的 3 个电极。

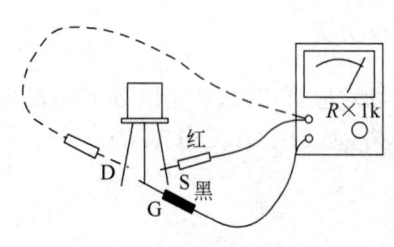

图 6-32 用万用表判断 JFET 的电极

如图 6-32 所示，选择万用表的 $R \times 1k$ 挡，将黑表笔接管子的一个电极，红表笔分别接另外两个电极，如果两次所测的阻值都很小，则被测场效应管为 N 沟道场效应管，黑表笔所接为栅极（G），另外两个电极分别为源极（S）和漏极（D）（对于 JFET，漏极、源极可以互换）。如果是 P 沟道场效应管，则应是红表笔接其中的一个电极，黑表笔分别接另外两个电极时所测的阻值都很小。

常见场效应管的电极排列如图 6-33 所示。

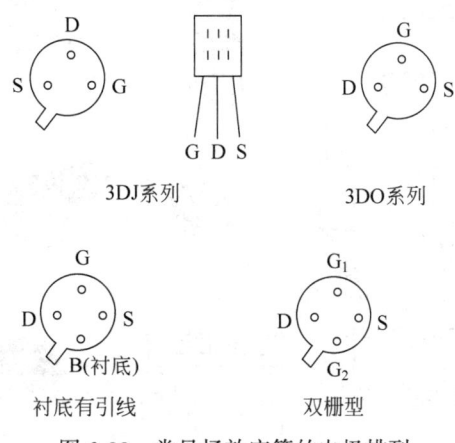

图 6-33　常见场效应管的电极排列

2. JFET 的性能测量

测量时，选择万用表的 $R\times 1\text{k}$ 或 $R\times 100$ 挡。在测量 P 沟道场效应管时，将红表笔接源极或漏极，黑表笔接栅极，如果测出的阻值很大，且交换表笔后测出的阻值很小，则说明管子是好的；如果测出的结果与上述情况不符，则说明管子不好。当栅极与源极之间、栅极与漏极之间均无反向电阻时，表明管子已经坏了。

3. 场效应管使用注意事项

JFET 和普通三极管的使用注意事项相近，但是栅极和源极电压不能接反，否则会烧坏管子。

对于 IGFET，其输入阻抗很高，为防止管子感应过压而击穿，保存时应将 3 个电极短路。特别应注意的是，不要使栅极悬空，即栅极和源极之间必须经常保持直流通路。焊接时也要保持 3 个电极的短路状态，并先焊接源极和漏极，再焊接栅极。焊接、测试的电烙铁和仪器都要有良好的接地线。不能用万用表测量 MOS 管的电极。场效应管的漏极和源极可以互换使用，但在衬底已经和源极接好线后，不能互换使用。

6.9　集 成 电 路

集成电路的英文为 Integrated Circuit，缩写为 IC。在一块极小的硅单晶片上，利用半导体工艺制作许多二极管、三极管、电阻器、电容器等，并连成能完成特定功能的电子电路（有的就具有单片整机功能），封装在一个便于安装的外壳中，便构成了集成电路。集成电路以体积小、耗电低、使用寿命长、可靠性高、功能全等特性而远优于晶体管等分立元件，在电子设备中得到了广泛应用。图 6-34 所示为部分集成电路的外形。

6.9.1　集成电路的型号命名

根据国家标准，我国半导体集成电路的型号由 5 部分组成，如图 6-35 所示，各部分的符号及含义如表 6-14 所示。

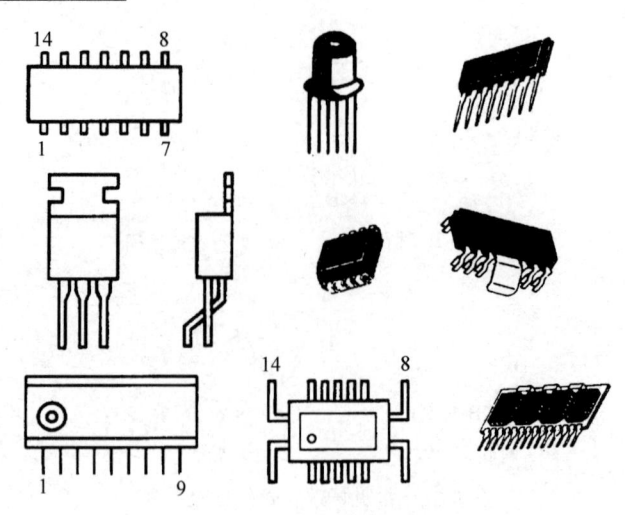

图 6-34 部分集成电路的外形

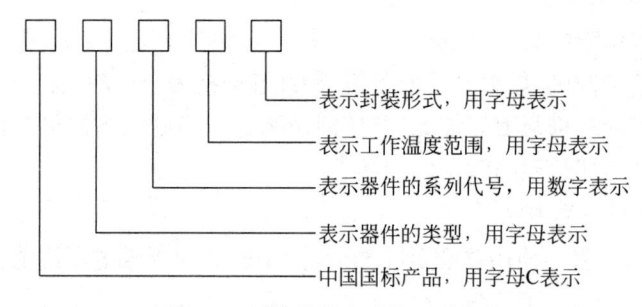

图 6-35 国产集成电路的型号命名

表示封装形式，用字母表示
表示工作温度范围，用字母表示
表示器件的系列代号，用数字表示
表示器件的类型，用字母表示
中国国标产品，用字母C表示

表 6-14 国产集成电路的型号各部分的符号及含义

第一部分		第二部分		第三部分	第四部分		第五部分	
符号	含义	符号	含义		符号	含义	符号	含义
C	表示中国制造	T	TTL 电路	用数字表示器件的系列代号	C	0～70℃	F	多层陶瓷扁平
		H	HTL 电路		G	−25～70℃	B	塑料扁平
		E	ECL 电路		L	−25～85℃	H	黑瓷扁平
		C	CMOS 电路		E	−40～85℃	D	多层陶瓷双列直插
		F	线性放大器		R	−55～85℃	J	黑瓷双列直插
		D	音响、电视电路		M	−55～125℃	P	塑料双列直插
		W	稳压器				S	塑料单列直插
		J	接口电路				K	金属菱形
		B	非线性元件				T	金属圆形
		AD	A/D 转换器				C	陶瓷芯片载体
		DA	D/A 转换器				E	塑料芯片载体
		M	存储器				G	网络阵列
		μ	微型机电路					
		SC	通信专用电路					
		SS	敏感电路					
		SW	钟表电路					

6.9.2 集成电路的种类

集成电路的种类很多,按其功能不同可分为模拟集成电路和数字集成电路两大类。前者用来产生、放大和处理各种模拟信号,后者用来产生、放大和处理各种数字信号。所谓模拟信号,就是指幅度、方向、相位随时间连续变化的信号。所谓数字信号,就是指在时间上和幅度上离散取值的信号。在电子技术中,通常又把模拟信号以外的非连续变化的信号统称为数字信号。

集成电路按其制作工艺不同可分为半导体集成电路、膜集成电路和混合集成电路3类。半导体集成电路是采用半导体工艺技术,在硅基片上制作包括电阻器、电容器、三极管、二极管等元器件并具有某种电路功能的集成电路;膜集成电路是指在玻璃或陶瓷片等绝缘物体上,以"膜"的形式制作电阻器、电容器等无源器件。无源器件的数值范围可以制作得很宽,精度可以制作得很高。但目前的技术水平尚无法用"膜"的形式制作二极管、三极管等有源器件,因而膜集成电路的应用范围受到很大限制。在实际应用中,多半是在无源膜集成电路上外加半导体集成电路或分立元件的二极管、三极管等有源器件,构成一个整体,这便是混合集成电路。根据膜的厚度(膜厚)不同,膜集成电路又分为厚膜集成电路(膜厚为 $1\sim 10\mu m$)和薄膜集成电路(膜厚在 $1\mu m$ 以下)两种。在家电维修和一般性电子制作过程中遇到的主要是半导体集成电路、厚膜集成电路及少量的混合集成电路。

按集成度高低不同,集成电路可分为小规模、中规模、大规模及超大规模集成电路4类。对于模拟集成电路,由于其对工艺要求较高、电路又较复杂,因此一般认为集成 50 个以下元器件为小规模集成电路,集成 50~100 个元器件为中规模集成电路,集成 100 个以上元器件为大规模集成电路;对于数字集成电路,一般认为集成 1~10 个等效门/片或 10~100 个元器件/片为小规模集成电路,集成 100~1 000 个元器件/片为中规模集成电路,集成 $10^2\sim 10^4$ 个等效门/片或 $10^3\sim 10^5$ 个元器件/片为大规模集成电路,集成 10^4 以上个等效门/片或 10^5 以上个元器件/片为超大规模集成电路。

按导电类型不同,集成电路分为双极型集成电路和单极型集成电路两类。前者频率特性好,但功耗较高,而且制作工艺复杂,绝大多数模拟集成电路及数字集成电路中的 TTL、ECL、LSTTL、STTL 都属于这一类。后者工作速度低,但输入阻抗高、功耗低、制作工艺简单、易于大规模集成,其主要产品为 MOS 型集成电路。

除上面介绍的各类集成电路之外,现在又有许多具有专门用途的集成电路,称为专用集成电路。

6.9.3 集成电路的封装及引脚识别

集成电路的封装材料及形式有多种,最常用的封装材料有塑料、陶瓷及金属3种。封装形式最多的是圆顶式、扁平式及双列直插式。圆顶式金属壳封装多为8脚、10脚及12脚,菱形金属壳封装多为3脚及4脚,扁平式陶瓷封装多为14脚及16脚,单列直插式塑料封装多为9脚、10脚、12脚、14脚及16脚,双列直插式陶瓷封装多为8脚、12脚、14脚、16脚及24脚,双列直插式塑料封装多为8脚、12脚、14脚、16脚、24脚、42脚及48脚。目前,在家用电器和其他电子设备中,使用的集成电路的种类、型号越来越多,集成电路引脚的外形排列也有多种。

集成电路的引脚数量虽然很多,但其引脚排列还是有一定的规律的。在选用集成电路时,可按这些规律正确识别集成电路的引脚。

(1) 圆顶式封装集成电路。

对于圆顶式封装集成电路(一般为圆形和菱形金属外壳封装),在识别引脚时,应先将集成电路引脚朝上,再找出其标记。常见的定位标记有锁口突耳、定位孔及引脚不均匀排列等。引脚的顺序由定位标记对应的引脚开始,按顺时针方向依次记为引脚1、2、3、4等,如图6-36(a)所示。

(2) 单列直插式集成电路。

对于单列直插式集成电路,在识别其引脚时,应使其引脚向下,面对型号或定位标记,自定位标记对应一侧的第一个引脚数起,依次为引脚1、2、3、4等。这一类集成电路上常用的定位标记为色点、弧形凹口、色带、缺角等,如图6-36(b)所示。有些厂家生产的集成电路本是同一种芯片,但为了便于在印制电路板上灵活安装,其封装外形有多种。例如,为适合双声道立体声音频功率放大电路对称性安装的需要,其引脚排列顺序应对称相反:一种按常规排列,即自左向右排列;另一种自右向左排列。对于这类集成电路,若封装上有识别标记,则按上述规律不难分清其引脚顺序。但有少数没有引脚识别标记,这时应从其型号上加以区别。若其型号后缀中有一字母R,则表明其引脚顺序为自右向左反向排列。例如,M511P与M5115PR、HA1339A与HA1339R、HA1366W与HA1366WR等,前者的引脚顺序为自左向右,为正向排列;后者的引脚顺序为自右向左,为反向排列。

还有一些集成电路,设计时尾部引脚特别分开一些,作为标记,我们可按此特点来识别其引脚顺序。

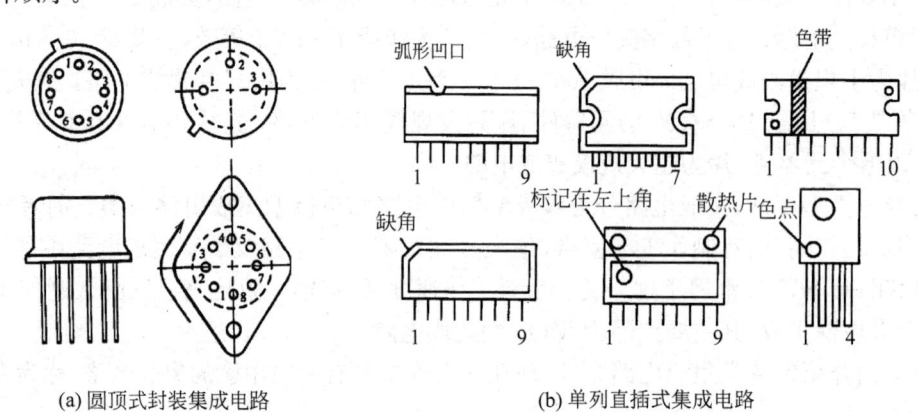

图6-36 圆顶式封装与单列直插式集成电路的引脚

(3) 双列直插式集成电路。

对于双列直插式集成电路,在识别其引脚时,若引脚向下,即其型号、商标向上,定位标记在左边,则从左下角第一个引脚开始,按逆时针方向,依次为引脚1、2、3、4等,如图6-37所示。若引脚向上,即其型号、商标向下,定位标记在左边,则应从左上角第一个引脚开始,按顺时针方向,依次为引脚1、2、3、4等。顺便指出,有个别型号集成电路的引脚在其对应位置上有缺脚(无此输出引脚),其引脚编号顺序不受影响。

对于某些软封装类集成电路,其引脚直接与印制电路板相结合。对于四列扁平式封装的微处理器集成电路,其引脚排列如图6-38所示。

图 6-37 双列直插式集成电路的引脚排列

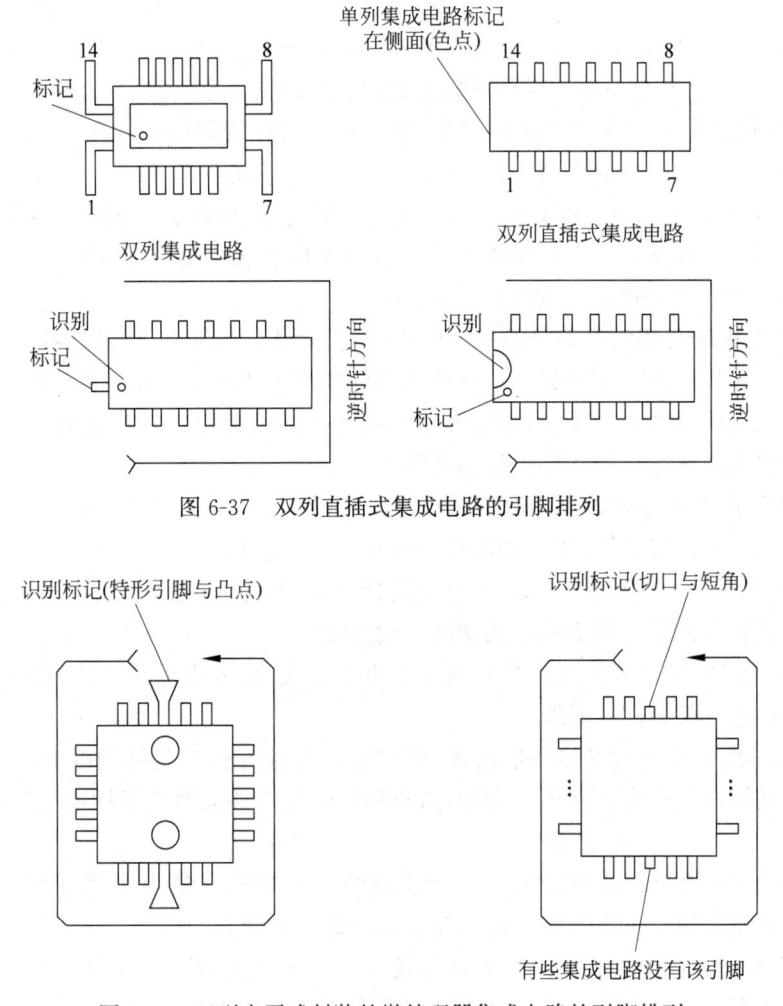

图 6-38 四列扁平式封装的微处理器集成电路的引脚排列

6.9.4 模拟集成电路

模拟集成电路是 20 世纪 60 年代初期发展起来的集成电子器件,近年来,它在扩大品种和提高性能方面取得了明显的进步,除以运算放大器为代表的模拟集成电路外,各种集成稳压器、功率放大器、模拟乘法器、特种放大器,以及种类繁多的模拟数字混合集成电路和专用集成电路都有大量产品问世。就运算放大器本身而言,就出现了许多新品种,如大功率运算放大器、电流型集成运算放大器、程控运算放大器、休眠运算放大器等,常规运算放大器的技术指标也有了一定的提高。

下面以运算放大器和集成稳压器为例,介绍模拟集成电路的型号、参数、引脚排列和一些典型应用。

1. 集成运算放大器

(1) 集成运算放大器简介。

集成运算放大器简称集成运放,是一种高增益的直流放大器,它一般采用双端输入、单端输出的结构形式。双端输入中的同相输入端用"＋"或"IN＋"表示，反相输入端用"－"或"IN－"表示，OUT 为输出端，V＋为正电源输入端，V－为负电源输入端。集成运算放大器的种类很多，主要分为通用型集成运算放大器、高精度集成运算放大器、低功耗集成运算放大器、高速集成运算放大器、高输入阻抗集成运算放大器、宽带集成运算放大器、高压集成运算放大器和功率集成运算放大器 8 种，下面分别介绍它们的特点。

① 通用型集成运算放大器是指其技术指标比较适中，可以满足多数情况下中等技术指标要求。通用型集成运算放大器基本上属于第一代和第二代集成运算放大器，其输入失调电压在 2mV 左右，开环增益一般不低于 80dB。

② 高精度集成运算放大器是指失调电压低、温度漂移非常小，以及增益、共模抑制比非常高的集成运算放大器。这类集成运算放大器的噪声也比较小。其中单片高精度集成运算放大器的失调电压可低到几微伏，温度漂移小到几十纳伏每摄氏度。斩波自稳零式集成运算放大器的温度漂移可小到几纳伏每摄氏度。

③ 低功耗集成运算放大器的电源工作电流十分小，工作电压也很低，往往用于便携式电子设备中；整个集成运算放大器的功耗可低至 $10\mu W$ 量级。

④ 高速集成运算放大器的输出电压的转换速率（压摆率）很高，有的可达 $3\,000V/\mu s$。这样的集成运算放大器可用于高速大摆幅的输出级。

⑤ 高输入阻抗集成运算放大器的输入电阻十分大，输入电流十分小；输入级往往采用 MOS 管，偏置电流仅为皮安量级。

⑥ 宽带集成运算放大器的频带很宽，单位增益带宽可达千兆赫兹以上，往往用于宽带放大器中。宽带和压摆率高并不一定共存，有的宽带运算放大器的压摆率比较高，但有的并不一定高。

⑦ 高压集成运算放大器的供电电压比常规的 15V 要高许多，可达数十伏。这样的集成运算放大器可免去使用时自己增加高压互补输出级的不便。

⑧ 功率集成运算放大器的输出级具有较大的输出电流，输出电阻小，可向负载提供比较大的输出功率和输出电流。功率集成运算放大器的失调电压、增益等指标一般也高于集成功率放大器。

(2) 集成运算放大器的参数。

集成运算放大器的参数主要有静态参数和动态参数两大类，也分别称为直流参数和交流参数。

① 集成运算放大器的直流参数。

输入失调电压 U_{IO}——将集成运算放大器的直流输出调为零时的两输入端之间所加的补偿电压。通用型集成运算放大器的 U_{IO} 为 $\pm(1\sim10)mV$；高精度集成运算放大器的 U_{IO} 一般低于 $\pm0.5mV$，最低的不到 $1\mu V$。

输入失调电压温度系数 $\alpha_{U_{IO}}$——在一定的温度范围内，输入失调电压的变化量与温度变化量的比值，一般表示为

$$\alpha_{U_{IO}} = \frac{\Delta U_{IO}}{\Delta T} = \frac{U_{IO}(T_2) - U_{IO}(T_1)}{T_2 - T_1}$$

式中，$U_{IO}(T_1)$ 表示对应温度为 T_1 时的输入失调电压；$U_{IO}(T_2)$ 表示对应温度为 T_2 时的输入失调电压。

通用型集成运算放大器的输入失调电压温度系数为 $\pm(10\sim20)\mu V/℃$，高精度集成运算放大器的输入失调电压温度系数约为 $\pm 1\mu V/℃$。

输入偏置电流 I_{IB}——当集成运算放大器的直流输出为零时，其两输入端偏置电流的平均值。两输入端的偏置电流分别记为 I_{IB1} 和 I_{IB2}。I_{IB} 的表达式为

$$I_{IB} = \frac{(I_{IB1} + I_{IB2})}{2}$$

双极型晶体管作为输入级的集成运算放大器的 I_{IB} 为 $10nA\sim10\mu A$；场效应管作为输入级的集成运算放大器的 I_{IB} 一般小于 $1nA$。

输入失调电流 I_{IO}——当输入运算放大器的直流输出为零时，两输入端偏置电流的差，即

$$I_{IO} = I_{IO1} - I_{IO2}$$

一般来说，集成运算放大器的输入偏置电流越大，其输入失调电流也越大。

开环差模直流电压增益 A_{UD}——简称开环增益，是集成运算放大器工作于线性区时，给两输入端加差模电压，输出电压的变化量与输入电压的变化量之比，即

$$A_{UD} = \frac{\Delta U_O}{\Delta U_I}$$

开环增益若以分贝为单位，则可表示为

$$A_{UD} = 20\lg\frac{\Delta U_O}{\Delta U_I} \text{ (dB)}$$

大多数集成运算放大器的开环增益均高于 10^4，即在 80dB 以上。

共模抑制比 K_{CWR}——集成运算放大器工作于线性区时，其差模电压增益与共模电压增益之比，即

$$K_{CWR} = 20\lg\frac{A_{DD}}{A_{DC}} \text{ (dB)}$$

大多数集成运算放大器的 K_{CWR} 都在 80dB 以上。

输出峰-峰值电压 U_{OPP}——在一定的负载和非线性条件下，集成运算放大器输出的最大电压幅度。目前，大多数集成运算放大器的 U_{OPP} 都不低于 $\pm 10V$（$\pm 15V$ 供电）。

最高共模输入电压 U_{ICM}——不断升高集成运算放大器输入端的共模电压，直到集成运算放大器的共模抑制比显著变坏，这个输入的共模电压即最高共模输入电压。现在比较好的运算放大器的 U_{ICM} 在正负两个方向相同，数值接近或等于电源电压的数值。

最高差模输入电压 U_{IDM}——不断升高集成运算放大器输入端的差模电压，直到集成运算放大器中有三极管退出线性区，这个输入的差模电压即最高差模输入电压。

② 集成运算放大器的交流参数。

开环带宽 BW——当工作频率升高时，集成运算放大器的开环电压增益从直流增益下降 3dB 所对应的信号频率。由于开环带宽的测量比较困难，因此往往采用单位增益带宽。开环带宽的数值一般都较小，但加入反馈后，可根据单位增益带宽积的关系确定上限频率。

单位增益带宽 BW_c——在集成运算放大器闭环增益为 1 倍的条件下，用正弦小信号来驱动，其闭环增益变为 0.707 倍时的频率。

电压转换速率 S_R——在额定负载条件下，当输入阶跃大信号时，集成运算放大器输出

电压的最高变换速率,也称压摆率。

等效输入噪声 U_N——当集成运算放大器的输入短路时,将产生于输出端的噪声折算为输入端的等效电压值。

(3) 集成电压比较器。

集成电压比较器是一种专用的集成运算放大器,用于模拟信号的比较。此时,集成运算放大器在开环状态下工作,由于开环放大倍数很大,因此,比较器的输出往往不是高电平就是低电平。常用的集成电压比较器如图 6-39 所示。常用的集成电压比较器都是开路输出,故要在输出端和电源之间接一个 $10\mathrm{k}\Omega$ 左右的电阻器。调零时可在两 OA 端接一个几千欧的电位器,电位器中心抽头经一个几千欧的电阻器接正电源。

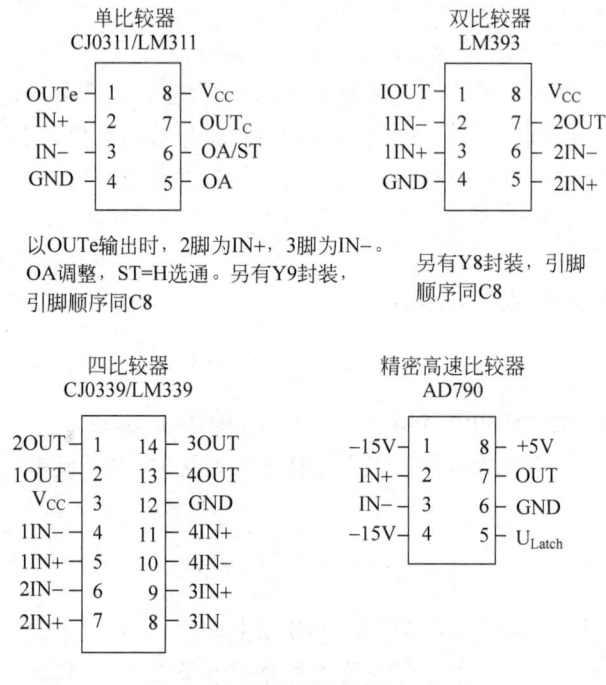

图 6-39 常用的集成电压比较器

2. 集成稳压器

集成稳压器具有精度高、体积小、使用方便、输出电压固定或可调、输出电流规格多、有多种保护功能等特点。它可作为稳压电源广泛用于仪器仪表和电子线路中。集成稳压器的国家标准型号命名是 CW××,C 是 CHINA 的词头,W 是稳压拼音的第一个字母。集成稳压器的种类很多,可分为多端可调输出集成稳压器、三端可调输出集成稳压器、三端固定输出集成稳压器及开关集成稳压器等,目前使用最多的是三端集成稳压器。它有输入、输出和公共端 3 个端头,在三端可调输出集成稳压器中,公共端称为调整端。

(1) 三端固定输出集成稳压器。

① CW78 系列三端固定正压输出集成稳压器。

CW78 系列三端固定正压输出集成稳压器性能优越,外围附加元件少,使用方便,内部有过流、过热和调整管安全工作区保护装置,能有效防止集成稳压器因过载而损坏。根据输出电流的大小,CW78 系列三端固定正压输出集成稳压器分为 3 个子系列,每个子系列一般有7个电压等级,即5V、6V、9V、12V、15V、18V和24V;电流等级一般有3个,即0.1A、0.5A和1.5A。

0.1A:型号为CW78L05、CW78L06、CW78L09、CW78L12～CW78L24。

0.5A:型号为CW78M05、CW78M06、CW78M09、CW78M12～CW78M24。

1.5A:型号为CW7805、CW7806、CW7809、CW7812、CW7815、CW7818、CW7824。

CW78系列三端固定正压输出集成稳压器的封装有金属菱形F-2(TO-3)、F-1,金属圆壳B-3D(TO-39),塑料封装S-7(TO-220)和S-1(TO-92),共5种,括号中的封装型号是相应的国外型号。金属菱形封装比塑料封装可允许较高的功率损耗,因为其散热条件较好,热阻较小。在使用集成稳压器时,应根据使用条件为其配以足够大的散热器,保证集成稳压器的温升不超过热保护的温度,否则它将不能正常工作。

集成稳压器根据工作结温允许范围分为3类:Ⅰ类,−55～+150℃;Ⅱ类,−25～+150℃;Ⅲ类:0～+125℃。一般来说,Ⅲ类为塑料封装,Ⅰ类和Ⅱ类为金属封装。但国外产品78和79两个系列只有Ⅰ类与Ⅲ类。

② CW79系列三端固定负压输出集成稳压器。

三端固定负压输出集成稳压器的型号是CW79,与CW78相比,其只是输出电压极性不同,其他(如电压、电流等级和封装形式)完全一样,在电气指标上也基本相同。必须指出的是,不同子系列的正压输出/负压输出、不同封装的集成稳压器的引脚排列位置是不同的,使用时必须小心核对。

CW78和CW79系列集成稳压器的典型应用电路如图6-40所示。CW78系列集成稳压器输入和输出之间的压差不得低于2V,一般在5V左右为宜,这样,集成稳压器的功耗不太高,又可使调整管处于放大区工作,保证较好的电气技术指标。目前有一种低压差集成稳压器,输入和输出之间只要有0.5V的压差就可正常工作,这种低压差集成稳压器的功耗可下降很多。还有一种跟踪式集成稳压器,它可输出正、负两路绝对值相等的电压。CW系列集成稳压器的封装外形如图6-41所示。

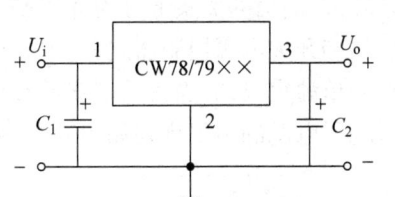

图6-40 CW78和CW79系列集成稳压器的典型应用电路

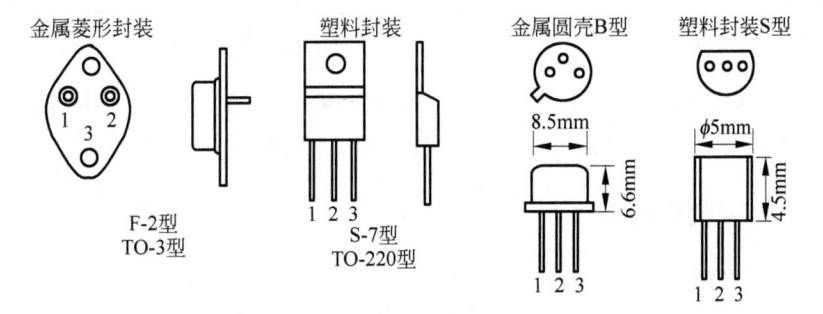

图6-41 CW系列集成稳压器的封装外形

(2) 三端可调输出集成稳压器。

CW117/217/317/M/L系列是三端可调正压输出集成稳压器,CW137/237/337/M/L系列是三端可调负压输出集成稳压器。它们的输出电压可分别在1.2～37V和−37～

—1.2V 的范围内调节,其他电气技术指标、封装形式与三端固定输出集成稳压器基本相同。它们也有 1.5A、0.5A、0.1A 三个电流等级,与集成运算放大器一样,型号的数字 1 字头为Ⅰ类产品,2 字头为Ⅱ类产品,3 字头为Ⅲ类产品。

三端可调输出集成稳压器的应用电路如图 6-42 所示,输出电压可通过调节电位器 R_p 来实现,计算式如下:

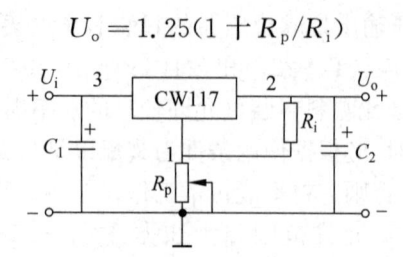

$$U_o = 1.25(1 + R_p/R_i)$$

图 6-42 三端可调输出集成稳压器的应用电路

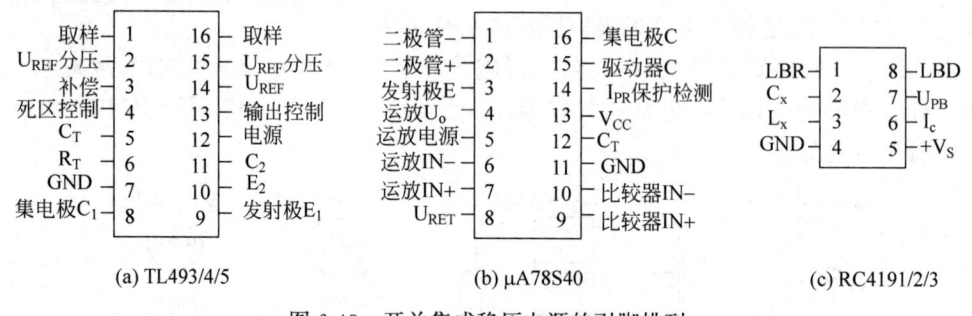

(3) 开关集成稳压电源。

开关集成稳压电源的功率器件工作在开关状态,从而使效率大大提高,一般可达 70%~90%,而线性稳压电源的效率为 30%~60%。开关集成稳压电源还具有体积小、质量轻、允许输入电压变化范围大和发热量小等优点。开关集成稳压电源的纹波一般较线性稳压电源的纹波大一些,不宜用于微弱信号的放大。

开关集成稳压电源一般采用脉宽调制方式工作,从控制上分为电压型和电流型两大类;从输入、输出的关系上分为降压型、升压型和极性反转型三大类;从结构上看有开关集成稳压器和开关电源控制器之分。为了避免大功率集成的困难,开关集成稳压电源的控制部分往往单独集成,另加大功率器件和少数外围元件,即可构成一个开关集成稳压电源。开关集成稳压电源的引脚排列如图 6-43 所示。

图 6-43 开关集成稳压电源的引脚排列

6.9.5 数字集成电路

1. 数字集成电路简介

目前,世界上的数字集成电路(DIC,Digitals Integrated Circuit)有双极型和场效应两大系列,这两大系列主要由 TTL 和 CMOS 为代表,其分类及主要特点如表 6-15 所示。高阈值晶体管逻辑电路(HTL)、发射极耦合逻辑电路(ECL)、集成注入逻辑电路(IIL)、N 沟道场效应管逻辑电路(NMOS)和 P 沟道场效应管逻辑电路(PMOS)等系列因使用较少,在这里不做介绍。

表 6-15　数字集成电路各系列的分类及主要特点

系列	子系列	名称	国际型号	速度-功耗
TTL 系列	TTL	标准 TTL 系列	CT54/74---	10ns-10mW
	HTTL	高速 TTL 系列	CT54H/74H---	6ns-22mW
	LTTL	低功耗 TTL 系列	CT54L/74L---	33ns-1mW
	STTL	肖特基 TTL 系列	CT54S/74S---	3ns-19mW
	LSTTL	低功耗肖特基 TTL 系列	CT54LS/74LS---	9.5ns-2mW
	ALSTTL	先进低功耗肖特基 TTL 系列	CT5ALS/74ALS---	3.5ns-1mW
	ASTTL	先进肖特基 TTL 系列	CT5AS/74AS---	3ns-8mW
	FTTL	快速 TTL 系列	CT54F/74F	3.4ns-4mW
MOS 系列	PMOS	P 沟道场效应管系列		
	NMOS	N 沟道场效应管系列		
	CMOS	互补场效应管系列	CC4---(CC14---)	12.5ns-1.25μW
	HCMOS	高速 CMOS 系列	CC54HC/74HC---	8ns-2.5μW
	HCT	与 TTL 电平兼容的 HCMOS 系列	CC54HCT/74HCT	8ns-2.5μW
	AC	先进的 CMOS 系列		5.5ns
	ACT	与 TTL 电平兼容的 AC 系列		4.75ns

在表 6-15 中，HTTL 和 LTTL 已用得很少，目前最常用、最流行的是 LSTTL 和 CMOS 两个子系列，它们的产品种类和产量远远超过其他子系列。ALSTTL、ASTTL、FTTL 的性能更好一些，目前还处于发展和完善阶段。现行国家标准对集成电路型号的规定完全参照世界上通行的型号制定。国家标准中的第一位 C 代表中国；第二位的 T 代表 TTL，C 代表 CMOS，CT 就是中国 TTL 集成电路；其后的部分，国家标准型号与国际通行的型号完全一致。CC 就是中国 CMOS 集成电路，主要与国外的 CD4 和 MC14 系列对应。

2. 数字集成电路的参数

(1) 电流参数。

对于 TTL 数字集成电路，各端头的电流有时是向外流的，符号定为负；有时是向里流的，符号定为正。这些电流分别与高电平和低电平两种情况对应。

I_{iL}——低电平输入电流，当集成电路输入端接低电平时，从该输入端流出的电流，数值约为 1mA。

I_{iH}——高电平输入电流，当集成电路输入端接高电平时，从该输入端流入的电流，数值为 1～20μA。

I_{oL}——低电平输出电流，当集成电路输出低电平时，从该输出端流入的电流。随系列、品种不同，I_{oL} 有较大的差别，从 10mA 左右到近 100mA。

I_{oH}——高电平输出电流，当集成电路输出高电平时，从该输出端流出的电流。集成电路实际上可提供的 I_{oH} 与 I_{oL} 差不多，但规范给定的 I_{oH} 只有几百微安。

(2) 电压参数。

对于整个 TTL 数字集成电路，其电压参数基本相同，只是在有的子系列间稍微有些差别，具体数值也请参阅相关资料。

U_{iH}——高电平输入电压，对双值逻辑系统来说，该电压允许在一定的范围内变化，规范中是以其最小值的形式给出的,即 $U_{iHmin} = 2V$。

U_{oH}——高电平输出电压。规范规定 $U_{oHmin} = 2.4V$,它必须高于 U_{iHmin},它们的差即高电平噪声容限 $U_{nH} = \Delta"1" = U_{oHmin} - U_{iHmin}$。

U_{iL}——低电平输入电压。$U_{iLmax} = 0.8V$。

U_{oL}——低电平输出电压。规范规定 $U_{oLmax} = 0.4V$,它必须低于 U_{iLmax},它们的差即低电平噪声容限 $U_{nL} = \Delta"0" = U_{iLmax} - U_{oLmax}$。

U_{iH}、U_{iL}、U_{oH}、U_{oL} 之所以不同,完全是因为实际工作的需要。数字集成电路组成一个电路,甚至一个系统,不可避免地会有干扰。一个数字集成电路的输出端要接另外一些数字集成电路的输入端,因此,$U_{oH} > U_{iH}$,$U_{oL} < U_{iL}$,以便为干扰留有一定的余地,这对保证双值逻辑系统的正常工作是十分必要的。

(3) 电源工作电流和功耗。

电路的复杂程度不同,工艺不同,各个 TTL 数字集成电路的耗电量就不同。当然,环境温度升高,耗电量也增加。TTL 数字集成电路的电源电流在输出低电平和高电平时是不同的,但差别不大。这两个电流分别用 I_{CCL} 和 I_{CCH} 表示,有

$$P_d = 0.5 \times (I_{CCL} + I_{CCH}) V_{CC}$$

式中,P_d 是平均功耗。

集成电路的耗电量与每个门电路的耗电量不是始终一致的,当集成电路的一个封装片内有几个门电路时,测得的耗电量就是每个门电路耗电量的几倍。

(4) 平均传输延迟时间。

从数字集成电路的输入端的信号发生变化到输出端的信号发生变化,中间会有一定的延迟,这就是传输延迟时间 t_{pd}。它是 t_{pHL} 和 t_{pLH} 的差值,如图 6-44(a) 所示。t_{pd} 实际上是 t_{pHL} 和 t_{pLH} 的平均值。数字集成电路工作时,电路的输出端不可避免地存在负载电阻和负载电容,因此在测试 t_{pd} 时,往往要加上一定大小的 R_L 和 C_L,如图 6-44(b) 所示。不同种类的电路,不同的系列,R_L 和 C_L 有所不同,但差别不大。本书中所给的数据是一般情况下的典型值,仅供参考。对于绝大多数情况,电路的实际工作速度远低于数字集成电路所能给出的最高工作速度,对 t_{pd} 可以不加考虑。

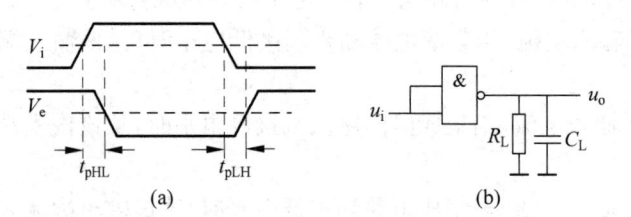

图 6-44 数字集成电路的传输延迟时间

(5) 静态功耗和动态功耗。

数字集成电路的速度和功耗是一对矛盾体,速度和功耗之积是表明集成电路品质优劣的重要指标。对于 TTL 数字集成电路,在很宽的频率范围内,速度-功耗曲线是一条水平线,因为 TTL 数字集成电路的静态功耗远远高于它开关时的动态功耗。但是,由于 CMOS 数字集成电路的静态功耗十分低,因此它的动态功耗基本上随工作时开关频率的升高而线性升高。

6.10 实训项目——常用电子元器件的测试

1. 实训目的

(1) 掌握电阻器、电容器、电感器、二极管、三极管等电子元器件的识别方法。

(2) 掌握二极管、三极管等电子元器件的引脚判别与性能测试方法。

2. 实训内容与要求

进行电阻器、电容器、电感器、二极管、三极管、常用集成电路的识别与测试,要求如下。

(1) 尽量多地认识各种电子元器件。

(2) 给定型号,能很快地找到实物,并说出其名称、特点、主要性能参数、作用等。

(3) 给定实物,能很快地说出其型号、名称、特点、主要性能参数、作用等。

(4) 根据电阻器的色环判别色环电阻的阻值,要求既快又准确,识别数量不低于10个。

(5) 根据电容器的色环判别色环电容的容量,要求既快又准确,识别数量不低于10个。

(6) 将各种电阻器、电容器、电感器、二极管、三极管、集成电路等电子元器件放在一起,进行区分训练,要求既快又准确地进行区分。

(7) 用万用表测试电阻器、电容器、电感器的主要电气性能。

(8) 用万用表判别二极管的引脚和类型。

(9) 用万用表判别三极管的引脚和类型等。

(10) 识别常用集成电路的引脚排列,并用万用表检测集成电路的引脚有无开路和短路。

3. 实训材料

各种型号的电阻器、电容器、电感器、二极管、三极管等电子元器件若干,万用表1个,工具1套。

4. 思考题

(1) 电阻器如何分类?其阻值用哪些方法表示?简述其型号命名方法。

(2) 电位器如何分类?用万用表如何判断其好坏?简述其型号命名方法。

(3) 电容器如何分类?其容量标注方法有哪些?简述其型号命名方法。

(4) 常见的电感器有哪些?它们主要有哪些特点?怎样判别其质量?

(5) 二极管有何特点?其有哪些种类?如何用万用表测定二极管的好坏与电极?

(6) 三极管有何作用?其有哪些种类?如何用万用表测定三极管的电极、类型、放大能力与好坏?

(7) 集成电路如何分类?它们的引脚如何判断?

第7章 焊接技术

电子产品都是由电阻器、电容器、电感器、晶体管和集成电路等电子元器件,采用一定的焊接工艺焊接到印制电路板上形成的。焊接技术作为电子工艺的核心技术之一,在工业生产中起着重要的作用,它包括焊接方法、焊接材料、焊接设备、焊接质量检测等。随着现代电子产业的快速增长,焊接技术从最原始的手工焊接,发展到现代化新型焊接方法,如波峰焊、再流焊等。但无论是现代化波峰焊还是再流焊,手工焊接都是必不可少的,它是保证电子产品质量的基本技能,因为在科研、小批量产品研制和电子产品维修中往往使用手工焊接技术。

7.1 焊接基础

7.1.1 焊接的概念及分类

焊接是利用加热或加压或两者并用等手段,用或不用填充材料,使分离的两部分金属借助原子的扩散与结合作用形成原子间一种永久性连接的工艺方法。利用焊接进行连接而形成的接点叫作焊点。按照焊接过程中金属所处的状态及工艺的特点,可以将焊接方法分为熔化焊、压力焊和钎焊三大类。

1. 熔化焊

熔化焊是一种利用局部加热的方法,将连接处的金属加热至熔化状态而完成焊接的方法,又叫熔焊。常见的气焊、电弧焊、超声波焊、等离子弧焊等都属于熔化焊。

2. 压力焊

压力焊是在焊接时不用焊料,而施加一定的压力完成焊接的方法,又称压焊。压力焊有以下两种形式。

(1) 首先将被焊金属接触部分加热至塑性状态或局部熔化状态,然后施加一定的压力,使金属原子间相互结合形成牢固的焊接接头,如锻焊、气压焊等。

(2) 不进行加热,仅在被焊金属接触面上施加足够的压力,借助由压力引起的塑性变形,使原子间相互接近而获得牢固的压挤接头,如冷压焊、爆炸焊等。

3. 钎焊

钎焊是采用比母材熔点低的金属材料作为焊料，在加热温度高于焊料熔点而低于母材熔点的情况下，利用液态焊料润湿母材，填充接头间隙，并与母材相互扩散实现连接的方法。钎焊的焊料温度低于母材温度，焊接时焊料熔化而母材不熔化，二者之间是物理结合。

钎焊按焊料熔点的不同分为硬钎焊和软钎焊。焊料熔点高于 450℃ 的称为硬钎焊，焊料熔点低于 450℃ 的称为软钎焊。

钎焊的优点是容易保证焊件的尺寸精度，同时对焊件母材的组织及性能的影响也比较小。钎焊的缺点是钎焊接头的耐热能力比较差，接头强度比较低，且钎焊时对表面清理及焊件装配质量的要求比较高。

电子元器件的焊接为锡焊。锡焊属于软钎焊，它的焊料是钎锡合金，其熔点较低，如共晶焊锡的熔点为 183℃，因此其在电子元器件的焊接工艺中得到了广泛应用。

7.1.2 锡焊机理

锡焊过程实际上是焊料、焊剂、焊件在焊接加热的作用下，相互之间发生的物理-化学变化过程，不同金属表面相互浸润、扩散，最终形成多组织的结合层。锡焊机理可以用浸润、扩散和界面层的结晶与凝固 3 个过程来描述。

1. 浸润

所谓浸润，就是指在加热后，熔融的焊料沿着固体金属的凹凸表面与伤痕处产生毛细管力，形成扩散，也叫润湿。焊接质量的好坏取决于润湿的程度，而润湿的程度主要取决于焊件的清洁程度及焊料表面张力。在焊料表面张力小、焊件表面无油污并涂有助焊剂的条件下，焊料的润湿性能好。润湿性能的好坏一般用润湿角 θ 来表示。润湿角是指焊料外圆在焊件表面交接点处的切线与焊件表面的夹角。如图 7-1 所示，$\theta > 90°$ 为焊料不润湿焊件；$\theta = 90°$ 为润湿不良；$\theta < 90°$ 为润湿良好。当润湿不良或不润湿时，焊料很容易脱落，焊接质量就差；当润湿良好时，焊接质量就好。

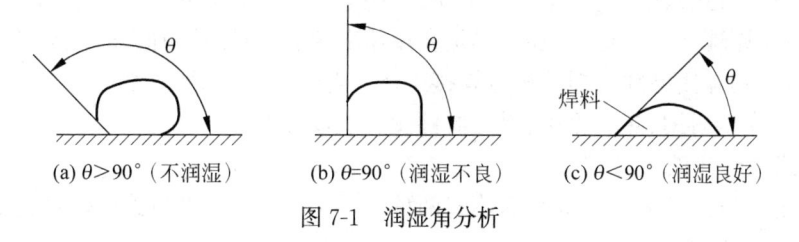

(a) $\theta > 90°$（不润湿）　　(b) $\theta = 90°$（润湿不良）　　(c) $\theta < 90°$（润湿良好）

图 7-1　润湿角分析

2. 扩散

由于金属原子在晶格点阵中呈热振动状态，因此在温度升高时，它会从一个晶格点阵自动转移到其他晶格点阵，这种现象称为扩散。

3. 界面层的结晶与凝固

在润湿的同时，液态焊料和固态母材金属之间通过原子扩散，在焊料和母材的交界处形成一层金属化合层，即合金层，合金层使不同的金属材料牢固地连接在一起。合金层的成分和厚度取决于母材、焊料的金属性质，焊剂的物理和化学性质，焊接的温度、时间等因素。因此，焊接质量的好坏在很大程度上取决于合金层的质量。

焊接结束后,焊接处截面结构共分为4层:母材层、合金层、焊料层和表面层,如图7-2所示。

理想的焊接在结构上必须具有一层比较严密的合金层,否则将会出现虚焊、假焊现象,如图7-3所示。

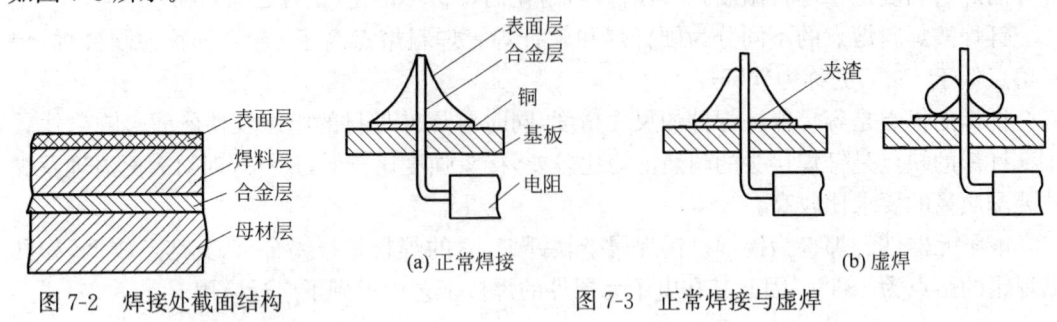

图7-2 焊接处截面结构

图7-3 正常焊接与虚焊

应该指出,有些初学者头脑中存在一个错误的概念,他们认为锡焊无非是将焊料熔化后用电烙铁将其涂到(或者说敷到)焊点上,待其冷却凝固即可。他们把焊料看作糨糊、敷墙的泥,这是不对的。一定要记住:焊接不是"粘",不是"涂",不是"敷",而是"熔入""润湿""扩散",是"形成合金层"。

7.2 焊接工具

焊接必须使用合适的工具。电烙铁是焊接电子元器件及接线的主要工具,选择合适的电烙铁并合理地使用它是保证焊接质量的基础。

7.2.1 电烙铁

1. 电烙铁的分类

电烙铁分为直热式电烙铁、恒温电烙铁、吸锡电烙铁和感应式电烙铁等。无论哪种电烙铁,它们的工作原理基本上是相似的,都是在接通电源后,电流使电阻丝发热,并通过加热体加热烙铁头,达到焊接温度后即可进行焊接工作。对于电烙铁,要求热量充足、温度稳定、耗电低、效率高、安全耐用、漏电流小、对元器件没有磁场影响。

(1) 直热式电烙铁。

直热式电烙铁又分为外热式和内热式两种。图7-4所示为直热式电烙铁的结构。

① 外热式电烙铁。

外热式电烙铁由烙铁头、烙铁芯、外壳、手柄(胶木柄)、电源线、插头等部件组成,由于烙铁头安装在烙铁芯里面,故称之为外热式电烙铁。

烙铁芯是电烙铁的关键部件,它是将电阻丝平行地绕制在一根空心瓷管上制成的,中间由云母片绝缘,并引出两根导线与220V交流电源连接。

外热式电烙铁的规格很多,常用的有25W、45W、75W、100W等,功率越大,烙铁头的温度越高。烙铁芯的功率规格不同,其内阻也不同。25W电烙铁的内阻约为$2k\Omega$,45W电烙铁的内阻约为$1k\Omega$,75W电烙铁的内阻约为$0.6k\Omega$,100W电烙铁的内阻约为$0.5k\Omega$。外热式电烙铁结构简单、价格较低、使用寿命长,但其体积较大、升温较慢、热效率低。

卡箍　手柄　接线柱　接地线　电源线　紧固螺钉

烙铁头　外热体　外壳

内热式电烙铁

外热式电烙铁

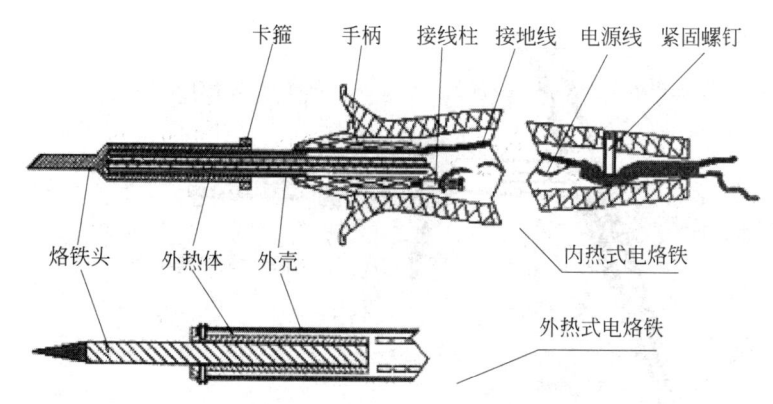

图 7-4　直热式电烙铁的结构

② 内热式电烙铁。

内热式电烙铁由手柄、连接杆、弹簧夹、烙铁芯、烙铁头等部件组成,由于烙铁芯安装在烙铁头里面,因此称之为内热式电烙铁。

内热式电烙铁的常用规格有 20W、30W 等。内热式电烙铁与外热式电烙铁相比,其优点是升温快、质量轻、耗电低、体积小、热效率高、使用方便。20W 内热式电烙铁的应用较为普遍,其缺点是烙铁芯的可靠性比外热式电烙铁差。

内热式电烙铁的烙铁芯是用比较细的镍铬电阻丝绕在瓷管上制成的,其内阻约为 2.5kΩ(20W),烙铁头的温度一般可达 350℃左右。

(2) 恒温电烙铁。

由于恒温电烙铁的烙铁头内装有磁铁式的温度控制器,控制通电时间而实现温度控制,即给电烙铁通电时,烙铁头的温度上升,当烙铁头达到预定的温度时,因强磁体传感器达到了居里点而磁性消失,从而使磁芯触点断开,这时便停止向电烙铁供电;当烙铁头的温度低于强磁体传感器的居里点时,强磁体便恢复磁性,并吸动磁芯开关中的永久磁铁,使磁芯触点接通,继续向电烙铁供电。如此循环往复,便达到控制温度的目的。

恒温电烙铁是借助软磁金属材料在达到某一温度时会失去磁性这一特点制成磁性开关来达到控制温度的目的的,其结构如图 7-5 所示。

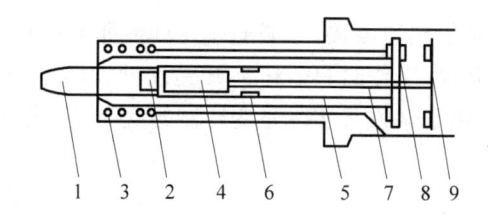

1—烙铁头;2—软磁金属块;3—加热器;4—永久磁铁;
5—非磁性金属管;6—支架;7—小轴;8—接点;9—接触簧片。

图 7-5　恒温电烙铁的结构

(3) 吸锡电烙铁。

吸锡电烙铁是将活塞式吸锡器与电烙铁融为一体的拆焊工具。它具有使用方便、灵活、适用范围广等特点。吸锡电烙铁的不足之处是每次只能对一个焊点进行拆焊,其结构如图 7-6 所示。

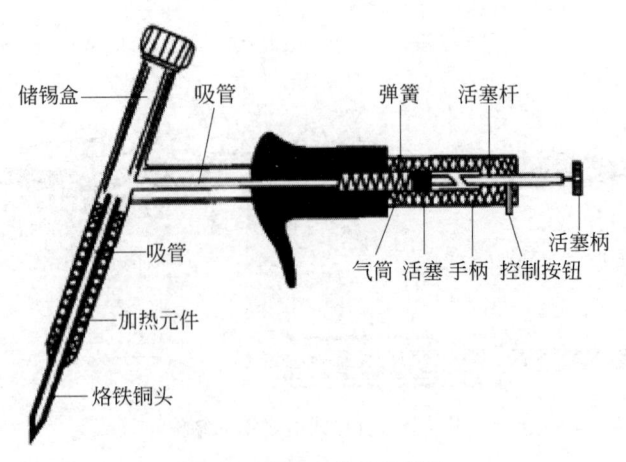

图 7-6　吸锡电烙铁的结构

（4）感应式电烙铁。

感应式电烙铁也叫速热电烙铁，俗称焊枪。它里面实际上是一个变压器，这个变压器的初级线圈一般只有一匝。当变压器初级线圈通电时，次级线圈感应出的大电流通过加热体，使同它连接的烙铁头迅速达到焊接温度，其结构如图 7-7 所示。

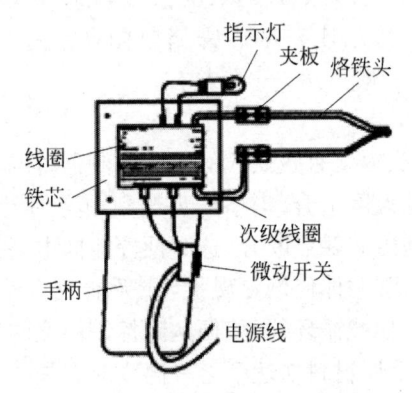

图 7-7　感应式电烙铁的结构

感应式电烙铁的特点是加热速度快，一般通电几秒钟即可达到焊接温度，因此不需要持续通电。它的手柄上带有开关，工作时只需按下开关几秒钟即可开始焊接。感应式电烙铁适用于断续工作的场合，但由于烙铁头实际是变压器的次级，因此，对于一些电荷敏感器件，不宜使用这种电烙铁。

2. 烙铁头

电烙铁的易损部件是烙铁头和烙铁芯，烙铁头和烙铁芯单独作为配件在市场上均有销售。烙铁芯比较单一，只要尺寸一致、功率相同即可。为了保证可靠、方便地焊接，必须合理地选用烙铁头的形状和尺寸。表 7-1 所示为几种常用烙铁头的形状。

表 7-1　几种常用烙铁头的形状

形式	应用
圆斜面	通用
凿形	长形焊点
半凿形	较长焊点
尖锥式	密集焊点
圆锥形	密集焊点
斜面复合式	通用
弯形	大焊件

烙铁头按照材料不同分为合金头和纯铜(紫铜)头。

合金头又称长寿式烙铁头,它的使用寿命是一般纯铜头的使用寿命的10倍。因为焊接时是利用烙铁头上的电镀焊接的,所以合金头不能用锉刀锉削。如果电镀层被磨掉,那么烙铁头将不再"吃锡"导热。若电镀层在使用中有较多的氧化物和杂质,则可以将烙铁头在耐高温的湿海绵上擦拭,以去除表面氧化物和杂质。

纯铜头在空气中极易氧化,故新的烙铁头在正式焊接前应先进行镀锡处理。具体方法是将烙铁头用细砂纸打磨干净,浸入松香水,蘸上焊锡,在硬物上反复研磨,使烙铁头的各个面全部镀锡。若使用时间很长,而烙铁头已经氧化时,则先要用小锉刀轻锉以去除表面氧化层,再在烙铁头上进行镀锡处理。当仅使用一种电烙铁时,可以利用烙铁头插入烙铁芯深浅不同的方法调节烙铁头的温度。烙铁头从烙铁芯拉出得越长,烙铁头的温度相对越低,反之温度越高。也可以利用更换烙铁头的大小及形状来达到调节烙铁头的温度的目的。烙铁头越细,温度越高;烙铁头越粗,温度越低。

根据所焊元器件种类,可以选择适当形状的烙铁头。烙铁头的顶端形状有圆锥形、圆斜面及凿形等多种。小焊点可以采用圆锥形烙铁头,较大焊点可以采用凿形或圆柱形烙铁头。

3. 电烙铁的选用

电烙铁的种类及规格有很多种,而且焊件的大小又有所不同,因而合理地选用电烙铁对提高焊接质量和焊接效率有直接的影响。选用电烙铁主要从电烙铁的种类、功率及烙铁头的形状3方面进行考虑,在有特殊要求时,应选用有特殊功能的电烙铁。

(1) 选用电烙铁应遵循的原则。

① 烙铁头的形状要适应焊件表面要求和产品装配密度。

② 烙铁头的顶端温度要与焊料的熔点相适应,一般要比焊料熔点高30～80℃(不包括

在烙铁头接触焊接点时下降的温度)。

③ 电烙铁的热容量要恰当。烙铁头的温度恢复时间要与焊件表面的要求相适应。温度恢复时间是指在焊接周期内,烙铁头顶端温度因热量散失而降低后恢复到最高温度所需的时间。它与电烙铁的功率、热容量及烙铁头的形状和长短有关。

(2) 选用电烙铁的功率的原则。

① 焊接集成电路、晶体管及其他受热易损的元器件时,考虑选用 20~25W 内热式电烙铁或 30W 外热式电烙铁。

② 焊接较粗导线及同轴电缆时,考虑选用 50W 内热式电烙铁或 45~75W 外热式电烙铁。

③ 焊接较大元器件时,如金属底盘接地焊片,应选用 100W 以上的电烙铁。

电烙铁的功率选择一定要适当,过大易损坏元器件,过小易出现假焊、虚焊现象,直接影响焊接质量。

4. 使用电烙铁的注意事项

(1) 使用电烙铁一定要注意安全,使用前应首先认真检查电烙铁的电源插头和电源线有无损坏,并检查烙铁头是否松动。

(2) 应用万用表欧姆挡检查其接线是否正确,以免发生危险。相线与零线之间的电阻同电烙铁的功率大小有关,一般为 1~2kΩ;相线和零线对地线之间的绝缘电阻应不小于 500kΩ;地线与电烙铁外露金属罩壳之间的电阻应不大于 0.2Ω。

(3) 电烙铁无论是第一次使用还是重新修整后使用,使用前必须先给烙铁头镀上一层焊锡(使用久了的电烙铁应将烙铁头锉亮),再通电加热升温。当烙铁头的温度升至能熔化焊锡时,将松香涂在烙铁头上,等松香冒白烟后涂上一层焊锡,烙铁头表面就镀上了一层光亮的锡。这样做可以便于焊接和防止烙铁头表面氧化。

(4) 在使用过程中,电烙铁应避免敲打碰跌,因为高温时的振动最易使烙铁芯损坏。去除烙铁头上多余的焊锡或清除烙铁头上的残渣可用湿海绵,不可乱甩,以防烫伤他人。

(5) 在焊接过程中,电烙铁不能到处乱放,不用时应将电烙铁放在烙铁架上,这样既可保证安全,又可适当散热,避免烙铁头"烧死"。对已"烧死"的烙铁头,应按新电烙铁的要求重新上锡。

(6) 电源线不能搭在烙铁头上,以防烫坏绝缘层而发生事故。

(7) 电烙铁不宜长时间通电而不使用,因为这样容易使烙铁头加速氧化而烧断,甚至"烧死"而不再"吃锡"。使用结束后,应及时切断电源,拔下电源插头,待电烙铁完全冷却后,将其收回工具箱。

5. 电烙铁常见故障及其维护

电烙铁使用过程中的常见故障有电烙铁通电后不热、烙铁头带电、烙铁头不"吃锡"等。下面以 20W 内热式电烙铁为例进行说明。

(1) 电烙铁通电后不热。

遇到电烙铁通电后不热故障时,可用万用表欧姆挡测量插头两端,如果指针不动,则说明插头有断路故障。当插头本身无断路故障时,可卸下胶木柄,用万用表测量烙铁芯的两根电源线,如果指针不动,则说明烙铁芯损坏,应该更换新的烙铁芯;如果测得的阻值在 2.5kΩ 左右,则说明烙铁芯是好的,故障出现在电源线上或插头上,多为电源线断路或插头的接点断开。此时,进一步用 $R\times 1$ 挡测量电源引线的电阻,即可发现问题。

更换烙铁芯的方法:将固定烙铁芯电源线的螺钉卸下,把烙铁芯从连接杆中取出,将新的同规格烙铁芯插入连接杆,将电源线固定在固定的螺钉上,并将烙铁芯多余引线头剪掉,以防两根电源线不慎短路。

(2) 烙铁头带电。

烙铁头带电的原因除电源线错接在地线的接线柱上之外,多为电源线从烙铁芯接线螺钉上脱落后,碰到了接地的螺钉,从而造成烙铁头带电。这种故障最易造成触电事故,并会损坏元器件。为此,要经常检查螺钉是否松动或脱落,若有相关情况,则应及时修理。

(3) 烙铁头不"吃锡"。

烙铁头经长时间使用后,就会因氧化而不沾锡,这种现象称为"烧死",也叫不"吃锡"。

当出现不"吃锡"现象时,可用细砂纸或锉刀将烙铁头重新打磨或锉出新茬,并重新镀上焊锡。

(4) 烙铁头出现凹坑或氧化腐蚀层。

当烙铁头出现凹坑或氧化腐蚀层时,会使烙铁头的刃面不平,此时可用锉刀将氧化腐蚀层及凹坑锉掉,锉成原来的形状后上锡,即可重新使用。

7.2.2 其他工具

焊接所用的其他工具主要有烙铁架、镊子、起子、尖嘴钳、斜口钳、剥线钳等。

(1) 烙铁架。

烙铁架是用于放置电烙铁的架子。它的结构非常简单,一个底座加上一个安置电烙铁的弹簧式套筒,底座上通常还会有一个凹槽,里面放一块海绵。在使用电烙铁时,可以让海绵吸点水;当烙铁头脏时,可以将烙铁头在海绵上擦拭几次。在进行焊接操作时,电烙铁一般放在方便操作的右方烙铁架中。

(2) 镊子。

镊子有尖嘴和圆嘴两种,尖嘴镊子用于夹持细小的导线,以便于装配焊件;圆嘴镊子用于弯曲元器件引线和夹持元器件等。用镊子夹持元器件进行焊接,还能起到散热的作用。

(3) 起子。

起子又称螺丝刀,主要用来拧紧螺钉。根据螺钉大小可选用不同规格的起子。较常见的起子有一字式和十字式两种。

在调节中频变压器和振荡线圈的磁芯时,为避免金属起子对电路调试的影响,需要使用无感起子。无感起子一般采用塑料、有机玻璃或竹片等非铁磁性物质制作。

(4) 尖嘴钳。

尖嘴钳头部较细,适用于夹持小型金属零件或弯曲元器件引线,以及用于电子装配时其他钳子较难涉及的部位,不宜过力夹持物体。

注意:尖嘴钳不宜在80℃以上的温度环境中使用,塑料柄开裂后严禁在非安全电压下操作。

(5) 斜口钳。

斜口钳主要用于剪断导线,尤其适合用来剪除导线缠绕后多余的引线和元器件焊接后多余的引线,以及配合其他工具使用。斜口钳在剪线时,要注意使钳头朝下,在不便变动方向时,可用另一只手遮挡,以防剪断的导线或元器件引脚飞出而伤人眼睛;不允许剪切螺钉、较粗的钢丝,以免损坏钳口。

(6) 剥线钳

剥线钳专用于剥去导线的绝缘皮,使用时应注意将需要剥皮的导线放入合适的槽口,剥线时不能剪断导线。

7.3 焊接材料

焊接材料包括焊料(焊锡)和焊剂(助焊剂),了解和掌握焊料、焊剂的性质、成分、作用对保证焊接质量是非常有必要的。

7.3.1 焊料

焊料是指易熔的金属及其合金,其熔点低于被焊金属的熔点。前面提到,焊料熔化时,在被焊金属表面形成合金层而与被焊金属连接在一起。焊料按其组成成分可分为锡铅焊料、银焊料、铜焊料等。为使焊接质量得到保障,根据被焊金属的不同,选用不同的焊料是很重要的。在电子产品装配中,一般选用焊锡。含锡61.9%、铅38.1%的焊锡是共晶合金,其熔点(183℃)较低。共晶合金在焊接技术中的工艺性能较其他各种成分合金的工艺性能都要好,它具有熔点低、机械强度高、表面张力小、抗氧化性好等优点。

焊料的形状有带状、球状、圆片状、焊锡丝等几种。为提高焊接质量和速度,手工焊接通常采用有松香芯的焊锡丝。

7.3.2 焊剂

焊剂又称助焊剂,一般由活化剂、树脂、扩散剂、溶剂4部分组成,主要用于去除焊件表面的氧化膜,是保证焊锡润湿的一种化合物。

1. 常用助焊剂的基本要求

(1) 熔点应低于焊料的熔点,其比重比焊料的比重小,只有这样,才能发挥助焊剂的活化作用。

(2) 具有较强的化学活性,能保证迅速去除氧化层。

(3) 具有良好的热稳定性,保证在较高的焊锡温度下不分解失效。

(4) 具有良好的润湿性,对焊料的扩展具有促进作用,保证较好的焊接效果。

(5) 留存于基板的焊剂残渣对焊后材质无腐蚀性。

(6) 具备良好的清洗性。

(7) 具有高绝缘性,喷涂在印制电路板上后,不能降低电路的绝缘性能。

(8) 基本成分应对人体或环境无明显危害或已知的潜在危害。

2. 助焊剂的作用

(1) 去除氧化膜。助焊剂中的氯化物、酸类同氧化物发生还原反应,从而去除焊接元器件、印制电路板铜箔及焊锡表面的氧化膜。

(2) 防止氧化。液态的焊锡及加热的被焊金属都容易与空气中的氧接触而被氧化。助焊剂在氧化后,以液体薄层覆盖焊锡和被焊金属表面,隔绝空气中的氧对它们的再次氧化。

(3) 减小焊料表面张力。助焊剂起界面活性作用,增加焊锡的流动性,改善液态焊锡对被焊金属表面的润湿。

(4) 传递热量。助焊剂能加快热量从烙铁头向焊料和被焊金属表面传递。

(5) 合适的助焊剂还能使焊点美观。

3. 助焊剂的分类

助焊剂大致可分为无机助焊剂、有机助焊剂和树脂助焊剂三大类。电子装配中常用的是以松香为主要成分的树脂助焊剂。

(1) 无机助焊剂。

无机助焊剂由无机酸和盐组成,具有高腐蚀性,常温下就能去除金属表面的氧化膜。但这种强腐蚀作用很容易损伤被焊金属及焊点,电子产品中一般是不用的。

(2) 有机助焊剂。

有机助焊剂主要由有机酸卤化物组成,具有较好的助焊作用,但也有一定的腐蚀性,残渣不易清除,且挥发物会污染空气,一般不单独使用,而是作为活化剂与松香一起使用。

(3) 树脂助焊剂。

树脂助焊剂通常是从树木的分泌物中提取的,属于天然产物,没有腐蚀性,松香是这类助焊剂的代表,因此也称松香助焊剂。松香助焊剂的主要成分是松香酸和松香酯酸酐。松香助焊剂在常温下几乎没有任何化学活性,但加热到焊接温度时,它就会变得活跃,呈弱酸性,可与金属氧化膜发生还原反应,生成的化合物悬浮在焊锡表面,也起到使焊锡表面不被氧化的作用;焊接完恢复常温后,松香又变成固体,再次失去活性;焊接后其残渣分布均匀、无腐蚀、无污染、无吸湿性、绝缘性能好。

4. 助焊剂残渣产生的不良影响

(1) 助焊剂残渣对基板有一定的腐蚀性,降低了其导电性,使之产生迁移或短路。

(2) 非导电性的固形物如果侵入,那么在元件接触部位会引起接触不良。

(3) 树脂残留过多将会粘连灰尘及杂物。

(4) 影响产品的使用可靠性。

5. 助焊剂的选用

助焊剂的成分复杂,种类、型号很多,在选用时应优先考虑被焊金属的焊接性能、氧化及污染情况。铂、金、银、铜、锡等金属的焊接性能较强,为减少助焊剂对金属的腐蚀,多采用松香作为助焊剂。焊接时,尤其在手工焊接时,多采用松香焊锡丝。铅、黄铜、青铜、铍青铜及含镍合金等材料的焊接性能较差,焊接时应选用有机助焊剂,焊接时能减小焊料表面张力,促进氧化物的还原反应。

6. 助焊剂的使用注意事项

(1) 不同型号、不同性能的助焊剂不能混用。

(2) 能少用尽量少用。

(3) 使用时间长了,液态助焊剂中的溶剂不断挥发,性能发生变化,应予以更换。

7.3.3 阻焊剂

在焊接过程中,尤其在浸焊及波峰焊中,为提高焊接质量,需要耐高温的阻焊涂料,使焊料只在需要焊接的部位进行焊接,而把不需要焊接的部分保护起来,起到一种阻焊作用,这种阻焊材料叫作阻焊剂。

1. 阻焊剂的作用

(1) 可防止焊接过程中的桥接、短路及虚焊等现象的发生,对高密度印制电路板尤为重要,可降低返修率,提高焊点质量。

(2) 除焊盘外,其他部位不上锡,可大大节约焊料。

(3) 阻焊剂的覆盖作用使焊接时印制电路板受到的热冲击小,板面不易起泡、分层,同时起到保护元器件和集成电路的作用。

(4) 使用带有色彩的阻焊剂可使印制电路板显得整齐、美观。

2. 阻焊剂的分类

阻焊剂有热固化型和光固化型等,目前,热固化型阻焊剂已被逐步淘汰,光固化型阻焊剂被大量采用。

(1) 热固化型阻焊剂具有价格便宜、黏接强度高的优点,但也具有加热温度高、时间长、印制电路板容易变形、能源消耗大、不能实现连续性生产等缺点。

(2) 光固化型阻焊剂在高压汞灯下照射 2~3min 即可固化,因而可节约大量能源,提高生产效率,便于自动化生产。

7.4 锡焊焊点的基本要求

锡焊焊点的基本要求如下。

(1) 焊点应接触良好,保证焊件间能稳定、可靠地通过一定的电流。

(2) 避免虚焊。虚焊是未形成或部分未形成合金的焊料堆附的锡焊。虚焊的焊点在短期内可能会稳定、可靠地通过额定电流,用仪器测量也不一定能发现。但时间一长,未形成合金的表面经过氧化就会出现电流变小或电流时断时续的现象,也可能造成断路。这时,焊点表面未发生变化,用眼睛不易发现问题。虚焊的原因有焊件表面不清洁、焊接时夹持工具晃动、烙铁头温度过高或过低、焊剂不符合要求、焊点的焊料太少或太多等。

(3) 焊点要有足够的机械强度。为了使焊件不致脱落,焊点的焊料要适当,如果太少,则焊点的强度不够;如果太多,则不仅不能增加焊点的强度,还会增加焊料的消耗,易造成短路或虚焊等其他问题。

(4) 焊点表面应美观,应呈现光滑状态,不应出现棱角或拉尖。产生拉尖的原因与焊接温度,电烙铁撤去的方向、速度,助焊剂等因素有关。

7.5 手工焊接技术

手工焊接是传统的焊接方法,虽然电子产品批量生产已较少采用手工焊接,但在产品研制、电子产品的维修与调试,甚至一些小规模、小型电子产品的生产中,仍广泛采用手工焊接技术。手工焊接是一项实践性很强的技能,在了解其一般方法后,只有多练习、多实践,才能提高焊接质量。

7.5.1 焊接前准备

1. 电烙铁准备

应根据焊点大小选择功率合适的电烙铁。烙铁头的形状要适应焊件表面要求和产品的装配密度。烙铁头应保持清洁,并且镀上一层锡,只有这样,才能使传热效果好、容易焊接。

2. 具体准备工作

应对元器件引线或印制电路板的焊接部位进行焊前处理,一般有测、刮、镀 3 个步骤。

(1) 测,就是利用万用表检测所有元器件的质量是否可靠,若有质量不可靠或已损坏的元器件,则应用同规格元器件替换。

(2) 刮,就是在焊接前做好焊接部位的清洁工作,一般采用的工具是小刀和细砂纸。对于集成电路的引脚,焊前一般不做清洁处理,但应保证引脚清洁;对于自制印制电路板,应首先用细砂纸将铜箔表面擦亮,并清理印制电路板上的污垢,再涂上松香乙醇溶液或助焊剂后方可使用;对于镀金银的合金引出线,应刮去金属引线表面的氧化层,使引线露出金属光泽,不能把镀层刮掉,可用橡皮擦去表面污物。

(3) 镀,就是在元器件刮净的部位镀锡,具体做法是蘸松香乙醇溶液后涂在元器件刮净的部位,将带锡的热烙铁头压在元器件引线上,并转动元器件引线,使其均匀地镀上一层很薄的锡层。导线焊接前,应将绝缘外皮剥去,并经过上面两项处理,只有这样,才能正式进行焊接。若是多股金属丝的导线,则打光后应先将其拧在一起,再镀锡。

7.5.2 焊接操作姿势

手工焊接时,掌握正确的操作姿势可以保证操作人员的身体健康,减轻劳动伤害。为减少助焊剂加热时挥发出的化学物质对人造成的危害,减少对有害气体的吸入量,一般情况下,电烙铁到鼻子的距离应该不少于 20cm,通常以 30cm 为宜。

1. 电烙铁的握法

电烙铁的握法一般有 3 种,如图 7-8 所示。

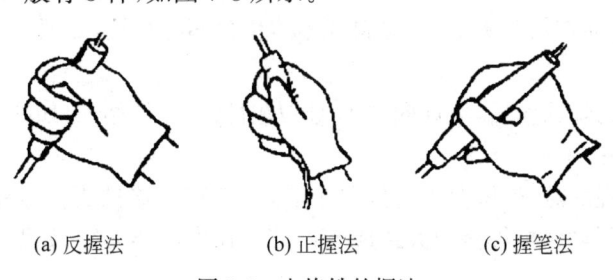

(a) 反握法　　(b) 正握法　　(c) 握笔法

图 7-8　电烙铁的握法

(1) 反握法。反握法动作稳定,长时间操作不易疲劳,适用于大功率电烙铁,焊接散热量较大的焊件。

(2) 正握法。正握法适用于中功率电烙铁或带弯头电烙铁。

(3) 握笔法,即用握笔的方法握电烙铁。握笔法适用于小功率的电烙铁,一般在操作台上焊接散热量小的焊件,如焊接收音机、电视机的印制电路板等。

2. 焊锡丝的拿法

手工焊接时，一般是右手握电烙铁，左手拿焊锡丝，要求两手相互协调。焊锡丝一般有两种拿法，如图7-9所示。由于焊锡丝中含有一定比例的铅，而铅是对人体有害的一种重金属，因此操作时应该戴手套或在操作后洗手，避免食入铅尘。

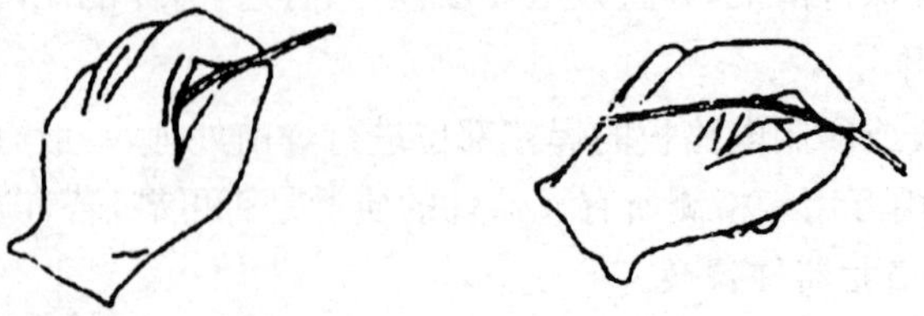

(a) 连续锡焊时焊锡丝的拿法　　(b) 断续锡焊时焊锡丝的拿法

图 7-9　焊锡丝的拿法

7.5.3　焊接操作方法

只有掌握好电烙铁的温度和焊接时间，并选择恰当的烙铁头和焊点的接触位置，才可能得到良好的焊点。正确的手工焊接操作方法一般有五工序操作法和三工序操作法。

1. 五工序操作法

(1) 准备焊接。

将焊件、焊锡丝和电烙铁准备好，如图7-10(a)所示。左手拿焊锡丝，右手握经过上锡的电烙铁，对准焊接部位，进入备焊状态。

(2) 加热焊件。

如图7-10(b)所示，将烙铁头接触焊接部位，使焊接部位均匀受热，如元器件的引线和印制电路板上的焊盘需要均匀受热。

(3) 熔化焊料。

当焊件被加热到能熔化焊料的温度后，将焊锡丝置于焊接部位，即焊件上与烙铁头对称的一侧，而不是直接加在烙铁头上，使焊料开始熔化并润湿焊点，如图7-10(c)所示。

(4) 移开焊锡丝。

当熔化一定量的焊锡丝后，立即向左上45°方向将焊锡丝移开，如图7-10(d)所示。

(5) 移开烙铁头。

当焊锡完全润湿焊点，扩散范围达到要求后，立即移开烙铁头。需要注意的是，烙铁头的移开方向应与印制电路板焊接面大致成45°，移开速度不能太慢，如图7-10(e)所示。

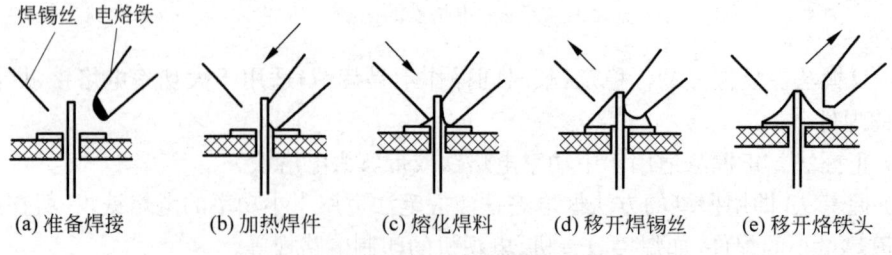

(a) 准备焊接　(b) 加热焊件　(c) 熔化焊料　(d) 移开焊锡丝　(e) 移开烙铁头

图 7-10　五工序操作法

若烙铁头的移开方向与焊接面成 90°，即垂直向上移开，则焊点容易出现拉尖现象；若烙铁头移开方向与焊接面平行，即以水平方向移开，则烙铁头会带走焊点上的大量焊料。这些都会降低焊点质量。

2. 三工序操作法

对于热容量较小的焊件，如印制电路板上的较细导线和小焊盘的焊接，一般可简化为三工序操作法，如图 7-11 所示。

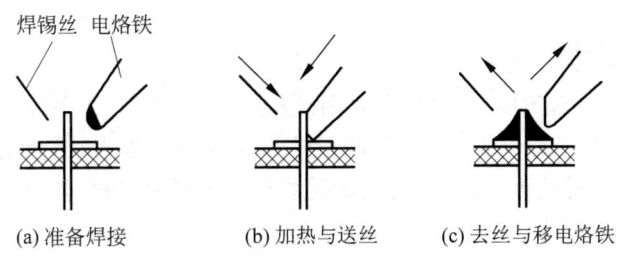

图 7-11 三工序操作法

（1）准备焊接。

同五工序操作法的步骤(1)。

（2）加热与送丝。

加热与送丝相当于将上述五工序操作法的步骤(2)、(3)合为一步，即烙铁头放在焊件上后即放入焊锡丝。

（3）去丝与移电烙铁。

焊锡在焊接面上润湿扩散并达到预期范围后，立即拿开焊锡丝并移开电烙铁，并注意移去焊锡丝的时间不得滞后于移开电烙铁的时间。

7.5.4 焊接注意事项

（1）焊接要争取一次成功（特别是怕热的焊接对象），不得用电烙铁来回蹭磨。如果一次焊接不上，则应重新处理焊点后进行焊接。

（2）焊接时应注意不让电烙铁碰到非焊处，在元器件间隙中焊接时，最好用锥形尖头烙铁头，并用纸板将周围可能碰到的部位隔离开来。

（3）焊接时应尽量不让焊锡流到其他部位，焊接后应清除残锡，否则容易引起部分线路短路。助焊剂用量也不宜过多，焊接后也要清除干净。

（4）焊接元器件时，应用镊子夹住元器件的引线以帮助散热。

（5）焊锡未凝固前，不能摇晃元器件，以免造成虚焊、假焊。

（6）焊接集成电路或场效应管或器件时，要注意温度不可过高，还必须防止感应电流损坏元器件。因此，焊接时要断开电源，利用电烙铁的余热迅速焊接，或者用低压验电器检查电烙铁外皮，确认无感应电流或漏电存在时即可焊接。

总之，焊点质量是电子设备发生故障的一个重要原因，一个复杂的电子线路有成千上万个焊点，只要有一点虚焊，就会影响设备的可靠性。

7.5.5 焊点质量检查

为了保证焊点质量，一般要在焊接后进行焊点质量检查，根据出现的锡焊缺陷及时改正。焊点质量检查主要有以下几种方法。

1. 外观检查

外观检查就是通过肉眼从焊点的外观上检查其质量，可以借助 3～10 倍放大镜进行。外观检查的主要内容包括检查焊点是否有错焊、漏焊、虚焊和连焊，焊点周围是否有助焊剂残留，焊接部位有无热损伤和机械损伤。焊接常见焊点缺陷和分析如表 7-2 所示。其中列出了印制电路板焊点缺陷的外观检查、危害、原因分析及改正方法，可供焊接检查、分析时使用。

2. 用万用表欧姆挡进行检查

在外观检查过程中，有时对一些焊点之间的搭焊、虚焊并不是一眼就能看出来的，需要通过万用表欧姆挡进行判断。对于搭焊，测量不相连的两个焊点，看是否短路；对于虚焊，测量端子与端子之间，看是否开路，或者测量元器件相连的两个焊点，看是否与相应的阻值相符。

表 7-2 焊接常见焊点缺陷和分析

焊点缺陷	外观检查	危害	原因分析	改正方法
焊料过多	焊料面呈凸形	浪费焊料，且可能包藏缺陷	焊锡丝撤离过迟	焊锡量是否合适是焊接质量良好的关键要素之一。通常焊锡丝熔化后应立即撤离，且一次性完成
焊料过少	焊料未成平滑面	机械强度不足	焊锡丝撤离过早	
松香焊	焊点中夹有松香渣	强度不足，导通不良，有可能时通时断	助焊剂过多或失效；焊接时间不足；加热不足；表面氧化层未去除	合适的助焊剂量，合适的电烙铁功率，合适的温度，烙铁头的温度比焊料的温度高 50℃ 为宜
过热	焊点发白，无金属光泽，表面较粗糙	焊点易剥落、强度降低；有可能造成元器件失效损坏	电烙铁功率过大；加热时间过长	
冷焊	表面呈豆腐渣状颗粒，有时还有裂纹	强度低，导电性不好	焊料未凝固时焊件抖动	凝固前不要使焊件移动或振动
虚焊	焊料与焊件交界面接触角过大，不平滑	强度低，焊接处电流不通或时断时通	焊件清理不干净；助焊剂不足或质量差；焊件未充分预热	焊件必须具有良好的可焊性才能保证焊接质量；导线的预焊工作十分重要，不能忽视

续表

焊点缺陷	外观检查	危害	原因分析	改正方法
不对称	焊锡未流满焊盘	强度不足	焊料的流动性不好；助焊剂不足或质量差；加热不足	掌握好焊锡丝与烙铁头之间的角度，避免产生不对称现象
松动	导线或元器件引线可移动	焊接处电流导通不良或不导通	焊料未凝固前引线移动；引线上锡不好	重视多股线焊前的润湿工作
拉尖	出现尖端	外观不佳，容易造成桥接	加热不足；焊料不合格	合适的温度和合适的加热时间，电烙铁撤离迅速
桥接	相邻导线搭线	电气短路	焊锡过多；电烙铁撤离方向不当	焊锡丝不要太靠近焊点且焊接时间不能太长，电烙铁撤离应迅速
针孔	目测或利用放大镜可见焊孔	焊点容易腐蚀	焊盘孔与引线间隙过大	选择大小合适的焊孔，在设计印制电路板时，必须考虑安装元器件与安装孔之间的合适间隙
气泡	引线根部有时有焊料隆起，内部藏有空洞(气泡)	暂时导通，但长时间容易引起导电性不良	引线与孔间隙过大或引线预焊不好	
剥离	焊点剥落	断路	焊盘镀层不良	应认真清洗印制电路板表面或更换质量好的印制电路板

3. 带松香重焊检验

重焊是检验一个焊点虚实情况最可靠的方法之一。该方法用带满松香助焊剂、少量焊锡的电烙铁重新熔化焊点，从旁边或下方撤走电烙铁，若有虚焊，则其焊锡一定会被强大的表面张力收走，使虚焊暴露出来。

带松香重焊检验可以积累经验，提高用观察法检查焊点的准确性。

4. 通电检查

通电检查必须在外观检查和连线检查无误后进行，这也是检验电路性能的关键步骤。如果不经过严格的外观检查就直接通电检查，那么不仅困难较多，还存在损坏仪器设备、造成安全事故的危险。

通电检查可以发现一些焊接上微小的缺陷,但对于内部虚焊的隐患不容易察觉。因此,根本问题是要提高焊接水平,不能把问题留给检查工序来解决。

7.5.6 拆焊操作

拆焊是指电子产品在生产过程中,因为装错、损坏、调试或维修而将已焊接的元器件拆下来的过程。拆焊操作难度大,技术要求高,在实际操作中,拆焊比焊接的难度高,一定要反复练习,掌握操作要领,只有这样,才能做到不损坏元器件和印制电路板上的焊盘。

1. 拆焊要求

(1) 不损坏拟拆除的元器件、导线和原焊接部位的结构件。

(2) 不损坏印制电路板上的焊盘与印制导线。

(3) 对已判断损坏的元器件,可将引线先剪断再拆除,这样可减少其他元器件的损坏。

(4) 拆焊时一定要将焊锡熔解,不能过分用力地拉、摇、扭元器件,以免损坏元器件和焊盘,应尽量避免拆动其他元器件或变动其他元器件的位置,如果确实需要,则应做好复原工作。

(5) 拆焊的加热时间和温度较焊接时要长、要高,但是要严格控制加热时间和温度,以免将元器件烫坏或使焊盘翘起、断裂等。

2. 拆焊工具

常用的拆焊工具除普通电烙铁外,还有镊子、吸锡绳、吸锡电烙铁和热风枪等。

(1) 镊子:以端头较尖、硬度较高的不锈钢镊子为佳,用以夹持元器件或借助电烙铁恢复焊孔。

(2) 吸锡绳:用以吸收焊点或焊孔中的焊锡。

(3) 吸锡电烙铁:用于吸去熔化的焊锡,使焊盘与元器件引线或导线分离,达到解除焊接的目的。

(4) 热风枪:又称贴片元件拆焊台,专门用于表面贴片元件的焊接和拆卸。使用热风枪时,应注意其温度和风力的大小,风力太大容易将元器件吹飞,温度过高容易将印制电路板吹鼓、线路吹裂。

3. 拆焊方法

(1) 分点拆焊法。

对卧式安装的阻容元器件,两个焊点距离较远,可采用电烙铁进行分点加热,逐点拔出。拆焊时,将印制电路板竖起,一边用电烙铁加热待拆元器件的焊点,一边用镊子或尖嘴钳夹住元器件引线并将其轻轻拉出。

(2) 集中拆焊法。

晶体管及立式安装的阻容元器件之间的焊点距离较近,可用烙铁头同时快速交替加热几个焊点,待焊锡熔化后一次拔出。对有多个焊点的元器件,如开关、插头座、集成电路等,可用专用烙铁头同时对准各个焊点,一次加热取下。

(3) 保留拆焊法。

对需要保留元器件引线和导线端头的拆焊,要求比较严格,也较麻烦,可用吸锡工具先吸去被焊点外面的焊锡,再拆焊。

（4）剪断拆焊法。

被拆焊点上的元器件引线及导线如果留有余量，或者确定元器件已损坏，则可先将元器件或导线剪下，再将焊盘上的线头拆下。

总之，在拆焊时一定注意用力适当，动作正确，以免焊锡飞溅，元器件损坏或印制电路板上的焊盘、导线剥落，或者造成人身伤害事故等。

4. 拆焊后的重焊

拆焊后一般都要重新焊上元器件或导线，操作时应注意以下几个问题。

（1）印制电路板拆焊后，如果焊盘孔被堵塞，则应先用镊子尖端在加热情况下从铜箔面将焊盘孔穿通，再插进元器件引线或导线进行重焊。不能直接用元器件引线从基板面捅穿焊盘孔，这样很容易使焊盘铜箔与基板分离，甚至使铜箔断裂。

（2）重焊的元器件引线和导线的剪截长度离底板或印制电路板的高度、弯折形状和方向与原来保持一致，只有这样，才能使电路的分布参数不发生大的变化，避免电路的性能受到影响，尤其对于高频电子产品更需要注意这一点。

（3）重焊好拆焊处的元器件或导线后，应将因拆焊需要而弯折或移动的元器件恢复原状。

7.5.7 焊接后的清洗

锡铅焊接法在焊接过程中都要使用助焊剂，助焊剂在焊接后一般并不能充分挥发，焊接后的残留物会影响电子产品的电性能和防潮湿、防盐雾、防霉菌性。因此，焊接后一般要对焊点进行清洗。

目前使用较普遍的清洗方法有液相清洗法和气相清洗法。有用机械设备自动清洗的，也有手工清洗的。无论采用哪种方法，都要求清洗材料只对助焊剂的残留物有较强的溶解能力和去污能力，而对焊点无腐蚀作用。为保证焊点质量，不允许直接刮掉焊点上助焊剂的残留物，以免损伤焊点。

7.6 电子工业中的焊接技术简介

手工焊接虽然要求每个工程技术人员都应该熟练掌握，但它只适用于小批量生产和日常维修加工，而在电子产品工业化生产中，电子元器件也日趋集成化、小型化和微型化，印制电路板上元器件的排列也越来越密，焊接质量要求也越来越高。在大批量生产中，手工焊接已不能满足生产效率和可靠性的要求，这就需要采用自动焊接生产工艺。下面简要介绍几种电子工业生产中的焊接方法。

7.6.1 浸焊

浸焊是将插装好元器件的印制电路板装上夹具后，把铜箔面浸入锡锅内浸锡，一次完成印制电路板多焊点的焊接方法。浸焊的生产效率比手工焊接的生产效率高得多，而且可以消除漏焊。浸焊分为手工浸焊和自动浸焊两种。

1. 手工浸焊

对于小体积的印制电路板，在要求不高时，采用手工浸焊较为方便。手工浸焊是由操作人员手持夹具,将需要焊接的已经插装好元器件的印制电路板浸入锡锅内完成的,其操作步骤如下。

(1) 锡锅的准备。焊接前应将锡锅加热,以熔化的焊锡温度达到 230～250℃ 为宜。为了及时去除焊锡层表面的氧化层,应随时加入助焊剂,通常使用松香粉。

(2) 印制电路板的准备。在插装好元器件的印制电路板上涂上一层助焊剂,使焊盘上涂满助焊剂,一般在松香乙醇溶液中浸一下。

(3) 用简单的夹具将待焊接的印制电路板以 15°倾角浸入锡锅中,使焊锡表面与印制电路板的焊盘完全接触,如图 7-12 所示。浸焊的深度以印制电路板厚度的 50%～70% 为宜,浸焊时间为 3～5s。

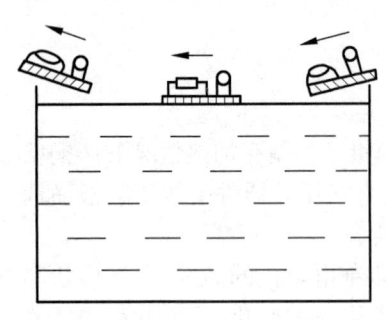

图 7-12 手工浸焊示意图

(4) 达到浸焊时间后,立即将印制电路板以 15°倾角撤离锡锅,等冷却后检查焊接质量。如果有较多焊点没有焊接好,则要检查原因,并重复浸焊。只有个别焊点未焊接好的,可用手工补焊。

(5) 用剪刀剪去元器件过长的引脚,以露出锡面长度不超过 2mm 为宜。

(6) 印制电路板经吹风冷却后,将其从夹具上卸下。

浸焊的关键是在将印制电路板浸入锡锅时,一定要保持平稳、接触良好、时间适当。手工浸焊仍属于手工操作,这就要求操作人员必须具有一定的操作技能,因而不适用于大批量生产。

2. 自动浸焊

(1) 工艺流程。

使用自动浸焊设备浸焊时,先将插装好元器件的印制电路板用专用夹具装在传送带上。印制电路板经泡沫助焊剂槽被喷上助焊剂,经加热器烘干后浸入焊料中进行浸焊,待冷却凝固后送到切头机,剪去过长的引脚。这种浸焊的效果好,尤其在焊接双面印制电路板时,能使焊料深入焊点的孔中,使焊接更牢靠。图 7-13 所示为自动浸焊工艺流程图。

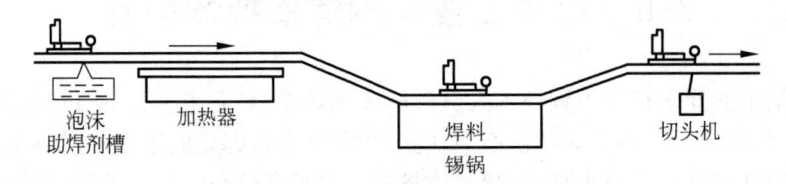

图 7-13 自动浸焊工艺流程图

(2) 自动浸焊设备。

① 带振动头的自动浸焊设备。一般自动浸焊设备上都带有振动头,安装在安装印制电路板的专用夹具上。印制电路板通过传送机构导入锡锅,浸焊时间为 2～3s,同时开启振动头 2～3s,使焊锡深入焊点内部,尤其对双面印制电路板效果更好,并可振掉多余的焊锡。

② 超声波自动浸焊设备。超声波自动浸焊设备是利用超声波来增强浸焊效果的,增加焊锡的渗透性,使焊接更可靠。此设备增加了超声波发生器、换能器等部分,因此比一般自动浸焊设备复杂一些。

浸焊比手工电烙铁焊接的效率高,设备也较简单,但是锡锅内的焊锡表面是静止的,表面氧化物容易粘在焊点上,因此要及时清理掉锡锅内熔融焊料表面形成的氧化膜、杂质和焊渣。另外,焊锡与印制电路板焊接面全部接触,温度高,时间长,容易烫坏元器件并使印制电路板变形,难以充分保证焊接质量。浸焊是初始的自动化焊接,目前在大批量电子产品中已被波峰焊取代,或者在有高可靠性要求的电子产品生产中作为波峰焊的前道工序。

7.6.2 波峰焊

波峰焊是在浸焊的基础上发展起来的,是目前应用最广泛的自动焊接工艺。与浸焊相比,其最大的优点是锡锅内的锡不是静止的,熔化的焊锡在机械泵的作用下由喷嘴源源不断地流出而形成波峰,波峰焊的名称由此而来。波峰焊使焊接质量和焊接效率大大提高,焊点的合格率可达99.97%以上,在现代企业中,它已取代了大部分的传统焊接工艺。

波峰焊的主要设备是波峰焊接机,其主要部分有电源控制柜、泡沫助焊箱、烘干箱、电热式预热器、波峰锡槽和风冷装置等。

波峰焊除在焊接时采用波峰焊接机外,其余的工艺及操作与浸焊类似,其工艺流程可表述为:元器件安装→将装配完的印制电路板安装在传送装置的夹具上→喷涂助焊剂→预热→波峰焊→冷却→焊后处理。

7.6.3 再流焊

再流焊又称回流焊,是伴随微型化电子产品的出现而发展起来的一种新的焊接技术,目前主要用于片状元件的焊接。

再流焊先将焊料加工成一定粒度的粉末,加上适当的液态黏合剂,使之成为有一定流动性的糊状焊膏;然后用糊状焊膏将元器件粘贴在印制电路板上,通过加热,焊膏中的焊料熔化而再次流动,从而实现将元器件焊到印制电路板上。再流焊的工艺流程可简述如下:将糊状焊膏涂到印制电路板上→搭载元器件→再流焊→测试→焊后处理。

再流焊的操作方法简单、焊接效率高、焊接质量好、一致性好,而且仅在元器件的引线下有很薄的一层焊料,适用于自动化生产的微电子产品的焊接。

7.6.4 高频加热焊

高频加热焊是利用高频感应电流对焊件进行加热焊接的方法。高频加热焊的装置主要是由高频电流发生器和与焊件形状基本适应的感应线圈组成的。高频加热焊的焊接方法:首先将感应线圈放在焊件的焊接部位,然后将垫圈形或圆环形焊料放入感应线圈内,最后给感应线圈通以高频电流。由于电磁感应,焊件和焊料中产生高频感应电流(涡流)而被加热,当焊料达到熔点时就会熔化并流动,待焊料全部熔化后,便可移开感应线圈或焊件。

7.6.5 脉冲加热焊

脉冲加热焊是以脉冲电流的方式,通过加热器,在很短的时间内对焊点进行加热实现焊接的。脉冲加热焊的具体方法:在焊接前,首先利用电镀或其他方法在焊点位置加上焊料,然后通以脉冲电流,进行短时间的加热,一般以1s左右为宜,在加热的同时需要加压,从而完成焊接。

脉冲加热焊可以准确地控制时间和温度,焊接的一致性好,不受操作人员熟练程度的影响,适用于小型集成电路的焊接,如电子手表、照相机等高密度焊点的电子产品,即不易使用电烙铁和助焊剂的产品。

7.7 无锡焊接

无锡焊接是焊接技术的一个组成部分,包括接触焊、熔焊等。无锡焊接的特点是不需要焊料和助焊剂即可获得可靠的连接,因而解决了清洗困难和焊接面易氧化的问题,在电子产品装配中得到了一定的应用。

7.7.1 接触焊

接触焊有压接、绕接和穿刺焊接等。这种焊接技术是通过对焊件施加冲击、强压或扭曲,使接触面发热,界面原子相互扩散渗透,形成界面化合物结晶体,从而将焊件焊接在一起的焊接方法。

1. 压接

借助机械压力,使两个或两个以上的金属物体发生塑性变形而形成金属组织一体化的结合方式称为压接,它是电线连接的方法之一。压接的具体方法是,先除去电线末端的绝缘包皮,并将它们插入压线端子,用压接工具给端子加压进行连接。压线端子用于导线连接,有多种规格可供选用。

压接具有如下特点。

(1) 压接操作简便,不需要熟练的技术,任何人、任何场合均可进行操作。

(2) 压接不需要焊料与助焊剂,不但节省焊接材料;而且压接点清洁无污染,省去了焊接后的清洗工序;也不会产生有害气体,保证了操作人员的身体健康。

(3) 压接电气接触良好,耐高温和低温,压接点机械强度高,一旦压接点损伤,维修也很方便,只需剪断导线,重新剥头后重新压接即可。

(4) 压接应用范围广,除可用于铜、黄铜的连接外,还可用于镍、镍铬合金、铝等多种金属导体的连接。

压接虽然具有很多优点,但也存在不足之处,如压接点的接触电阻较大,手工压接时有一定的劳动强度,质量不够稳定等。

2. 绕接

绕接是利用一定的压力,把导线缠绕在接线端子上,使两金属表面原子层产生强力结合,从而达到机械强度和电气性能均符合要求的连接方式。

绕接具有如下特点。

(1) 绕接的可靠性高。

(2) 绕接不使用焊料和助焊剂,因此不会产生有害气体污染空气,避免了助焊剂残渣引起的对印制电路板或引线的腐蚀,省去了清洗工序,同时节省了焊料、助焊剂等材料,提高了劳动生产率,降低了成本。

(3) 绕接不需要加温,故不会产生热损伤。

(4) 绕接的抗振能力比锡钎焊的抗振能力强 40 倍。

(5) 绕接的接触电阻比锡钎焊的接触电阻小,绕接的接触电阻在 1mΩ 以内,锡钎焊的接触电阻约为数毫欧。

(6) 绕接操作简单,对操作人员的技能要求较低;锡钎焊对操作人员的技能要求较高。

3. 穿刺焊接

穿刺焊接适用于以聚氯乙烯为绝缘层的扁平线缆和接插件之间的连接。先将连接的扁平线缆和接插件置于穿刺机上下工装模中,再将芯线的中心对准插座簧片中心缺口,最后将上工装模压下施行穿刺,插座簧片穿过绝缘层,在下工装模的凹槽作用下将芯线夹紧。

7.7.2 熔焊

熔焊是靠加热被焊金属,使之熔化产生合金而焊接在一起的焊接技术。由于它不用焊料和助焊剂,因此焊点清洁、电气和机械连接性能良好,但是所用的加热方法必须迅速,以限制局部加热范围而不至于损坏元器件或印制电路板。

1. 电阻焊和锻接焊

电阻焊是指焊接时把被焊金属部分在一对电极的压力下夹持在一起,通过低压强电流脉冲,在导体金属相接触部位通过强电流产生高温而熔合在一起。电阻焊一般用于元器件制造过程中内部金属之间或与引出线之间的连接。

锻接焊是指把要连接的两部分金属放在一起,但留出小的空气隙,被焊的两部分金属与电极相连。用电容器通过气隙放电产生电弧,加热表面,当接近焊接温度时,使两者迅速靠在一起而熔合成一体。锻接焊适用于高导电性金属的连接。

2. 激光焊接

激光焊接是近几年发展起来的新型熔焊工艺,它可以焊接从几微米到 50mm 的工件。激光焊接的优点是焊接装置与焊件之间无机械接触;可焊接焊接装置与焊件之间难以接近的部位;能量密度大,适用于高速加工;可对带绝缘的导体直接进行焊接;可对异种金属进行焊接。

3. 电子束焊接

电子束焊接也是近几年发展起来的新颖、高能量密度的熔焊工艺。它利用定向高速运行的电子束撞击焊件后将部分动能转化为热能来使焊件表面熔化,达到焊接的目的。

4. 超声焊接

超声焊接也是熔焊工艺的一种,适用于塑性较小的零件的焊接,特别是能够实现金属与塑料的焊接。超声焊接的基本原理是超声振荡变换成焊件之间的机械振荡,从而在焊件之间产生交变的摩擦力,这一摩擦力在焊件的接触处可引起一种导致塑性变形的切向应力。随着变形接触面之间的温度升高,焊件原子间的结合力相互晶化,从而达到焊接的目的。

7.8 实训项目——电子焊接技术训练

1. 实训目的

(1) 掌握电烙铁焊接的基本技能,为顺利进行后续实训做准备。

(2) 掌握多股线及电子元器件的焊接与拆焊。

2. 实训要求

(1) 在实验板上,用多股导线进行 200 个焊点的焊接练习。

(2) 在实验板上,通过焊接完成元器件的立式和卧式安装。

(3) 练习拆焊元器件。

按照焊接步骤及工艺要求进行电子线路的焊接与拆焊练习。

焊接要求如下。

(1) 焊点的焊料要适量。

(2) 焊点圆滑光亮,不应有凹凸不平、毛刺、拉尖等。

(3) 焊点表面要保持清洁。

(4) 对于导线焊接,在焊接时不要烫伤绝缘层。

3. 实训材料

电烙铁 1 把,烙铁架 1 个,尖嘴钳 1 把,斜口钳 1 把,剥线钳 1 把,镊子 1 把,多股导线若干,电阻器、电容器、晶体管若干,焊锡丝若干,实验板 1 块等。

4. 焊接原理简述

目前,电子元器件的焊接主要采用锡焊技术。锡焊技术采用以锡为主的锡合金材料作为焊料,在一定温度下焊锡熔化,金属焊件与锡原子之间相互吸引、扩散、结合,形成润湿的结合层。从外表看来,印制电路板铜箔及元器件引线都是很光滑的,实际上它们的表面都有很多微小的凹凸间隙,熔流态的焊料借助毛细管吸力沿焊件表面扩散,形成焊料与焊件的润湿,把元器件与印制电路板牢固地黏合在一起,而且具有良好的导电性能。

5. 实训注意事项

(1) 电烙铁使用前的检查。检查电烙铁是否是好的、安全的,烙铁头是否氧化,如果有问题,则必须进行处理。

(2) 使用中的电烙铁必须放置在烙铁架中。

(3) 不准甩动使用中的电烙铁,以免锡珠溅伤他人。

(4) 多股线和电阻器、电容器等其他电子元器件的焊接过程应尽可能缩短,以防元器件和导线(绝缘层)因过热而受损。

(5) 在焊锡未能完全固化时,不能移动焊件的引脚,以免造成虚焊。

(6) 注意用电安全和工具使用安全。

6. 思考题

(1) 对手工焊接的焊点有哪些要求?手工焊接的基本步骤是什么?烙铁头的撤离方向和焊点上的焊料量有何关系?

(2) 什么叫虚焊?造成虚焊的原因主要有哪些?

(3) 焊接印制电路板常用哪种焊料和助焊剂?焊料质量对焊点有何影响?如何清除多余的助焊剂?

(4) 使用电烙铁的注意事项是什么?

第8章 表面安装技术

表面安装技术（Surface Mounting Technology，SMT）是一种将无引脚或引脚极短的片状器件（也称 SMD），以及其他适合表面贴装的电子元件（SMC）直接贴、焊到印制电路板或其他基板表面的安装技术。SMT 打破了在印制电路板上"通孔"安装元器件后焊接的传统工艺。目前，SMT 已在计算机、通信、工业生产等多个领域得到了广泛应用。

8.1 SMT 概述

8.1.1 SMT 的发展历史

SMT 是由组件电路的制造技术发展起来的，其发展主要历经了以下 3 个阶段。

(1) 第一阶段(1970—1975 年)：SMT 的主要技术目标是把小型化的片状元器件应用到混合电路(我国称为厚膜电路)的生产制造中。从这个角度来说，SMT 对集成电路的制造工艺和技术发展做出了重大贡献；同时，SMT 开始大量应用在民用的石英电子表和电子计算器等产品中。

(2) 第二阶段(1976—1985 年)：SMT 在这个阶段促使电子产品迅速小型化、多功能化，开始广泛用于摄像机、耳机式收音机和电子照相机等产品中；同时，用于表面装配的自动化设备被大量研制和开发出来，片状元器件的安装工艺和支撑材料也已经成熟，为 SMT 的下一步发展奠定了基础。

(3) 第三阶段(1986 年至今)：SMT 的主要目标是降低成本，进一步改善电子产品的性价比。随着 SMT 的成熟，工艺可靠性的提高，军用和民用(汽车、计算机、通信设备及工业设备)领域的电子产品迅速发展，同时大量涌现的自动化表面装配设备及工艺手段使片状元器件在印制电路板上的使用量高速增长，加速了电子产品总成本的下降。

8.1.2 我国 SMT 的发展

在我国国内，对 SMT 的研究应用也有将近 40 年的历史。前期，SMT 元器件主要作为 HIC(混合集成电路)的外贴元器件使用；20 世纪 80 年代，随着消费类、投资类电子整机产品生产线的引进，特别是当时正值彩色电视机生产线大量引进，电子调谐器作为应用 SMT 的典型产品开始在国内生产，SMT 生产设备被成套购入。据不完全统计，2000 年，国内有 40 多家企业从国外引进了 SMT 生产线，共 4000～5000 台元器件贴装机，不同程度地采用了 SMT。

8.1.3　SMT 的发展趋势

SMT 总的发展趋势是元器件越来越小，安装密度越来越高，安装难度也越来越大。最近几年，SMT 又进入了一个新的发展高潮。为适应电子整机产品向短、小、轻、薄方向发展，出现了多种新型封装的 SMT 元器件，并引发了生产设备、焊接材料、贴装和焊接工艺的变化，推动电子产品制造技术迈向更新的阶段。

当前，SMT 在以下 4 方面取得了新的进展。

（1）元器件体积进一步小型化。在大批量生产的微型电子整机产品中，0201 系列元器件（外形尺寸为 0.6mm×0.3mm）、窄引脚间距达到 0.3mm 的 QFP 或 BGA、CSP 和 FC 等新型封装的大规模集成电路已经大量采用。

（2）无铅焊接以利于环保。为减少重金属对环境和人体的危害，日本已经率先研制出无铅焊接的材料和方法，其他发达国家也在加紧研究，其中涉及的技术、材料、设备及工艺对我国电子产品加工制造企业将是严峻的挑战。

（3）进一步提高 SMT 产品的可靠性。面对微小型 SMT 元器件被大量采用及无铅焊接技术的应用，在极限工作温度和恶劣的环境下，采取措施消除因为元器件的线膨胀系数不匹配而产生的应力，避免这种应力导致印制电路板开裂或内部断线、元器件焊点损坏。

（4）新型生产设备的研制。在 SMT 电子产品的大批量生产过程中，锡膏印刷机、贴片机和再流焊设备是不可或缺的。近年来，各种电子产品生产设备正朝着高密度、高速度、高精度和多功能方向发展，在生产中，高分辨率的激光定位系统、光学视觉识别系统、智能化质量控制系统等得到了广泛应用。

8.1.4　SMT 的优点

SMT 使用小型化的元器件，不需要通孔，直接贴在印制电路板表面，其优点如下。

1. 组装密度高

SMT 采用了 SMD 及 SMC，所占面积和质量比传统通孔插装组件明显减小。另外，没有印制电路板带孔的焊盘，线条可以做得很细，因而印制电路板上元器件的密度可以做得很高，还可以将印制电路板多层化。与通孔技术相比，其体积缩小了 30%～40%，质量也减轻了 10%～30%。

2. 生产效率高

SMT 无须在印制电路板上打孔，无须进行孔的金属化，元器件无须预成型。与传统的安装技术相比，SMT 减少了多道工序，不但节约了材料，而且节约了工时，也更适合自动化大规模生产。

3. 可靠性高

片状元器件无引线或引线极短，体积小，中心低，直接贴焊在印制电路板的表面，抗振能力强，可靠性高，采用了先进的焊接技术，使焊点缺陷率大大降低，一般不良焊点率低于十万分之一,比通孔插装组件波峰焊低一个数量级。

4. 产品性能好

无引线或短引线元器件的电路寄生参数小、噪声小,特别是减小了印制电路板高频分布参数的影响。安装的印制电路板的尺寸变小,使信号的传送距离变短,提高了信号的传输速度,改善了高频特性。

5. 便于自动化生产

SMT 可以进行计算机控制,整个 SMT 程序都可以自动进行,生产效率高,而且安装的可靠性也大大提高,适用于大批量生产。

6. 降低成本

印制电路板使用面积减小;频率特性提高,降低了电路调试费用;片状元器件体积小、质量轻,降低了包装、运输和储存费用;片状元器件发展速度快,成本迅速下降。

8.2 表面安装元器件

表面安装元器件又称无端子元器件,问世于 20 世纪 60 年代,人们习惯上把表面安装的无源器件(如片式电阻器、电容器、电感器)称为 SMC(Surface Mounted Component,表面贴装元件),而将有源器件[如小型晶体管 SOT 及四方扁平组件(QFT)]称为 SMD(Surface Mounted Devices,表面贴装器件)。无论是 SMC 还是 SMD,其在功能上都与传统插装元器件相同,但其具有体积明显减小、高频特性明显提高、形状标准化、耐振动、集成度高等优点,是传统插装元器件所无法比拟的,从而极大地促进了电子产品向多功能、高性能、微型化、低成本方向发展。SMT 的发展在很大程度上也得益于表面安装元器件的普及。

8.2.1 表面安装电阻器

表面安装电阻器按特性及材料分类,有厚膜电阻器、薄膜电阻器和大功率线绕电阻器;按外形结构分类,有矩形片式电阻器和圆柱形电阻器。

1. 矩形片式电阻器

矩形片式电阻器的结构如图 8-1 所示。根据制造工艺不同,矩形片式电阻器可以分为薄膜型(RK 型)和厚膜型(RN 型)两种。薄膜型电阻器是在基板上喷射一层镍铬合金而成的,其性能稳定,阻值精度高,但价格较高。厚膜型电阻器是在扁平的高纯度 Al_2O_3 基板上印刷一层二氧化钌浆料,烧结后经光刻而成的,其成本比薄膜型电阻器的成本低,性能也相当优良,因此实际应用非常广泛。

2. 圆柱形电阻器

圆柱形电阻器即金属电极无引脚端面元件(Metal Electrode Leadless Face),简称 MELF 电阻器,其结构如图 8-2 所示。圆柱形电阻器在结构和性能上与分立元件有通用性、继承性,在制造设备和制造工艺上也存在共同性。加之其具有包装和使用方便、装配密度高、噪声电平和三次谐波失真较低等特点,该电阻器应用十分广泛。目前,圆柱形电阻器主要有碳膜 ERD 型、高性能金属膜 ERO 型和跨接用 0Ω 电阻器 3 种。

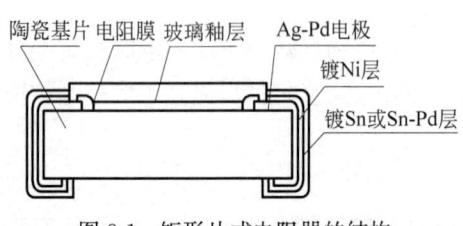

图 8-1　矩形片式电阻器的结构

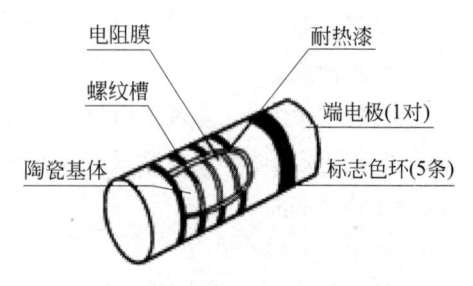

图 8-2　圆柱形电阻器的结构

8.2.2　表面安装电位器

表面安装电位器又称片式电位器(Chip Potentiometer)，其结构如图 8-3 所示。片式电位器包括片状、圆柱状、扁平矩形等多种类型，主要采用玻璃釉作为电阻体材料，其特点是体积小、质量轻、高频特性好、阻值范围宽、温度系数低等。

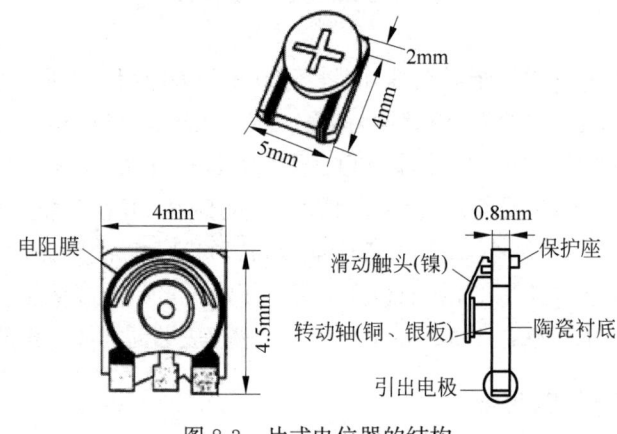

图 8-3　片式电位器的结构

8.2.3　表面安装电容器

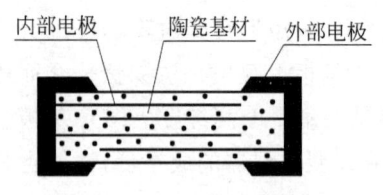

图 8-4　矩形电容器的结构

表面安装电容器的种类繁多，目前生产和应用较多的主要有瓷片电容器和钽电解电容器两种。其中，瓷片电容器的占有量约为 80%。

瓷片电容器又分为矩形和圆柱形两种类型。圆柱形电容器是单层结构，生产量较小；矩形电容器大多数为叠层结构，如图 8-4 所示。

8.2.4　表面安装电感器

表面安装电感器除与传统的插装电感器有相同的扼流、滤波、调谐、退耦、延迟、补偿等功能外，还特别在 LC 调谐器、LC 滤波器及 LC 延迟器等多功能器件中发挥作用。表面安装电感器按结构和制造工艺的不同可以分为线绕型和叠层型两种。

1. 线绕型电感器

线绕型电感器是一种小型的通用电感器,是在一般线绕电感器的基础上改进而来的,其结构如图8-5所示,电感是由铁氧体线圈架的磁导率和线圈数决定的。它的优点是电感范围宽、精度高;缺点是它是开磁型结构,易漏磁,体积比较大。

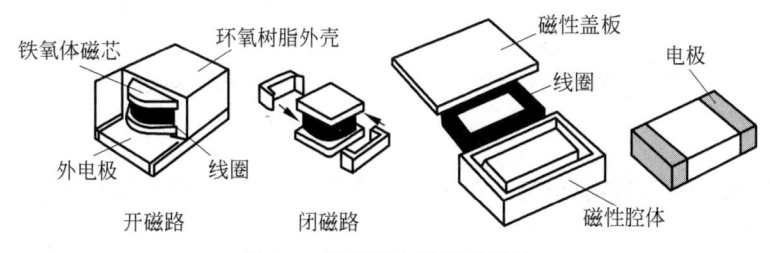

图8-5 线绕型电感器的结构

2. 叠层型电感器

叠层型电感器由铁氧体浆料和导电浆料相间形成叠层结构,经烧结形成,它的结构如图8-6所示。它的结构特点是闭环磁路,具有没有漏磁、耐热性好、可靠性高、体积小等优点,适用于高密度的表面组装,但它的 Q 值较小,电感也较小。

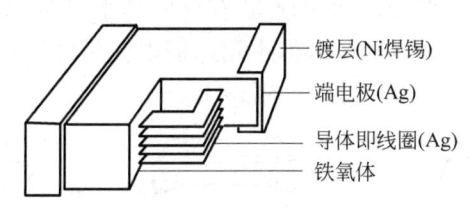

图8-6 叠层型电感器的结构

8.2.5 表面安装二极管

表面安装二极管有圆柱形和矩形片式两种封装形式。

1. 圆柱形封装

圆柱形封装形式是指将二极管芯片装入有内部电极的玻璃管内,两端装上金属帽作为正负极。

2. 矩形片式封装

矩形片式表面安装二极管的外形尺寸如图8-7所示。

图8-7 矩形片式表面安装二极管的外形尺寸

8.2.6 表面安装三极管

表面安装三极管主要采用塑料晶体管封装形式(SOT),SOT又可分为SOT23、SOT89、SOT252等具体封装形式,其中,SOT23一般用于小功率晶体管、场效应管、二极管和带电阻网络的复合晶体管,功耗为150~300mW。表面安装三极管的外形尺寸如图8-8所示。

SOT89封装表面安装三极管适用于较大功率场合,该封装形式三极管的发射极、基极和集电极是从封装的一侧引出的,封装底面有散热片,与集电极连接,晶体管芯片粘贴在较大的铜片上,以增强其散热能力,它的功耗为300mW~2W。

(a) SOT23封装表面安装三极管　　(b) SOT89封装表面安装三极管

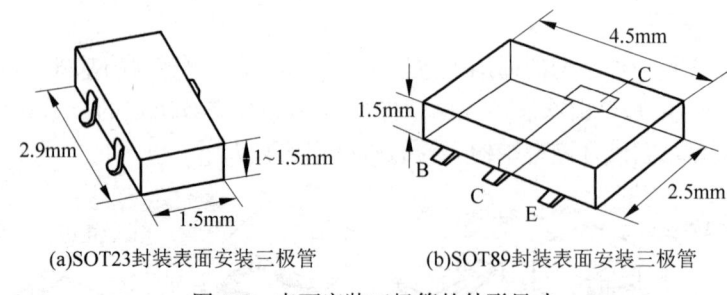

图 8-8　表面安装三极管的外形尺寸

SOT252 封装表面安装三极管一般用于大功率器件、达林顿晶体管、高反应晶体管,其功耗为 2~50W。

8.2.7　表面安装集成电路

表面安装集成电路有多种封装形式,有小外形封装(SOP)、塑料有引线芯片载体(PLCC)封装、方形扁平式封装芯片载体(QFP)封装等。

1. SOP

SOP 的引线在封装体的两侧,引线的形状有翼形、J 形、I 形,如图 8-9 所示。翼形 SOP 的焊接比较容易,生产和测试也较方便,但占用印制电路板的面积大。J 形 SOP 的引线可节省较多的印制电路板面积,从而可提高装配密度。

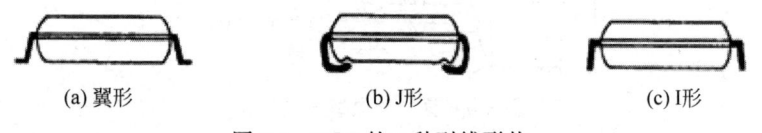

(a) 翼形　　(b) J形　　(c) I形

图 8-9　SOP 的 3 种引线形状

2. PLCC 封装

PLCC 封装的形状有正方形和长方形两种,引线在封装体的四周且用向下弯曲的 J 形引线,如图 8-10 所示。采用这种封装形式可节省印制电路板的面积,但检测较困难。这种封装形式一般用在计算机、专业集成电路、门阵列电路等处。

3. QFP 封装

QFP 封装的形状也有正方形和长方形两种,如图 8-11 所示,其引线形状也有翼形、J 形、I 形 3 种。

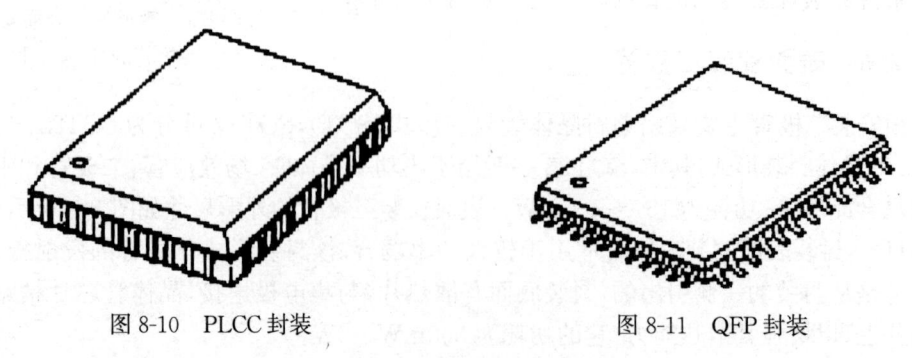

图 8-10　PLCC 封装　　　　图 8-11　QFP 封装

8.3 表面安装材料

表面安装材料包括元器件制造材料、焊接材料及清洗材料等。下面主要介绍几种焊接材料和清洗材料。

1. 黏合剂

表面安装的焊接方式主要有波峰焊和再流焊两种。对于波峰焊,由于焊接时元器件位于印制电路板的下方,因此必须使用黏合剂来固定;对于再流焊,由于漏印在印制电路板上的焊锡膏可以黏住元器件,因此不需要使用黏合剂。

(1) 黏合剂的分类。

常用的黏合剂可从以下 3 方面进行分类。

① 按材料分:环氧树脂、丙烯酸树脂及其他聚合物黏合剂。

② 按固化方式分:热固化、光固化、光热双固化及超声波固化黏合剂。

③ 按使用方法分:丝网漏印、压力注射、针式转移黏合剂。

(2) 特性要求。

SMT 除了对黏合剂有一定的要求,还有如下特性要求。

① 快速固化,固化温度<150℃,固化时间≤20min。

② 触变特性好。触变特性是指胶体物质的黏度随外力的作用而改变的特性。触变特性好是指黏合剂受外力作用时,黏度降低,从而有利于通过丝网网眼;外力去除后,黏度升高,保持形状不漫流。

③ 耐高温,能承受焊接时 240～270℃ 的温度。

④ 化学稳定性和绝缘性好,要求体积电阻率≥$10^{13}\Omega \cdot cm$。

2. 焊锡膏

对于 SMT,再流焊要使用焊锡膏,焊锡膏由焊料合金粉末和助焊剂组成,简称焊膏。焊膏必须有足够的黏度,可以将 SMT 元器件黏附在印制电路板上,直到开始进行再流焊。一般焊膏的选用依照下面几个特征进行。

(1) 焊膏的活性由印制电路板的表面清洁度及 SMC/SMD 保鲜度来确定,一般可选用中活性,必要时选择高活性或无活性级、超活性级。

(2) 焊膏的黏度根据涂覆法选择,一般液料分配器用 100～200Pa·s 焊膏,丝印用 100～300Pa·s 焊膏,漏模板印刷用 200～600Pa·s 焊膏。

(3) 焊料粒度由图形决定,图形越精细,焊料粒度越高。

(4) 双面焊接时,两面所用焊膏熔点应相差 30～40℃。

(5) 含有热敏感元器件时应用低熔点焊膏。

3. 清洗剂

印制电路板在经过焊接后,表面会留有各种污物,为防止由于污物腐蚀而引起电路失效,必须进行清洗,将污物去除。目前,常用的清洗剂有两类:CFC113(三氟三氯乙烷)和甲基氯仿。在实际使用时,往往还需要加入乙醇酯、丙烯酸酯等稳定剂,以改善清洗剂的性能。

8.4　SMT 工艺流程

在目前的实际应用中，SMT 有两种最基本的工艺流程，一类是焊膏（再流焊）工艺流程；另一类是贴片胶（波峰焊）工艺流程。在实际生产中，应根据所用元器件和生产装备的类型及产品的需求，采用或重复采用单一工艺流程、混合或重复采用两种工艺流程。

1. 再流焊工艺流程

再流焊工艺流程如图 8-12 所示，其特点是简单、快捷，有利于缩小产品体积。

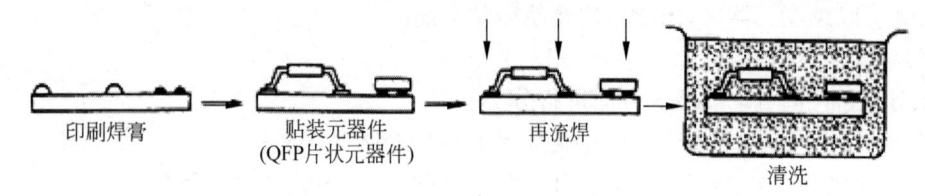

图 8-12　再流焊工艺流程

2. 波峰焊工艺流程

波峰焊工艺流程如图 8-13 所示。该工艺流程的特点是利用双面板空间，电子产品的体积可以进一步减小，而且仍使用通孔元器件，价格低廉，但使用的设备数量增多。波峰焊工艺流程中的缺陷较多，难以实现高密度组装。

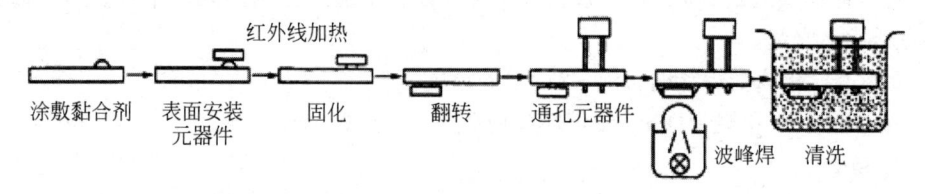

图 8-13　波峰焊工艺流程

若将上述两种工艺流程混合与重复，则可以演变成多种工艺流程供电子产品组装使用，如混合安装。

3. 混合安装

混合安装工艺流程的特点是充分利用印制电路板双面空间，是实现安装面积最小化的方法之一，并仍保留通孔元器件价廉的优点，多用于消费类电子产品的组装。

4. 双面均采用再流焊工艺

双面均采用再流焊工艺的特点是能充分利用印制电路板的空间，并实现安装面积最小化，但其工艺控制复杂，要求严格，常用于密集型或超小型电子产品。

5. 再流焊与波峰焊的比较

再流焊与波峰焊相比，其具有如下一些特点。

(1) 再流焊不直接把印制电路板浸在熔融焊料中，因此元器件受到的热冲击小。

(2) 再流焊仅在需要部位施放焊料。

(3) 再流焊能控制焊料的施放量，避免了桥接等缺陷。

(4) 焊料中一般不会混入不纯物,使用焊膏时能正确地保持焊料的组成。

(5) 当 SMD 的贴放位置发生偏离时,由于熔融焊料表面张力的作用,只要焊料的施放位置正确,就能自动校正偏离,使元器件固定在正常位置。

8.5 实训项目——SMT 应用:网线测试器的制作

1. 实训目的

(1) 学习现代电子制造技术(SMT)的基础知识。
(2) 学习表面安装元器件的基础知识。
(3) 掌握 SMT 的工艺流程。
(4) 掌握 SMT 工艺产品的检修方法。

2. 实训要求

(1) 操作过程准确、规范、合理。
(2) 元器件安装准确。
(3) 调试检验过程规范、合理。
(4) 制作的网线测试器性能良好。

3. 实训材料

半自动印刷机、热风回流焊锡机、手动贴片台、放大镜台灯、IC 贴片机、锡膏搅拌机、料架、点胶机、高倍显示检测机、热风预热台、返修工作台、维修系统、计算机。

4. 网线测试器简介

(1) 网线测试器的特点。
- 主要采用常用 CMOS 集成电路 4017 和 555 进行设计,电路简单、工作可靠、省电。
- 主、副机分离,方便工程现场使用。
- 采用 SMD 制造,外形小巧,便于随身携带。
- 电源为 5~15V。

(2) 网线测试器的工作原理。

大多数局域网使用非屏蔽双绞线 UTP 作为布线的传输介质来组网。网线由一定长度的双绞线与两个 RJ-45 水晶头组成。双绞线由 8 根不同颜色的线分成 4 对绞合在一起。由图 8-14 可知,本电路整体上分为主机电路和副机电路两部分。主机电路中的 1~8 接线端和副机电路中的 1~8 接线端分别对应连接到被测网线的两个 RJ-45 水晶头。副机电路采用发光二极管 VD_{21}~VD_{28} 和 8 个普通二极管 D_{31}~D_{38} 组合而成,主要用于配合主机电路工作。

PCB(印制电路板)元件安装图如图 8-15 所示,元器件清单如表 8-1 所示。网线测试器的工作原理如下。

接通电源后,555 通电工作,产生方波,VD_9 闪亮。方波上升沿触发 CD4017 的 CLK 端,因 CD4017 的 13 脚接地时,各 Q 端有译码输出。而输出端(Q_0~Q_9)只有一个高电平循环出现,其余均为低电平。由如图 8-14 所示的电路可知,构成如下回路:VD_1→第一根被测网线→副机电路中的 VD_{21}~VD_{28} 和 D_{31}~D_{38} 之一→另一根被测网线→主机电路中的 D_{11}~D_{18} 之一。这样,如果主机电路中的 VD_1 点亮,副机电路中的 VD_{21} 也点亮,则表示第一根被测网线为"通",其他类同。在对网线进行检测时,如果 $VD_1 \sim VD_8$ 有不亮者,则表示此路不通。在测量直通线的情况下,如果 $VD_{21} \sim VD_{28}$ 非顺序点亮,则表示线序有误。当保持开机状态时,该测试仪将会不断地对网线进行自动重复测试。

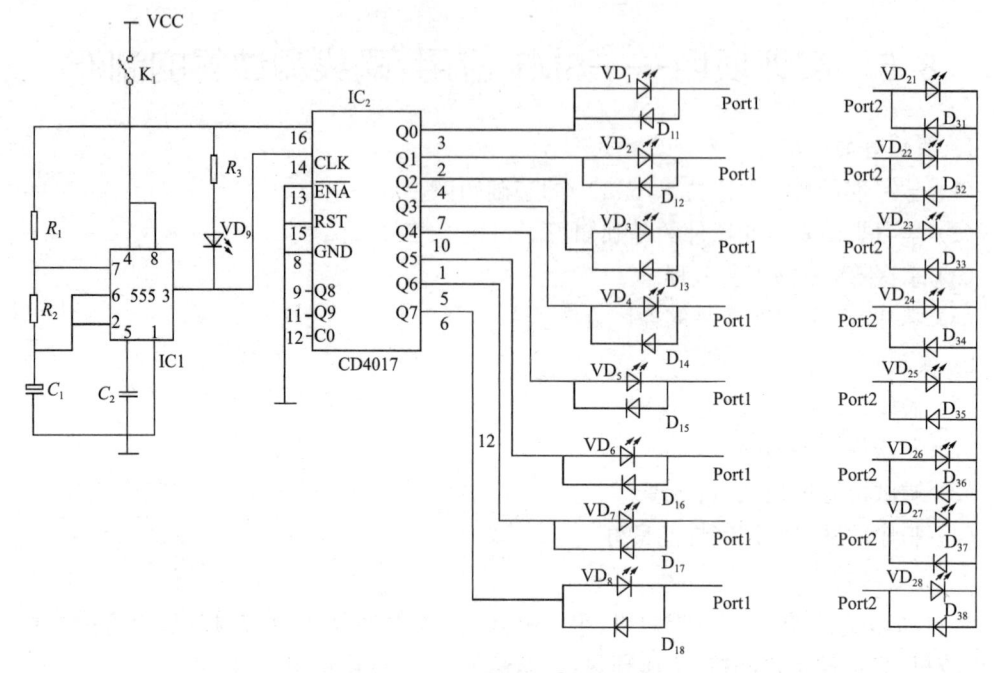

图 8-14　网线测试器电路原理图

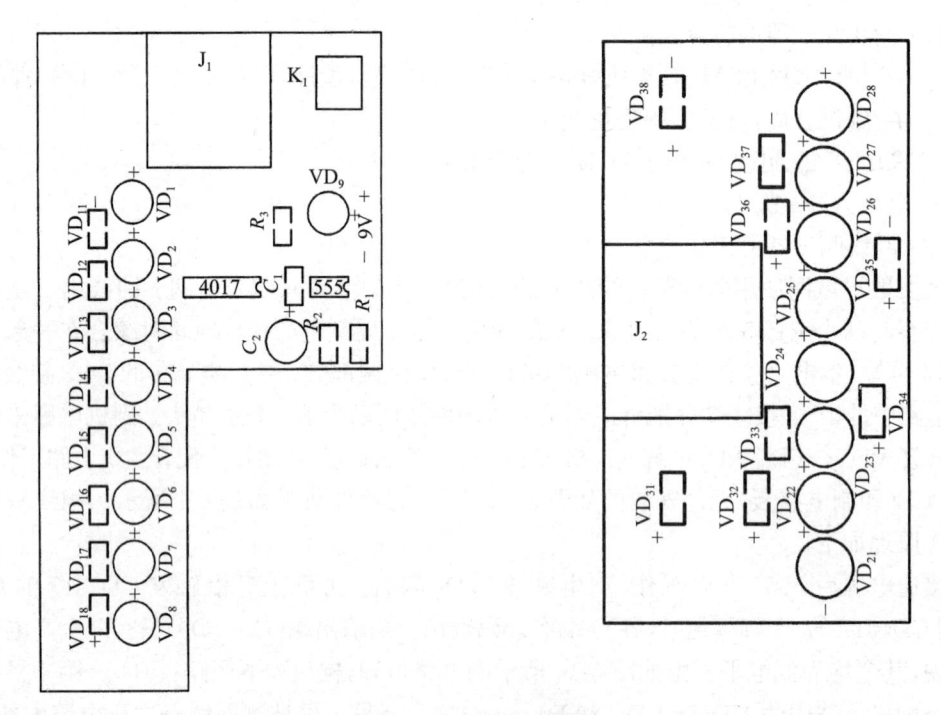

图 8-15　PCB 元件安装图

表 8-1　元器件清单

名称	代号	型号、规格	封装形式
电阻器	R_1	15kΩ	0805
电阻器	R_2	68kΩ	0805
电阻器	R_3	100Ω	0805
电容器	C_1	0.1μF	0805
电容器	C_2	10nF	直插
集成电路	—	555	SO8
集成电路	—	CD4017	SO16
二极管	$D_{11} \sim D_{18}$, $D_{31} \sim D_{38}$	4148	0805
发光二极管	VD_1、VD_3、VD_5、VD_7、VD_9、VD_{21}、VD_{23}、VD_{25}、VD_{27}	φ3mm,红色	直插
发光二极管	VD_2、VD_4、VD_6、VD_8、VD_{22}、VD_{24}、VD_{26}、VD_{28}	φ4mm,绿色	直插
开关	K_1	—	双列直插
插座	S_1、S_2	RJ-45	直插
电池扣	—	—	外接线

5. 实训步骤

本实训工艺流程如图 8-16 所示,主要按以下 5 个步骤开展。

(1) 技术准备。

① SMT 基础知识,包括 SMC 及 SMD 的特点和安装要求、SMB 设计及检验等基础知识、SMT 工艺过程及设备。

② 网线测试器的工作原理。

③ 网线测试器的结构及安装要求。

(2) 安装前检查。

① PCB。检查 PCB 的图形是否完整,有无短路、断路缺陷,孔位及尺寸,表面是否涂覆(阻焊层)。

② 外壳及结构件。按照元器件清单检查元器件的品种、规格及数量,检查元器件外壳有无缺陷及外观损伤。

③ THT 元器件检测。检测电位器阻值调节特性,检测二极管、电解电容器、插座、开关的好坏等。

(3) 表面安装及焊接。

① 丝印焊膏,并检查印制情况。

② 按工序流程贴片安装。

顺序: $D_{31} \sim D_{38}$, $D_{11} \sim D_{18}$, R_1, R_2, R_3, C_1, 555, CD4017。

注意: a. SMC 和 SMD 不得用手拿取。

b. 用镊子夹持元器件时不可夹到引线。

c. 集成电路标记方向。

d. 贴片电容器表面没有标记，一定要保证准确地贴到指定位置。

③ 检查贴片数量及位置。

④ 用回流焊机进行焊接。

⑤ 检查焊接质量并进行修补。

(4) 安装 THT 元器件。

① 安装电解电容器 C1(10μF)(要贴板安装)。

② 安装 RJ-45 水晶头 J_1、J_2(要贴板安装)。

③ 安装电源开关 K_1(注意方向)。

④ 安装发光二极管 VD_2(注意高度和极性)。

⑤ 焊接电源线的接线,注意正/负极连线的颜色。

(5) 调试及总装。

① 调试步骤。所有元器件焊接完成后进行目视检查。检查元器件的型号、规格、数量及安装位置和方向是否与图纸符合；检查焊点有无虚焊、漏焊、桥接、飞溅等缺陷。

② 测总电流(主机)。检查无误后,在电源开关断开的状态下,将 9V 电池装到电池扣中,用万用表 DC 500mA 跨接在开关两端测量电流。

正常电流应为 5~150mA(当 VD9 导通发光时,电流最大),并且发光二极管正常闪烁。

注意：如果电流为零或超过 200mA,则应检查电路元器件是否安装正确；测量电流时仅测量主机电路,不连副机电路。

③ 功能测试。通过网线连接主机电路和副机电路,正常情况应是随着 VD_9 的闪烁,主机电路从 VD_1 到 VD_8 顺序闪烁一次,与其相对应的是副机电路的 VD_{21}~VD_{28} 也跟着闪烁。也就是说,当 VD_1 发光时,VD_{21} 同时发光；下一个信号脉冲到来,VD_2 和 VD_{22} 同时发光；顺序下去,一直到 VD_8 和 VD_{28} 同时发光。如果中间有不发光的,则表明该条网线未导通。

④ 总装步骤。

- 固定 SMB、装外壳。
- 将外壳表面板平放到桌面上(注意不要划伤面板)。
- 将 PCB 对准位置放入壳内。

注意：a. 对准发光二极管的位置,若偏差过大,则必须重焊。

b. 4 个孔与外壳螺柱的配合。

c. 电源线的走向不要妨碍机壳装配。

- 安装后盖上的两个螺钉。

⑤ 总装后的检查。总装完毕,装入电池,插入网线进行检查,要求如下。

- 电源开关手感良好。
- 发光二极管能露出一点,且位置基本一致。
- 功能正常。

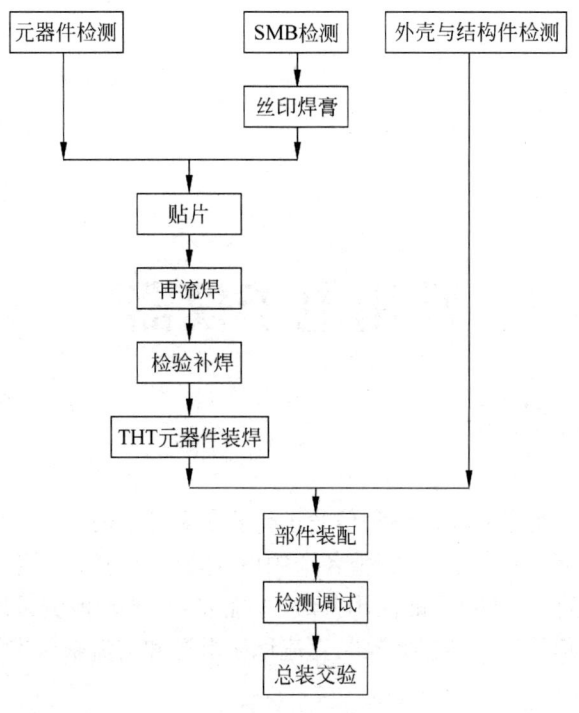

图 8-16 本实训工艺流程

6. 思考题

(1) 表面安装元器件有哪些特点？说明 SMC、SMD 的含义。

(2) SMT 的主要优点是什么？简述手工 SMT 工艺流程。

第9章 常用电子仪器

电子仪器是指利用电子技术对各种信号进行测量和分析时所使用的设备。随着电子技术的发展,在生产、科研、教学试验及其他各个领域,越来越广泛地要用到各种各样的电子仪器,只有熟练地掌握这些电子仪器的使用方法,才能安全、准确地测量出所需数据。常用电子仪器主要包括函数信号发生器、示波器、直流稳压电源和交流毫伏表等。

9.1 常用电子仪器的使用注意事项

要正确地使用电子仪器,必须了解电子仪器的相关常识和规则,如果不遵守这些规则,则并不一定会导致错误,而是只在某些场合或某些情况下才会得到明显的错误结果。这也往往使得一些人误认为这些规则或常识似乎不是那么严格或有用,特别是对于实践经验不足的初学者更是如此。下面就电子仪器使用中应该了解的一些常识和注意事项进行解释与说明。

9.1.1 关于电子仪器的阻抗

作为信号源一类的电子仪器,其输出阻抗都是很低的,通信系列的电子仪器(如高频信号发生器等)的输出阻抗的典型值是 50Ω,电视系列的电子仪器(如扫频仪和电视信号发生器)的输出阻抗的典型值是 75Ω。虽然有的低频信号发生器也有几百欧姆输出阻抗的输出端子,但是作为电压输出端子,其输出阻抗一般不会超过 $1k\Omega$(低频信号发生器的功率输出端子除外)。之所以信号源的输出阻抗一般都很低,是因为信号源是用来产生信号的。在测量过程中,信号发生器将信号耦合到被测电路中,如果信号源的阻抗很低,就很容易将信号源产生的信号耦合到输入阻抗较高的被测电路中。另外,对于高频测量,由于通信设备和电视设备射频输入端的阻抗分别是 50Ω 与 75Ω,因此将电子仪器的输出阻抗设定为 50Ω 与 75Ω 即可满足所要求的阻抗匹配。

一般在低频测量中,不一定要进行阻抗匹配,大多数情况是被测电路的输入阻抗比信号源的输出阻抗高得多,对信号源而言,往往可等效为开路输出(空载)。而在高频测量下,一般需要进行阻抗匹配,否则会由于反射波的影响造成耦合到被测电路中的信号幅值受馈线长短的影响,从而使耦合到被测电路输入端的信号幅值与信号源上的指示值不同,这就会造成测量结果不准确。当测量频率上升到几十兆赫兹甚至上百兆赫兹时,这种影响就会变得显著。

例如,对于扫频仪,当进行零分贝校正时,如果阻抗不匹配,则在频率较低的频段,屏幕上的扫描线是直的(不是指基线);但是在频率较高的频段,扫描线就会变得起伏不平。尤其在宽频带测量时,会带来较大的误差。

另外,信号源耦合到被测电路中的信号幅值在匹配和非匹配状态下是不同的,仪器面板上所指示的输出幅值一般要么是空载输出的幅值,要么是匹配输出的幅值,这可通过电子仪器使用说明书或实测来确定。如果被测电路的输入阻抗并不比信号源的输出阻抗高得多,也与信号源的输出阻抗不匹配,则不可以通过信号源的面板指示来确定耦合到被测电路中的信号幅值,而要通过实测来确定。

作为电压表(如晶体管毫伏表)或示波器一类的从被测电路中取得信号来测量的电子仪器,一般其输入阻抗都较高,典型值为 $1M\Omega$,有的(如示波器)还标有输入电容(如 25pF)。它们的输入阻抗之所以很高,是因为这样可以使得它们对被测电路的影响较小。但是,当被测电路的输出阻抗高到与它们的输入阻抗相近似时,电子仪器的输入阻抗对被测电路的影响就变得显著了,这时测量结果往往不准确。

对于电子仪器的输入电容,在低频情况下对测量没有较大的影响,但是在高频情况下就应给予关注。例如,用示波器直接测量一个没有经过缓冲的振荡器,由于示波器输入端的电容直接并联在被测振荡器中,因此会对振荡器的工作有影响,所得到的测量结果也就不准确了。

9.1.2 避免电子仪器损坏

在电子仪器的使用过程中,不正确的操作可能造成电子仪器损坏。

对于信号源一类的电子仪器,不能随便将其输出端短路。对于信号源,将其输出端短路一般并不会损坏电子仪器,但是也应该养成不随便将输出端短路的习惯。

实验室里使用的直流稳压电源一般都具有保护电路,短时间的短路通常并不会损坏电子仪器。但是,即使没有损坏,由于短路时直流稳压电源内部处于一种高功耗状态,时间长了也可能会出问题,尤其在散热不良时更是如此。对于功率输出的信号源或信号源的功率输出端子,更不能将其输出端短路,否则会损坏电子仪器。在使用中,不仅不能将其输出端短路,还不能过载使用(被测电路的阻抗过低)。

对于毫伏表或示波器一类的电子仪器,要注意耦合到其输入端的电压不能超过其最大允许值。不过这类电子仪器输入端的最大允许值往往较大,很少有耦合到其输入端的电压超过其输入端最大允许值的情况。但是对于频率计就不同了,很多频率计能够工作在 1000MHz 的频率上,而为了达到这么宽的频率范围,其前级放大电路中所使用的管子必须是高频小功率管,管子的耐压值不大,而由于某种原因要在高频段工作,因此不容易在其输入端设置保护电路(这会导致其工作频率下降),故只要在其输入端馈入稍高的电压(如十几伏甚至更低)就极易导致前级放大电路中的管子损坏,从而造成电子仪器损坏。

9.1.3 电子仪器外壳接地

很多电子仪器都有金属外壳,由于金属外壳本身就是一个导体,而且金属外壳的尺寸往往较大,因此它本身就是一个形状特殊的天线,容易接收空间的干扰电磁。通过金属外壳接收的干扰电磁会通过各种渠道耦合到电子仪器的电路中,造成电子仪器的输出不纯(造成干扰信号与有用信号混在一起输出)。为了避免这种干扰,有金属外壳的电子仪器一般都将金属外壳与电子仪器内部的地线连接起来,而电子仪器内部电路的地线又通过和被测电路连接的馈线与被测电路的地线相连,使得干扰被短路到地。但是,有的电子仪器的金属外壳并不与其内部的地线相连,如直流稳压电源,因为当将其输出电压作为正电源输出时,其负极应该与被测电路的地线相连;而当将其输出电压作为负电源输出时,其正极应该与被测电路的地线相连,这时,它的金属外壳就既不宜与输出端的正极相连,又不宜与输出端的负极相连。因此,直流稳压电源往往在仪器面板上设置一个地线端子,而这个地线端子既不与输出端的正极相连,又不与输出端的负极相连,它仅仅与电子仪器的金属外壳相连;在使用时,它应该与被测电路的地线相连。

在对整机进行测量时,往往需要同时用到很多电子仪器,工程上常采用将所有电子仪器的金属外壳都用导线连接起来的方法来防止电子仪器的金属外壳引入干扰电磁。电子仪器的金属外壳都连接起来以后,通过电子仪器与被测电路相连的馈线就可以将电子仪器的金属外壳与被测电路的地线连接起来,从而达到屏蔽的目的。

但是,如果不将电子仪器的金属外壳与被测电路的地线相连,那么也不一定会对测量结果有显著的影响。这要看是测量大信号还是小信号,因为电子仪器的金属外壳作为天线接收的空间电磁辐射的幅值毕竟很小,当被测电路输入端的信号幅值较大时(如几十毫伏或几百毫伏或更大),由电子仪器的金属外壳引入的干扰电磁就小得可以忽略不计,这时它对测量结果就没有什么影响了。但是,当被测电路输入端的信号幅值很小时,干扰电磁的影响就变得显著了,此时测量结果就会不准确。

9.1.4 探头与馈线

每个电子仪器都有自己的探头或馈线。有的电子仪器的探头里含有某种电路(如衰减器、检波器等),这种电子仪器的探头一般不能与其他电子仪器的探头互换。在低频测量中,探头或馈线的使用不那么严格;但在高频测量中,探头或馈线的使用就要严格得多。

关于电子仪器的探头和馈线,匹配问题是应关注的重点内容之一。例如,扫频仪的扫频输出端的馈线有两种:一种是没有匹配电阻的,另一种是有匹配电阻的。使用时,要根据被测电路的输入阻抗来确定选用何种馈线。对于任何电子仪器,在高频测量中,都不能用任意两根导线来代替匹配电缆。另外,有的馈线或探头的探针较短,这是因为高频测量中探头的探针不能过长,否则会影响测量结果,所以不可随意加长探头的探针。但在低频(如 1MHz 以内)测量中,探头的探针加长一些对测量结果的影响不大。

在稳压电源的使用中,其馈线就是一般导线。但是,如果用稳压电源给高频电路供电,则由于较长的导线在高频段呈现出较大的感抗,导致电源内阻增大(稳压电源的高频内阻本来就比低频内阻大得多,其内阻指标是指低频内阻)。为了减小馈线对电源实际内阻的影响,往往需要在被测电路的电源端并联去耦的小容量电容器。这对于要求稍高的电路(如较高频率稳定度的振荡器)是必需的。

9.2 直流稳压电源

1. 基本特性

可调式直流稳压电源通常有单路、双路或四路输出等几种,其输出电压为直流且连续可调。直流稳压电源电路由晶体管、集成运算放大器和带有温度补偿的基准电压管等组成,电路稳定性高、性能可靠。直流稳压电源的输出电流通常都有限额,一般都带有过流保护电路,以防过载和短路。

2. 使用方法

(1) 稳压稳流电源的使用。

对于稳压稳流电源,使用前根据所需电压选择好输出电压范围,同时将稳流调节旋钮调到最大,开机后将电压调节旋钮调至需要的电压值。

它作为恒流源使用时,可以任意设定限流保护点:打开电源,连接上适当的可变负载并调节负载电阻,使输出电流等于限流保护点的电流,调节稳流调节旋钮,使稳流指示灯处于临界状态,此时限流保护点就设置好了。

该类型电源具有稳压稳流功能,也具有限流保护功能。因此当输出发生短路时,应立即关掉电源,以免高功耗造成设备损坏,只有在将故障排除后才能开机。

(2) 具有短路和限流保护功能的电源的使用。

当外接负载超过限流保护点时,具有短路和限流保护功能的电源的输出电流被限制在限流保护点上。

在进行短路保护实验时,请用尽可能短的导线可靠地短路输出接线柱两端,否则可能引起内部电路的损坏。

(3) 双路输出直流稳压电源。

双路输出直流稳压电源有两路完全独立的输出,可分别为负载电路提供不同极性、不同幅值的电压。当需要正、负两组电压输出时,可把一路红接线柱(+端)与另一路黑接线柱(一端)连接并作为参考电平,此时可从另外两端分别获得正极性电压和负极性电压。

(4) 电压和电流显示。

双路输出直流稳压电源分别由电压表和电流表显示各路输出电压、电流。有些直流稳压电源的电压和电流指示采用一表多用的形式,通过按钮/开关选择显示哪路输出,显示输出电压或电流的数值。

(5) 两组电源的串接和并接。

双路输出直流稳压电源还可以通过按钮/开关实现两组电源的串接或并接。串接可形成正、负两组电压输出;并接的目的是给负载电路提供大电流。使用时,应尽可能使两路电流相同。

3. 注意事项

当选用输出电流较大的直流稳压电源时,输出主负载的导线应尽可能短,输出接线柱与导线接触可靠,否则会引起接线柱损坏。

直流稳压电源中的电表作为一般输出电压、电流指示仪器,如果要得到精确值,则需要在外电路用精密测量仪器进行校准。

为延长直流稳压电源的使用寿命,应避免在输出大电流的情况下拨动各种开关。

9.3 双踪示波器

示波器是一种通用电子测量仪器,既可用于波形观察,又可用于波形参数测量。示波器的种类很多,按显示轨迹数可分为单踪、双踪和多踪示波器,按显示器可分为阴极示波管和液晶显示示波器,按波形显示方式可分为模拟显示和数字(存储)显示示波器。

9.3.1 模拟示波器

1. 基本结构

虽然示波器的种类很多,但它们都包含下列基本组成部分,如图9-1所示。

(1) 主机。主机包括示波管及其所需的各种直流供电电源,面板上的控制旋钮有辉度、聚焦、水平移位、垂直移位等。

(2) 垂直通道。垂直通道又称 Y 通道,主要用来控制电子束按被测信号的幅值大小在垂直方向上的偏移。垂直通道包括 Y 轴衰减器、Y 轴放大器和配用的高频探头。通常示波管的偏转灵敏度比较低,因此在一般情况下,被测信号往往需要通过 Y 轴放大器放大后加到垂直偏转板上,只有这样才能在屏幕上显示出一定幅值的波形。Y 轴放大器的作用是提高示波管 Y 轴偏转灵敏度。为了保证 Y 轴放大不失真,加到 Y 轴放大器上的信号不宜太大,但是实际的被测信号幅值往往在很大的范围内变化,因此,在 Y 轴放大器前还必须增加一个 Y 轴衰减器,以适应观察不同幅值的被测信号。示波器面板上设有 Y 轴衰减器(通常称 Y 轴灵敏度选择开关)和 Y 轴增益微调旋钮,分别用于调节 Y 轴衰减器的衰减量和 Y 轴放大器的增益。当 Y 轴增益微调旋钮位于"校准"位置时,Y 轴衰减器指示显示屏每格代表的 Y 通道信号幅值,如 $2V/div$、$50mV/div$ 等。

对 Y 轴放大器的要求是增益高、频响好、输入阻抗高。为了避免杂散信号的干扰,被测信号一般通过同轴电缆或带有探头的同轴电缆加到示波器 Y 轴输入端。但必须注意,被测信号通过探头后,其幅值将衰减(或不衰减),衰减比为 10∶1(或 1∶1)。

(3) 水平通道。水平通道又称 X 通道,主要用来控制电子束按时间在水平方向上的偏移。水平通道主要由扫描发生器、水平放大器(X 轴放大器)、触发电路等组成。

扫描发生器又叫锯齿波发生器,用来产生频率可在较宽范围内调节的锯齿波,作为 X 轴偏转板的扫描电压。在示波水平扫描正程(锯齿波电压线性变化阶段),显示光点从左到右等速扫描,水平每格代表的时间由扫描速率选择开关确定,如 $20ms/div$、$5\mu s/div$ 等。锯齿波的频率(或周期)决定了一次扫描的时间,它是可以通过调节扫描速率选择开关和扫描速率微调旋钮来控制的。使用时,调节扫描速率选择开关和扫描速率微调旋钮,使扫描周期为被测信号周期的整数倍,从而,屏幕上显示稳定的被测波形。若扫描周期不是被测信号周期的整数倍,则上次扫描和下次扫描显示的垂直位置不同,不能稳定地显示被测信号的波形。

X 轴放大器的作用与 Y 轴放大器的作用一样,它将扫描发生器产生的锯齿波放大到 X

轴偏转板所需的数值。

触发电路用于产生触发信号,触发扫描电路开始扫描正程。为了扩展示波器的应用范围,一般示波器上都设有触发源选择开关、触发电平与极性控制旋钮和触发方式选择开关等。

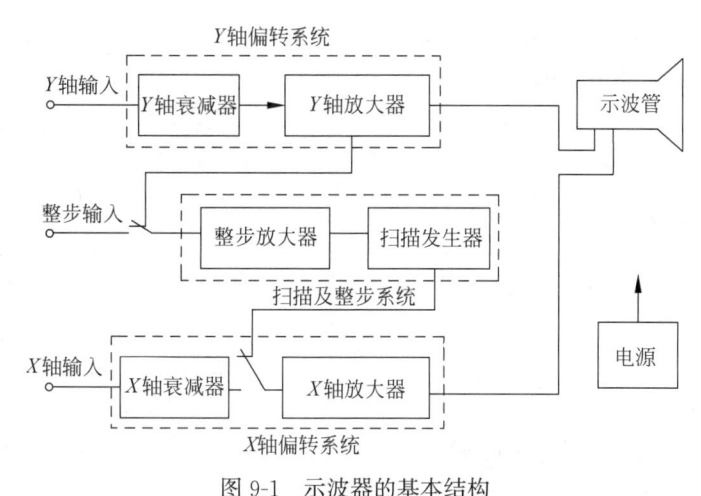

图 9-1 示波器的基本结构

2. 示波器的二踪显示

示波器的二踪显示是依靠电子开关的控制作用实现的。电子开关由显示方式开关控制,共有 5 种工作状态,即 Y_1、Y_2、Y_1+Y_2、交替、断续。当将显示方式开关置于"交替"或"断续"位置时,荧光屏上便可同时显示两个波形。当将显示方式开关置于"交替"位置时,电子开关的转换频率受扫描系统控制,以交替方式显示波形,如图 9-2 所示,即电子开关首先接通 Y_2 通道,进行第一次扫描,显示由 Y_2 通道送入的被测信号的波形;然后接通 Y_1 通道,进行第二次扫描,显示由 Y_1 通道送入的被测信号的波形;接着接通 Y_2 通道……这样便轮流地对由 Y_2 和 Y_1 通道送入的被测信号进行扫描、显示。由于电子开关转换速度较快,每次扫描的回扫线在荧光屏上又不显示出来,因此,借助荧光屏的余晖作用和人眼的视觉暂留特性,使用者便能在荧光屏上同时观察到两个清晰的波形。这种工作方式适用于观察频率较高的输入信号。

当将显示方式开关置于"断续"位置时,相当于将一次扫描分成许多个相等的时间间隔。在第一次扫描的第一个时间间隔内,显示由 Y_2 通道送入的被测信号波形的某一段;在第二个时间间隔内,显示由 Y_1 通道送入的被测信号波形的某一段;以后各个时间间隔轮流地显示由 Y_2、Y_1 两通道送入的被测信号波形的其余段,经过若干次断续转换,荧光屏上显示出两个由光点组成的完整波形,如图 9-3(a)所示。由于转换的频率很高,因此光点靠得很近,其间隙用肉眼几乎分辨不出;利用消隐的方法使两通道间转换过程的过渡线不显示出来,如图 9-3(b)所示,同样可达到同时清晰地显示两个波形的目的。这种工作方式适用于观察输入频率较低的输入信号。

3. 触发扫描

在普通示波器中,X 轴的扫描总是连续进行的,称为连续扫描。为了能更好地观测各种脉冲波形,在脉冲示波器中,通常采用触发扫描方式。采用这种扫描方式时,扫描发生器将工作在待触发状态。它仅在外加触发信号的作用下,时基信号才开始扫描,否则便不扫描。这个外加触发信号通过触发选择开关分别取自"内触发"(Y 轴输入信号经由内触发放大器输出触发信号)和"外触发"输入端的外接同步信号,其基本原理是利用这些触发信号的上升沿或下降沿来触发扫描发生器,产生锯齿波扫描电压,经 X 轴放大后送入 X 轴偏转板进行光点扫描。适当地调节扫描速率选择开关和电平调节旋钮,能方便地在荧光屏上显示出具有合适宽度的被测信号的波形。

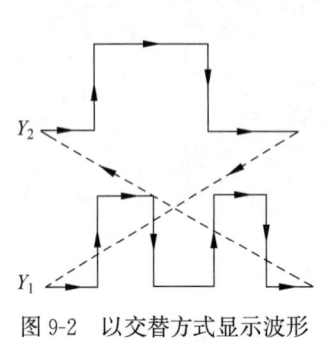

图 9-2 以交替方式显示波形

图 9-3 以断续方式显示波形

9.3.2 模拟示波器的使用

示波器能进行各种波形参数的测量,测量结果准确与否与所采用的测量方法有关。现介绍几种常用的测量方法,供读者参考。

1. 使用前的注意事项

(1) 检查电源电压,其应适应 (220 ± 22)V 或 (110 ± 11)V 的范围。

(2) 使用环境温度为 0～40℃,湿度≤90%(40℃),工作环境无强烈的电磁干扰。

(3) 输入端不应输入超过技术参数规定的电压。

(4) 显示光点的辉度不宜过亮,以免损坏荧光屏。

2. 使用前的自校

示波器久置复用时,应用仪器内部校准信号进行自身的检查,校准方法如下。

(1) 将示波器的探极分别接到 CH1 输入端和校准信号输出端。仪器各控制件如表 9-1 所示。

表 9-1 仪器各控制件

固定控制件	作用位置	面板控制件	作用位置
垂直方式	CH1	—	—
AC、接地、DC	AC/DC	扫描方式	自动
V/div	0.1V/div、10mV/div	触发源	CH1
X、Y	校准	极性	+
X、Y	居中	T/div	1ms/div

(2) 按下电源开关,指示灯亮,表示电源接通,调节标尺亮度,刻度随之明暗变化。

(3) 经预热后,调节"辉度""聚焦"电位器,使亮度适中、聚焦最佳,通常基线光迹与水平坐标线平行,若出现不平行的情况,则可用起子调整光迹旋转控制件,使基线光迹与水平坐标线平行。调节触发电平,使波形同步,呈现如图 9-4 所示的波形。

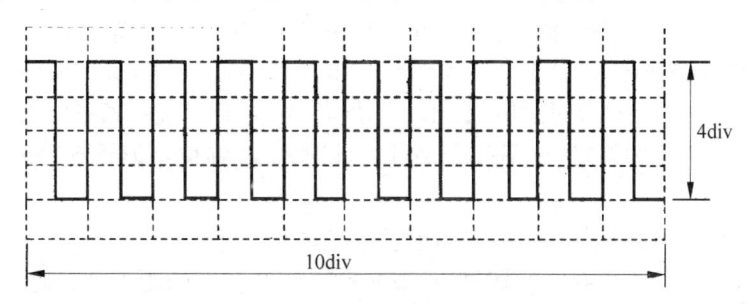

图 9-4 示波器自校波形

将扫描微调旋钮旋至×10 挡,若 10div 显示一个周期,则说明仪器工作正常。

3. 电压测量

模拟示波器可以对被测信号的波形进行电压测量,正确的测量方法虽可根据不同的被测信号有所不同,但测量的基本原理是相同的。在一般情况下,多数被测信号的波形都同时包含交流和直流分量,测量时也经常需要测量两种分量复合的数值或单独的数值。

(1) 交流分量电压测量。

一般测量被测信号波峰与波峰之间的数值或波峰到某一波谷的数值。测量时,通常将 Y 轴输入选择开关置于"AC"位置,将被测信号中的直流分量隔开,以免信号偏离 Y 轴中心,甚至使测量无法进行;当测量频率极低的交流分量时,应将 Y 轴输入选择开关置于"DC"位置,否则,因频响的限制,会产生不真实的测试结果。测量步骤如下。

第一步,将 Y 轴增益微调旋钮置于"校准"位置,根据被测信号的幅值和频率适当选择 V/div 和 T/div 挡,并将被测信号直接或通过 10∶1 探极输入仪器的 Y 轴输入端,调节触发电平,使波形稳定在示波管的有效工作面内。

第二步,根据如图 9-5 所示的坐标刻度,读出显示波形的峰-峰值格数为 A,此时,被测电压为

$$V_{p\text{-}p} = n \times A \times B$$

式中,n 为探极衰减比;B 为 Y 轴 V/div 旋钮所处挡,即 Y 轴灵敏度。

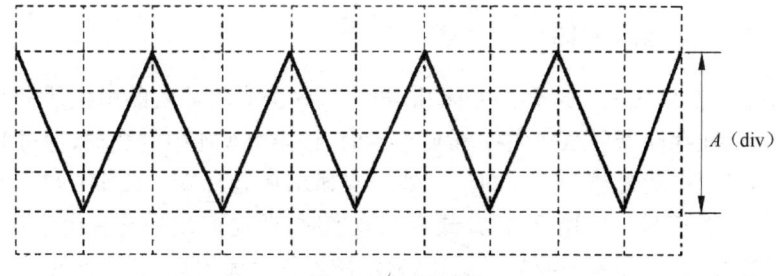

图 9-5 电压测量

例如,探极衰减比 $n=1$,Y 轴灵敏度为 0.2V/div,被测信号的峰-峰值格数为 $A=4$div,此时,被测信号的峰-峰值为

$$V_{p\text{-}p} = 1 \times 4\text{div} \times 0.2\text{V/div} = 0.8\text{V}$$

(2) 瞬时电压测量。

在测量瞬时电压时，需要一个相对的参考基准电位，一般情况下，参考基准电位是对地电位而言的，但也可以是其他参考基准电位。瞬时电压的测量方法如下。

先将 Y 轴输入选择开关置于"DC"位置，V/div 旋钮置于 mV/div 挡，将探极插入所需的参考基准电位，并将触发选择开关置于"自动"位置，此时出现一条扫描线；调节 Y 轴移位，使光迹移到坐标轴的位置（记下基准刻度），此时，Y 轴移位不能再动，并保持 Y 轴移位不变。

再将测试探极移到被测信号端，调节触发电平，使波形稳定。

最后读出被测波形上的某一瞬时相对基准刻度在 Y 轴上的距离 A。此时，被测瞬时电压为 $U = n \times A \times B$。

例如，如图 9-6 所示，探极衰减比 $n = 10$，Y 轴灵敏度 B 为 20mV/div，被测点与基准刻度在 Y 轴上的距离为 4div。此时，瞬时电压为

$$U = 10 \times 4\text{div} \times 20\text{mV/div} = 0.8\text{V}$$

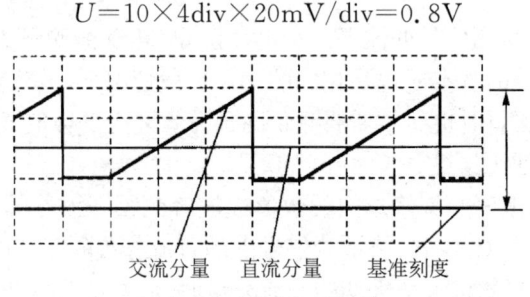

图 9-6 瞬时电压测量

4. 时间测量

用示波器测量各种信号的时间参数可以取得简便和较准确的结果，因为示波器在荧光屏的 X 轴方向上，每个 div 的扫描速度是定量的。通常，测量时间的步骤如下。

(1) 将 T/div 旋钮置于适当的 b/div 挡，调节有关控制件，使波形稳定。

(2) 根据 X 坐标轴的刻度，读出被测信号波形上所测 P、Q 两点之间的距离 a。

(3) 被测两点之间的时间为 $a \times b$。

(4) 若测量时的扫描微调旋钮置于 ×10 挡，则应将测得的时间除以 10。

9.3.3 数字存储示波器

数字存储示波器（Digital Storage Oscilloscope，DSO）先将输入的模拟信号经 A/D 变换为数字信号，存储在存储器（RAM）中；需要显示时，读出 RAM 中的数据，通过 D/A 变换恢复为模拟信号，显示在荧光屏上。它的信号处理与显示功能独立。数字存储示波器使用简单，可观测触发前的信号。使用 X-Y 方式观测波形时，两通道几乎没有相位差，准确度高。目前，数字存储示波器大都采用液晶显示器，显示图形稳定无闪烁，观测方便。

1. 数字存储示波器的组成原理

数字存储示波器的基本原理框图如图 9-7 所示，它有实时和存储两种工作模式。当它处于实时工作模式时，其电路组成原理与一般模拟示波器一样；当它处于存储工作模式时，它的工作过程一般分为存储和显示两个阶段。在存储阶段，模拟输入信号先经过适当的放大或衰

减,再经过取样和量化两个过程的数字化处理转换成数字信号,在逻辑控制电路的控制下依次写入 RAM;在显示阶段,将数字信号从 RAM 中读出,并经 D/A 变换转换成模拟信号,经 Y 轴放大器加到 CRT 的 Y 轴偏转板上。与此同时,CPU 的读地址计数脉冲加至 D/A 转换器上,得到一个阶梯波扫描电压,将其加到 X 轴放大器上进行放大,驱动 CRT 的 X 轴偏转板,从而实现在 CRT 上以稠密的光点包络重现模拟输入信号。

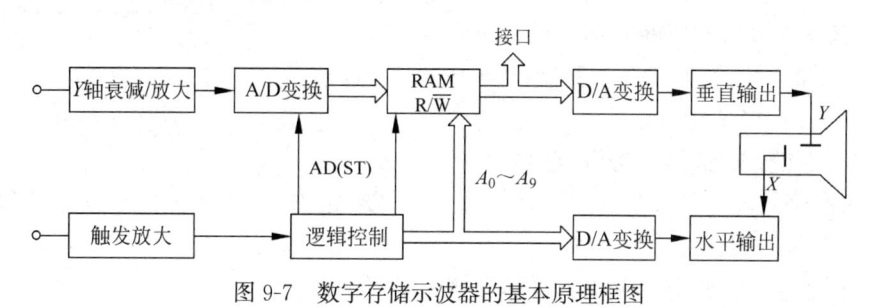

图 9-7 数字存储示波器的基本原理框图

下面以 UTD2000M 系列为例对数字存储示波器的使用及功能做简单介绍。

2. 功能检查

(1) 接通仪器电源。电源的供电电压为交流 100～240V,频率为 45～440Hz。接通电源后,按下电源开关,等待仪器正常启动。

(2) 将示波器探头连接到通道 1,将探头连接到 PROBE COMP(探头补偿)连接片。

(3) 按 AUTO(自动设置)键,荧光屏上应出现方波(约 $3V_{pp}$,1kHz)。

(4) 按一次 CH1 键,关闭通道 1;按一次 CH2 键,打开通道 2。

(5) 按 UTILITY 键,并按 F5 键后按 F2 键,进入 Auto 策略,打开所有设置,重复步骤(2)和(3)。

3. 探头补偿

在首次将探头与任一输入通道连接时,需要进行探头补偿调节,使探头与输入通道相匹配。未经补偿校正的探头会导致测量误差或错误。调整探头补偿的操作步骤如下。

(1) 将探头菜单衰减系数设定为 10×,探头上的开关置于 10× 挡,并将数字存储示波器的探头与通道 1 相连。如果使用探头钩形头,则应确保与探头接触可靠。将探头端部与探头补偿器的信号输出端相连,接地夹与探头补偿器的地线相连,打开垂直通道 1 后按 AUTO 键。

(2) 观察显示的波形。用非金属手柄的起子调整探头上的可变电容,直到显示的波形为如图 9-8 所示的正确补偿波形。

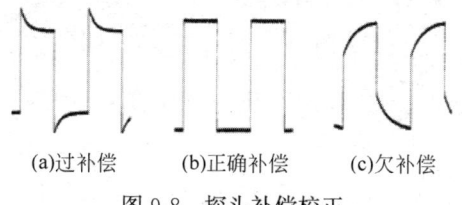

(a)过补偿　　(b)正确补偿　　(c)欠补偿

图 9-8 探头补偿校正

4. 执行自校正程序

执行自校正程序可使仪器实现最佳测量精度。请按照以下步骤进行操作。

(1) 在通道输入端断开任何探头或电缆。
(2) 按 UTILITY 键。
(3) 按 F1 键,选择显示屏右侧的"系统配置"选项。
(4) 按 F1 键,选择"自校正"功能。
(5) 按下多功能旋钮,确认进行自校正操作。完成此过程需要几分钟的时间。

5. 调整示波器的时间和日期

若要将示波器设为当前日期和时间,则按照以下步骤进行操作。
(1) 按 UTILITY 键。
(2) 按 F1 键,选择"系统配置"选项。
(3) 在系统配置菜单中按 F4 键,选择"时间设置"选项,使用侧面菜单操作键和多功能旋钮设置日期和时间。
(4) 设置完毕按确定键,保存设置的日期和时间。

9.3.4 数字存储示波器的操作面板和显示界面

1. 操作面板

UTD2000M 系列数字存储示波器为用户提供了简单而功能明晰的前面板,以进行基本的操作。面板上包括旋钮和功能键。旋钮的功能与其他示波器类似。荧光屏右侧的 5 个灰色按键为菜单操作键(自上而下定义为 F1～F5)。通过菜单操作键,可以设置当前菜单的不同选项。其他按键为功能键,通过菜单操作键,可以进入不同的功能菜单或直接获得特定的功能应用。

UTD2000M 系列数字存储示波器的前面板如图 9-9 所示。

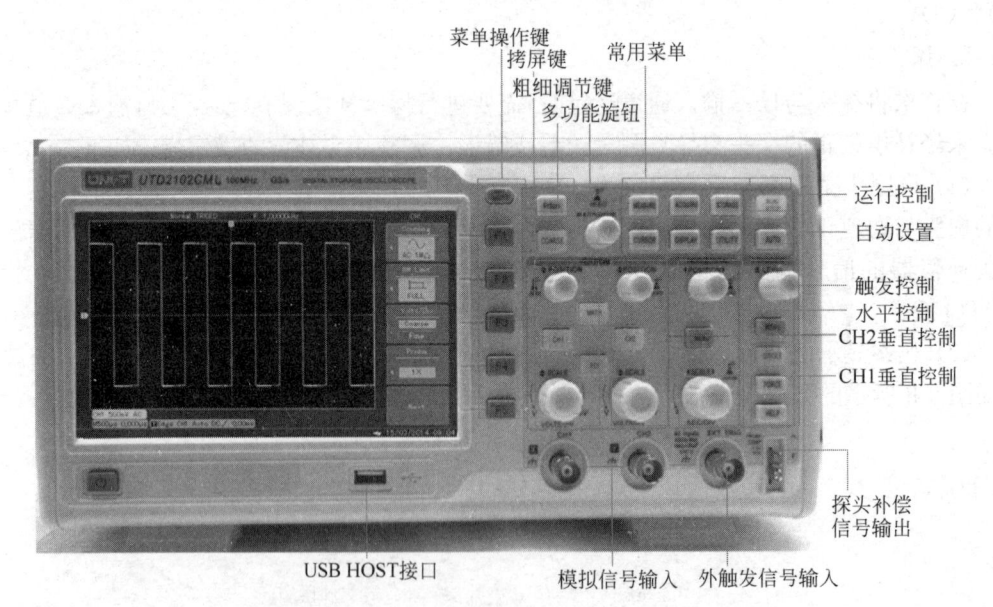

图 9-9 UTD2000M 系列数字存储示波器的前面板

2. 显示界面

显示界面显示的内容主要有波形、运行状态、触发状态、触发位置、通道标志、操作菜单、频率、主时基设置等。UTD2000M 系列数字存储示波器显示界面说明图如图 9-10 所示。

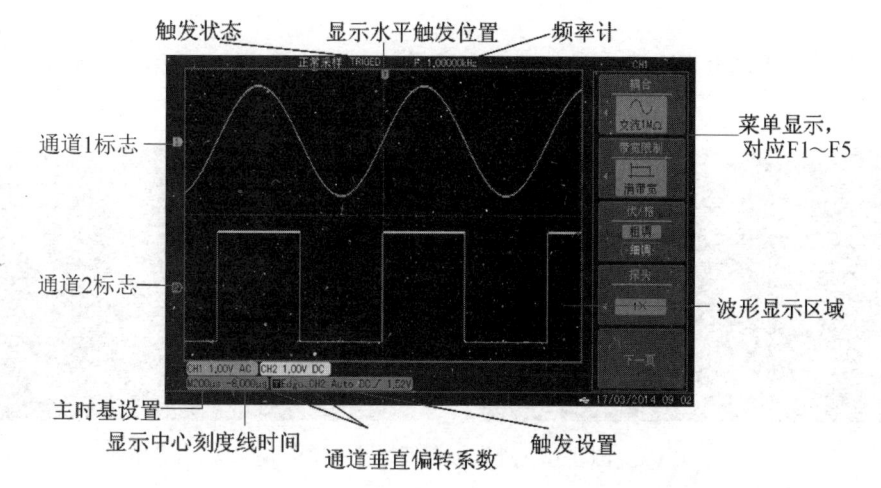

图 9-10　UTD2000M 系列数字存储示波器显示界面说明图

9.3.5　数字存储示波器的一般操作

1. 波形显示的自动设置

数字存储示波器一般具有自动设置功能，根据输入信号，可自动调整垂直刻度系数、扫描时基及触发方式，直至得到最合适的波形。应用自动设置功能时，要求被测信号的频率高于或等于 40Hz，占空比大于 1%。UTD2000M 系列数字存储示波器的自动设置如图 9-11 所示。

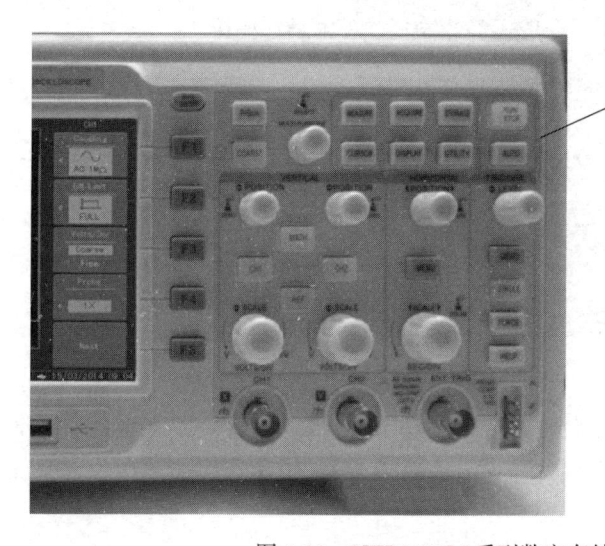

功能	设置
获取方式	采样
显示格式	设置为YT
水平位置	自动调整
秒/格	根据信号频率进行调整
触发耦合	交流
触发释抑	最小
触发电平	50%
触发方式	自动
触发源	设置为CH1，若CH1无信号，CH2加信号设置
触发斜率	上升
触发类型	边沿
垂直带宽	全部
伏/格	根据信号幅值进行调整

图 9-11　UTD2000M 系列数字存储示波器的自动设置

（1）将被测信号连接到信号输入通道。

（2）按下 AUTO 键，示波器将自动设置垂直刻度系数、扫描时基及触发方式。如果需要进一步仔细观察,则可在自动设置完成后进行手动调整,直至波形显示达到需要的最佳效果。

(3) 先按下 MEASURE 键,进入自动测量菜单;再按 F1 键,进入所有参数界面,如图 9-12 所示。

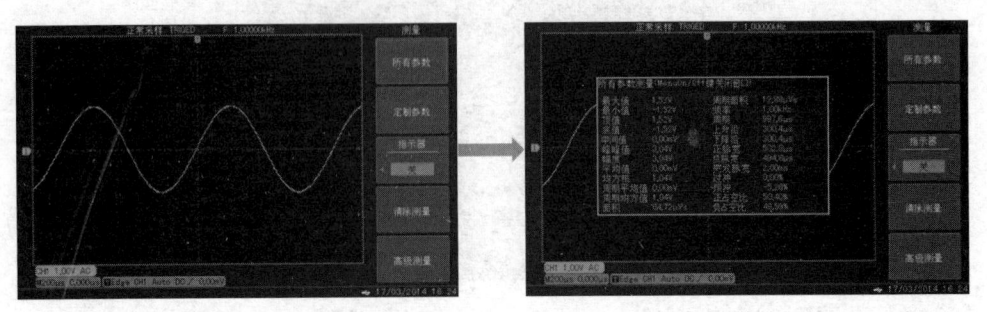

图 9-12　进入所有参数界面操作

2. 垂直控制系统

如图 9-13 所示,在垂直控制区(VERTICAL)有一系列的按键和旋钮。

(1) 垂直移位旋钮:旋转该旋钮可改变波形的显示位置;按下该旋钮,波形的位置恢复默认初始位置。

(2) 数学运算。

(3) CH1、CH2 垂直通道。

(4) 参考(用于调出存储的参考波形)。

(5) 垂直偏转系数:V/div 挡位选择旋钮,2mV～10V。

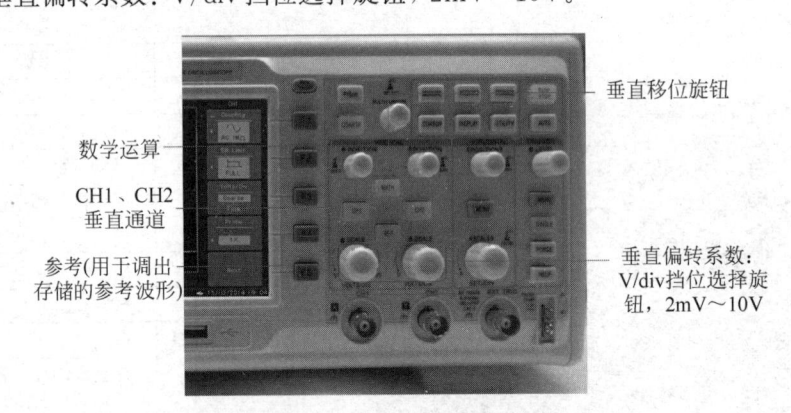

图 9-13　前面板垂直控制区

利用垂直移位旋钮(POSITION)可垂直移动波形,按下该旋钮,通道显示位置回到垂直中心点。CH1、CH2、REF、MATH 键为显示垂直通道操作菜单,用于打开或关闭通道显示波形。

垂直 SCALE 旋钮用于设置垂直刻度系数。

(1) 按下垂直移位旋钮,使波形在显示窗口居中显示;调节垂直移位旋钮,可控制信号的垂直显示位置。当旋转垂直移位旋钮时,通道的地电平(GROUND)参考标识跟随波形上下移动。

(2) 改变垂直系统的设置,并观察状态信息的变化。可以通过波形显示窗口下方的状态栏显示的信息确定任何垂直移位的变化。旋转垂直 SCALE 旋钮,改变 V/div 垂直刻度系数,可以发现状态栏对应通道的垂直刻度系数显示发生了相应的变化。按 CH1、CH2、REF、MATH 键,显示窗口显示对应通道的操作菜单、标志、波形和移位状态信息。

3. 水平控制系统

如图 9-14 所示,在水平控制区有 2 个按键、2 个旋钮。

(1) 通过水平移位旋钮(POSITION)可移动所有通道及 REF 波形的水平位置,按下该旋钮可使触发点快速回到中点。

(2) MENU 水平菜单:显示视窗和释抑时间。

(3) 利用水平 SCALE 旋钮,可设置水平扫描时基 s/div 水平刻度系数。按下水平 SCALE 旋钮,可以快捷方式进入视窗扩展界面。当开启视窗扩展功能后,可通过水平 SCALE 旋钮调节视窗刻度,调节放大倍数。

① 使用水平 SCALE 旋钮可进行水平时基挡位设置,并观察状态信息的变化。转动水平 SCALE 旋钮可调节 s/div 时基挡位,可以发现状态栏对应的时基挡位显示发生了相应的变化,水平扫描速率为 2ns/div~50s/div。

② 使用水平移位旋钮可调整信号在波形显示窗口的水平位置。转动水平移位旋钮,可以观察到波形随旋钮水平移动。按下水平移位旋钮,可使触发点回到水平中点。

③ 按 MENU 键,显示 Zoom 菜单。在此菜单下,按 F3 键可以开启视窗扩展功能,按 F1 键可以关闭视窗扩展功能而回到主视窗。在这个菜单下,还可以通过旋转 MULTIPURPOSE 旋钮来设置触发释抑时间。

4. 触发控制系统

如图 9-15 所示,在触发菜单控制区有 1 个旋钮、4 个按键。其中,在使用边沿、脉宽、斜率触发类型时,旋转触发电平旋钮(LEVEL)可设定触发信号产生触发的条件;按下触发电平旋钮可快速设定触发电平为触发信号的垂直中点(50%),再次按下该旋钮可将触发电平置零。MENU 键用来显示触发菜单内容。

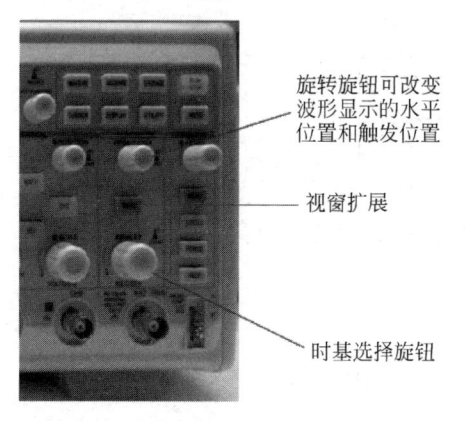

图 9-14 水平控制区

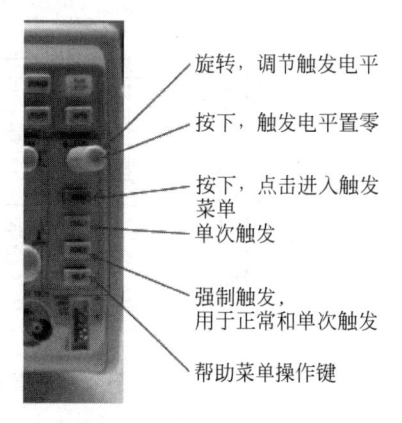

图 9-15 触发菜单控制区

(1) 使用触发电平旋钮可改变触发电平,可以在荧光屏上看到触发标志(指示触发电平线)随旋钮转动而上下移动。在调节触发电平的同时,可以观察到荧光屏下部的触发电平数值的变化情况。

（2）使用触发电平旋钮改变触发设置。

按 F2 键,选择信源为 CH1（通过 MULTIPURPOSE 旋钮进行选择,并按下该旋钮,确定选择或通过触控操作直接选择）。

按 F3 键后按 F1 键,设置触发耦合为"直流"。

按 F4 键后按 F1 键,设置触发方式为"自动"。

按 F5 键后按 F2 键,设置斜率类型为"上升"。

9.4 函数信号发生器

函数信号发生器产生的函数信号作为对各种电路特性进行测量时的信号源。一般函数信号发生器产生的信号波形有正弦波、方波和三角波等,且输出频率和幅值都是可调节的。根据函数信号发生器型号的不同,其输出频率范围和输出幅值略有不同。

根据函数信号发生器的结构组成,有采用振荡和波形变换方法实现的函数信号发生器;也有运用数字技术,采用直接频率合成(DDS)方法实现的函数信号发生器。

1. 函数信号发生器的性能

函数信号发生器是一种由集成电路与半导体器件构成的信号发生器,其输出信号波形可通过波形选择开关进行选择。函数信号发生器因型号、规格不同而可以产生 0.2Hz～2MHz 甚至更高频率的信号。函数信号发生器输出信号的幅值一般连续可调,最大输出幅值可达 $20V_{pp}$。输出方波信号的占空比一般由 1% 到 99% 连续可调。

除以上基本功能外,函数信号发生器还有以下附加功能：直流偏置电压功能,在输出波形中叠加正、负可调直流电压,TTL 电平的同步信号输出功能,频率计、计数器功能等。函数信号发生器是实训中常用的设备,主要为实验电路提供信号源。

（1）集成函数信号发生器的组成。

集成函数信号发生器的组成如图 9-16 所示。

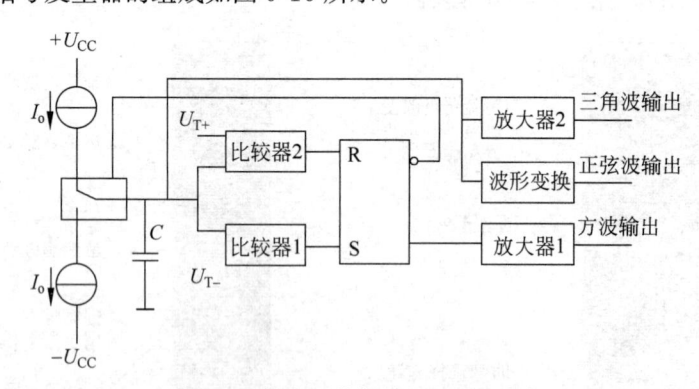

图 9-16 集成函数信号发生器的组成

集成电路内部有两个恒流源,受控开关在不同位置时分别以恒定电流 I_0 对电容器 C 进行充电或放电,在其上形成三角波电压。此电压一是经放大器 2 放大后从三角波输出端输出,二是作为波形变换电路和两个比较器的共同输入信号。波形变换电路实现三角波到正弦波的变换。两个比较器和RS触发器构成施密特触发器,当电容器C上的三角波电压高于正向阈值电压时,RS触发器复位、电容器C放电；当电容器C上的三角波电压低于反向阈值电压时,RS触发器置位、电容器C充电。电容器C充电、放电,RS触发器输出方波信号,并经过放大器1放大后输出。

(2) 函数信号发生器的主要技术指标。

函数信号发生器就其输出信号而言有电压输出波形、电压幅值、频率等可调节量。

(3) 频率。一般函数信号发生器输出信号的频率为0.2Hz~2MHz或更高,由频率选择键/开关来选择,各挡间有很宽的覆盖度,利用频率选择键/开关选定输出频率范围,输出频率的高低由频率调节旋钮确定。

① 电压输出波形。函数信号发生器电压输出波形可通过波形选择键/开关来选择。

② 电压幅值。函数信号发生器输出信号的电压幅值可以通过衰减键和幅值调节旋钮来调节。

因函数信号发生器的型号、规格不同,有的函数信号发生器还具有调制、扫描、猝发、键控等功能。

2. 函数信号发生器的面板功能键

不同型号的函数信号发生器的面板功能键大同小异,主要有以下功能键：电源开关、频率选择开关、频率调节旋钮、波形选择开关、衰减开关、幅值调节旋钮、占空比调节旋钮等。

9.5 交流毫伏表

1. 基本特性

交流毫伏表简称毫伏表,是一种用于测量交流信号有效值的仪器。交流毫伏表具有测量电压的频率范围宽(5Hz~2MHz)、测量电压灵敏度高($30\mu V$~100V或$100\mu V$~300V)、噪声小(典型值为$7\mu V$)、测量误差小(整机工作误差≤3％典型值)的优点,并具有相当好的线性度。

2. 使用方法

(1) 开机前的准备工作及注意事项。

① 测量仪器以水平放置为宜(表面垂直放置)。

② 接通电源前先查看表针机械零点是否为零,否则需要调零。

③ 在不知被测电压高低的情况下,测量量程尽量置于高量程挡,以免输入过载。

④ 测量30V以上的电压时,必须注意安全。

⑤ 所测交流电压中的直流分量不得高于100V。

⑥ 接通电源及输入电压后,由于电容器的充放电过程,指针有所晃动,需要待指针稳定后读取数据。

(2) 测量方法。

双通道交流毫伏表是由一个双指针电压表组成的,因此,它在异步工作时相当于两个独立的电压表,即可作为两个单独的电压表使用。双通道交流毫伏表一般适用于两个电压相差比较大的情况,如测量放大器的增益,如图9-17所示。

被测放大器的输入信号及输出信号分别加至两个通道的输入端,通过两个不同的量程开关及表针指示的电压值或 dB 值直接读出(算出)放大器的增益(或放大倍数)。

若读得输入 R_{CH} 指示值为 10mV(-40dBV)、输出 L_{CH} 指示值为 0.5V(-6dBV),则放大倍数为 0.5V/10mV=50,或者直接读取的 dB 值为-6dB-(-40dB)=34dB(增益 dB 值)。

当双通道交流毫伏表同步工作时,可由一个通道量程控制旋钮同时控制两个通道的量程,这特别适用于对立体声放大电路或两路具有相同放大特性的放大器电路进行测量。由于其测量灵敏度高,因此可测量立体声录放磁头的灵敏度、录放前置均衡电路及功率放大电路等。由于两个电压表具有相同的性能及测量量程,因此,当被测对象是双声道时,可直接读出两个被测声道的不平衡度,如图 9-18 所示。

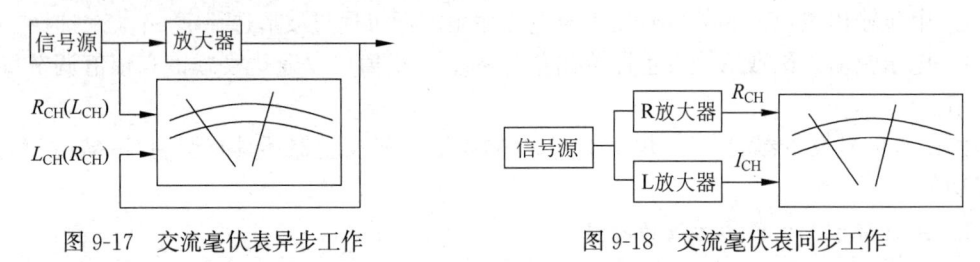

图 9-17 交流毫伏表异步工作

图 9-18 交流毫伏表同步工作

R 放大器、L 放大器分别为立体声放大的两路放大电路,如果两路放大电路的性能相同(平衡),则两个指针应重叠;如果不重叠,则可读出不平衡度(dB 值)。

另外,由于该仪器具有宽频带及高灵敏度,因此可用于电源纹波的测量及其他微弱信号的测量。

对于单通道交流毫伏表,其使用方法与双通道交流毫伏表的使用方法相似。量程的选择一般从大的量程开始,逐渐减小,选择的量程应使指针偏转至满刻度的 2/3 以上。选定量程后,当指针满刻度偏转时,指示的最大值即该量程值,实际测量时应根据量程进行换算。交流毫伏表是按电压有效值来刻度的,如果被测信号不是正弦信号,则会引起很大的误差。

9.6 实训项目——常用电子仪器的使用

1. 实训目的

(1) 掌握直流稳压电源的使用方法,会选择并使用其多种工作模式。

(2) 掌握低频信号发生器的使用方法,会利用低频信号发生器输出一定频率和幅值的信号,会调节信号频率的高低和幅值的大小。

(3) 掌握示波器的使用方法,会利用示波器观察信号波形,测试信号的幅值、周期或频率。

2. 实训材料

电子实训工作台、示波器、信号发生器、直流稳压电源及相关器件等。

3. 实训前准备

(1) 熟悉实训室的电子实训工作台,了解其功能、面板标志、开关与显示。

(2) 了解示波器、信号发生器、直流稳压电源的工作原理,以及示波器显示波形的原理和扫描方式。

(3) 熟悉示波器、信号发生器、直流稳压电源面板上各旋钮的名称和作用。
(4) 熟悉示波器、信号发生器、直流稳压电源的量程及使用注意事项。

4. 实训内容

(1) 直流稳压电源的使用。

① 接通电源开关,电源指示灯亮。

② 输出电压和电流都是连续可调的。顺时针调节电压、电流调节旋钮,输出的电压、电流由低(小)变高(大);逆时针调节,输出的电压、电流由高(大)变低(小)。

③ 当将工作方式转换开关置于"独立"位置时,各路独立输出。

④ 指针表头显示窗口将显示主路和从路输出电压与电流。

⑤ 当将工作方式转换开关置于"跟踪"位置时,若主路的正端输出与从路的正端输出相连,负端输出与负端输出相连,则为并联跟踪接法,可以输出较大的电流,调节主路电压或电流调节旋钮,可在电压表上读出输出电压,电流为两路电流之和;若主路的负端输出与从路的正端输出相连,则为串联跟踪接法,调节主路电压或电流调节旋钮,从路的输出电压或电流跟随主路变化,可由电流表读出负荷电流,输出电压为两路电压之和。

(2) 信号发生器的使用。

打开信号发生器的电源开关,预热 5min。

① 调节输出信号的频率。按下面板上的频率挡级选择开关,配合调节频率调节刻度盘,可以输出 0.2Hz~2MHz 的正弦信号、方波信号或三角波信号。根据频率挡级选择开关指示的频率和频率调节刻度盘指示的刻度,即可读出输出信号频率的数值。例如,频率挡级选择开关在"10k"挡,频率调节刻度盘旋钮指在"1.2"的位置上。此时,输出信号的频率为 $10000Hz \times 1.2 = 12kHz$。

② 调节输出信号的幅值。面板下方有一个信号幅值旋钮和衰减器开关,它们都是用于调节输出信号的幅值的。一般旋转信号幅值旋钮或按下衰减器开关,即可调节输出信号的幅值。衰减器开关没按下,不衰减输出信号;按下衰减器开关,衰减 30dB 输出信号。例如,当信号幅值旋钮置于最大位置,衰减器开关按下时,输出信号电压的峰-峰值大约为 0.7V。

(3) 用示波器观察信号波形。

① 接通示波器的电源,预热 5min。

② 将触发信号源选择开关置于"CH1"位置。

③ 调节辉度、聚焦等旋钮(调节辉度时,以看清扫描基线为准,不要把亮度调得过高),使显示屏上显示一条细而清晰的扫描基线。调节 X 轴和 Y 轴移位旋钮,使基线居于显示屏中央。

④ 将被测信号从 CH1 输入端输入,并将其输入耦合方式开关置于"AC"位置。

⑤ 调节 Y 轴输入灵敏度选择开关及其微调旋钮,控制显示波形的高度。调节扫描速率选择开关及其微调旋钮,改变扫描电压周期 T,使显示屏上显示的波形尽量稳定。读取信号的频率、周期和幅值。

(4) 用万用表、示波器测量直流稳压电源的输出电压。

接通直流稳压电源,调节其输出电压,使电源上的电压表的读数分别为 3V、6V、12V、15V 等;用万用表的直流挡分别进行测量,并用示波器分别测出相应的电源输出电压和波形,填入表 9-2 中。

表 9-2　直流稳压电源输出电压的测量

直流稳压源的输出电压	3V	6V	12V	15V
万用表直流挡测量值				
示波器测量值				
波形				

（5）用交流毫伏表、示波器测量信号发生器的输出信号。

用信号发生器调出电压峰-峰值为 1V、频率为 2kHz 的正弦波和电压峰-峰值为 100mV、频率为 1kHz 的正弦波，分别用毫伏表、示波器测量信号发生器的输出电压，并用示波器观察信号波形，填入表 9-3 中。

表 9-3　信号发生器输出信号的测量

信号发生器的输出电压	峰-峰值为 1V/2kHz	峰-峰值为 100mV/1kHz
毫伏表测量值		
示波器测量值		
波形		

第10章

电子产品的设计与制作

10.1 直流稳压电源

直流稳压电源在电源技术中占有十分重要的地位,它是电子产品制作中不可或缺的设备。直流稳压电源的一般设计思路如下。

(1) 由输出电压 U_o、电流 I_o 确定稳压电路的形式,通过计算极限参数(电压、电流和功率)选择元器件。

(2) 由稳压电路所要求的直流电压(U_i)、直流电流(I_i)输入确定整流滤波电路的形式,选择整流二极管及滤波电容,并确定变压器副边电压 U_2'、电流 I_2' 的有效值。

(3) 由电路的最大功耗确定稳压器、扩流功率管的散热措施。

10.1.1 工作原理

小功率直流稳压电源由电源变压器、整流电路、滤波电路和稳压电路 4 部分组成,如图 10-1 所示。整流与稳压过程的波形图如图 10-2 所示。

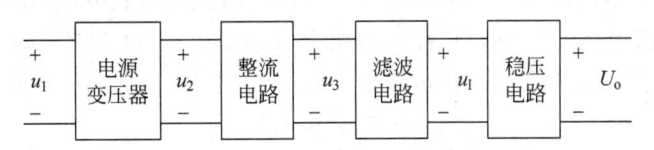

图 10-1 小功率直流稳压电源的组成框图

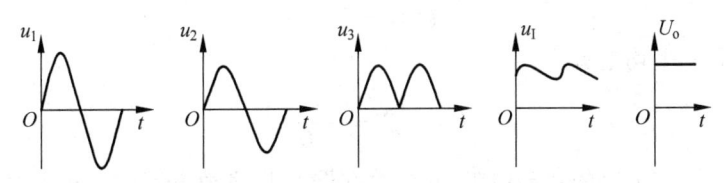

图 10-2 整流与稳压过程的波形图

电源变压器将交流电网 220V 的电压变为所需的电压,通过整流电路将交流电压变为脉动直流电压。由于此脉动直流电压还含有较大的纹波,因此必须通过滤波电路加以滤除,从而得到平滑的直流电压。但这样的电压还会随电网电压而波动（一般有±10%左右的波动），也会随负载和温度的变化而变化。因而在整流、滤波电路之后，还需要接稳压电路。稳压电路的作用是当电网电压波动、负载和温度变化时，维持输出直流电压稳定。

1. 电源变压器

电源变压器的作用是将来自交流电网的 220V 交流电压 u_1 变换为整流电路所需的交流电压 u_2。电源变压器的效率为

$$\eta = \frac{P_2}{P_1}$$

式中，P_2 是变压器副边功率；P_1 是变压器原边功率。小型变压器的效率如表 10-1 所示。

表 10-1 小型变压器的效率

变压器副边功率 P_2/W	<10	10~30	30~80	80~200
效率 η	0.6	0.7	0.8	0.85

因此，当计算出了变压器副边功率 P_2 后，就可以根据表 10-1 计算出变压器原边功率 P_1。

2. 整流和滤波电路

整流电路用于将交流电压 u_2 变换成脉动直流电压 u_3。完成这一任务主要依靠二极管的单向导电作用，因此二极管是构成整流电路的关键元件。在小功率（200W 以下）整流电路中，常见的几种整流电路有单相半波、全波、桥式和倍压等。

滤波电路用于滤除整流输出电压中的纹波，一般由电抗元件组成，如在负载电阻两端并联电容器 C 或与负载串联电感器 L，以及由电容器、电感器组合而成的各种复式滤波电路。

由于电抗元件在电路中有储能作用，因此，并联的电容器 C 在电源电压升高时把部分能量存储起来；而当电源电压降低时，电容器 C 就把能量释放出来，使负载电压比较平滑，即电容器 C 有平波作用。与负载串联的电感器 L 在电源电流增大（由电源电压升高引起）时把能量存储起来；而当电流减小时，电感器 L 又把能量释放出来，使负载电流比较平滑，即电感器 L 也有平波作用。下面分析小功率稳压电源中应用较多的电容滤波电路。

在小功率直流稳压电源中，一般采用 4 个二极管组成的桥式整流电路，用于将交流电压 u_2 变换成脉动直流电压 u_3。滤波电路一般由电容器组成，把脉动直流电压 u_3 中的大部分纹波加以滤除，以得到较平滑的直流电压 u_1。u_1 与交流电压 u_2 的有效值 U_2 的关系为

$$u_1 = (1.1 \sim 1.2) U_2$$

在整流电路中，每个二极管所承受的最高反向电压为

$$U_{RM} = \sqrt{2} U_2$$

流过每个二极管的平均电流为

$$I_D = \frac{I_R}{2} = \frac{0.45 U_2}{R}$$

式中，R 为整流、滤波电路的负载电阻，它为电容器 C 提供放电通路。放电时间常数 RC 应满足：

$$RC > \frac{(3 \sim 5)T}{2}$$

式中，$T = 20\text{ms}$ 是 50Hz 交流电压的周期。

3. 稳压电路

稳压电路的作用是当外界因素（电网电压、负载、环境温度）发生变化时，使输出直流电压不受影响，即维持稳定的输出。稳压电路一般采用集成稳压器和一些外围元件组成。采用集成稳压器设计的稳压电路具有性能稳定、结构简单等优点。

集成稳压器的类型很多，在小功率直流稳压电源中，普遍使用的是三端集成稳压器。它按输出电压类型可分为固定式和可调式两种；此外，还可分为正压输出或负压输出两种类型。

(1) 固定电压输出集成稳压器。

常见的固定电压输出集成稳压器有 CW78×× (LM78××) 系列三端固定正压输出集成稳压器、CW79×× (LM79××) 系列三端固定负压输出集成稳压器。三端是指稳压电路只有输入、输出和接地 3 个接线端子。型号中最后两位数字表示输出电压的稳定值，有 5V、6V、9V、15V、18V 和 24V。集成稳压器在工作时，要求输入电压 U_i 与输出电压 U_o 的差满足 $U_i - U_o \geq 2\text{V}$。集成稳压器的静态电流 $I_o = 8\text{mA}$。当 U_o 为 $5 \sim 18\text{V}$ 时，U_i 的最大值 $U_{I\max} = 35\text{V}$；当 U_o 为 $18 \sim 24\text{V}$ 时，U_i 的最大值 $U_{I\max} = 40\text{V}$。三端固定集成稳压器的引脚及应用电路如图 10-3 所示。

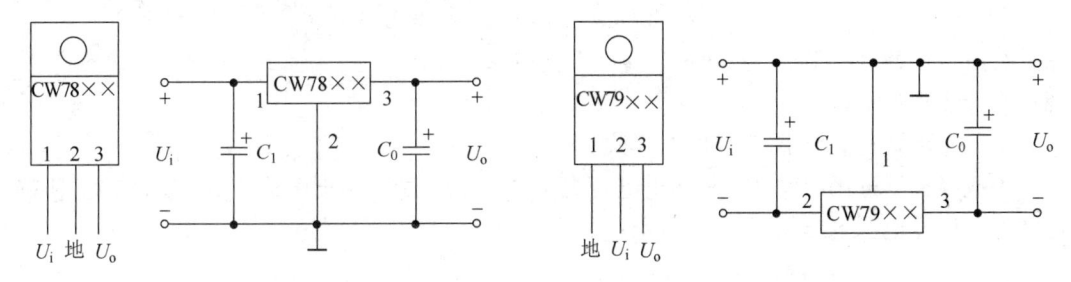

(a) CW78×× 系列的引脚及应用电路 (b) CW79×× 系列的引脚及应用电路

图 10-3 三端固定集成稳压器的引脚及应用电路

(2) 三端可调集成稳压器。

三端可调集成稳压器是指输出电压可以连续调节的集成稳压器，包括输出正压的 CW317 系列 (LM317)、输出负压的 CW337 系列 (LM337)。在三端可调集成稳压器中，三端是指输入端、输出端和调节端。集成稳压器输出电压的可调范围为 $1.2 \sim 37\text{V}$，最大输出电流 $I_{o\max} = 1.5\text{A}$。输入电压与输出电压之差的允许范围为 $3 \sim 40\text{V}$。三端可调集成稳压器的引脚及应用电路如图 10-4 所示。

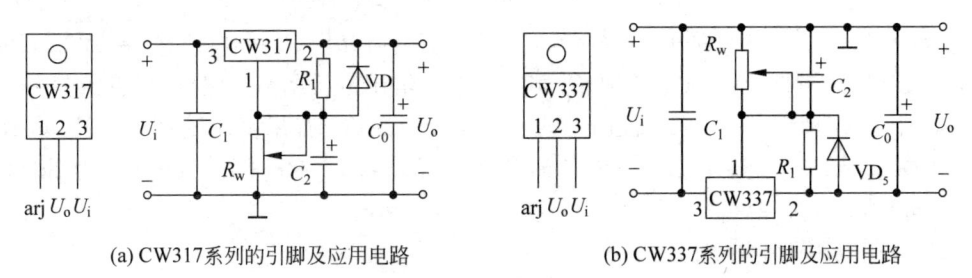

(a) CW317 系列的引脚及应用电路 (b) CW337 系列的引脚及应用电路

图 10-4 三端可调集成稳压器的引脚及应用电路

10.1.2 直流稳压电源的设计方法

直流稳压电源的设计是指根据直流稳压电源的输出电压 U_o、输出电流 I_o、输出纹波电压 $\Delta U_{op\text{-}p}$ 等性能指标要求,正确地确定变压器、集成稳压器、整流二极管和滤波电路中所用元器件的性能参数,从而合理地选择这些元器件。

直流稳压电源的设计可以分为以下 3 个步骤。

(1) 根据直流稳压电源的输出电压 U_o、最大输出电流 I_{omax},确定集成稳压器的型号及电路形式。

(2) 根据直流稳压电源的输入电压 U_i,确定电源变压器副边电压 u_2 的有效值 U_2;根据直流稳压电源的最大输出电流 I_{omax},确定流过电源变压器副边的电流 I_2 和电源变压器副边功率 P_2;根据 P_2,从表 10-1 中查出变压器的效率 η,从而确定电源变压器原边功率 P_1。根据所确定的参数,选择电源变压器。

(3) 确定整流二极管的正向平均电流 I_D、整流二极管的最高反向电压 U_{RM} 和滤波电容的容量与耐压值。根据所确定的参数,选择整流二极管和滤波电容。

[**例 10-1**] 设计一个直流稳压电源,其性能指标要求为

$$U_o = (3 \sim 9)\text{V}, \quad I_{omax} = 800\text{mA}$$

并且纹波电压的有效值 $\Delta U_o \leqslant 5\text{mV}$,稳压系数 $S_u \leqslant 3 \times 10^{-3}$。

设计步骤如下。

(1) 选择集成稳压器,确定电路形式。

集成稳压器选用 CW317,其输出电压为 $1.2 \sim 37\text{V}$,最大输出电流 I_{omax} 为 1.5A。所确定的直流稳压电源电路如图 10-5 所示。

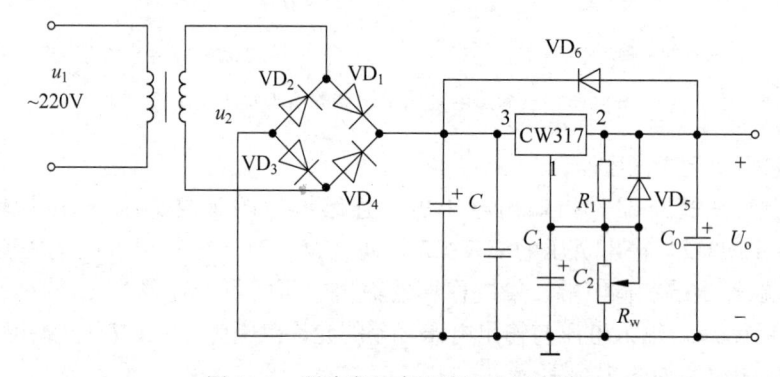

图 10-5 所确定的直流稳压电源电路

在如图 10-5 所示的电路中,取 $C_1 = 0.01\mu\text{F}, C_2 = 10\mu\text{F}, C_0 = 1\mu\text{F}, R_1 = 200\Omega, R_W = 2\text{k}\Omega$,二极管选用 IN4001。在电路中,$R_1$ 和 R_W 组成输出电压调节电路,输出电压 $U_o \approx 1.25(1+R_W/R_1)$,$R_1$ 取 $120 \sim 240\Omega$,流过 R_1 的电流为 $5 \sim 10\text{mA}$。如果设计 U_o 为 $3 \sim 9\text{V}$,取 $R_1 = 240\Omega$,则由 $U_o \approx 1.25(1+R_W/R_1)$ 可求得 $R_{Wmin} = 336\Omega, R_{Wmax} = 1488\Omega$,故选用 R_W 为 $2\text{k}\Omega$ 的精密线绕电位器。

(2) 选择电源变压器。

由于 CW317 的输入电压与输出电压之差的最小值 $(U_i - U_o)_{min} = 3\text{V}$,输入电压与输出电压之差的最大值 $(U_i - U_o)_{max} = 40\text{V}$,因此 CW317 的输入电压范围为

$$U_{omax}+(U_i-U_o)_{min} \leqslant U_i \leqslant U_{omin}+(U_i-U_o)_{max}$$

即

$$(9+3)V \leqslant U_i \leqslant (3+40)V$$
$$12V \leqslant U_i \leqslant 43V$$
$$U_2 \geqslant \frac{U_{Imin}}{1.1}=\frac{12V}{1.1}\approx 11V, 取 U_2=12V$$

变压器副边电流 $I_2>I_{omax}=0.8A$,取 $I_2=1A$,因此,变压器副边功率为

$$P_2 \geqslant I_2U_2=12W$$

由于变压器的效率 $\eta=0.7$,因此变压器原边功率 $P_1 \geqslant \frac{P_2}{\eta}\approx 17.1W$,为留有余地,选用功率为 20W 的电源变压器。

(3) 选择整流二极管和滤波电容。

由于 $U_{RM}>\sqrt{2}U_2=\sqrt{2}\times 12V\approx 17V, I_{omax}=0.8A$,而 IN4001 二极管的反向击穿电压 $U_{RM}\geqslant 50V$,额定工作电流 $I_D=1A>I_{omax}$,因此整流二极管选用 IN4001。

根据 $U_o=9V, U_i=12V, \Delta U_o=5mV, S_u=3\times 10^{-3}$,以及公式

$$S_u=\frac{\Delta U_o}{U_o} \Big/ \frac{\Delta U_i}{U_i} \Big|_{\substack{I_o=常数 \\ T=常数}}$$

可求得

$$\Delta U_i=\frac{\Delta U_o U_i}{U_o S_u}=\frac{0.005\times 12}{9\times 3\times 10^{-3}}V\approx 2.2V$$

故滤波电容为

$$C=\frac{I_C t}{\Delta U_i}=\frac{I_{omax}\cdot \frac{T}{2}}{\Delta U_i}=\frac{0.8\times \frac{1}{50}\times \frac{1}{2}}{2.2}F\approx 0.003636F=3636\mu F$$

电容器的耐压要高于 $\sqrt{2}U_2=\sqrt{2}\times 12V\approx 17V$,故取 $C=4700\mu F$、耐压为 25V 的电解电容器。

10.1.3 直流稳压电源的装配与调试

按如图 10-6 所示的电路安装集成稳压电路,并从集成稳压器的输入端加入直流电压 $U_i \leqslant 12V$,调节 R_W,若输出电压也跟着发生变化,则说明集成稳压电路工作正常。用万用表测量整流二极管的正、反向电阻,正确判断出二极管的极性后,按如图 10-7 所示的电路,先在变压器副边接上额定电流为 1A 的熔体,然后安装整流电路、滤波电路。安装时要注意二极管和电解电容器的极性不要接反。经检查无误后,将电源变压器与整流电路、滤波电路连接。通电后,用示波器或万用表检查整流后输出电压 U_i 的极性,若 U_i 的极性为负,则说明整流电路没有接对,此时如果接入集成稳压电路,就会损坏集成稳压器。因此,确定 U_i 的极性为正后,断开电源,按如图 10-6 所示的电路将整流电路、滤波电路与集成稳压电路连接起来;接通电源,调节 R_W 的值,若输出电压满足设计指标,则说明直流稳压电源中各级电路都能正常工作,此时就可以进行各项性能指标的测量了。

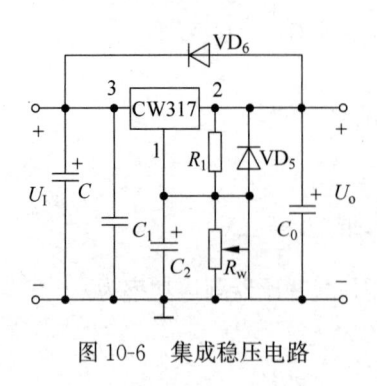

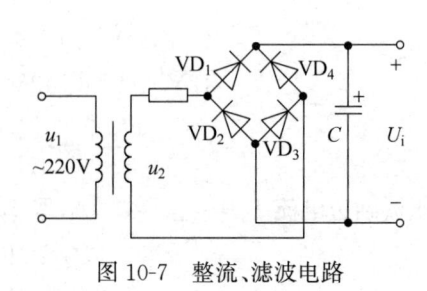

图 10-6　集成稳压电路　　　　　　图 10-7　整流、滤波电路

10.1.4　直流稳压电源各项性能指标的测量

1. 输出电压与最大输出电流的测量

直流稳压电源性能指标的测量电路如图 10-8 所示。一般情况下,当集成稳压器正常工作时,其输出电流 I_o 要小于最大输出电流 I_{omax},取 $I_o=0.5A$,可计算出 $R_L=18\Omega$,工作时 R_L 消耗的功率为

$$P_L = U_o I_o = 9V \times 0.5A = 4.5W$$

故 R_L 选取额定功率为 5W、阻值为 18Ω 的电位器。

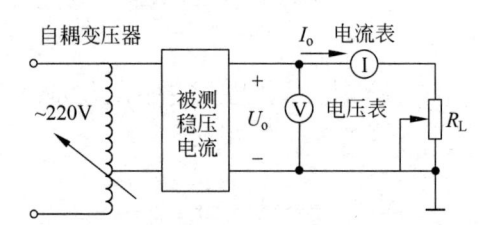

图 10-8　直流稳压电源性能指标的测量电路

测量时,先使 $R_L=18\Omega$,交流输入电压为 220V,用数字电压表测量的电压值就是 U_o;然后慢慢调小 R_L,直到 U_o 的值下降 5%,此时流经 R_L 的电流就是 I_{omax};记下 I_{omax} 后,马上调大 R_L,以降低集成稳压器的功耗。

2. 稳压系数的测量

按图 10-8 连接电路,在 $U_i=220V$ 时,测出直流稳压电源的输出电压 U_o;调节自耦变压器,使输入电压 $U_i=242V$,测出直流稳压电源对应的输出电压 U_{o1};调节自耦变压器,使输入电压 $U_i=198V$,测出直流稳压电源对应的输出电压 U_{o2},稳压系数为

$$S_u = \frac{\frac{\Delta U_o}{U_o}}{\frac{\Delta U_i}{U_i}} = \frac{220}{242-198} \cdot \frac{U_{o1}-U_{o2}}{U_o}$$

3. 输出电阻的测量

按图 10-8 连接电路,保持直流稳压电源的输入电压 $U_i=220V$,在不接负载 R_L 时,测量开路电压 U_{o1},此时 $I_{o1}=0$;接上负载 R_L,测量输出电压 U_{o2} 和输出电流 I_{o2},输出电阻为

$$R_\text{o} = -\frac{U_\text{o1} - U_\text{o2}}{I_\text{o1} - I_\text{o2}} = \frac{U_\text{o1} - U_\text{o2}}{I_\text{o2}}$$

4. 纹波电压的测量

用示波器观察 U_o 的峰-峰值(此时,垂直通道输入信号采用交流耦合 AC),测量 $\Delta U_\text{op-p}$ 的值(约为几毫伏)。

5. 纹波因数的测量

用交流毫伏表测量直流稳压电源输出电压交流分量的有效值,用万用表(或数字万用表)的直流电压挡测量直流稳压电源输出电压的直流分量,代入下式得到纹波因数:

$$\gamma = \frac{\text{输出电压交流分量的有效值}}{\text{输出电压的直流分量}}$$

10.1.5 实训项目——直流稳压电源的设计与制作

1. 实训目的

(1) 学习小功率直流稳压电源的设计与调试方法。

(2) 了解三端集成稳压器的工作原理,掌握其典型的应用。

(3) 掌握小功率直流稳压电源有关参数的测量方法。

2. 实训内容

(1) 运用三端集成稳压器设计固定输出的直流稳压电源。性能指标与要求:输出电压 $U_\text{o} = 5\text{V}$,最大输出电流 $I_\text{omax} = 100\text{mA}$,纹波电压 $\Delta U_\text{op-p} \leqslant 5\text{mV}$,稳压系数 $S_u \leqslant 5 \times 10^{-3}$。

(2) 根据原理图设计装配图,并在给定的实验板上进行装配、焊接、调试、检测等。

(3) 正确使用示波器、交流毫伏表、万用表等仪器仪表。

3. 实训要求

(1) 元器件布局合理,线路准确。

(2) 焊点光滑圆润,不能有粘连现象。

(3) 电路准确,能正常使用。

(4) 根据实训内容,在调试和检测中应有数据记录。

4. 使用的仪器仪表

双踪示波器、交流毫伏表、万用表等。

5. 实训原理图及原理描述

(1) 直流稳压电源电路原理图如图 10-9 所示。

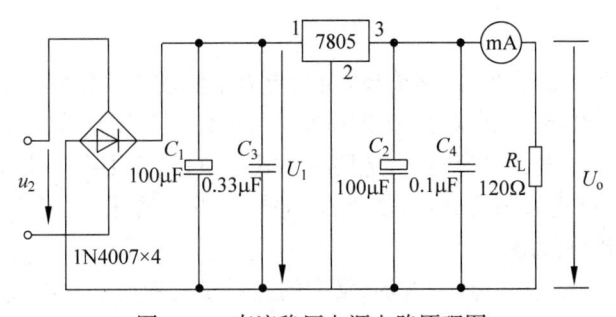

图 10-9 直流稳压电源电路原理图

电源变压器将来自电网的 220V 交流电压 u_1 变换为整流电路所需的交流电压 u_2；经由 4 个 1N4007 整流二极管组成的桥式整流电路将交流电压 u_2 变换成脉动直流电压；电容滤波电路滤除整流输出电压中的纹波，即将脉动直流电压转变为平滑的直流电压；由三端集成稳压器 7805 构成稳压电路，用于在电网电压波动及负载变化时保持输出电压 U_o 稳定。

元器件清单如表 10-2 所示。

表 10-2 元器件清单

元器件	型号	数量
整流二极管	1N4007	4 个
电解电容器	100μF	2 个
瓷片电容器	0.33μF	1 个
	0.1μF	1 个
集成电路	7805	1 个
负载	—	—

(2) 用仪器测出 u_2、u_3、U_i 和 U_o 的波形，并绘制出波形图。参考波形图如图 10-10 所示。

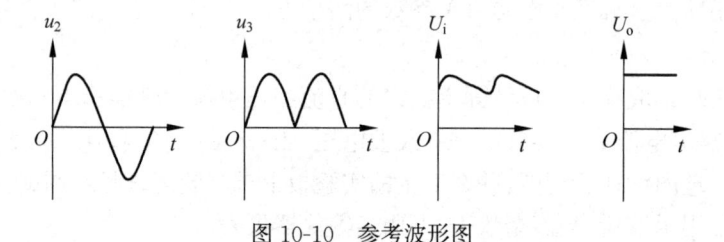

图 10-10 参考波形图

6. 实训步骤与注意事项

(1) 实验步骤。

① 根据要求绘制出原理图。

② 熟悉实验板，掌握整流二极管、电解电容器、集成电路 7805 等电子元器件的使用方法。

③ 根据原理图和给定的实验板设计装配图，要求"横平竖直，两两不相交"。

④ 根据装配图进行电子元器件的装配。注意二极管、电解电容器的极性，三端集成稳压器的引脚；元器件装配整齐，焊点圆滑光亮，不应有搭焊、虚焊。

⑤ 万用表自检，通电调试、检测。

(2) 调试步骤。

① 电源电路由于元器件少，线路简单，因此应力求保证连线正确。对于整流桥，要分清交流输入端和直流输出端，否则会引起变压器短路；对于三端集成稳压器，要检查 3 个引脚，不能接错；对于滤波电解电容器，一定要分清其正负极，否则会产生爆炸。

② 接通电源后，首先静态几分钟，如果没有异常，没有怪味，就可进行正常测试；否则，应断开 220V 电源，排除故障。

③ 电路无故障后测量相应点的波形，常见的测量量有变压器输出或整流桥输入交流波形及大小、整流滤波输出或集成稳压器输入波形及电压、最终输出电压及纹波电压。测量时

在额定负载下进行,速度要快。

④ 若要观察滤波电容的变化对输出的影响,则可在断开电源后更换。

⑤ 如果负载变动频繁,则可在各输出端接一个 10~100μF 的电解电容器。

(3) 测量步骤。

① 测量直流稳压电源的输出电压和最大输出电流 I_{omax}。

测量方法如下。

a. 各输出端分别接负载 R_L,测量各输出电压 U_o。

b. 使 R_L 逐渐减小,直到 U_o 的值下降 5%,此时流经 R_L 的电流即 I_{omax}。

注:记下 I_{omax} 后迅速增大 R_L,以降低直流稳压电源的功耗。

② 测量输出电阻 R_o。当输入电压 U_i(稳压电路输入电压)保持不变,而负载电流由空载变化到额定电流时,引起输出电压变化,即输出电阻 R_o 为

$$R_o = \frac{\Delta U_o}{\Delta I_o}\bigg|_{U_i=常数}$$

③ 测量输出纹波电压。输出纹波电压是指在额定负载条件下,输出电压中所含交流分量的有效值或峰-峰值,用示波器测量输出电压 U_o 纹波的峰-峰值及波形。

④ 稳压系数 S_u 的测量。先调节自耦变压器,使输入电压升高 10%,即 242V,测量此时对应的输出电压;再调节自耦变压器,使输入电压降低 10%,即 198V,测量此时的输出电压;最后测出 220V 对应的输出电压,由此可得稳压系数为

$$S_u = \frac{\Delta U_o/U_o}{\Delta U_i/U_i}$$

注:每次改接电路时,必须切断电源。

10.2 多谐振荡器

多谐振荡器(Multivibrator)是用于产生在两种状态间变化的信号的电子电路,如振荡器、计数器、flip-flop 等。它最常见的应用是作为产生方波的非稳态振荡器。

多谐振荡器大致可以分为以下 3 种。

(1) 非稳态多谐振荡器(Astable Multivibrator):无论在哪种状态下都不是稳定的,它持续地由一种状态转变到另一种状态,这种多谐振荡器又称弛张振荡器。

(2) 单稳态多谐振荡器(Monostable Multivibrator):它所处的两种状态中有一种是稳态。它会在外部信号触发时进入非稳态,但是在非稳态持续一段时间后,还是会回到稳态,适用于对外部事件产生持续固定长度的信号,也称单稳态触发器。

(3) 双稳态多谐振荡器(Bistable Multivibrator):两种状态都是稳态。如果没有特定信号触发,那么它会一直处于其中一种状态;如果有特定信号触发,那么它可以由一种状态转变到另一种状态。它也被称为触发器或锁存器,施密特触发器与之类似。

10.2.1 分立元件构成的多谐振荡器

最简单的多谐振荡器是由两个交互耦合的晶体管构成的,并在电路中使用不同的 RC 电路以决定电路处于不同状态的时间。

下面简要分析上述电路的工作原理。

图 10-11 所示为三极管自激(或称无稳态)多谐振荡器的电路原理图。它基本上是由两级 RC 耦合放大器组成的,其中每一级的输出耦合到另一级的输入,各级交替地导通和截止,每次只有一级是导通的。

多谐振荡器会进入截止状态,这是借助 RC 耦合网络较大的时间常数来控制的。尽管两级在时间上是交替的,但是两级产生的都是矩形波输出。因此,多谐振荡器的输出可取自任何一级。

电路上电时,将 V_{CC} 加到电路上,由于两个三极管都是正向偏置的,因此它们处于导通状态。此外,电源还为耦合电容器 C_1 和 C_2 充电到接近 V_{CC}。充电路径是由接地点经过三极管的基极,又通过电容器到达电源。部分充电电流是经过 R_1 和 R_2 的,从而导致正电压加在基极上,使三极管导电量更大,两级的集电极电压下降。

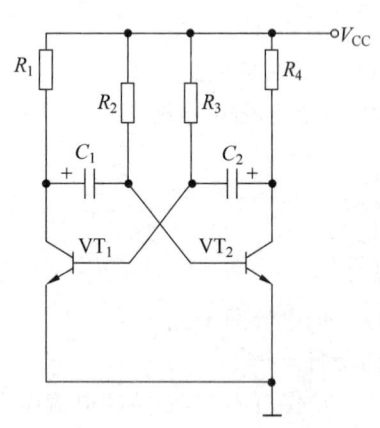

图 10-11 三极管自激多谐振荡器的电路原理图

两个三极管不会是完全相同的,因此,即使两级用的是相同型号的三极管且使用相同的参数,一个三极管也会比另一个三极管的起始导电量稍微大些。

假定 VT_1 的导电量稍大些,由于 VT_1 的电流大,因此它的集电极电压下降得就要比 VT_2 快些。结果,通过电阻器 R_2 放电的电容器 C_2 耦合到 VT_2 基极的电压就要比由 C_1 和 R_1 耦合到 VT_1 基极的电压负值更大些。这就使得 VT_2 的导电量减小,而它的集电极电压则相应地升高了。VT_2 集电极升高的电压是作为正电压耦合返回 VT_1 基极的。这样,VT_1 的导电量更大,从而引起它的集电极电压进一步下降。由于 C_2 还在放电,因此驱使 VT_2 的基极电压向负方向升高。这个过程继续至 VT_2 截止而 VT_1 在饱和状态下导通。此时,电容器 C_2 仍然通过电阻器 R_4 对接地点放电。VT_2 保持截止,直至 C_2 已充分放电而使 VT_2 的基极电压超过截止值。VT_2 开始导通,这样就开始了多谐振荡器的第二个半周。

由于 VT_2 开始导通,因此它的集电极电压开始下降,导致电容器 C_1 通过电阻器 R_1 开始放电,这样,加到 VT_1 基极上的是负电压。VT_1 传导的电流因此减小,并引起 VT_1 集电极电压升高。这是作为正电压耦合到 VT_2 基极的,于是 VT_2 传导的电流就更大。就像前半周的工作一样,起着正反馈作用,并持续到 VT_1 截止、VT_2 在饱和状态下导通。VT_2 保持截止状态,直至 C_1 已充分放电、VT_1 开始脱离截止状态。此时,完整的周期再次开始。

一级导通时间的长短取决于另一级的截止时间,即取决于 R_1C_1 和 R_2C_2。时间常数越小,转换也就越快,因此多谐振荡器的输出频率就越高。当然,也可以使 R_1C_1 和 R_2C_2 不相等,使两个三极管的导通时间不同。

10.2.2 集成门电路构成的多谐振荡器

1. 对称式多谐振荡器

(1) 电路组成。

对称式多谐振荡器由两个 TTL 反相器经电容器交互耦合而成,如图 10-12 所示。通常令 $C_1=C_2=C$,$R_1=R_2=R_F$;为了使静态时反相器工作在转折区,具

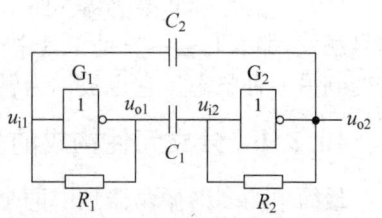

图 10-12 对称式多谐振荡器

有较强的放大能力,应满足 $R_{OFF} < R_F < R_{ON}$。

(2) 工作原理。

假定接通电源后,由于某种原因导致 u_{i1} 有微小正跳变,则必然会引起如图 10-13 所示的第一暂稳态正反馈过程:u_B 迅速跳变为低电平、u_D 迅速跳变为高电平,电路进入第一暂稳态。

此后,u_D 的高电平对电容器 C_1 充电,使 u_C 升高;电容器 C_2 放电,使 u_A 降低。由于充电时间常数小于放电时间常数,因此充电速度较快,u_C 首先上升到 G_2 的阈值电压 U_{TH},并引起如图 10-14 所示的第二暂稳态正反馈过程:u_{o2} 迅速跳变为低电平、u_{o1} 迅速跳变为高电平,电路进入第二暂稳态。此后,C_1 放电、C_2 充电,使 u_{i1} 上升,会引起又一次正反馈过程,电路又回到第一暂稳态。

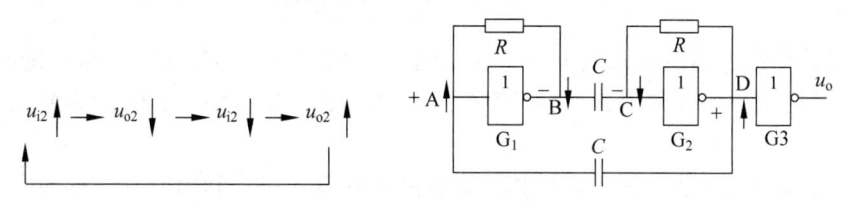

图 10-13 第一暂稳态正反馈过程

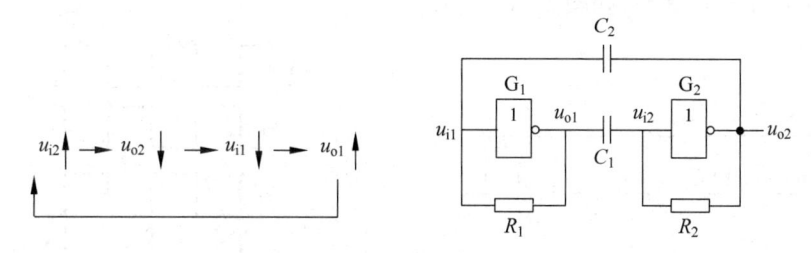

图 10-14 第二暂稳态正反馈过程

这样周而复始,电路不停地在两个暂稳态之间振荡,输出端就产生了矩形脉冲。图 10-15 所示为对称式多谐振荡器的工作波形。

矩形脉冲的振荡周期为

$$T \approx 1.3 R_F C$$

当取 $R_F = 1k\Omega$,C 为 $100pF \sim 100\mu F$ 时,该电路的振荡频率可在几赫兹到几兆赫兹的范围内变化。

2. 环形振荡器

最简单的环形振荡器的电路组成和工作波形图如图 10-16 所示。

利用集成门电路的传输延迟特性,将奇数个反相器首尾相连便可构成最简单的环形振荡器,该电路没有稳态。如此周而复始,便产生了自激振荡,其振荡周期为

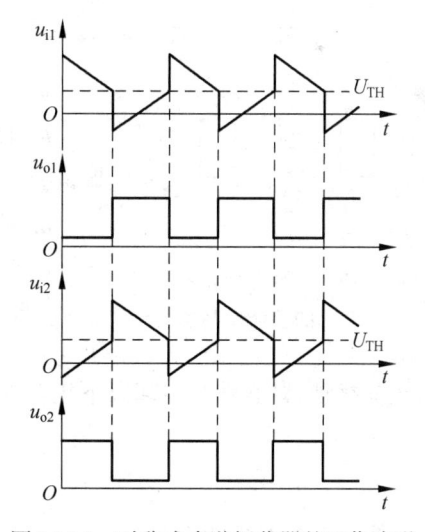

图 10-15 对称式多谐振荡器的工作波形

$$T = 6 t_{pd}$$

(a) 电路组成　　　　　　　　(b) 工作波形图

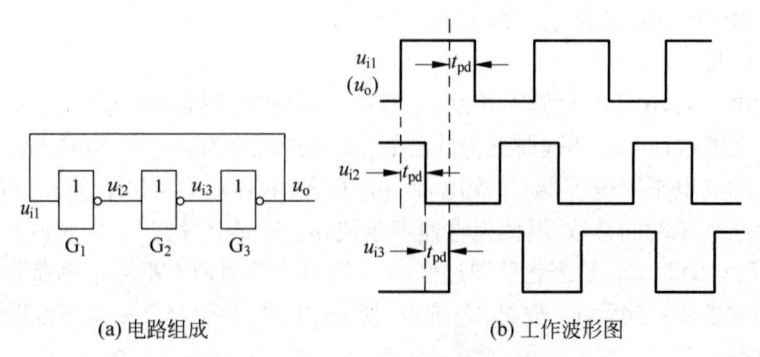

图 10-16　最简单的环形振荡器的电路组成和工作波形图

最简单的环形振荡器的构成十分简单,但是并不实用。因为集成门电路的延迟时间 t_{pd} 极短,且振荡周期不便于调节。增加 RC 延迟环节,即可组成 RC 环形振荡器,如图 10-17 所示。

其中,R_s 是限流电阻(保护 G_3),其阻值通常取 100Ω 左右,利用电容器 C 的充放电来改变 u_{i3} 的电平(因为 R_s 很小,所以分析时往往忽略它),以此来控制 G_3 周期性地导通和截止,在输出端产生矩形脉冲,如图 10-18 所示。

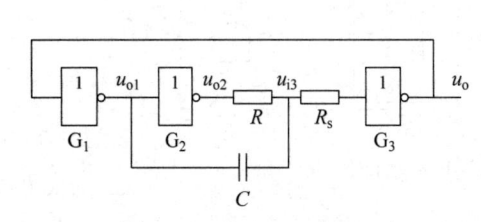

图 10-17　RC 环形振荡器

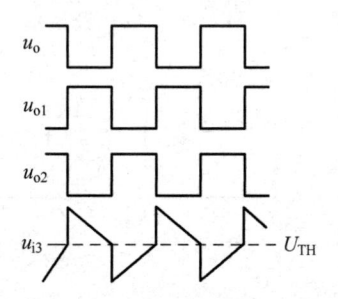

图 10-18　RC 环形振荡器的工作波形

RC 环形振荡器的振荡周期为 $T \approx 2.2RC$。

R 不能取得太大(一般取 1kΩ 左右),否则电路不能正常振荡。

3. CMOS 反相器构成的多谐振荡器

CMOS 反相器构成的多谐振荡器如图 10-19 所示。

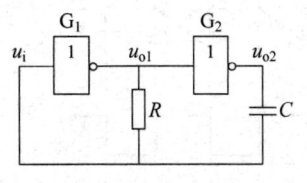

图 10-19　CMOS 反相器构成的多谐振荡器

R 的选择应使 G_1 工作在电压传输特性的转折区,此时,由于 $u_{o1}=u_{o2}$,因此 G_2 也工作在电压传输特性的转折区,若 u_i 有正向扰动,则必然会引起以下正反馈过程:

$$u_i \uparrow \to u_{o1} \downarrow \to u_{o2} \uparrow$$

随着电容器 C 的不断充电,u_i 不断上升,当 $u_i \geqslant U_{TH}$ 时,电路又迅速跳变为第一暂稳态。如此周而复始,电路不停地在两个暂稳态之间转换,电路将输出矩形脉冲,如图 10-20 所示。

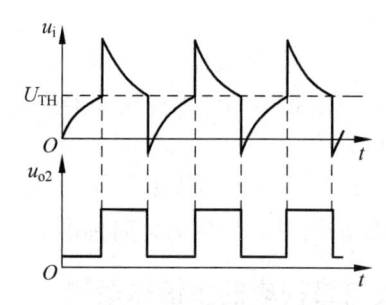

图 10-20　CMOS 反相器构成的多谐振荡器的工作波形

本电路的振荡周期为 $T=1.4RC$。

u_{o1} 迅速变为低电平,而 u_{o2} 迅速变为高电平,电路进入第一暂稳态。此时,电容器 C 通过 R 放电,u_{o2} 向 C 反向充电。随着电容器 C 的放电和反向充电,u_i 不断下降,当 $u_i=U_{TH}$ 时,电路又产生一次正反馈过程:

$$u_i \downarrow \to u_{o1} \uparrow \to u_{o2} \downarrow$$

从而使 u_{o1} 迅速变为高电平、u_{o2} 迅速变为低电平,电路进入第二暂稳态。此时,u_{o1} 通过 R 向电容器 C 充电。

4. 石英晶体振荡器

前面介绍的多谐振荡器的一个共同特点就是振荡频率不稳定,容易受温度、电源电压波动和 RC 误差的影响。

而在数字系统中,矩形脉冲信号常用作时钟信号来控制和协调整个系统的工作。因此,控制信号的频率不稳定会直接影响系统工作。显然,前面讨论的多谐振荡器是不能满足要求的,必须采用频率稳定度很高的石英晶体振荡器。

石英晶体具有很好的选频特性。当振荡信号的频率和石英晶体的固有谐振频率 f_o 相同时,石英晶体呈现很低的阻抗,信号很容易通过(石英晶体的阻抗频率特性如图 10-21 所示),而其他频率的信号则被衰减掉。

因此,将石英晶体串接在多谐振荡器的电路中就可组成石英晶体振荡器,如图 10-22 所示。这时,振荡频率只取决于石英晶体的固有谐振频率 f_o,而与 RC 无关。

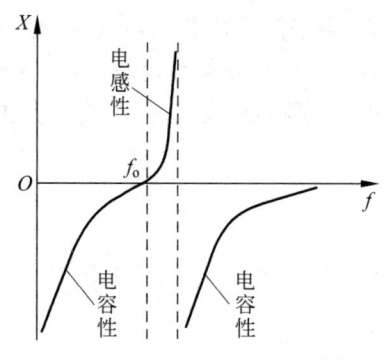

图 10-21　石英晶体的阻抗频率特性　　图 10-22　石英晶体振荡器

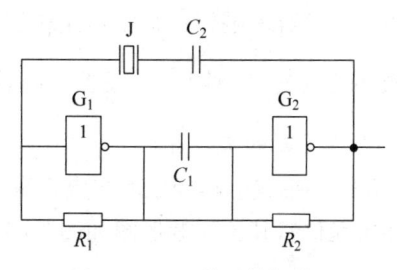

在对称式多谐振荡器的基础上串接一块石英晶体就可以构成一个石英晶体多谐振荡器电路。该电路将产生稳定度极高的矩形脉冲,其振荡频率由石英晶体的串联谐振频率 f_o 决定。

目前,家用电子钟几乎都采用由石英晶体多谐振荡器构成的矩形波发生器,由于它的频率稳定度很高,因此计时很准确。

通常选用振荡频率为 32 768Hz 的石英晶体振荡器,因为 $32\,768=2^{15}$,所以将 32 768Hz 经过 15 次二分频即可得到 1Hz 的时钟脉冲作为计时标准。

10.2.3 555 时基集成电路构成的多谐振荡器

1. 555 时基集成电路简介

时基集成电路称为集成定时器,是一种数字、模拟混合型的中规模集成电路,其应用十分广泛。它是一种产生时间延迟和多种脉冲信号的电路,由于其内部电压标准使用了 3 个 5kΩ 的电阻器,故取名为 555 时基集成电路。它的电路类型有双极型和 CMOS 型两大类,二者的结构与工作原理类似,几乎所有的双极型产品型号最后的 3 位数字都是 555 或 556;所有的 CMOS 产品型号最后 4 位数字都是 7555 或 7556。二者的逻辑功能和引脚排列完全相同,易于互换。555 和 7555 是单定时的,556 和 7556 是双定时的。双极型的电源电压 V_{CC} 为 $+5\sim+15V$,输出的最大电流可达 200mA;CMOS 型的电源电压为 $+3\sim+18V$。

(1) 电路特点及用途。

① 在电路结构上由模拟电路和数字电路组成,它将模拟功能与逻辑功能融为一体,能够精确地产生时间延迟和振荡。

② 采用单电源,电源范围为 $2\sim18V$,这样可以和模拟运算放大器及 CMOS 数字集成电路公用一个电源。

③ 可独立构成一个定时电路,且定时精度高。

④ 最大输出电流为 200mA,驱动负载能力强。

(2) 等效功能电路。

电路的工作原理描述:555 时基集成电路的等效功能电路如图 10-23 所示。它是由分压器、比较器、RS 触发器和放电三极管等部分组成的。3 个 5kΩ 电阻器构成分压器,使内部的两个比较器构成一个电平触发器,上触发电平为 $\frac{2}{3}V_{DD}$,下触发电平为 $\frac{1}{3}V_{DD}$,在 5 脚控制端外接一个参考电源 V_C,可以改变上、下触发电平。比较器 A_1 的输出同或非门 1 的输入端相连接,比较器 A_2 的输出端接到或非门 2 的输入端,由于两个或非门组成的 RS 触发器必须用负极性信号触发。因此,加在比较器 A_1 同相端 6 脚的触发信号,只有当其高于 5 脚的电位时,RS 触发器才翻转;而加到比较器 A_2 反相端 2 脚的触发信号,只有当其电位低于 A_2 同相端的电位 $\frac{1}{3}V_C$ 时 RS 触发器才翻转。

2. 多谐振荡器的工作原理

由 555 时基集成电路构成的多谐振荡器原理图如图 10-24(a)所示(其中,R_1、R_2 和电容器 C 为外接元件),其工作波形图如图 10-24(b)所示。

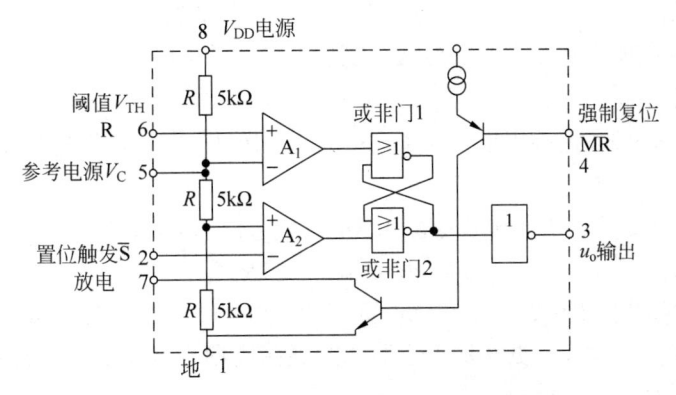

图 10-23　555 时基集成电路的等效功能电路

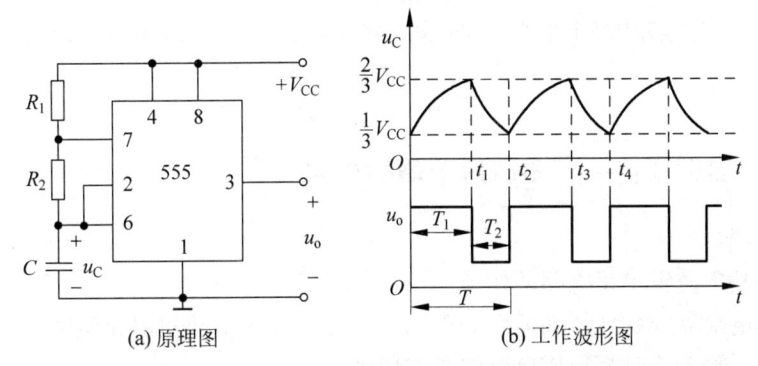

图 10-24　由 555 时基集成电路构成的多谐振荡器原理图及工作波形图

设电容器的初始电压 $U_C=0,t=0$ 时接通电源,由于电容器电压不能突变,因此高、低触发端 $V_{TH}=V_{TL}=0<\frac{1}{3}V_{CC}$,比较器 A_1 的输出为高电平,A_2 的输出为低电平,即 $\overline{R}_D=1$,$\overline{S}_D=0$(1 表示高电平,0 表示低电平),RS 触发器置 1,555 输出 u_o 为高电平 1。此时,$\overline{Q}=0$,555 内部放电三极管截止,电源经 R_1 和 R_2 向电容器 C 充电,u_C 逐渐升高。当 u_C 上升到 $\frac{1}{3}V_{CC}$ 时,A_2 的输出由 0 翻转为 1,这时 $\overline{R}_D=\overline{S}_D=1$,RS 触发并保持状态不变。因此,在 $0<t<t_1$ 期间,555 的输出 u_o 为高电平 1。

在 $t=t_1$ 时刻,u_C 上升到 $\frac{2}{3}V_{CC}$,比较器 A_1 的输出由 1 变为 0,这时 $\overline{R}_D=0$,$\overline{S}_D=1$,RS 触发器复位,555 输出 u_o 为低电平 0。

在 $t_1<t<t_2$ 期间,$\overline{Q}=1$,放电三极管导通,电容器 C 通过 R_2 放电,u_C 按指数规律下降,当 $u_C<\frac{2}{3}V_{CC}$ 时,比较器 A_1 的输出由 0 变为 1,RS 触发器的 $\overline{R}_D=\overline{S}_D=1$,Q 的状态不变,$u_o$ 仍为低电平。

在 $t=t_2$ 时刻,u_C 下降到 $\frac{1}{3}V_{CC}$,比较器 A_2 的输出由 1 变为 0,RS 触发器的 $\overline{R}_D=1$,$\overline{S}_D=0$,触发器处于状态 1,定时器输出 u_o 为高电平 1。此时,电源再次向电容器 C 充电,重复上述过程。

通过上述分析可知,电容器充电时,555 输出 u_o 为高电平 1;电容器放电时,u_o 为低电平 0。电容器不断地充、放电,输出端便获得矩形波。多谐振荡器无外部信号输入,却能输出矩形波,其实质是将直流形式的电能变为矩形波形式的电能。

3. 振荡周期

由图 10-24(b)可知,振荡周期 $T=T_1+T_2$。其中,T_1 为电容器充电时间,T_2 为电容器放电时间:

$$T_1=(R_1+R_2)C\ln2\approx0.7(R_1+R_2)C$$
$$T_2=R_2C\ln2\approx0.7R_2C$$

矩形波的振荡周期 $T=T_1+T_2=\ln2(R_1+2R_2)C\approx0.7(R_1+2R_2)C$。

因此,改变 R_1、R_2 和 C,便可改变矩形波的振荡周期和频率。对于矩形波,除用幅值、周期来衡量外,还有一个参数——占空比 q:

$$q=脉宽\ t_w/周期\ T$$

式中,t_w 指一个输出周期内高电平所占的时间。图 10-24(b)所示的电路输出矩形波的占空比为

$$q=\frac{T_1}{T}=\frac{T_1}{T_1+T_2}=\frac{R_1+R_2}{R_1+2R_2}$$

10.2.4 实训项目——多谐振荡器的应用

1. 实训目的

(1) 掌握基本逻辑单元电路的构成。
(2) 掌握电阻器、电容器、晶体管等常用电子元器件的基础知识和使用技巧。
(3) 初步了解 555 时基集成电路的基本原理。
(4) 熟悉实验板运用技巧。
(5) 掌握万用表、直流稳压电源和示波器等仪器仪表的正确使用方法。

2. 实训要求

(1) 根据设计的原理图,在实验板上完成装配图的设计,要求布局合理、焊点光滑圆润。
(2) 电路能正常工作。

3. 实训所使用的工具及仪器仪表

电烙铁、烙铁架、尖嘴钳、斜口钳、剥线钳、镊子、万用表、示波器、直流稳压电源等。

4. 实训原理图及元器件清单

(1) 闪烁的发光二极管。

① 电路原理图如图 10-25 所示。
② 元器件清单如表 10-3 所示。

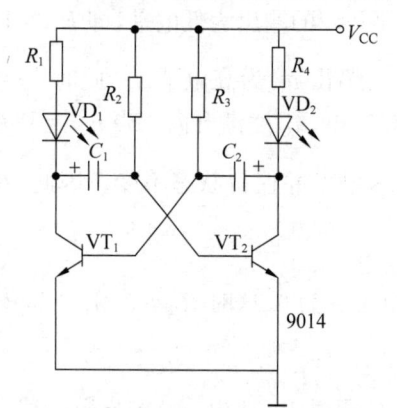

图 10-25 闪烁的发光二极管电路原理图

表 10-3 闪烁的发光二极管元器件清单

名称	型号、规格	数量	名称	型号、规格	数量
电阻器	82kΩ	2个	电容器	22μF/25V	1个
电阻器	1kΩ	2个	三极管	9014	2个
电解电容器	47μF/25V	1个	发光二极管	φ3mm	2个

③ 原理简述：本电路是一个多谐振荡器的简单应用。在学习了多谐振荡器的基本原理后，就可以利用这个电路来控制两个发光二极管交替闪烁了。

可以把 VT_1 和 VT_2 的集电极作为多谐振荡器的输出来驱动两个发光二极管。R_1、R_4 分别为发光二极管 VD_1 与 VD_2 的限流电阻，它们的阻值越小，发光二极管越亮。每个发光二极管点亮的时间可以通过公式 $T=0.693RC$ 计算得到，取不同的值得到不同闪烁的频率，两边的点亮时间可以不同。

(2) 汽车倒车警示电路。

① 电路原理图如图 10-26 所示。

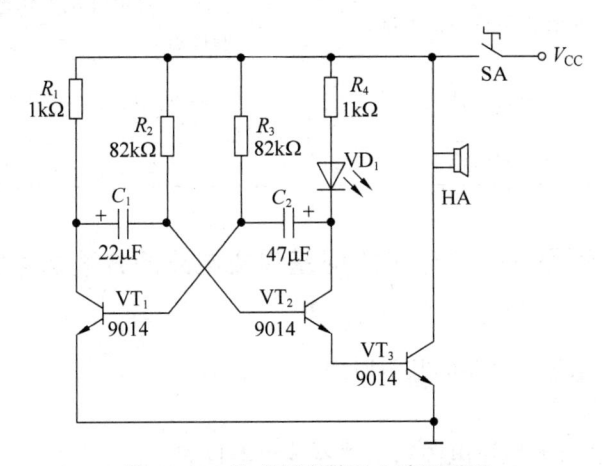

图 10-26　汽车倒车警示电路原理图

② 元器件清单如表 10-4 所示。

表 10-4　汽车倒车警示电路元器件清单

名称	型号、规格	数量	名称	型号、规格	数量
电阻器	82kΩ	2个	电容器	22μF/25V	1个
电阻器	1kΩ	2个	三极管	9014	3个
电解电容器	47μF/25V	1个	发光二极管	φ3mm	1个
按钮开关	—	1个	蜂鸣器	—	1个

③ 原理简述：汽车倒车警示电路是无稳态多谐振荡器的应用，它不需要外加激励信号就能连续地、周期性地自行产生矩形脉冲，该脉冲是由基波和多次谐波构成的。本电路是由三极管构成的多谐振荡器。当开关 SA 处于闭合状态时，汽车倒车警示电路进入工作状态。在 VT_1 截止而 VT_2 饱和导通的状态下，VT_3 饱和导通，接于 VT_2 集电极的 VD_1 导通并有一定的电流流过，VD_1 发光；接于 VT_3 集电极的蜂鸣器 HA 的电源被接通工作，发出鸣叫声。反之，在 VT_1 导通而 VT_2 截止的状态下，VT_3 也截止，接于 VT_2 集电极的 VD_1 也截止，VD_1 不发光；接于 VT_3 集电极的蜂鸣器 HA 的电源被切断，HA 不工作，鸣叫声停止。R_4 起到对 VD_1 的限流作用，改变其阻值可改变 VD_1 的发光亮度。

5. 常见故障及排查方法

常见故障及排查方法如表 10-5 所示。

表 10-5　常见故障及排查方法

故障现象	可能原因	排查方法
电源接上无反应	① 电源回路线未通；② 元件之间缺乏连线；③ 发光二极管极性接错；④ 三极管极性接错	使用万用表欧姆挡：① 检查 $R_1 \sim R_4$ 的一端是否与电源正极相连，三极管的发射极是否与电源负极相连；② 认真检查各元器件间的连线；③ 检查发光二极管、三极管的极性
单个发光二极管长亮、蜂鸣器长鸣	三极管的 C、E 极性接错，电解电容器极性接错或虚焊	认真检查与不亮的发光二极管相连的三极管的 C、E 极性和电容器的极性，并检查它们的焊点
发光二极管不正常快速闪烁	三极管极性接错、电容器短路	检查三极管与电容器
蜂鸣器不鸣	蜂鸣器装错	检查蜂鸣器的极性、VT_3 的极性和焊点

10.2.5　实训项目——基于 555 时基集成电路的方波信号发生器

1. 实训目的

(1) 理解 555 时基集成电路的基本原理。

(2) 熟悉实验板运用技巧。

(3) 掌握万用表、直流稳压电源和示波器等仪器仪表的正确使用方法。

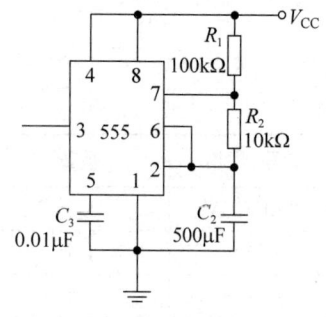

图 10-27　方波信号发生器电路原理图

2. 实训要求

(1) 根据设计的原理图，在实验板上完成装配图的设计，要求布局合理、焊点光滑圆润。

(2) 电路能正常工作。

3. 实训所使用的工具及仪器仪表

电烙铁、烙铁架、尖嘴钳、斜口钳、剥线钳、镊子、万用表、示波器、直流稳压电源等。

4. 实训原理图及元器件清单

(1) 电路原理图如图 10-27 所示。

(2) 元器件清单如表 10-6 所示。

表 10-6　方波信号发生器元器件清单

名称	型号、规格	数量	名称	型号、规格	数量	名称	型号、规格	数量
电阻器	10kΩ	1个	瓷片电容器	500pF	1个	集成电路	555	1个
电阻器	100kΩ	1个	瓷片电容器	0.01μF	1个	集成电路座	8P	1个

(3) 方波信号发生器的工作原理。本方波信号发生器的核心是 555 时基集成电路和外围电路，构成一个无稳态多谐振荡器，它与单稳态模式的不同之处在于触发端(2 脚)与充/放电回路的 C_2，它不受外部触发控制，其振荡频率为

$$f = 1/T = 1.44/[(R_1 + 2R_2)C_2]$$

改变 R 和 C 能使振荡频率 f 发生变化。

充电时间：$t_1=0.693(R_1+R_2)C_2$，是 C_2 两端的电压从 $\frac{1}{3}V_{CC}$ 充电到 $\frac{2}{3}V_{CC}$ 所需的时间。

放电时间：$t_2=0.693R_2C_2$，是 C_2 两端的电压从 $\frac{2}{3}V_{CC}$ 放电到 $\frac{1}{3}V_{CC}$ 所需的时间。

电路的振荡周期 T：$T=t_1+t_2=0.693(R_1+2R_2)C_2$。

接通电源后，电源 V_{CC} 通过 R_1 和 R_2 对电容器 C_2 充电，当 $u_C<\frac{1}{3}V_{CC}$ 时，振荡器输出 u_o 为高电平 1，放电管截止。当 C_2 充电到 $u_C\geqslant\frac{2}{3}V_{CC}$ 后，振荡器输出 u_o 为低电平 0，此时放电管导通，使放电端（DIS）接地，电容器 C_2 通过 R_2 对地放电，使 u_C 下降。当 u_C 下降到 $\leqslant\frac{1}{3}V_{CC}$ 后，振荡器输出 u_o 为高电平 1，此时放电管又截止，使放电端不接地，电源通过 R_1 和 R_2 又对电容器 C_2 充电，又使 U_C 从 $\frac{1}{3}V_{CC}$ 上升到 $\frac{2}{3}V_{CC}$，触发器又发生翻转。如此周而复始，从而在输出端得到连续变化的振荡脉冲波形。脉冲宽度 $T_L\approx0.7R_2C$，它由电容器 C_2 的放电时间决定；$T_H=0.7(R_1+R_2)C_2$，它由电容器 C_2 的充电时间决定，脉冲周期 $T\approx T_H+T_L$。

5．实训步骤

（1）分析电路原理图。

（2）掌握实训所需的电子元器件。

（3）根据原理图设计装配图。

（4）根据设计的装配图完成元器件的装配。

（5）用电阻法检查完成的电路。

（6）通电调试、排除故障，测量 555 的 2、3 脚的输出波形。

（7）完成实训报告。

6．实训注意事项

（1）元器件布局合理，便于检查。

（2）焊点光滑圆润，无粘连、虚焊。

（3）实验板上走线只能上下（垂直）和左右（水平）走向（互成 90°），不能交叉重叠。

（4）线路外接电源线，红线接正极，黑线接负极，应预留测试点。

7．常见故障及排查方法

信号发生器常见故障及其排查方法如表 10-7 所示。

表 10-7 信号发生器常见故障及其排查方法

故障现象	可能原因	排查方法
通电后无输出波形	供电线路不通	使用万用表欧姆挡： ① 检查 555 的 8 脚作为电源的正极（红线）是否通； ② 检查 555 的 1 脚、电源的负极（黑线）是否通； ③ 检查 555 集成电路是否插错；
波形频率不准确	电容器的容量大小有误，电容器处有短路	④ 检查 555 周围元器件是否接好，特别是 555 的 2、6 脚是否连接，4 脚是否接正； ⑤ 检查电容器 C_1、C_2 的参数是否准确，是否短路

10.3 计 数 器

10.3.1 计数器概述

计数是一种最简单的数学运算,计数器就是实现这种运算的逻辑电路。计数器在数字系统中主要对脉冲的个数进行计数,以实现测量、计数和控制功能,同时兼有分频功能。计数器是由基本的计数单元和一些控制门组成的,计数单元由一系列具有存储功能的各类触发器构成,这些触发器有 RS 触发器、T 触发器、D 触发器及 JK 触发器等。计数器在数字系统中应用广泛。例如,在电子计算机的控制器中对指令地址进行计数,以便顺序取出下一条指令,在运算器中做加法、减法运算时记下加、减次数;又如,在数字仪器中对脉冲进行计数等。

计数器是在数字电子产品中应用最多的时序逻辑电路。计数器不仅可以用于对时钟脉冲进行计数,还可以用于分频、定时、产生节拍脉冲和脉冲序列及进行数字运算等。但是它无法显示计算结果,一般通过外接 LCD 或 LED 来显示。

10.3.2 计数器的种类

计数器的种类很多,按构成计数器的各触发器是否使用一个时钟脉冲源,可分为同步计数器和异步计数器;按进制的不同,可分为二进制计数器、十进制计数器和任意进制计数器;按计数过程中数字增减趋势的不同,可分为加法计数器、减法计数器和可逆计数器;还有可预置数和可编程计数器等。随时钟信号不断增加的为加法计数器,不断减少的为减法计数器,可增可减的为可逆计数器。

10.3.3 二十四进制电子数字钟的设计

二十四进制电子数字钟是具有二十四进制清零功能的电子钟,它主要由时钟脉冲、异步清零计数电路(十进制加法器 74LS160)、译码驱动电路(译码器 74LS48)、共阴极 LED 数码管显示 4 个模块构成,如图 10-28 所示。

时钟脉冲可由前面所学的 555 时基集成电路构成振荡周期为 1s 的标准脉冲,由 74LS160(4 位十进制计数器)采用异步清零法组成二十四进制时钟的计数器,使用 74LS48(7 段译码器/驱动器)为驱动器,以共阴极 7 段 LED 数码管作为显示器。

1. 基本集成电路简介

(1) 集成电路 74LS160。

集成电路 74LS160 是 4 位十进制计数器,它由 4 个 D 触发器和若干门电路构成,具有计数、预置存数、禁止、异步清除等功能。该电路采用同时控制所有触发器的方法实现同步。这样,当有计数赋能输入和内部选通指令时,输出的变化就相互一致。这种同步计数方式消除了非同步计数产生的计数输出尖峰脉冲,缓冲时钟输入在时钟输入波形的上升沿(正跃变)触发 4 个 D 触发器。74LS160 引脚图如图 10-29 所示,其逻辑功能表如表 10-8 所示。

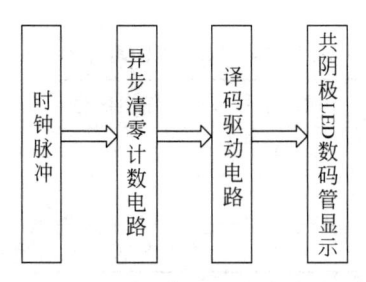

图 10-28　二十四进制电子数字钟组成框图

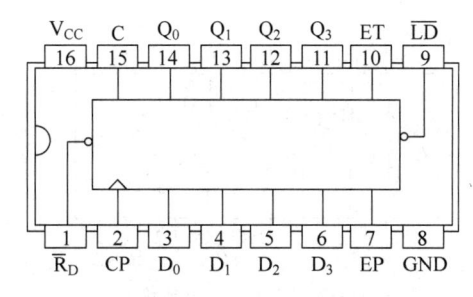

图 10-29　74LS160 引脚图

表 10-8　74LS160 的逻辑功能表

时钟 CP	异步清除 $\overline{R_D}$	同步置数 $\overline{LD}$	EP	ET	工作状态
×	0	×	×	×	清零
↑	1	0	×	×	置数
×	1	1	0	1	保持(不变)
×	1	1	×	0	保持(不变)
↑	1	1	1	1	计数

由 74LS160 的逻辑功能表可得到以下结论。

- 异步清零：当 $\overline{R_D}=0$ 时，$Q_0=Q_1=Q_2=Q_3=0$。
- 同步预置：当 $\overline{LD}=0$ 时，在时钟脉冲 CP 的上升沿，$Q_0=D_0$，$Q_1=D_1$，$Q_2=D_2$，$Q_3=D_3$。
- 锁存：当使能端 EP·ET＝0 时，计数器禁止计数，为锁存状态。
- 计数：当使能端 EP＝ET＝1 时，为计数状态。

(2) 集成电路 74LS00。

集成电路 74LS00 是二输入四与非门，其引脚图如图 10-30 所示，其真值表如表 10-9 所示，逻辑表达式为 $Y=\overline{AB}$。

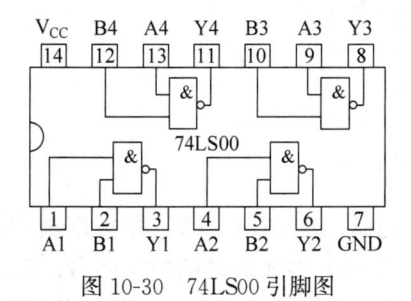

表 10-9　74LS00 的真值表

输入信号		输出信号
A	B	Y
L	L	H
L	H	H
H	L	H
H	H	L

图 10-30　74LS00 引脚图

(3) 集成电路 74LS04。

集成电路 74LS04 是六反相器，其引脚图如图 10-31 所示，其真值表如表 10-10 所示，逻辑表达式为 $Y=\overline{A}$。

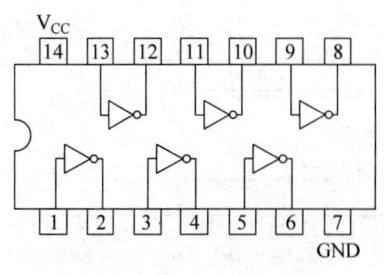

图 10-31　74LS04 引脚图

表 10-10　74LS04 的真值表

输入信号	输出信号
A	Y
0	1
1	0

(4) 集成电路 74LS48。

集成电路 74LS48 是 BCD-7 段译码器/驱动器，它是由与非门、输入缓冲器和 7 个与或非门组成的，其输出是高电平有效。8 个与非门和一个驱动器连接，以产生有用的 BCD 数据及补码并输送至 7 个与或非门。剩下的与非门和 3 个输入缓冲器分别作为"试灯"输入 $\overline{LT}$、灭灯输入/动态灭灯输出 $\overline{BI/RBO}$ 和动态灭灯输入 $\overline{RBI}$，其逻辑图如图 10-32 所示。

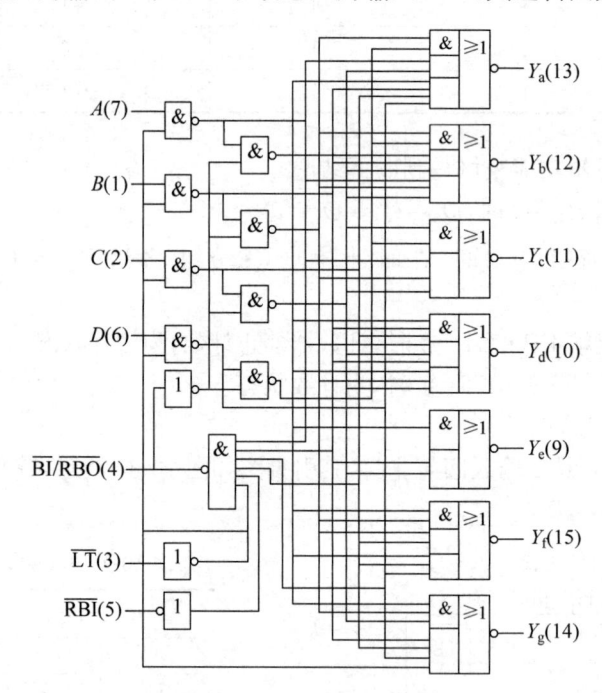

图 10-32　74LS48 的逻辑图

图 10-33　74LS48 引脚图

该电路接收 4 位二进制编码和 BCD 码，并根据辅助输入的状态，将这些数据译成驱动其他元器件的数字信号。74LS48 还含有前、后沿自动灭零控制（RBI 和 RBO）引脚。当 BI/RBO 引脚处于高电平时，试灯可在任何时刻进行。灭灯输入（BI）可用来控制灯的亮度或禁止输出。74LS48 在应用中可用来驱动灯缓冲器或共阴极 LED 数码管。74LS48 引脚图如图 10-33 所示，其功能表如表 10-11 所示。

表 10-11 74LS48 的功能表

十进制数或功能	输入端			BI/RBO	输出端						
	LT	RBI	D C B A		a	b	c	d	e	f	g
0	H	H	0 0 0 0	H	1	1	1	1	1	1	0
1	H	×	0 0 0 1	H	0	1	1	0	0	0	0
2	H	×	0 0 1 0	H	1	1	0	1	1	0	1
3	H	×	0 0 1 1	H	1	1	1	1	0	0	1
4	H	×	0 1 0 0	H	0	1	1	0	0	1	1
5	H	×	0 1 0 1	H	1	0	1	1	0	1	1
6	H	×	0 1 1 0	H	0	0	1	1	1	1	1
7	H	×	0 1 1 1	H	1	1	1	0	0	0	0
8	H	×	1 0 0 0	H	1	1	1	1	1	1	1
9	H	×	1 0 0 1	H	1	1	1	0	0	1	1
10	H	×	1 0 1 0	H	0	0	0	1	1	0	1
11	H	×	1 0 1 1	H	0	0	1	1	0	0	1
12	H	×	1 1 0 0	H	0	1	0	0	0	1	1
13	H	×	1 1 0 1	H	1	0	0	1	0	1	1
14	H	×	1 1 1 0	H	0	0	0	1	1	1	1
15	H	×	1 1 1 1	H	0	0	0	0	0	0	0
BI	×	×	× × × ×	L	0	0	0	0	0	0	0
RBI	H	L	0 0 0 0	L	0	0	0	0	0	0	0
LT	L	×	× × × ×	H	1	1	1	1	1	1	1

(5) LED 数码管简介。

LED(Ling Emitting Diode)是发光二极管的缩写。LED 数码管里面有 8 个发光二极管,分别记作 a、b、c、d、e、f、g、h,其中,h 是小数点,每个发光二极管都有一个电极引到外部引脚上,而另外一个电极连接地一起也引到外部引脚上,记作公共端(COM)。LED 数码管引脚图如图 10-34 所示,其引脚排列及各引脚的功能如表 10-12 所示,其中,引脚的排列因不同的厂商而有所不同。a、b、c、d、e、f、g、h 分别控制 8 段,称段码。常用的 LED 数码管有两种:共阳极与共阴极,如图 10-35 所示。

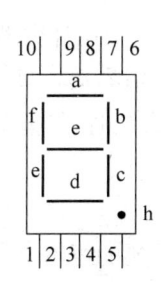

图 10-34 LED 数码管引脚图

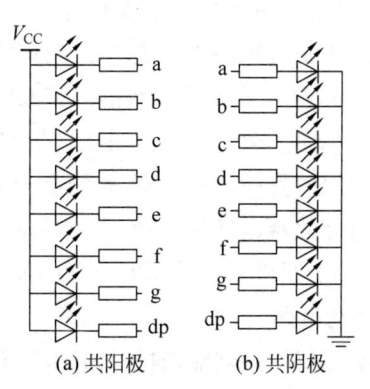

图 10-35 共阳极、共阴极 LED 数码管

表 10-12　LED 数码管的引脚排列及各引脚的功能

1	2	3	4	5	6	7	8	9	10
e	d	COM	c	h	b	a	COM	f	g

① 共阳极。

若数码管里的发光二极管的阳极接在一起作为公共引脚,则在正常使用时,此引脚接电源正极。当发光二极管的阴极接低电平时,发光二极管点亮,相应的数码段显示;而输入高电平的数码段则不显示。

② 共阴极。

若数码管里的发光二极管的阴极接在一起作为公共引脚,则在正常使用时,此引脚接电源负极。当发光二极管的阳极接高电平时,发光二极管点亮,相应的数码段显示;而输入低电平的数码段则不显示。

在一定范围内,数码管的正向电流和发光亮度成正比。常规数码管的用电电流只有 1～2mA,最大极限电流也只有 10～30mA,因此,它的输入端在与 5V 电源或高于 TTL 高电平(3～5V)的电路信号相接时,一定要加限流电阻,以免损坏元器件。

③ LED 数码管。

当 g 段不亮而其他段都亮时为 0;若 b、c 段亮而其他段不亮,则为 1;若 f、c 段不亮而其他段都亮,则为 2;若 f、e 段不亮,则为 3;若 a、e、d 段不亮,则为 4;若 b、e 段不亮,则为 5;若 a、b 段不亮,则为 6;若 f、e、d、g 段不亮,则为 7;若 7 段全亮,则为 8;若 e、d 段不亮,则为 9。

2. 各功能模块设计

(1) 计数器电路。

集成计数器一般都设置有清零输入端和置数输入端,而且,无论是清零还是置数,都有同步和异步之分。有的集成计数器采用同步方式,即只有在 CP 时钟触发沿到来时,才能完成清零或置数任务;有的集成计数器采用异步方式,即通过触发器的异步输入端来直接实现清零或置数,与 CP 时钟信号无关。本设计采用两片十进制同步加法计数器 74LS160、一片与非门 74LS00 和一片非门 74LS04。由外加的进位脉冲送入个位计数器,电路在进位脉冲的作用下按二进制自然序依次递增 1,当计数到 24 时,显示器个位输出 0011(3),显示器十位输出 0010(2),显示器十位计数器只有 QC 端有输出,显示器个位计数器只有 QB 端有输出,将 QC、QB 端接一个二输入与非门,与非门输出一路先送入十位计数器的清零端,然后取反送入或非门的另一个输入端,输出接显示器个位计数器的清零端,其每 10s 清零一次并向显示器十位计数器送进位脉冲,当十位输出为 2、个位输出为 3 时,将整个电路清零,完成 24 的显示。二十四进制计数器的原理图如图 10-36 所示。

(2) 译码驱动电路。

译码驱动电路将计数器输出的 8421BCD 码转换为数码管需要的逻辑状态,并且为保证数码管正常工作提供足够的工作电流。常用的 7 段译码驱动器属 TTL 型的有 74LS47、74LS48 等,属于 CMOS 型的有 CD4055 液晶显示驱动器等。74LS47 为低电平有效,用于

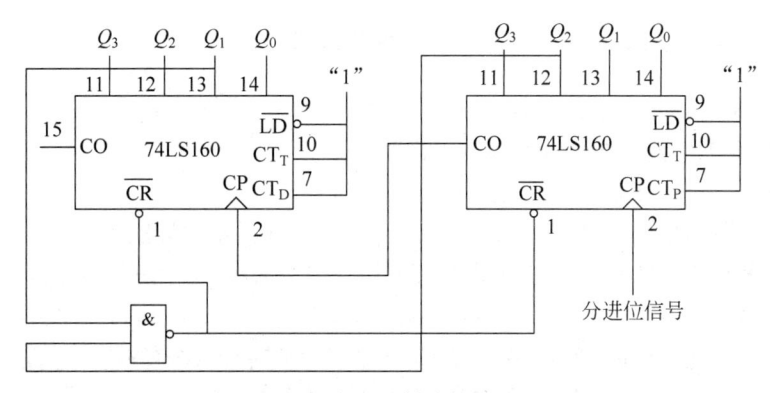

图 10-36 二十四进制计数器的原理图

驱动共阳极 LED 数码管显示器,因为 74LS47 为集电极开路(OC)输出结构,所以它工作时必须外接集电极电阻。74LS48 为高电平有效,用于驱动共阴极 LED 数码管显示器,其内部电路的输出级有集电极电阻,使用时可直接接显示器。本设计选择 74LS48 作为译码驱动器。

(3) 共阴极 7 段 LED 数码管。

显示器的种类很多,在数字电路中,最常见的显示器是半导体显示器(LED)和液晶显示器(LCD),本设计采用 7 段 LED 数码管显示器。7 段 LED 数码管显示器俗称数码管,其工作原理是将要显示的十进制数码分成 7 段,每段为一个发光二极管,利用不同发光段的组合来显示不同的数字。发光二极管的死区电压较高,工作电压为 1.5～3V,驱动电流为几十毫安。由于 74LS48 为高电平有效,因此,配接的数码管必须采用共阴极接法。

二十四进制计数器参考原理图如图 10-37 所示。

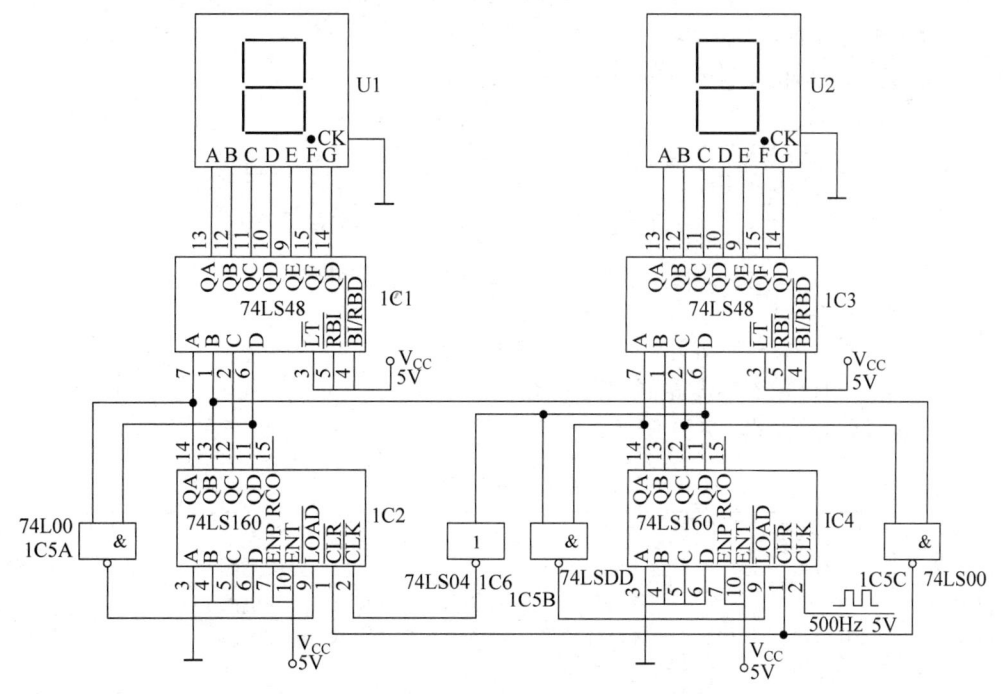

图 10-37 二十四进制计数器参考原理图

10.3.4 实训项目——六十进制计数器的设计与制作

1. 实训功能要求

设计一个六十进制计数器,具体要求如下。

(1) 每隔1s左右,计数器加1,能以数字形式显示。

(2) 当计数器递增到59时,计数器会自动返回00并显示,继续计数。

(3) 设计主要芯片是两个4026十进制计数器/7段译码器,并且由100Hz/5V电源供给。

2. 实训目的

(1) 了解数字电子线路设计的基本思路,掌握六十进制计数器的构成思路。

(2) 掌握信号电路、分频电路、计数电路和显示驱动电路等基本电路模块的构成。

(3) 了解集成电路4060、4026,以及基本门电路的应用。

(4) 掌握单面印制电路板排版的基本方法,以及实验板的使用技巧。

(5) 掌握电子线路设计与制作的基本工艺要求。

(6) 了解电子产品的调试过程,掌握基本的调试方法,以及一般故障判断及其排除方法。

3. 实训操作要求

(1) 根据设计的原理图,在实验板上完成装配图的设计,要求布线合理,实现功能,数字显示完整、准确。

(2) 印制电路板整洁,各焊点光滑圆润。

(3) 实训报告完整,电路原理图清晰。

4. 实训所使用的工具及仪器仪表

电烙铁、烙铁架、尖嘴钳、剥线钳、斜口钳、万用表、示波器、直流电源等。

5. 六十进制计数器的电路结构框图

六十进制计数器的电路结构框图如图10-38所示。

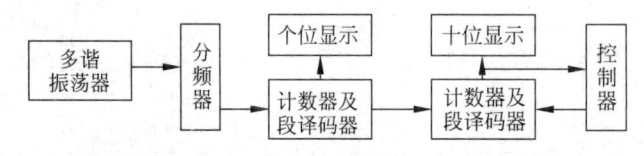

图10-38 六十进制计数器的电路结构框图

6. 六十进制计数器的电路原理图及元器件清单

(1) 六十进制计数器的电路原理图如图10-39所示。

(2) 元器件清单如表10-13所示。

表10-13 元器件清单

名称	型号、规格	数量	名称	型号、规格	数量	名称	型号、规格	数量
电阻器	10kΩ	1个	瓷片电容器	0.01μF	1个	集成电路	555	1个
电阻器	510Ω	2个	数码管	共阴极	2个	集成电路	4026	2个
电阻器	100kΩ	1个	集成电路座	8pF	1个	集成电路	4060	1个
瓷片电容器	22pF	1个	集成电路座	14pF	2个	集成电路	4013	1个
瓷片电容器	500pF	1个	集成电路座	16pF	3个	集成电路	4011	3个

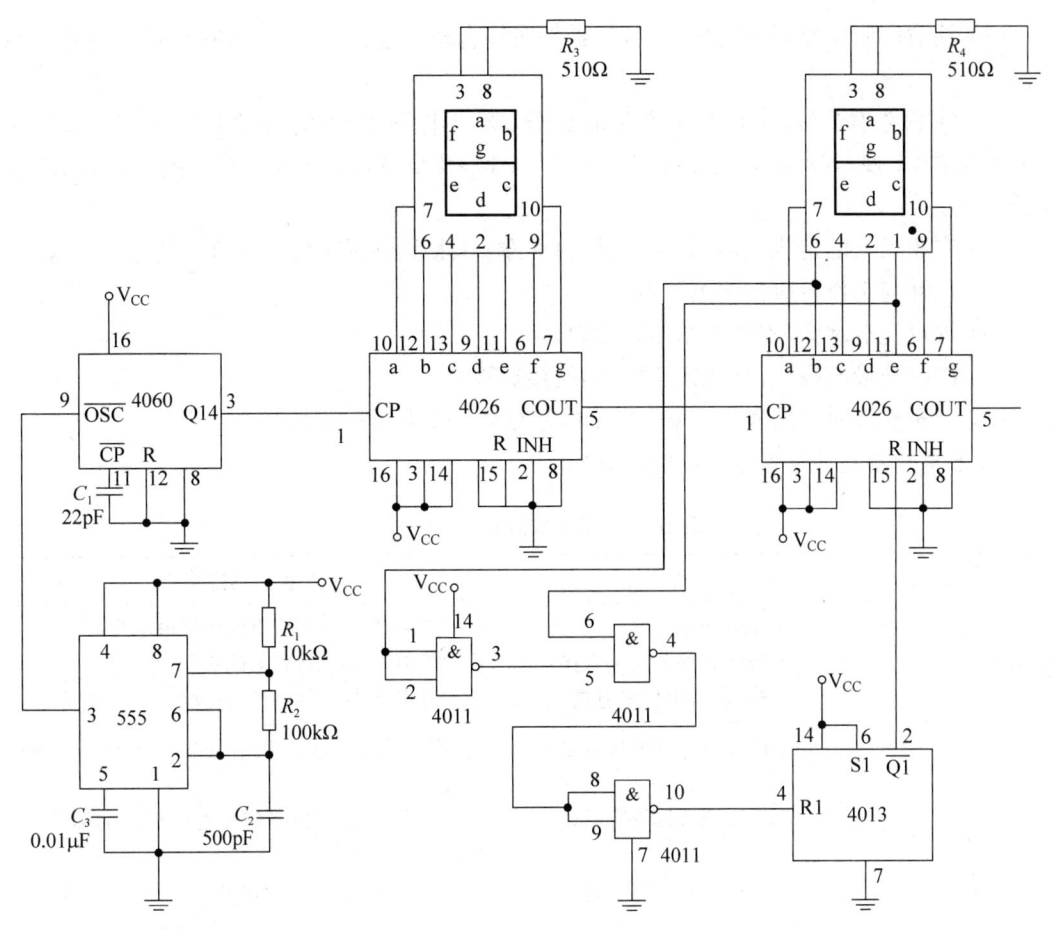

图 10-39　六十进制计数器的电路原理图

（3）六十进制计数器的原理。

我们把六十进制计数器电路分成三大块：信号的产生、计数显示和控制电路。555 和外围电路构成一个无稳态多谐振荡器，产生一个振荡脉冲信号，经 4060 整形、分频，在 3 脚输出端输出一个基准脉冲信号，提供给 4026 的输入端，4026 的外围电路构成一个十进制计数器，并推动 7 段 LED 数码管显示，前级 4026 的进位输出端送入下一级 4026 的输入端实现十位计数。4011 与 4013 构成的控制电路是六进制计数器，从而实现六十进制计数器。

7．实训步骤

（1）按电路结构框图分析电路原理图。

（2）掌握六十进制计数器所需的电子元器件。

（3）根据电路原理图，按功能模块设计装配图。

（4）根据设计的装配图完成元器件的装配。

（5）用万用表电阻法分模块检查各模块电路（可按各模块电路分块设计、装配与调试）。

（6）通电调试，排除故障。

（7）完成实训报告。

8. 实训注意事项

(1) 注意印制电路板的总体布局,元器件布局合理。连接各模块电源时,切勿造成电源短路。

(2) 注意考虑个位、十位显示电路的放置:集成电路 4060 时钟信号输入端(9 脚)和信号输出端(3 脚)与方波信号发生器(555 的 3 脚)及个位显示电路(4026 的 1 脚)的连接走线位置。

(3) 实验板上的走线只能是上下(垂直)和左右(水平)走向(互成 90°),不能交叉重叠。

(4) 设计与制作时应预留测试点。

(5) 焊点光滑圆润,不能有粘连和虚焊。

(6) 线路外接电源线,红线接正极,黑线接负极。

(7) 分析故障时参见表 10-14 中列出的常见故障及其排除方法。

9. 常见故障及其排除方法(见表 10-14)

表 10-14　常见故障及其排除方法

故障现象	可能原因	查找及排除
通电无反应	① 供电线路未通; ② 数码管的公共端未接; ③ 输入/输出信号有错	① 检查所有集成电路的供电电源; ② 用万用表检查数码管的 3、8 脚; ③ 检查各模块的信号连接
"00"显示(不计数)	① 信号发生器模块有错; ② 信号处理模块有错; ③ 个位显示电路有错	① 用示波器检测信号发生器模块的输出端; ② 用示波器检测信号处理模块的输入与输出端的波形; ③ 检查个位显示电路的输入端、4026 的 15 脚的地,以及 4026 的 2、3 脚
个位计数、十位不计数	① 显示电路的输入/输出有错; ② 控制电路模块有错	① 检查个位显示电路(4026 的 5 脚)输出是否与十位显示电路的输入(1 脚)相接; ② 检查十位显示电路的 15 脚的连线; ③ 检查十位段码 b、e 和控制电路的连接
个位计数、十位计数至 9	控制电路未接好	检查控制电路中 4011、4013 间的连线
计数不完整 20 或 50 计数	控制电路的输入端有错	检查十位计数器 4026 的 e、b 段与控制电路 4011 连接是否正确

10. 各模块电路设计与制作内容提示

(1) 信号电路模块。

信号电路模块包含两部分:信号的产生和信号的处理。

在六十进制计数器电路中,计数显示电路需要有计数信号,这里的信号产生电路可采用前面学过的方波信号发生器电路,将它作为计数的信号源,但其频率明显太高。因此,这里通过分频器来降低方波信号发生器的频率,作为计数器的信号电路,最终提供一个周期接近 1s 的时钟计数信号。

① 集成电路4060。集成电路4060是一个14位二进制计数器/分频器，其引脚图如图10-40所示，其功能表如表10-15所示。

图10-40　4060引脚图

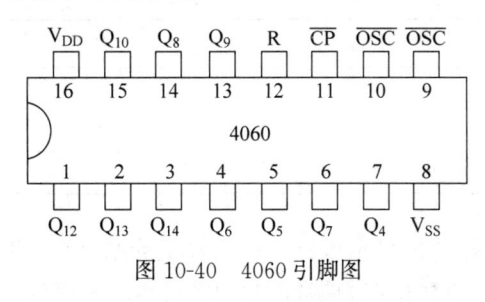

表10-15　4060的功能表

时钟	复位R	输出状态
下降沿	0	不变
上升沿	0	进入下一个状态
×	1	全部输出为低电平

集成电路4060的应用特点：主要用于组成从$\div 2^4$到$\div 2^{14}$的分频器（最高分频数为16384）、定时器和时间延迟电路等，内含时钟形成电路，外接不同元器件可组成石英晶体振荡器、RC振荡器、施密特电路。

② 信号的产生。采用前面学过的方波信号发生器电路（由555时基集成电路构成的多谐振荡器）作为六十进制计数器的信号产生电路。

③ 分频器。六十进制计数器的计数、分频电路的设计是采用4060集成电路构成的分频器。集成电路4060的12脚（R）接低电平，使4060始终处于保持状态，9脚输入由多谐振荡器产生的脉冲信号，11脚通过22pF电容器接地，它对多谐振荡器产生的频率进行分频，构成一个固定频率的脉冲输出电路，为后续的计数电路提供可靠的基准脉冲信号，如图10-41所示。

(2) 计数显示模块。

① 集成电路4026。集成电路4026是十进制计数器/7段译码器，其引脚图如图10-42所示，其功能表如表10-16所示。

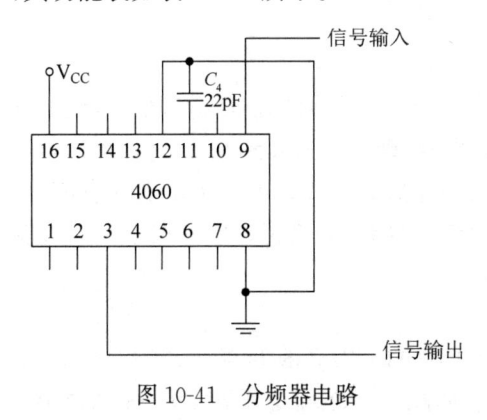

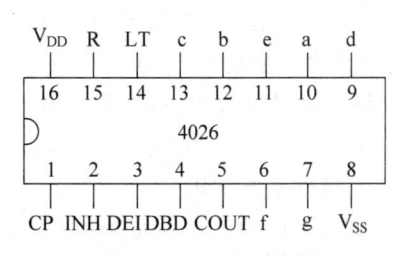

图10-41　分频器电路　　　　图10-42　4026引脚图

集成电路4026的应用特点：主要用于十进制计数，计数状态同时作为7段译码输出。

表10-16 4026的功能表

CP	INH	R	功能
×	×	1	清零
×	1	0	禁止计数
时钟脉冲上升沿	0	0	允许计数

② 由4026及数码管构成的显示电路。前级提供的基准脉冲信号从4026的1脚输入，4026的2脚及15脚接地，即禁止控制端（INH）和复位端（R）都处于低电位，4026工作于计数状态。4026的10~13脚分别连接数码管的a、e、b、c段，6、7、9脚分别连接数码管的f、g、d段，数码管显示0~9，共10个数，构成个位计数器，并驱动数码管显示个位计数。个位计数的4026的进位脉冲信号从5脚输出至下一级的4026进行十位计数，若十位的4026与个位的4026的接法一样，即十位的4026的15脚也接低电平，那么计数器将计至99，同时数码管显示99。电路中数码管的公共端，即3和8脚外接电阻，用于提高数码管的显示电平，如图10-43所示。

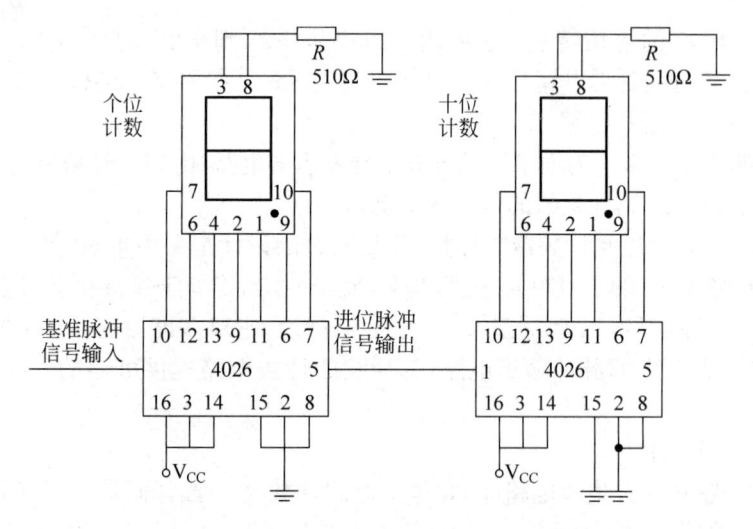

图10-43 六十进制计数器的计数显示电路

(3) 控制电路模块。

前几个电路模块，即信号的产生（多谐振荡器）电路、信号的处理（分频器）电路及计数显示电路组合在一起已经可以构成一个十进制计数器，即一个从0到99的计数器。若要完成六十进制计数，则还需要加上一个控制电路，使其计数到59后，下一个出现的应该是"00"。通过电路分析可以看出，这里必须控制的是十位计数器，只要将十位变成一个六进制计数器，个位保持不变，就可以完成六十进制的计数。

① 元器件基本知识。

• 集成电路4013。集成电路4013是一个具有两个独立的D触发器的CMOS集成电路，每个触发器都有独立的数据、置位、复位、时钟输入和Q及$\overline{Q}$输出，其引脚图如图10-44

所示,其真值表如表 10-17 所示。

图 10-44 4013 引脚图

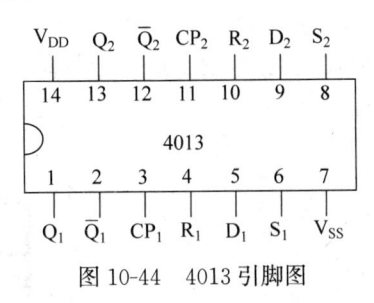

表 10-17 4013 的真值表

输入				输出	
CLK	D	R	S	Q	$\overline{Q}$
上升沿	L	L	L	L	H
上升沿	H	L	L	H	L
下降沿	×	L	L	Q	$\overline{Q}$
×	×	H	L	L	H
×	×	L	H	H	L
×	×	H	H	H	H

集成电路 4013 的应用特点:附有直接置位、复位功能,主要组成计数器、分频器、数码寄存器、移位寄存器、程序控制电路等。

• 集成电路 4011。集成电路 4011 是一个有 4 个二输入与非门的 CMOS 集成电路,其引脚图如图 10-45 所示,其真值表如表 10-18 所示。

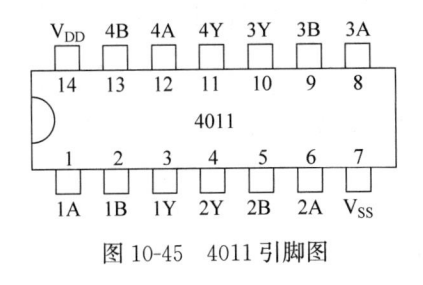

图 10-45 4011 引脚图

表 10-18 4011 的真值表

A	B	Y
0	0	1
0	1	1
1	0	1
1	1	0

集成电路 4011 的应用特点:内含 4 个二输入与非门,加上电源的两个引脚,共有 14 个引脚,电源适应范围是 5~15V,主要用于逻辑控制,其逻辑表达式为 $Y=\overline{AB}$。

② 4013、4011 构成的六进制计数电路。

六进制计数器的控制电路如图 10-46 所示,4013 是一个双 D 触发器,当 4 脚(R1)接入高电平时,2 脚($\overline{Q1}$)输出高电平,而 2 脚和 4026 的 15 脚相连,即只要 4013 的 4 脚取得一个高电平,4026 就获得一个清零脉冲。4011 有 4 个二输入与非门,电路中的 1、2、3(第一个 401)构成一个反相器,它的 1、2 脚并联后接 4026 的 12 脚,即数码管的 b 段。5、6、4 构成一个与非门,它的 6 脚接 4026 的 11 脚,即数码管的 e 段,当 e 段要从低电平跃变为高电平时,5、6、4 构成的与非门导通,4 脚送出低电平。8、9、10 构成一个反相器,它收到低电平后,10

脚送出高电平,此时,4013 的 4 脚获得高电平,即 4026 获得一个清零脉冲,4026 停止计数,并从 5 脚输出一个溢出脉冲。从上述可以明确看出,4026 及 4013、4011 构成一个模 6 的计数电路,其中,4011 和 4013 构成控制电路,使十进制计数器 4026 变成六进制计数器。

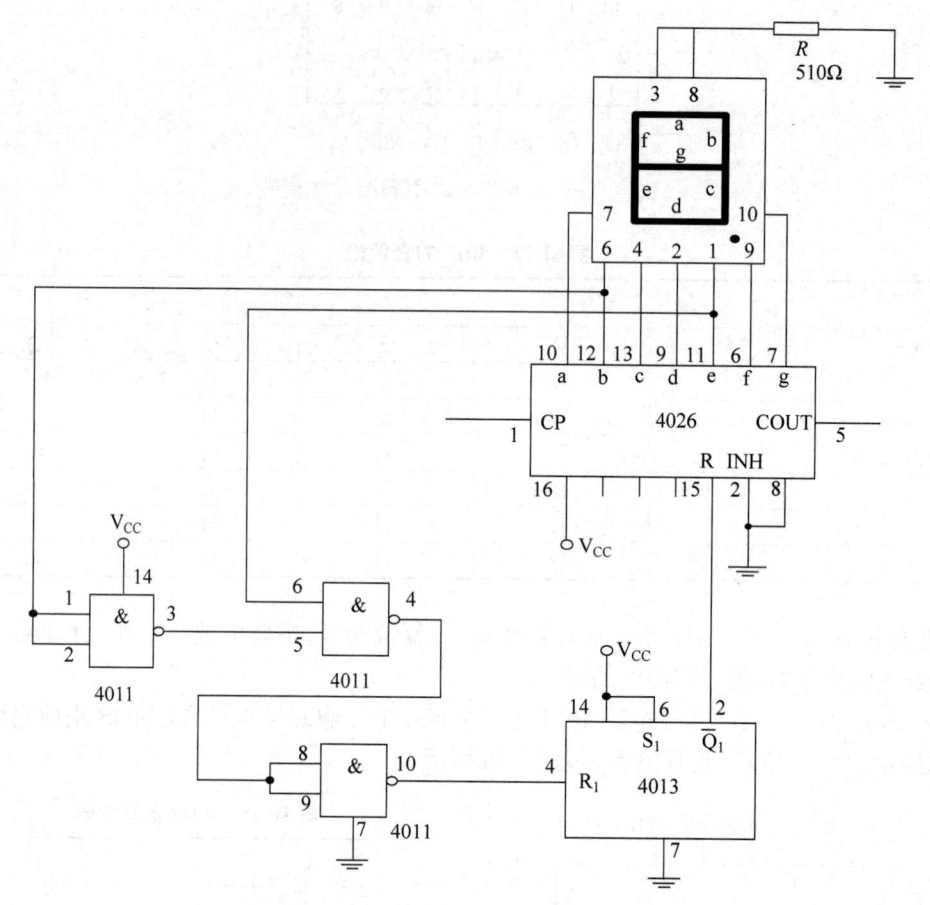

图 10-46　六进制计数器的控制电路

10.3.5　实训项目——流水灯设计与制作

1. 实训目的

(1) 对 555 时基集成电路的应用有基本的了解。

(2) 了解 74LS161、74LS138 的构成和基本应用。

2. 实训要求

(1) 布线合理,功能正确。

(2) 实训报告完整,电路原理图清晰。

3. 电路结构

流水灯结构框图如图 10-47 所示。

4. 实训参考原理图及元器件清单

流水灯参考原理图如图 10-48 所示,元器件清单如表 10-19 所示。

图 10-47　流水灯结构框图

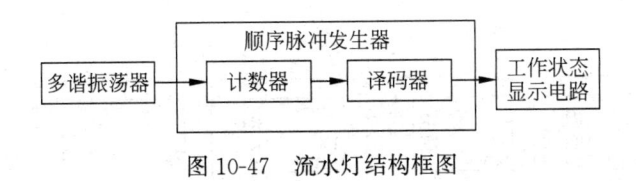

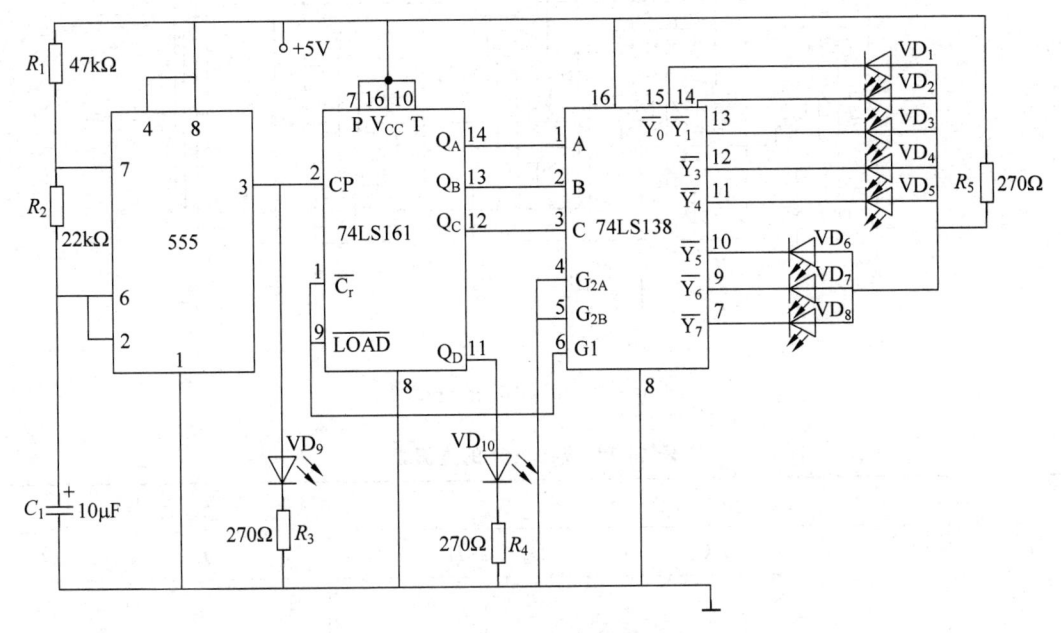

图 10-48　流水灯参考原理图

表 10-19　元器件清单

名称	型号、规格	数量	名称	型号、规格	数量	名称	型号、规格	数量
电阻器	47kΩ	1个	发光二极管	—	10个	集成块	74LS161	1个
电阻器	22kΩ	1个	管座	16座	2个	集成块	74LS138	1个
电阻器	270Ω	3个	管座	8座	1个	—	—	—
电容器	10μF/16V	1个	集成块	555	1个	—	—	—

5．电路原理

(1) 集成电路简介。

① 4位二进制计数器 74LS161。计数器是一种累计时钟脉冲数的逻辑部件。计数器不仅用于时钟脉冲计数，还用于定时、分频、产生节拍脉冲及进行数学运算等。计数器是应用最广泛的逻辑器件之一。

74LS161 是一种 4 位二进制加法计数器(随着计数脉冲不断输入计数器，进行递增计数)。它除有二进制加法计数功能外，还有预置数、清零和保持功能。图 10-49 所示为 74LS161 的逻辑图，表 10-20 所示为它的真值表。

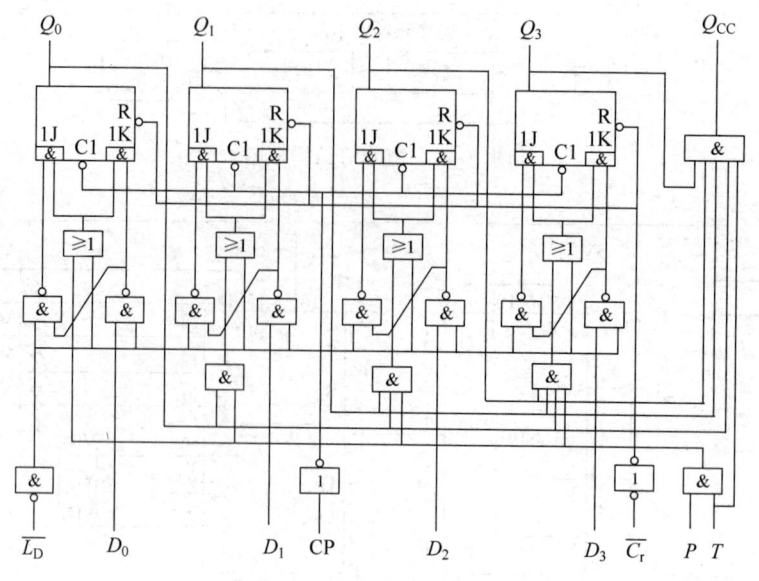

图 10-49　74LS161 的逻辑图

表 10-20　74LS161 的真值表

输入信号									输出信号			
$\overline{C_r}$	$\overline{L_D}$	P	T	CP	D_0	D_1	D_2	D_3	Q_0	Q_1	Q_2	Q_3
L	×	×	×	×	×	×	×	×	L	L	L	L
H	L	×	×	↑	D_0	D_1	D_2	D_3	Q_0	Q_1	Q_2	Q_3
H	H	H	H	↑	×	×	×	×	计数			
H	H	H	L	×	×	×	×	×	保持			
H	H	L	L	×	×	×	×	×	保持			

74LS161 有如下功能。

$\overline{C_r}$ 为清零端。只要 $\overline{C_r}=0$,各触发器均被清零,计数器输出 $Q_3Q_2Q_1Q_0=0000$。不清零时应使 $\overline{C_r}=1$。

$\overline{L_D}$ 为预置数控制端。只要在 $\overline{L_D}=0$ 的前提下加入 CP 脉冲上升沿,计数器就被置数,即计数器输出 $Q_3Q_2Q_1Q_0=D_3D_2D_1D_0$。这就可以使计数器从预置数开始做加法计数。不预置数时,应使 $\overline{L_D}=1$。

计数:$P=T=1$ 及($\overline{C_r}=1,\overline{L_D}=1$)时,计数器处于计数工作状态。当计数到 $Q_3Q_2Q_1Q_0=1111$ 时,进位输出 $Q_{CC}=1$。继续输入一个计数脉冲,计数器输出从 1111 返回 0000,Q_{CC} 由 1 变 0,作为进位输出信号。

保持:当 $P=0,T=1(\overline{C_r}=1,\overline{L_D}=1)$ 时,计数器处于保持工作状态。不但计数器输出状态不变,而且进位输出状态也不变。当 $P=1,T=0(\overline{C_r}=1,\overline{L_D}=1)$ 时,计数器输出状态保持不变,进位输出 $Q_{CC}=0$。74LS161 共有 16 个引脚,如图 10-50 所示。

② 74LS138 简介。74LS138 是一个 3 线-8 线(3 输入端,8 输出端)译码器,也可用作多

路分配器。图10-51所示为74LS138的逻辑图。表10-21所示为74LS138的译码真值表。

译码是编码的逆过程,它将编码时赋予代码的含义"翻译"出来。实现译码的逻辑电路称为译码器。译码器输出与输入代码有唯一的对应关系。

在数据传输过程中,有时需要将某一路数据分配到不同的数据通道上,能够完成这种功能的电路称为数据分配器(也称多路分配器、多路调节器),简称DFMUX,电路为单输入、多输出形式。它的功能如同开关接通一样,将数据 D 送到选择变量取值指定的通道。数据分配器实质上是地址译码器与数据 D 的组合,因而选择输入端有时也称地址选择输入端。

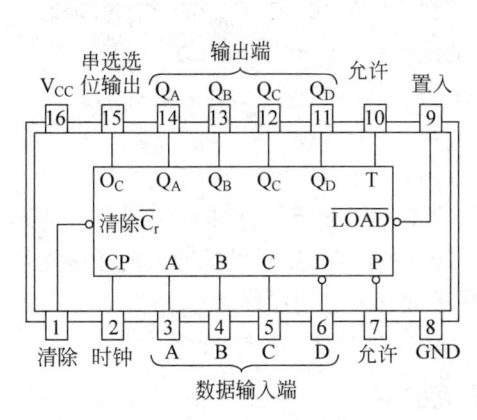

图 10-50　74LS161 引脚图 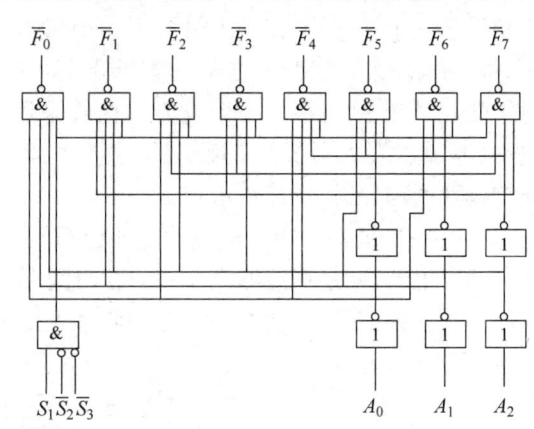　　　　图 10-51　74LS138 的逻辑图

表 10-21　74LS138 的译码真值表

使能输入		代码输入			译码输出							
S_1	$\overline{S_2}+\overline{S_3}$	A_2	A_1	A_0	$\overline{F}_0$	$\overline{F}_1$	$\overline{F}_2$	$\overline{F}_3$	$\overline{F}_4$	$\overline{F}_5$	$\overline{F}_6$	$\overline{F}_7$
0	×	×	×	×	1	1	1	1	1	1	1	1
×	1	×	×	×	1	1	1	1	1	1	1	1
1	0	0	0	0	0	1	1	1	1	1	1	1
1	0	0	0	1	1	0	1	1	1	1	1	1
1	0	0	1	0	1	1	0	1	1	1	1	1
1	0	0	1	1	1	1	1	0	1	1	1	1
1	0	1	0	0	1	1	1	1	0	1	1	1
1	0	1	0	1	1	1	1	1	1	0	1	1
1	0	1	1	0	1	1	1	1	1	1	0	1
1	0	1	1	1	1	1	1	1	1	1	1	0

从表10-21中可得出如下结论。

- 当 $S_1=1, S_2=S_3=0$ 时,被选到的输出为0,其余的输出为1。
- 当3个使能端信号不是 $S_1=1, S_2=S_3=0$ 时,所有输出均为1。

74LS138的封装形式也是双列直插式,它共有16个引脚,如图10-52所示。

(2) 电路工作原理。

以555为核心组成一个多谐振荡器,产生的信号送至74LS161,同时发光二极管 VD_9

和限流电阻器 R_3 接于 555 的输出端,用于监视多谐振荡器是否工作。

74LS161 由于接成 $P=T=1$ 及 ($\overline{C_r}=1,\overline{L_D}=1$) 的状态,因此始终处于计数状态,在 4 个输出端中,Q_D 所接 VD_{10} 和 R_4 是用于观察计数的工作状态的,其余 3 端 (Q_A、Q_B、Q_C) 接 74LS138 的地址选择端。

74LS138 的使能端接成 $G_1=1,G_{2A}=G_{2B}=0$,因此它相当于一个译码器,在 74LS161 从 0 计数到 8 的过程中,每个数都使 74LS138 的 8 个输出端只能有一个是低电平端,74LS138 所接的 8 个发光二极管采用阳极接高电平(电源正端)、阴极接 74LS138 的接法,因而 8 个发光二极管循环导通,形成流水状。

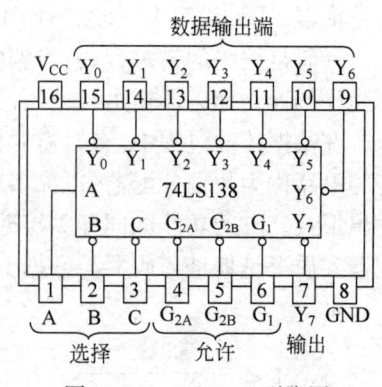

图 10-52 74LS138 引脚图

74LS138 和 74LS161 组成的电路也可称顺序脉冲发生器或节拍脉冲发生器。所谓顺序脉冲发生器,就是指能够产生一组在时间上有先后顺序的电路,用这种脉冲可使控制器形成所需的各种信号,以便控制机器按照事先规定的顺序进行一系列操作。

10.4 趣味小制作

10.4.1 光控小夜灯

光控小夜灯是通过光敏电阻器感应环境光线的强弱来控制发光二极管的发光强度的,实现白天自动关闭、夜晚自动打开的功能。光控小夜灯的电路原理图如图 10-53 所示。

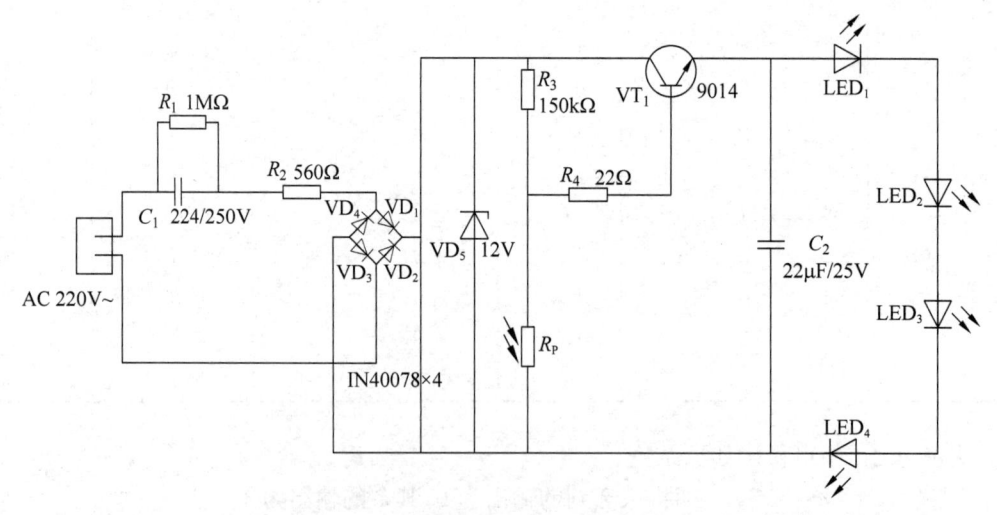

图 10-53 光控小夜灯的电路原理图

元器件与材料清单如表 10-22 所示。

表 10-22 元器件与材料清单

序号	名称	规格与型号	数量	备注	序号	名称	规格与型号	数量	备注
1	电阻器	22Ω	1个	R_4	11	三极管	9014	1个	VT_1
2	电阻器	560Ω	1个	R_2	12	外壳		1套	
3	电阻器	150kΩ	1个	R_3	13	灯罩		1个	
4	电阻器	1MΩ	1个	R_1	14	装饰条		1个	
5	光敏电阻器		1个	R_P	15	感光罩		1个	
6	涤纶电容器	224/250V	1个	C_1	16	电源插头		2个	
7	电解电容器	22μF/25V	1个	C_2	17	导线		2根	
8	稳压二极管	12V	1个	VD_5	18	螺钉		4颗	
9	二极管	1N4007	4个	$VD_1 \sim VD_4$	19	绝缘套管		1个	
10	发光二极管	φ5mm	4个	$L_{ED1} \sim L_{ED4}$	20	印制电路板		1块	

光控小夜灯印制电路板装配图如图 10-54 所示。

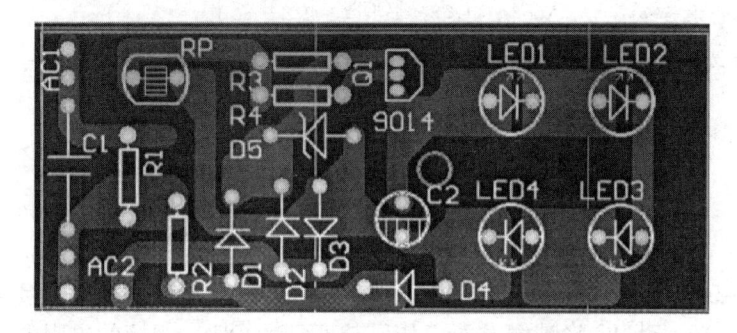

图 10-54 光控小夜灯印制电路板装配图

本电路的工作原理如下。

220V 交流电经过 R_1、C_1 组成的降压电路,经限流电阻器 R_2 送至 $VD_1 \sim VD_4$ 组成的桥式整流电路而获得脉动直流电。经稳压二极管 VD_5 得到一个 12V 的直流电压。当有光照时,光敏电阻小,VT_1 基极电平低,VT_1 截止。VT_1 是射极跟随器,VT_1 发射极为低电平,4个发光二极管不亮。当无光照时,光敏电阻大,R_3 与 R_P 分压得一电平并提供给 VT_1 基极,VT_1 导通,4个发光二极管亮。电容器 C_2 用于抑制干扰,改善负载的瞬间响应。

实训步骤与注意事项如下。

(1) 拿到实训材料后,首先根据元器件清单清点其数量,并检查其质量。

(2) 理解电路原理图,根据电路原理图和印制电路板插装元器件,要求整齐、美观。插装二极管、三极管时要注意极性。

元器件装配顺序如下。

- 安装电阻器(4个)、稳压二极管、二极管(4个)。
- 安装发光二极管(4个)、三极管、电解电容器、涤纶电容器。
- 安装光敏电阻器(一脚加套管),焊电源线。

(3) 焊接。焊接时注意焊点的要求。

(4) 万用表自检后通电调试。出现故障时,根据故障现象分析原因,排除故障。

(5) 结构件装配。将调试成功的印制电路板装配至盒中,进行总装调试。

10.4.2 声光音乐电子门铃

采用音乐集成电路和发光二极管可以构成声光音乐电子门铃,发光二极管将会随着乐曲节奏而闪闪发光。

1. 工作原理

声光音乐电子门铃电路原理图如图 10-55 所示。其中,IC 为常见的音乐集成电路,它属于 CMOS 类大规模集成电路,内含只读存储器(ROM)等,线路很复杂;其引脚一般有触发端(TRIG)、外接振荡电阻端(OCS_1、OCS_2)、输出端(OUT)、电源正端(V_{DD})和电源负端(V_{SS})。

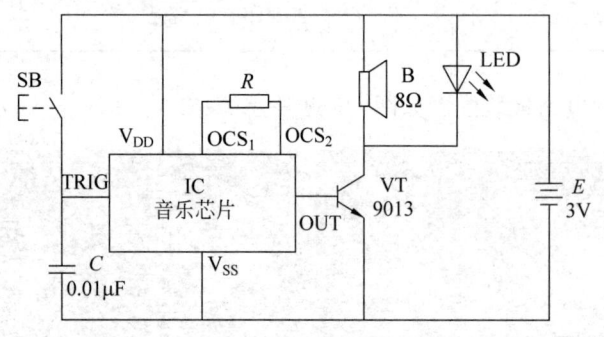

图 10-55 声光音乐电子门铃电路原理图

音乐集成电路一般采用高电平触发或正跳沿触发方式,即当 TRIG 直接与 V_{DD} 相接或通过按键 SB 接 V_{DD} 时,IC 将被触发而工作。与 OCS_1、OCS_2 相接的电阻器作为乐曲节奏速度及音调的调整元件。跨接在 TRIG 与 V_{SS} 之间的电容器 C 的作用是有效地消除外来干扰(如家庭照明或家用电器工作电源通、断时产生的干扰),防止误触发,使音乐电子门铃电路稳定、可靠地工作。另外,还可以将此电容器跨接在 IC 的 TRIG 与 V_{DD} 之间。为了增大输出音量并和 8Ω 的扬声器 B 阻抗相匹配,把 IC 的输出信号(OUT)通过外接三极管 VT 进行功率放大,而扬声器就直接串联在 VT 的集电极回路中。于是,每按一下 SB,IC 的 TRIG 便获得正脉冲触发信号,IC 工作,扬声器就播放一遍 IC 内存的乐曲。

2. 元器件选择

音乐集成电路品种很多,这里用常见的 CW9300 或 KD9300 及 HY-101,其他型号的也可用。CW9300 系列芯片内存乐曲共有 31 种,可供用户选择使用。HY-101 型音乐集成电路具有驱动能力强的特点,不用外接三极管就能直接驱动扬声器工作。它的内存容量较小,发声时间较短,触发一次,奏乐时间约为 5s,因此用它制作电子门铃播放音乐时间不长。

外接三极管 VT 用 NPN 型硅三极管 9013,也可用 3DG6 等小功率三极管。外接电阻器 R 用碳膜或金属膜电阻器,后者性能更稳定。外接电容器 C 可用普通瓷片电容器或玻璃釉电容器、涤纶电容器。发光二极管为 φ5mm 红色发光二极管。扬声器用口径为 50mm 左右的小型动圈式扬声器,8Ω、0.25W。SB 用普通电铃按钮。电源用 2 节 5 号干电池(串联)。

3. 制作、调试步骤与注意事项

以 CW9300（或 KD9300）系列音乐集成电路为主体制作的声光音乐电子门铃电路（CW9300 应用电路）如图 10-56 所示。外接元器件 VT、R、C 均可直接装在集成电路本身的小印制电路板上，其余元器件（发光二极管、B 及电池）分别装在机壳正面内侧，用软导线与 IC 的对应焊盘相接。除按钮 SB 外，全部元器件都安装在机壳内。机壳正面应打几个通音孔，并引出两根软导线与按钮 SB 相接。机壳可用自制大小适当的小木盒或现成的塑料盒。

以 HY-101 型音乐集成电路为主体制作的声光音乐电子门铃电路（HY-101 应用电路）如图 10-57 所示。可见，采用 HY-101 时外围电路更简单，所用元器件更少。

在印制电路板上焊接外围元件时，宜用小于 30W 的电烙铁，每个焊点的焊接时间不要超过 2s，以免过热而损坏芯片内部电路。还要注意电烙铁外壳必须有良好的接地，或者焊接前拔出电烙铁的电源插头，利用电烙铁的余热进行焊接，这样可以避免外部感应电场击穿 IC 造成其内部损坏。因为 IC 属于 CMOS 电路，其输入阻抗极高，输入电容很小，因此，感应电荷的积累容易形成高电压。

只要元器件本身良好，装焊操作方法正确，无错焊、虚焊，全部外围电路接好后不必调整就能正常工作。

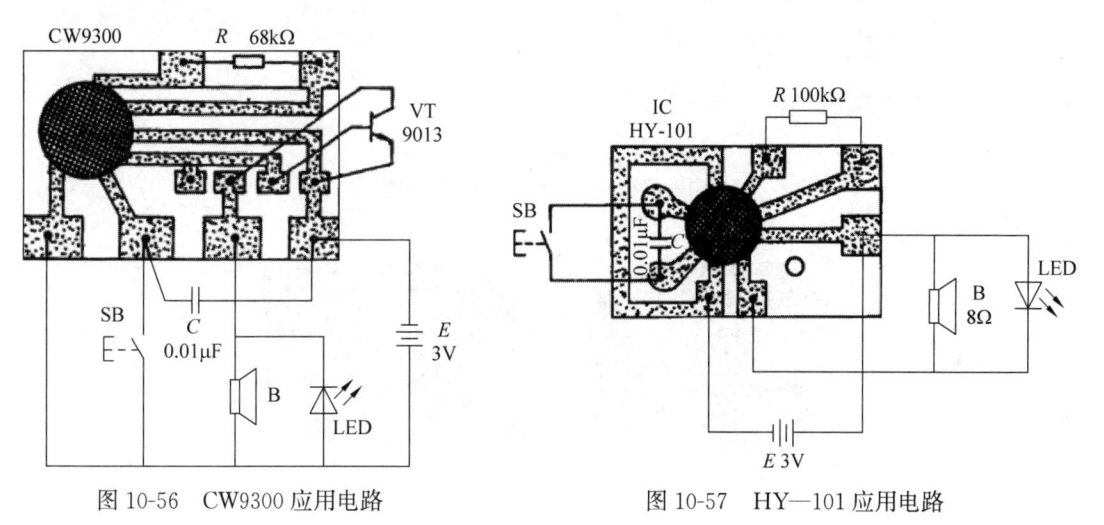

图 10-56　CW9300 应用电路　　　　　　图 10-57　HY—101 应用电路

10.4.3　可充电式 LED 台灯

可充电式 LED 台灯采用 12 个高亮度发光二极管作为发光源，可充电电池在充满电时，工作时间可达 4 个多小时。

1. 工作原理

220V 交流电经过 C_1、R_3 组成的降压电路，送至 $VD_1 \sim VD_4$ 组成的桥式整流电路而获得脉动直流电。当把交流充电插头拔出并接至 220V 交流电时（K_1 不要按下），脉动直流电可给充电电池充电，同时红色发光管 VD_{17} 经电阻器 R_2 发光，表示充电电池处于充电状态。充电完成后，拔下交流充电插头，这时按下 K_1，12 个发光二极管即可工作。

可充电式 LED 台灯原理图如图 10-58 所示，印制电路板装配图如图 10-59 所示，表 10-23

所示为元器件清单。

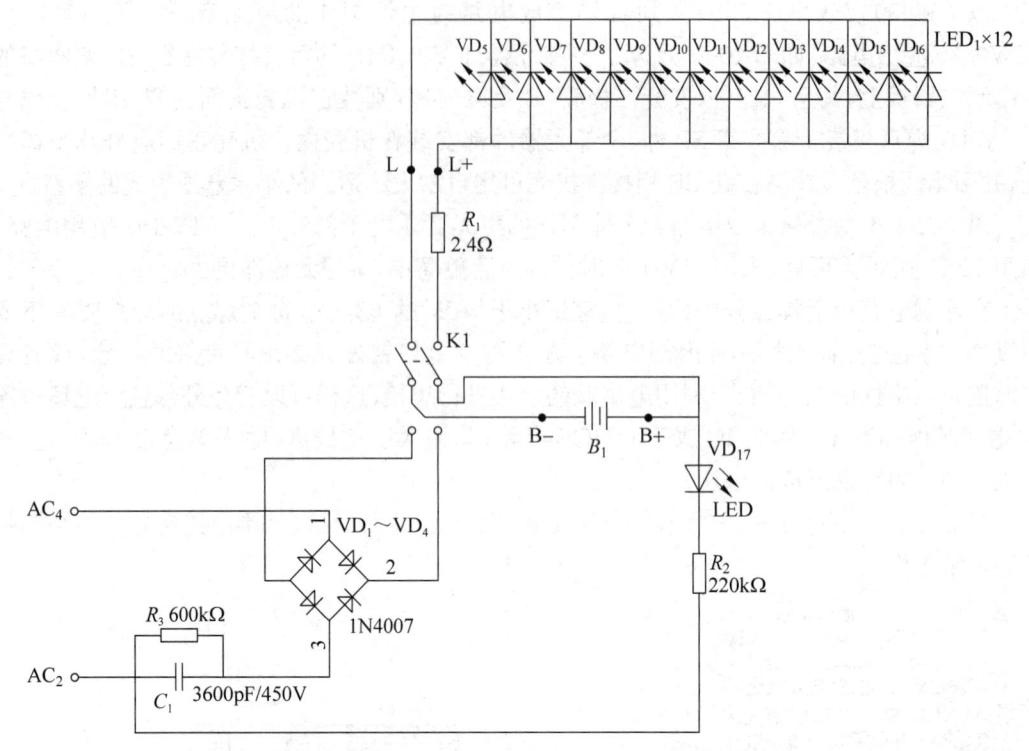

图 10-58　可充电式 LED 灯原理图

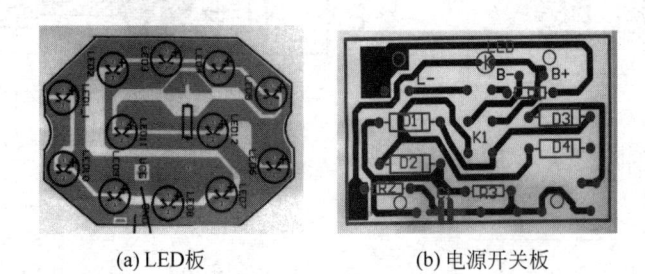

(a) LED 板　　　(b) 电源开关板

图 10-59　印制电路板装配图

表 10-23　元器件清单

名称与规格、型号	数量	名称与规格、型号	数量	名称与规格、型号	数量
电阻器(R_1)2.4Ω	1个	整流二极管 1N4007	4个	印制电路板 LED	1块
电阻器(R_2)220kΩ	1个	按钮开关	1个	印制电路板电源	1块
电阻器(R_3)600kΩ	1个	按钮开关帽	1个	金属软导管	1根
电容器(C_1)3600pF/450V	1个	LED 护罩	1套3个	外壳	1套
φ3mm 高度发光二极管	12个	220V 插头	1套	螺钉 3mm×6mm	4颗
可充电电池	1个	导线、焊锡若干	—	螺钉 3mm×10mm	4颗

2. 制作步骤与注意事项

(1) 可充电式 LED 台灯的电子装配步骤如下。

① 拿到实验器材后,整理元器件并检查质量。

② 根据电路原理图和印制电路板图插装元器件,插件要求整齐、美观。

③ 电阻器、二极管采用卧式插装,其他元器件采用立式插装;插装二极管要注意极性,1N4007 二极管有灰色圈的那一端为负极;发光二极管的长脚为正极,短脚为负极;插装开关注意方向,按下后灯工作,不按下时灯处于充电状态。

④ 电子装配的顺序:先插装 LED,装配 12 个高亮度发光二极管,并用万用表检测装配的准确性;再插装电源和电阻器(3 个)→整流二极管 1N4007(4 个)→电容器(1 个)→开关(1 个)→导线等。

⑤ 焊接时注意焊点质量。

(2) 通电调试。出现故障时,根据故障现象,分析原因,排除故障。注意用电安全。

(3) 结构装配。将调试成功的印制电路板装配至盒中,进行总装调试,完成制作。

10.4.4 迷你小音响制作

迷你小音响利用双声道功率放大电路 TDA2822 作为主芯片,可直接从 USB 处取电或用 4 节 7 号干电池供电,接上 MP3、计算声卡等音源时,可以正常听音乐。

1. 工作原理

TDA2822 功率放大集成电路的额定输出功率为 2W×2,具有两路相互独立的音频通道。音频信号输入后,通过调节 R_{W1} 和 R_{W2} 可获得强度不同的信号,经 R_1、C_2 和 R_6、C_6 耦合后,分别送入 IC1 的左声道、右声道输入端,经内部电路放大后,从 1 脚和 3 脚输出放大后的音频信号,经 C_8 和 C_7 耦合,驱动扬声器发音。迷你小音响的电路原理图如图 10-60 所示。

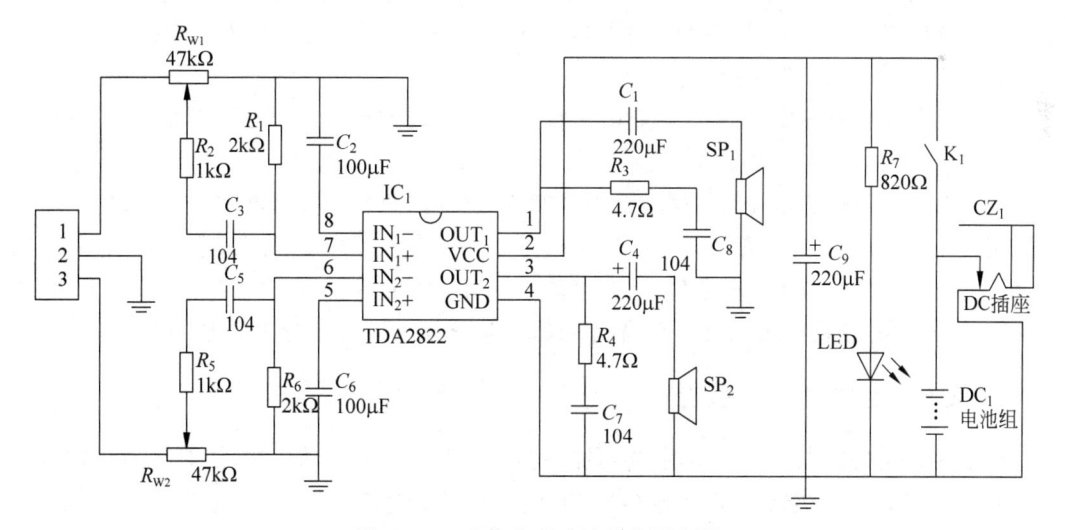

图 10-60 迷你小音响的电路原理图

TDA2822 适用于在袖珍式放音机(WALKMAN)、收录机和多媒体音响中作为音频放大器。

TDA2822 具有如下特点。

(1) 电源电压范围宽(1.8～15V)，电源电压低至 1.8V 仍能工作，因此该电路适合在低电源电压下工作。

(2) 静态电流小，交越失真也小。

(3) 适用于单声道桥式(BTL)或立体声线路两种工作状态。

(4) 采用双列直插 8 脚塑料封装(DIP8)。

TDA2822 的结构框图和引脚功能分别如图 10-61 与表 10-24 所示。

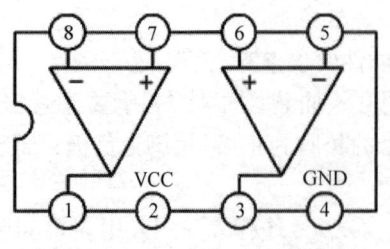

图 10-61 TDA2822 的结构框图

表 10-24 TDA2822 的引脚功能

引出端序号	符号	功能	引出端序号	符号	功能
1	OUT_1	输出端 1	5	IN_2-	反向输入端 2
2	VCC	电源	6	IN_2+	正向输入端 2
3	OUT_2	输出端 2	7	IN_1+	正向输入端 1
4	GND	地	8	IN_1-	反向输入端 1

2. 实训步骤与注意事项

(1) 对照印制电路板上的标识及电路原理图完成元器件的装配。

装配电阻器(7 个)，采用立式装配；电位器，注意要插到底；瓷介电容器(4 个)；集成电路，注意集成电路的方向；电解电容器，注意极性；发光二极管；开关和电源插座。装配时，注意焊点的要求。

(2) 安装扬声器。在进行扬声器的安装时，先将扬声器放于音响外壳相应位置，然后用电烙铁熔化胶粒，在扬声器边缘与外壳塑料黏牢，焊上引出线。注意扬声器接线口的方向，以及扬声器引出线与印制电路板上的接线。

(3) 安装音响弹簧片，并完成印制电路板上各引出线的接线。全部元器件安装完成后，将两个扬声器装入相应的弹簧中，注意方向，尽量考虑引线不打结。

(4) 调试。印制电路板上各引线及配件安装完成后，便可进行通电试机。测试时，可用 MP3 或笔记本电脑作为音源，插上 USB 线和音频输入线，打开电源开关，电源指示灯亮，播放相应的音频文件；调节音量电位器，扬声器中发出动听的音乐声。电路功能正常后，完成结构件的安装，并进行总装调试。在出现故障时，应根据故障现象分析原因，排除故障。

10.4.5 定时音乐提醒器

当定时音乐提醒器接通电源后，电源指示灯红灯亮；按下启动按钮，绿灯亮，定时开始；到达定时时间时，音乐响起；按下复位按钮，音乐停止。定时时间可从几十秒至半小时以上，使用时可根据需要随时调节定时时间。

1. 工作原理

集成电路 4011 四与非门与外围电路构成 RC 触发电路，当 4011 的 1、2 脚处于高电平状态时，即触发集成电路 KD-9300 音乐片工作，经三极管放大驱动扬声器发出音乐。改变

C_2 与 R_P 也就改变了定时时间。这里的 SB_1 是定时启动按钮，SB_2 是复位按钮，VD_4（红）是电源指示灯，VD_1 是定时指示灯。

音乐集成电路为 KD-9300 系列之一。该系列可存储多种乐曲，均为一片一曲，其外形如图 10-62 所示。

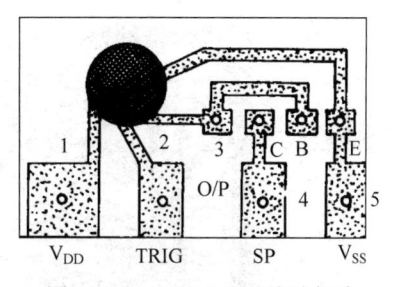

图 10-62　KD—9300 系列音乐集成电路的外形

2. 原理图及元器件清单

定时音乐提醒器参考原理图如图 10-63 所示，元器件清单如表 10-25 所示，印制电路板装配图如图 10-64 所示。

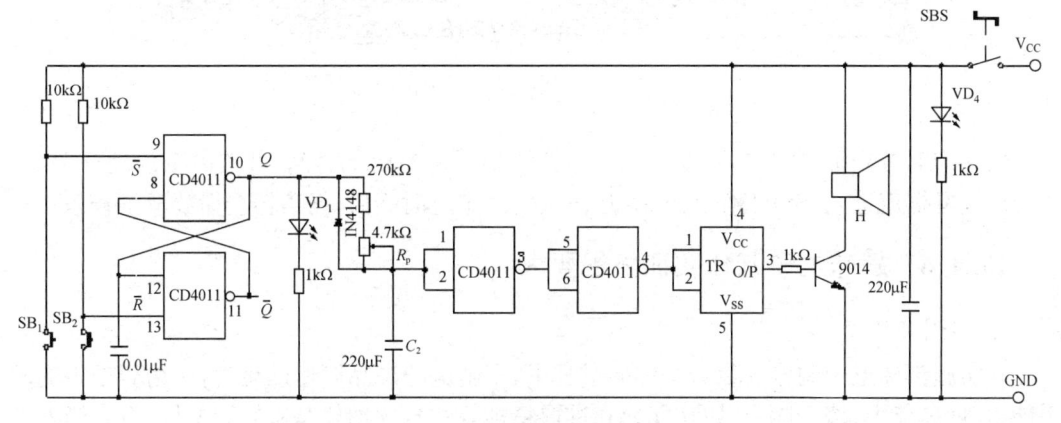

图 10-63　定时音乐提醒器参考原理图

表 10-25　元器件清单

名称与规格、型号	数量	名称与规格、型号	数量	名称与规格、型号	数量
电阻器 10kΩ	2个	电位器 4.7kΩ	1个	电解电容器 100μF	1个
电阻器 1kΩ	2个	按钮开关	2个	电解电容器 200μF	1个
电阻器 270kΩ	1个	涤纶电容器 0.01μF	1个	二极管 1N4148	1个
发光二极管（红）	1个	发光二极管（绿）	1个	集成电路座 14P	1个
集成电路 4011	1个	三极管 9014	1个	扬声器	1个
集成电路 KD-9300	1个	拨动开关	1个	—	—

3. 制作与调试

根据装配图装配电子元器件，注意元器件的放置；焊接时注意焊点的要求；装配完成后，用万用表进行检测，通电调试。定时时间长短的设定可通过调节电位器来实现，为此应与钟表进行比较，在电位器旋钮度盘上标出定时时间，可先测定几个不同旋转角度（转角）对应的定时时间，画出转角与时间的关系曲线后，在旋钮度盘上标出定时时间。如果需要更长的定时时间，则可加大 220μF 的电容器容量。由于电容器的漏电不为零，因此定时时间也并不是可无限加长的。出现故障时，根据故障现象分析原因，排除故障。

调试完成后，可自行设计一个结构件，并将调试成功的印制电路板装配至盒中，完成装配。

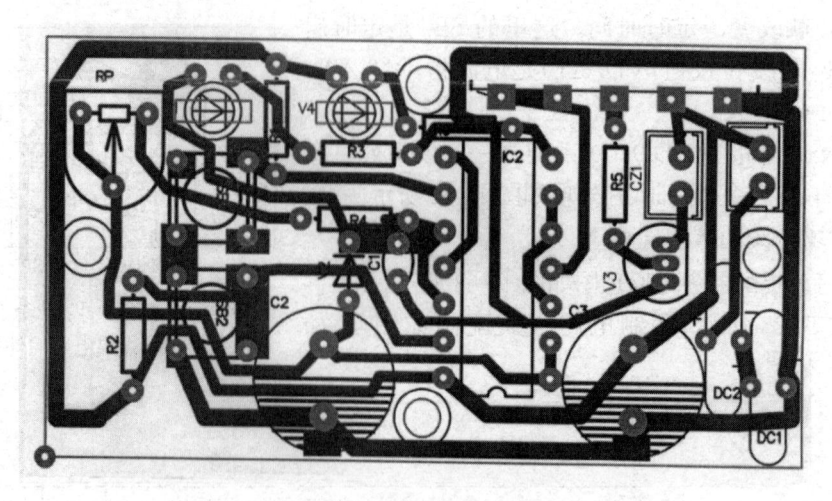

图 10-64　印制电路板装配图

使用定时音乐提醒器时，只要将电位器旋转到所需的设定时间，并按一下启动开关，定时音乐提醒器就进入定时工作状态，到达所设定的定时时间后，扬声器会播放电子音乐。

10.4.6　趣味电子制作实训报告要求

1. 实训目的

在实施趣味电子制作项目自主体验过程中，了解电子产品制作的全过程，培养学生的动手能力、创新能力、综合能力、协作能力和进取精神等。自主构建基础知识架构，有效激发学生对电子线路设计与制作的兴趣。

2. 实训内容

（1）掌握电子元器件基础知识，完成趣味电子制作的电子装配。
（2）学会用万用表检查电路，掌握调试的方法，能根据故障现象分析故障原因，并排除故障。
（3）完成趣味电子制作的结构装配和总装调试。

3. 电路原理图及元器件材料清单

（略）

4. 电路原理描述

（略）

5. 实训的步骤与注意事项

（略）

10.5　电子产品设计与制作——单片机控制交通信号灯

交通信号灯的出现使交通得到有效管制，对于疏导交通流量、提高道路通行能力，减少交通事故有明显效果。如何采用合适的控制方法，最大限度地利用好城市高速公路，缓解主干道与匝道、城市同周边地区的交通拥堵状况，越来越成为交通运输管理和城市规划部门亟待解决的主要问题。随着电子技术的发展，利用计算机技术对交通信号灯进行智能化管理已成为目前广泛采用的方法。

1. 实训目的

(1) 掌握基本逻辑单元电路的构成方法。

(2) 掌握电阻器、电容器、晶体管、集成电路等电子元器件的基本知识和使用技巧。

(3) 熟悉 PCB(印制电路板)的使用技巧。

2. 实训要求

(1) 布局合理,焊点光滑圆润。

(2) 电路能正常工作。

3. 实训材料

交通信号灯元器件清单如表 10-26 所示,交通信号灯元器件实物图如图 10-65 所示。

表 10-26 交通信号灯元器件清单

序号	元器件名称	元器件符号及规格	单位	数量
1	电阻器	R_1 10kΩ	个	1
2	电阻器	$R_2 \sim R_{13}$, $R_{16} \sim R_{23}$ 560Ω	个	20
3	电阻器	R_{14}, R_{15} 2kΩ	个	2
4	数码管	数码管	个	2
5	电解电容器	C_1 10μF	个	1
6	瓷片电容器	C_3 30pF	个	1
7	瓷片电容器	C_2 30pF	个	1
8	瓷片电容器	C_4 104	个	1
9	二极管	$VD_1 \sim VD_{12}$ LED	个	12
10	蜂鸣器	LS	个	1
11	晶振	T_1 12MHz	个	1
12	三极管	9012 VT_1, VT_2	块	2
13	单片机	AT89S52	个	1
14	开关	K_1, K_2	个	2
15	印制电路板	PCB	个	1

4. 实训工具及仪器

工具箱、电烙铁、烙铁架、尖嘴钳、剥线钳、斜口钳、万用表、通用示波器、直流电源。

5. 实训要求

(1) 设计一个十字路口的交通信号灯控制电路,要求主干道和次干道两条交叉路上的车辆交替运行,每次通行时间都设为主干道通行 25s、次干道通行 20s。

(2) 要求黄灯先亮 5s 后才能变换车道。

(3) 黄灯亮时,要求每秒闪亮一次。

(4) 倒数秒数显示。

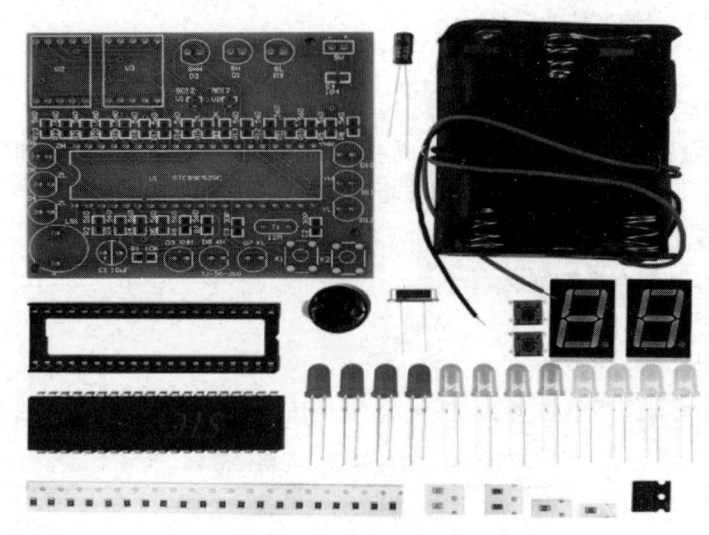

图 10-65　交通信号灯元器件实物图

(5) 声音提示。

(6) 当有特殊情况而需要通行时,可对交通信号灯进行人为控制。

以上是目前常用路口交通信号灯的控制功能,为了演示效果,这里采用3种颜色的发光二极管来模拟交通信号灯。

6. 设计与分析

从设计完成的任务与要求来看,显示通行时间必须用2位数码管,从节省硬件资源的角度考虑,可采用扫描的方式来处理,对于7段数码管,占用7个单片机的I/O口;另外设置2个电子开关对2位数码管显示进行配合,占用2个I/O端口,十字路口共需要4组红绿灯,加上转换黄灯,一共是12盏灯,需要用12个I/O端口进行控制,加上两个方向的紧急通行按钮,占2个I/O端口和1个蜂鸣器端口,因此实际占用的单片机I/O端口为24个,为此,可以选用51系列单片机中的AT89C51作为中央处理器。当以这款单片机的I/O端口作为输出时,单片机具有较强的吸收电流能力,因此可以选用共阳极数码管,这样,由单片机的I/O端口就可以直接驱动数码管,简化硬件电路设计。交通信号灯电路原理图如图10-66所示。

7. 硬件电路的制作与调试

(1)时间显示电路的制作与调试。

交通信号灯电路装配图如图10-67所示,交通信号灯电路PCB图如图10-68所示。将$R_8 \sim R_{17}$及2个共阳极数码管焊好(注意不要焊反,数码管中有小数点的应为右下方),将2个电子开关三极管VT_1、VT_2焊上,并将40脚的集成电路插座焊上,这样,这部分电路就制作完成了。接下来对这部分电路进行测试,接上电源,数码管全灭,将一根导线的一端接地,另一端插在集成电路插座的28脚上,用万用表电压挡测量VT_1集电极电压,正常应在4.5V以上,若不正常,则检查VT_1是否焊反、R_{16}是否虚焊等。将另一根导线的一端与地线相连,另一端依次碰集成电路插座的32脚~39脚,一边碰一边查看VD_5,正常时可以看到每碰一个脚,对应一段数码管亮。若不亮,则仔细查看与该脚相连的电阻器及数码管是否虚焊。用同样的方法调试VD_6。

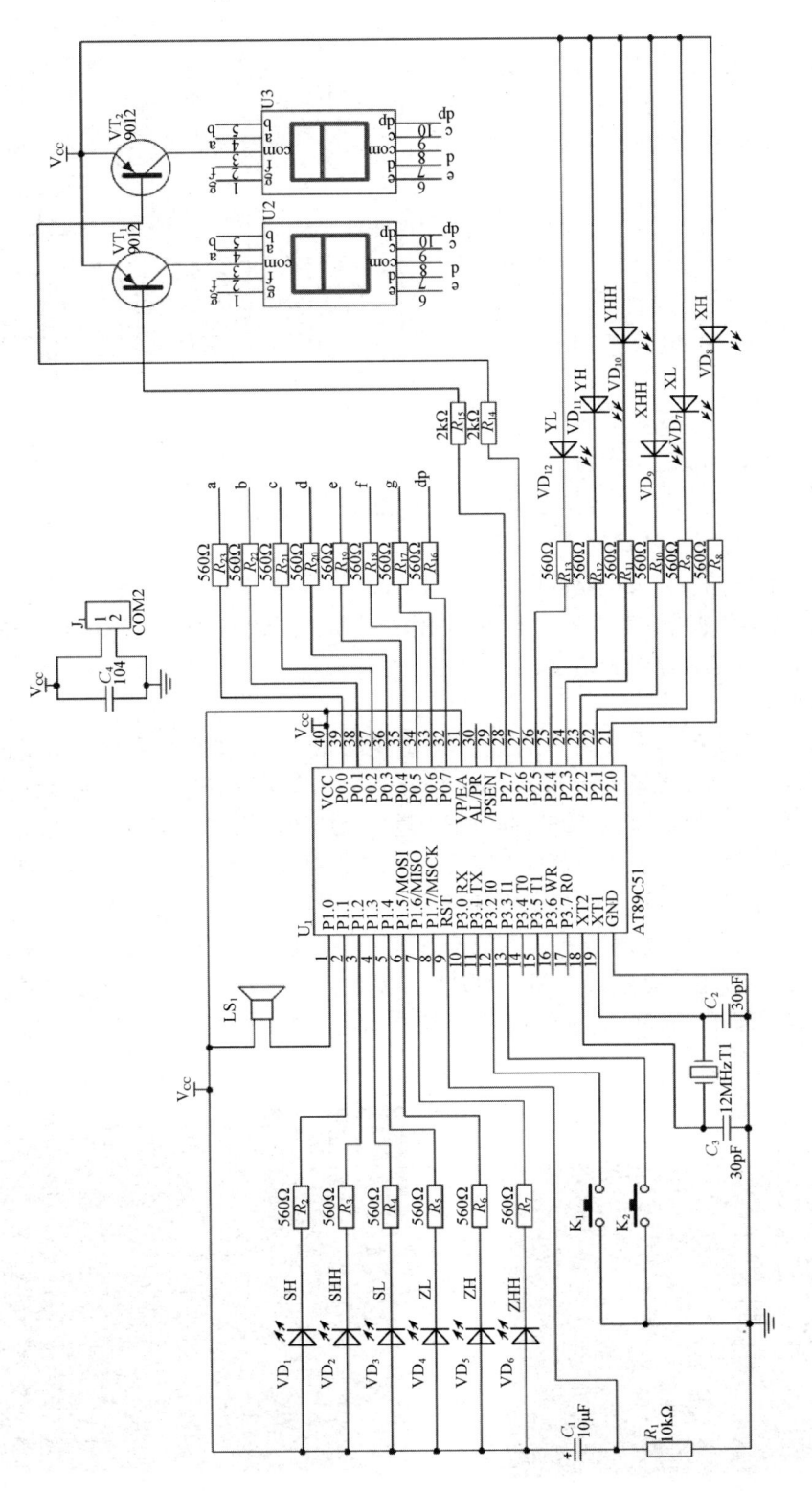

图10-66 交通信号灯电路原理图

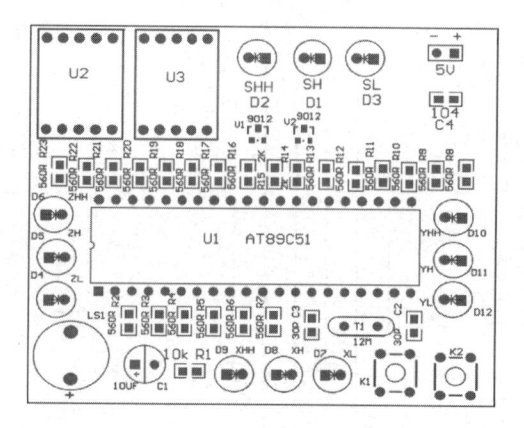

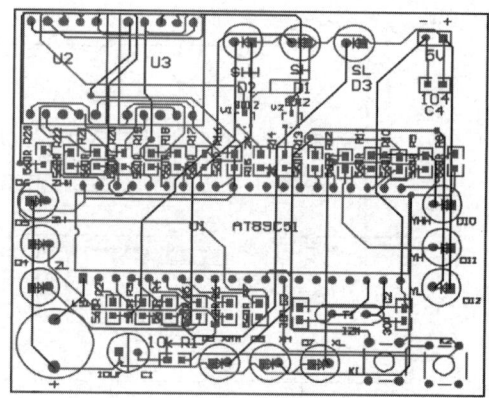

图 10-67　交通信号灯电路装配图

(2) 红绿灯电路的制作与调试。

将 $VD_7 \sim VD_{18}$ 都焊好,注意不要焊反(发光二极管在没有剪脚前,长的一端为正极),同时将每个发光二极管的限流焊好。

(3) 紧急通行电路及发音电路的调试。

这里所指的紧急通行电路及发音电路的制作与调试实际就是对两个按键和一个蜂鸣器的调试,具体方法在前面已经介绍过。

(4) 整机调试。

将烧录好程序的 AT89C51 芯片插上(本书提供的芯片中已烧录好程序),由于这个芯片引脚较多,因此在插入插座时要格外小心,防止其中几个引脚折弯。所有元器件安装好后,通电,可看到 2 位数码管显示"25",同时主干道亮绿灯,次干道亮红灯。下面开始做时间递减操作。当显示结果为"05"时,黄灯点亮,同时蜂鸣器每隔一秒叫一声,当计时结束后,主干道通行状态改变,即主干道亮红灯、次干道亮绿灯,此时,2 位数码管显示"20"。下面做递减操作,结束后重复前面的动作。当人为地按下紧急通行键时,若按下的是主干道紧急通行键,则次干道亮红灯、主干道亮绿灯,数码管从"50"开始倒计时;若按下的是次干道紧急通行键,则通行方式正好相反。50s 计时结束后,系统自动返回按键前的工作状态。交通信号灯完成图如图 10-69 所示。

图 10-68　交通信号灯电路 PCB 图

图 10-69　交通信号灯完成图

(5)实训步骤。

① 掌握基本电子元器件(电阻器、电容器、数码管和集成电路等)的识别方法与使用技巧。

② 学习单片机计数构成的原理,掌握 PCB 的使用技巧。

③ 根据电子产品制作的工艺要求,合理布局、良好焊接。

④ 先用万用表检查电路无误,再通电调试。

⑤ 根据出现的现象进行分析,并排除故障,直到实现功能。

⑥ 完成实训报告。

(6)实训中的注意事项。

① 注意集成电路和数码管的引脚排列。

② 根据交通信号灯计数构成的原理,在装配图的设计中注意数码管显示的准确性。

③ 根据原理图合理布局。插件时,不要造成集成电路与集成电路之间的短路,以及集成电路本身的短路;注意元器件放置的合理性。

④ 焊接时,要注意避免虚焊、搭焊,特别是表面安装元器件的焊接。

⑤ 完成的实验板在通电前,必须首先检查线路的电源接得是否正确,只有在确认正确后才能通电调试。

⑥ 一旦出现故障,不要盲目地拆元器件,要根据现象分析问题,排除故障。

10.6 电子产品设计与制作——单片机计算器

1. 实训目的

(1)掌握基本逻辑单元电路的构成方法。

(2)掌握电阻器、电容器、晶体管、集成电路等电子元器件的基本知识和使用技巧。

(3)熟悉 PCB 的使用技巧。

(4)完成计算器的制作,可以进行简易的四则运算。

2. 实训要求

(1)布局合理,焊点光滑圆润。

(2)电路能正常工作,能够进行简单的四则运算。

3. 实训材料

单片机计算器元器件清单如表 10-27 所示。

表 10-27 单片机计算器元器件清单

序号	名称	标号	规格	数量
1	电解电容器	C_1、C_2	$100\mu F$	2个
2	电解电容器	C_5	$10\mu F$	1个
3	瓷介电容器	C_3、C_4	104	2个
4	瓷介电容器	C_6、C_7	30pF	2个

续表

序号	名称	标号	规格	数量
5	排针	J_1	2.45	1个
6	ISP下载座	JP_1	ISP	1个
7	贴片三极管	$Q_1 \sim Q_7$	8550	7个
8	贴片电阻器	$R_1 \sim R_6$、R_{15}	1kΩ	7个
9	贴片电阻器	R7~R14	470Ω	8个
10	贴片电阻器	$R_{16} \sim R_{23}$	5.1kΩ	8个
11	贴片电阻器	R_{24}	10kΩ	1个
12	轻触开关	$S_1 \sim S_{16}$	4mm×5mm	16个
13	集成电路	U_1	78L05	1个
14	集成电路	U_2	AT89S52	1个
15	2位共阳极数码管	$U_3 \sim U_5$	SBO4OZRO-M	3个
16	有源蜂鸣器	U_6	BELL	1个
17	石英晶体振荡器	Y_1	12MHz	1个
18	集成电路座	—	40P	1个
19	PCB	—	—	1个

(1) 排针，如图10-70所示。

排针是连接器的一种，英文名称为Pin Header。这种连接器广泛应用于电子、电器、仪表的PCB电路中，其作用是在电路被阻断处或孤立不通的电路之间起到桥梁的作用，完成电流或信号传输任务。它通常与排母配套使用，构成板对板连接；或者与电子线束端子配套使用，构成板对线连接；也可独立地成板与板连接。

由于不同产品所需的规格并不相同，因此排针也有多种型号、规格，按电子行业的排针连接器标准分类：根据间距，它大致可分为2.54mm、2mm、1.27mm、1mm、0.8mm五类；根据排数，它可分为排针、双排针、三排针等；根据封装用法，它可分为贴片SMT（卧贴/立贴）、插件DIP（直插/弯插）等；根据安装方式，它可分为180°（用S表示）、90°（用W表示）、SMT（用T表示）。

(2) ISP下载座，如图10-71所示。

ISP(In-System Programming，在系统可编程)：PCB上的空白元器件可以编程写入最终用户代码，而不需要从PCB上取下元器件，已经编程的元器件也可以用ISP方式擦除或再编程。ISP技术是未来发展的方向。

ISP的实现相对简单一些，一般通用做法是内部存储器可以由上位机的软件通过串口进行改写。对单片机来讲，可以通过ISP或其他串口接收上位机传来的数据并写入存储器。因此，即使将芯片焊接在PCB上，只要留出和上位机接口的串口，就可以实现芯片内部存储器的改写，而无须取下芯片。

图 10-70　排针　　　　　　　图 10-71　ISP 下载座

(3) 贴片三极管，如图 10-72 所示。

贴片三极管的基本作用是放大，它可以把微弱的电信号放大到一定强度。当然，这种转换仍然遵循能量守恒定律，它只是把电源的能量转换成信号的能量罢了。

贴片三极管有一个重要的参数就是电流放大系数 β。当给贴片三极管的基极上加一个微小的电流时，在集电极上可以得到一个是注入电流 β 倍的电流，即集电极电流。并且，基极电流很小的变化都可以引起集电极电流很大的变化，这就是贴片三极管的放大作用。贴片三极管还可以作为电子开关，也可以配合其他电子元器件构成振荡器等。在代换时，首先必须了解清楚原管子(或要求的管子)的性能(是通用三极管还是开关三极管等)、结构(如达林顿管、带阻贴片三极管、组合贴片三极管)或特殊要求(如高反压、低噪声等)及一些主要参数，然后从手册(或公司数据手册)中找到性能、功能、结构及参数相似的管子进行试验或代换。另外，还需要注意的是工作频率(是 MF 段、HF 段、VHF 段或 UHF 段等)，需要满足工作频率的要求。

(4) 贴片电阻器，如图 10-73 所示。

贴片电阻器(SMD Resistor)又名片式固定电阻器(Chip Fixed Resistor)，是金属玻璃釉电阻器的一种。它是将金属粉和玻璃釉粉进行混合，采用丝网印刷法印在基板上制成的电阻器。它耐潮湿和高温，温度系数小，可大大节约电路空间成本，使设计更精细化。

图 10-72　贴片三极管　　　　　　　图 10-73　贴片电阻器

(5) 轻触开关，又叫按键开关，如图 10-74 所示。

轻触开关最早出现在日本，称为敏感型开关，使用时以满足操作力的条件向开关操作方向施压，实现开关功能；当撤除压力时，开关即断开，其内部结构是靠金属弹片受力变化来实现通断的。

轻触开关由嵌件、基座、弹片、按钮、盖板组成。其中，防水类轻触开关在弹片上加一层聚酰亚胺薄膜。轻触开关的结构如图 10-75 所示。

图 10-74 轻触开关

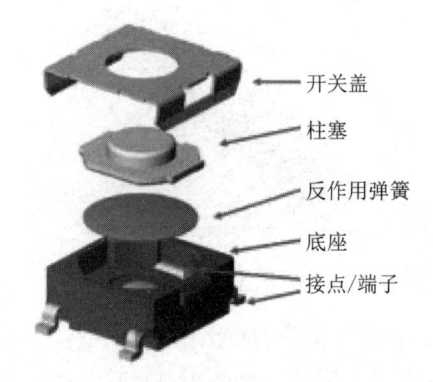

图 10-75 轻触开关的结构

轻触开关具有接触电阻荷小、精确的操作力误差、规格多样化等方面的优势，在电子设备及白色家电等方面得到了广泛应用，如影音产品、数码产品、遥控器、通信产品、家用电器、安防产品、玩具、计算机产品、健身器材、医疗器材、验钞笔、激光笔按键等。因为轻触开关对环境的条件（压力小于 2 倍的弹力/环境温湿度条件及电气性能）有要求，所以大型设备及高负荷的按钮都使用导电橡胶或锅仔开关五金弹片直接来代替，如医疗器材、电视机遥控器等。

关于五脚轻触开关的脚位问题：2 个引脚为一组，向开关体正确施压时，4 个引脚相导通，第 5 个引脚用于接地。

轻触开关是随着电子技术发展的要求而开发的第四代开关产品，最早的尺寸为 12mm×12mm 和 8mm×8mm 两种，现在为 6mm×6mm；产品结构有立式、卧式和卧式带地端 3 种，现在又有组合式（3M、4M、SM、6M）和电位器轻触开关组合两类，满足国内各种电子产品要求；安装尺寸有 6.5mm×4.5mm，5.5mm×4mm 和 6mm×4mm 三种。国外已有 4.5mm×4.5mm 小型轻触开关和片式轻触开关，片式轻触开关适合于表面组装。目前，导电橡胶开关也很普及。

现在已有第五代开关产品——薄膜开关，其功能与轻触开关的功能相同，主要用于电子仪器和数控机床，但其电阻大、手感差。为了克服手感差的缺点，也有在薄膜开关内不使用银层做接触点，而是装上接触簧片。

(6) 2 位共阳极数码管，如图 10-76 所示。

共阳极数码管在应用时，应将公共端 COM 接到 +5V 电源上，当某段发光二极管的阴极为低电平时，相应段就点亮；当某段的阴极为高电平时，相应段就不亮。

(7) 有源蜂鸣器，如图 10-77 所示。

有源蜂鸣器是一种一体化结构的电子讯响器，采用直流电压供电，广泛应用于计算机、打印机、复印机、报警器、电子玩具、汽车电子设备、电话机、定时器等电子产品中，作为发声器件。蜂鸣器主要分为压电式蜂鸣器和电磁式蜂鸣器两种。蜂鸣器在电路中用字母 H 或 HA 表示。

(8) 石英晶体振荡器，如图 10-78 所示。

石英晶体振荡器指的是利用电信号频率等于石英晶片固有频率时晶片因压电效应而产生谐振现象的原理制成的。它由石英晶片（或棒）、电极、支架和外壳等构成，在稳频、选频和精密计时等方面有突出的优点,是晶体振荡器和窄带滤波器等的关键元器件。

图 10-76　2 位共阳极数码管　　　　图 10-77　有源蜂鸣器

石英晶体振荡器虽然外形各异、尺寸和频率不尽相同,但结构原理基本相同,为了提高石英晶片工作的稳定性和可靠性,石英晶体振荡器外壳构件经过密封处理,并抽成真空或充入氮气。

石英晶片的压电效应于 19 世纪 80 年代首先被法国科学家发现。20 世纪 30 年代初,石英晶片开始应用到钟表计时上,但石英晶片在钟表中广泛应用是在 20 世纪 60 年代石英晶片被小型化以后。

随着石英电子钟表不断向薄型、小型化和中高档产品发展,对石英晶片和石英晶体振荡器的小型化还在不断地开拓、创新。

(9) 集成电路 AT89S52,如图 10-79 所示。

AT89S52 是一种低功耗、高性能的 CMOS 8 位微控制器,具有 8KB 系统可编程 Flash 存储器,使用 Atmel 公司的高密度非易失性存储器技术制造,与工业 80C51 产品指令和引脚完全兼容。片上 Flash 允许程序存储器在系统内编程,也适用于常规编程器。在单芯片上,它拥有灵巧的 8 位 CPU 和系统可编程 Flash,使得 AT89S52 在众多嵌入式控制应用系统中得到广泛应用。

AT89S52 具有以下标准功能:8KB Flash,256B RAM,32 位 I/O 端口线,看门狗定时器,2 个数据指针,3 个 16 位定时器/计数器,一个有 6 个中断源的中断结构,全双工串口。另外,AT89S52 可降至 0Hz 静态逻辑操作,支持两种软件,可选择节电模式。在空闲模式下,CPU 停止工作,允许 RAM、定时器/计数器、串口、中断继续工作;在掉电保护模式下,RAM 内容被保存,振荡器被冻结,单片机一切工作停止,直到下一个中断或硬件复位。

图 10-78　石英晶体振荡器　　　　图 10-79　集成电路 AT89S52

4. 原理图介绍

计算器原理图如图 10-80 所示。它由稳压电源模块、三极管开关模块、2 位数码管动态显示模块、蜂鸣器模块、晶振模块、键盘模块、单片机上拉模块、ISP 写入模块等组成。

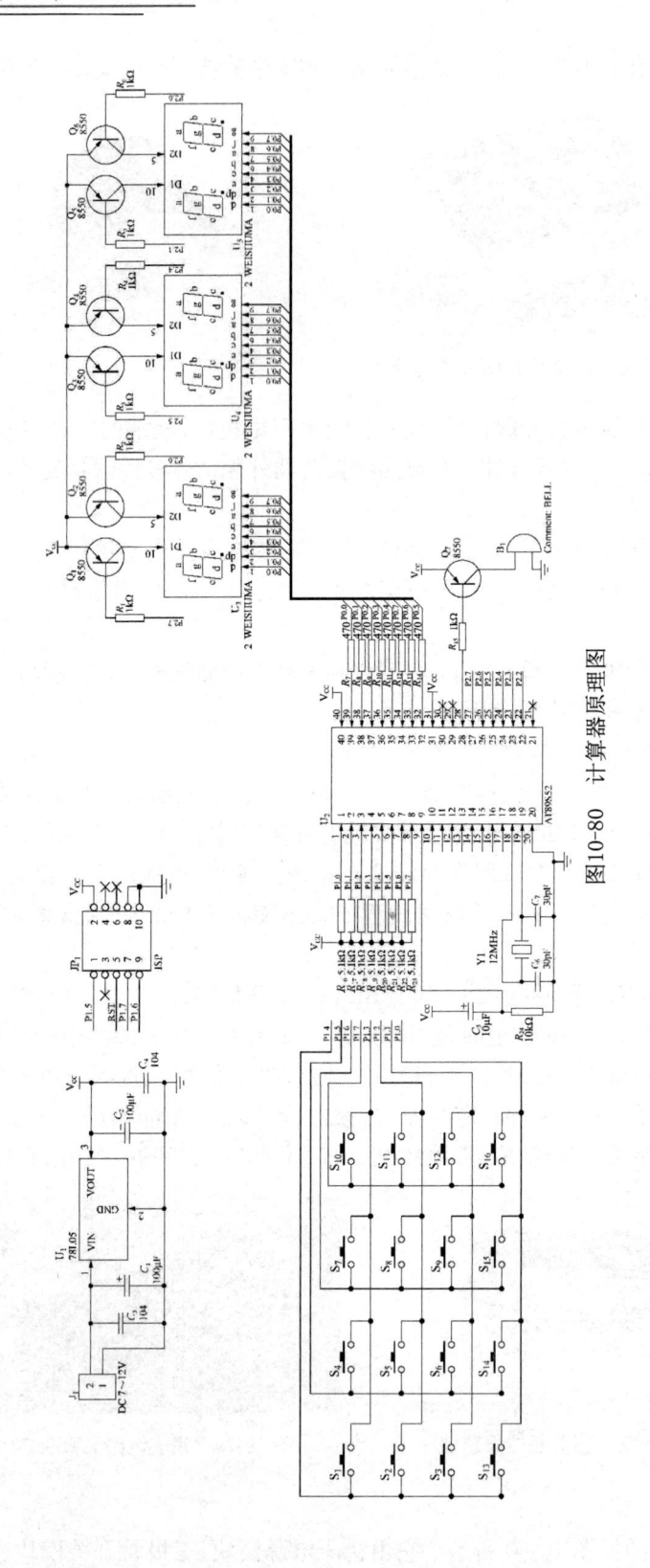

图10-80 计算器原理图

(1) 稳压电源模块。

78L05 是三端集成稳压电路。在电子产品中,常见的三端集成稳压电路有正电压输出的 78×× 系列和负电压输出的 79×× 系列。顾名思义,三端集成稳压电路是指稳压的集成电路,它只有 3 个引脚输出,分别是输入端、接地端和输出端,它的样子如同普通三极管。

采用 78L05 降压,将 12V 电压降到 5V,剩下 7V 以热量的形式耗散出去。两个 104 瓷片电容器 C_3、C_4 起滤波平滑作用,避免上电时 78L05 经受过大的充电电流。两个 $100\mu F$ 电解电容器起储能的作用。为保证电源模块的稳定输出,当电压或负载出现瞬间波动时,稳压电源会以 10~30ms 的响应速度对电压幅值进行补偿,使其稳定在 ±2% 以内,如图 10-81 所示。

(2) 三极管的开关作用原理(见图 10-82)。

当管子的 $V_C>V_E$,且 $V_B>V_E$ 时,发射结正偏,集电结反偏,三极管 C、E 两极之间的电阻很小,三极管导通。

当管子的 $V_C>V_B$,且 $V_E>V_B$ 时,集电结和发射结(PN 结)都正偏,管子工作于饱和状态。此时,管压降为 0.1~0.3V。$I_C=V_{CC}/R_C$,即集电极电流基本取决于集电极电源和集电极电阻,与 I_B 无关,相当于一个闭合的开关。

当 $V_C<V_B$,且 $V_E<V_B$ 时,两个 PN 结均反偏,管子工作于截止状态。此时,管子的 3 个电极均无电流,相当于一个断开的开关。

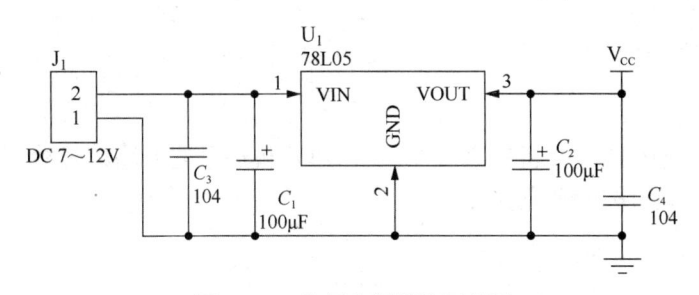

图 10-81 稳压电源模块原理图

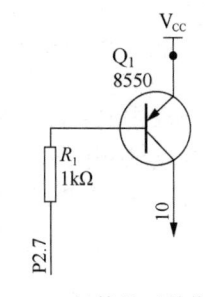

图 10-82 三极管的开关作用原理

(3) 2 位数码管动态显示模块(见图 10-83)。

2 位数码管是共阳极的,即只有一个阳极引脚;阴极根据数码管显示的形状,有 8 个引脚,由单片机输出控制数码管显示的内容。通过单片机控制 PNP 管的通断,实现动态显示。动态显示是每个数码管的同名段及点全部并接,由一个 I/O 端口来控制,每位轮流显示 1~5ms,虽然是一位一位地点亮,但利用人眼的暂留效应,看起来是每位都亮的。三极管电路在单片机输出低电平时导通,给数码管供电。

(4) 蜂鸣器模块(见图 10-84)。

蜂鸣器模块由 PNP 管进行控制,单片机控制脚输出低电平时,三极管导通。

(5) 晶振模块(见图 10-85)。

晶振电路由一个晶振,两个瓷片电容器,一个电解电容器,一个分压电阻器构成。电容器 C_5 用于稳定电压值,晶振和两个瓷片电容器构成振荡电路,根据晶振频率起振,发出规则方波。当单片机的 RST 信号为低电平时,晶振电路断电;当 RST 信号恢复高电平时,晶振电路恢复供电,并重新工作。

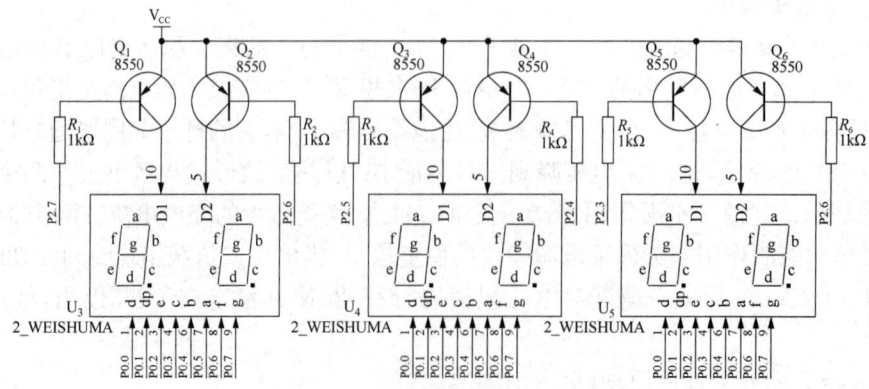

图 10-83　2 位数码管动态显示模块原理图

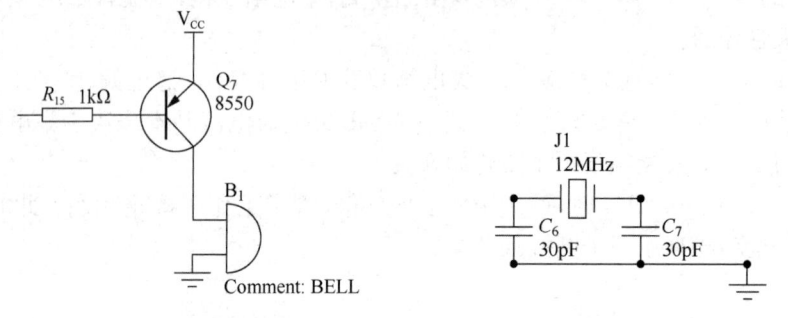

图 10-84　蜂鸣器模块　　　　　图 10-85　晶振模块

(6) 键盘模块(见图 10-86)。

键盘模块由 16 个轻触开关组成,向单片机输入 8 路信号,单片机通过这 8 路信号检测出当前按下的按键,并在计算器的程序控制下进行运算。

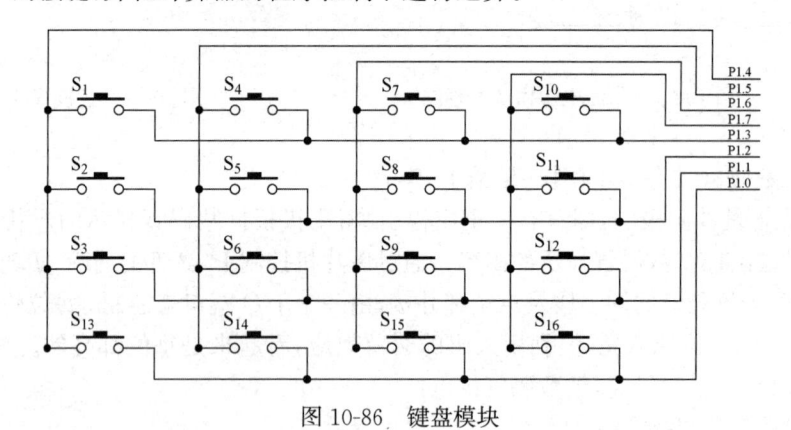

图 10-86　键盘模块

(7) 单片机上拉模块(见图 10-87)。

上拉是指单片机的引脚通过电阻器接 V_{CC},这样可把这个引脚电平上拉至高电平。对应的下拉就是指单片机的引脚通过电阻器接地,这样可以把这个引脚电平下拉至低电平,防止信号悬空而出现不确定的状态。

单片机输出口都没有向片外输出大电流的能力(输出 1 时),但有较强的吸收电流的能力(输出 0 时),因此,在 P1 口加上上拉电阻器后,增强了其输出能力。

(8) ISP 写入模块(见图 10-88)。

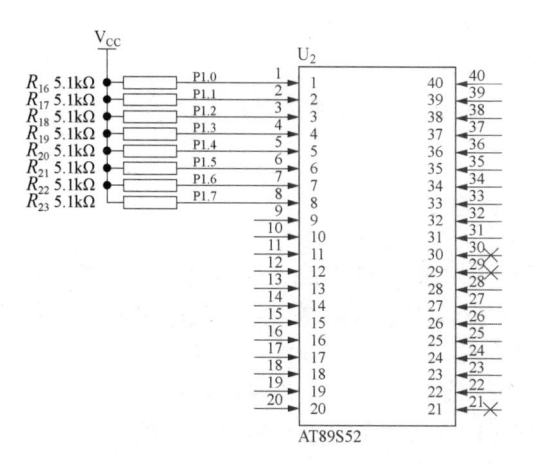

图 10-87　单片机上拉模块

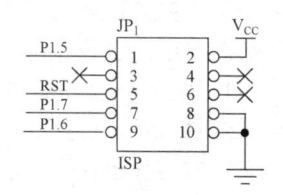

图 10-88　ISP 写入模块

5．实训步骤

(1) 掌握基本电子元器件的识别方法与使用技巧；按单片机计算器元器件清单实物图(见图 10-89)清点元器件，并进行测量，元器件测试正常后，按照 PCB 图(见图 10-90)标号找准位置，并按照元器件高低顺序，从低到高进行装配。

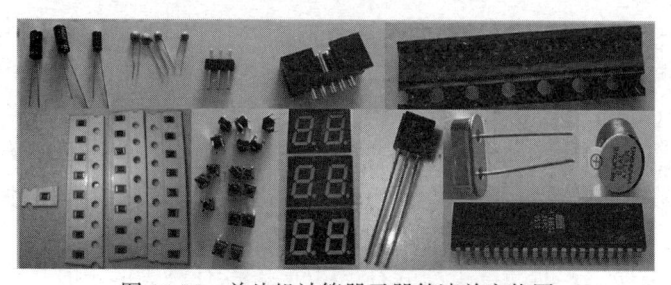

图 10-89　单片机计算器元器件清单实物图

图 10-90　单片机计算器 PCB 图

(2) 学习单片机计数构成的原理,掌握 PCB 的使用技巧。
(3) 根据电子产品制作的工艺要求,合理布局、良好焊接。
(4) 先用万用表检查电路无误,再通电调试。
(5) 根据出现的现象进行分析,并排除故障,直到实现功能。
(6) 完成实训报告。

6. 实训注意事项

(1) 注意集成电路和数码管的引脚排列。
(2) 根据计算器计数构成的原理,在装配图的设计中注意数码管显示的准确性。
(3) 根据原理图合理布局。插件时,不要造成集成电路与集成电路之间的短路,以及集成电路本身的短路;注意元器件放置的合理性。
(4) 焊接时,要注意避免虚焊、搭焊,特别是表面安装元器件的焊接。
(5) 完成的实验板在通电前,必须首先检查线路的电源接得是否正确,只有在确认正确后才能通电调试。
(6) 一旦出现故障,不要盲目地拆元器件,要根据现象分析问题,排除故障。

10.7 电子产品设计与制作——LCD1602 液晶电子时钟万年历的制作

电子时钟万年历采用独立芯片控制内部数据运行,以 LED 夜光数码显示年、月、日期、时间、星期、温度等日常信息,是融合了多项先进电子技术及现代经典工艺打造的现代数码计时产品。

目前,最具代表性的计时产品就是电子时钟万年历,它是近代世界钟表业界的第三次革命。第一次革命是摆和摆轮游丝的发明,相对稳定的机械振荡频率源使钟表的走时差从分级缩小到秒级,代表性的产品就是带有摆或摆轮游丝的机械钟或表。第二次革命是石英晶体振荡器的应用,发明了走时精度更高的石英电子钟表,使钟表的走时月差从分级缩小到秒级。第三次革命就是单片机数码计时技术的应用,使钟表的走时日差从分级缩小到 1/600 万秒,从原有传统指针计时的方式发展为人们日常更为熟悉的夜光数字显示方式,直观明了,并增加了全自动日期、星期、温度,以及其他日常附属信息的显示功能,它更符合人们的生活需求。因此,电子时钟万年历的出现为钟表业界带来了跨越性的进步。

电子时钟万年历系统主要实现以下查询功能。
(1) 查询某年的日历。要求通过按钮输入年份,输出该年 12 个月的日历。
(2) 查询某天、某个月的日历。要求通过按钮输入年、月,输出该月的日历。
(3) 查询某天是星期几。要求通过按钮输入年、月、日,输出这一天是星期几。

1. 实训目的

(1) 掌握基本逻辑单元电路的构成方法。
(2) 掌握电阻器、电容器、晶体管、晶振、集成电路等电子元器件的基本知识和使用技巧。
(3) 熟悉 PCB 的使用技巧。
(4) 了解电子产品的调试过程。
(5) 掌握基本的调试方法,以及基本的故障判断和排除方法。

2. 实训要求

(1) 布局合理,焊点光滑圆润;数字显示完整准确。
(2) 电路能正常工作;PCB 整洁,各焊点光滑圆润。
(3) 实训报告完整,电路原理图清晰。

3. 实训材料

LCD1602 液晶电子时钟万年历元器件清单如表 10-28 所示。

表 10-28　LCD1602 液晶电子时钟万年历元器件清单

标号	名称	规格	数量	标号	名称	规格	数量
R_6,R_9	直插色环电阻器	1kΩ	2个	BT_1	贴片电池扣	CR1220	1个
R_1~R_3,R_{11}	直插色环电阻器	4.7kΩ	4个		纽扣电池	CR1220	1个
R_7,R_8	直插色环电阻器	10kΩ	2个	S_1,S_2	贴片轻触开关	6mm×6mm×17mm	2个
R_4	直插色环电阻器	20kΩ	1个	B_1	直插蜂鸣器	有源	1个
R_5	直插色环电阻器	30Ω	1个	IC_2	时钟芯片	DS3231	1个
RP_1	3362 可调电阻器	10kΩ	1个	IC_1	单片机	STC15W408AS	1个
C_4	瓷片电容器	100pF(101)	1个	LCD_1	液晶显示器	1602	1个
C_2,C_3	瓷片电容器	0.1μF(104)	2个	J_1	直插 USB 插座	MICRO USB 立式	1个
Q_1,Q_2	直插三极管器	8050	2个		单排针母座	16P	1个
GR_1	直插光敏电阻器	5516	1个		单排针	16P	1个
C_1	直插电解电容器	100μF/10V	1个		单通铜柱	M3×11	4个
	集成电路座	16P	1个		圆头螺钉	M3×6	4颗
	电路板		1个		螺母	M3	4个

4. 实训工具及仪器

工具箱、电烙铁、烙铁架、尖嘴钳、剥线钳、斜口钳、万用表、通用示波器、直流电源。

5. 实训内容

(1) 电路原理简述。

供电电压为 5V 的直流电源、Micro USB 插头的 USB 数据线、计算机 USB、手机充电器均可供电。计时采用高精度时钟芯片 DS3231,其走时准确,年差在 1 分钟以内。它带后备电池,可以断电后维持走时,确保走时精度;带温度、时间、年月日显示功能;带闹钟功能;背光亮度可自动调节,也可以手动调节。本实训电路结构简单,制作成功率高,原理图如图 10-91 所示。

(2) 电位器功能介绍。

电位器通常由电阻体和可移动的电刷组成,当电刷沿电阻体移动时,在输出端即可获得与位移量成一定关系的电阻或电压,电位器既可作为三端元件使用又可作为二端元件使用,由于它在电路中的作用是获得与输入电压(外加电压)成一定关系的输出电压,因此称之为电位器。

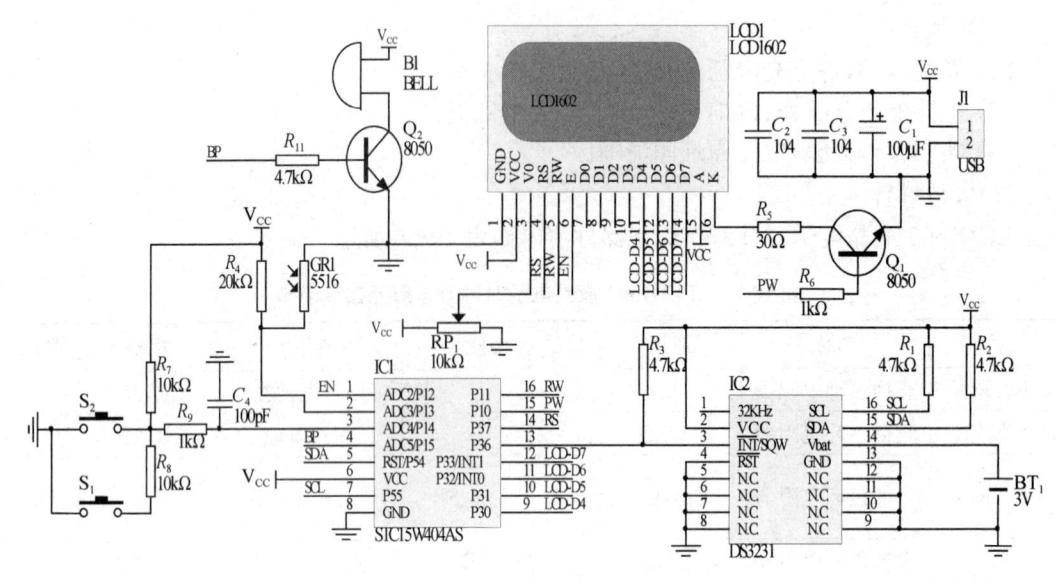

图 10-91 电路原理图

① 用作分压器。

电位器是一个连续可调的电阻器,当调节电位器的转柄或滑柄时,中心抽头在电阻体上滑动。

② 用作变阻器。

电位器用作变阻器时,应把它接成二端元件,可获得平滑、连续变化的阻值。

③ 用作电流控制器。

当电位器作为电流控制器使用时,其中一个选定的电流输出端必须是中心抽头引出端。

(3) Micro USB 介绍。

Micro USB 是 USB 2.0 标准的一个便携版本,具有传输数据和供电功能,如图 10-92 所示。

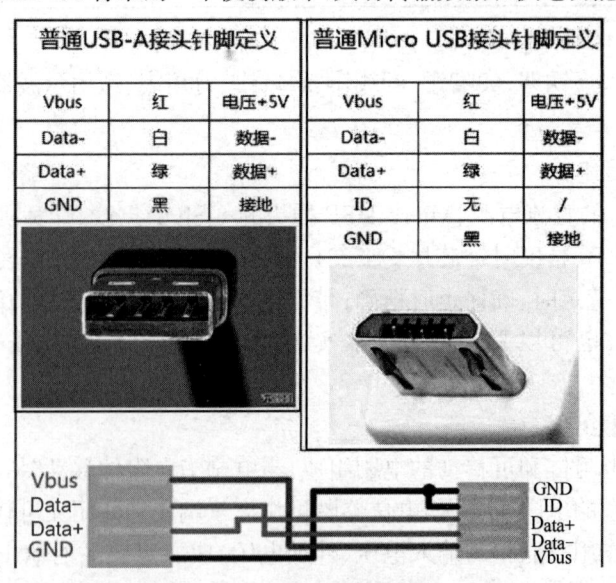

普通USB-A接头针脚定义			普通Micro USB接头针脚定义		
Vbus	红	电压+5V	Vbus	红	电压+5V
Data-	白	数据-	Data-	白	数据-
Data+	绿	数据+	Data+	绿	数据+
GND	黑	接地	ID	无	/
			GND	黑	接地

图 10-92 Micro USB 接头针脚定义图

Micro USB 母座立式引脚定义如图 10-93 所示。

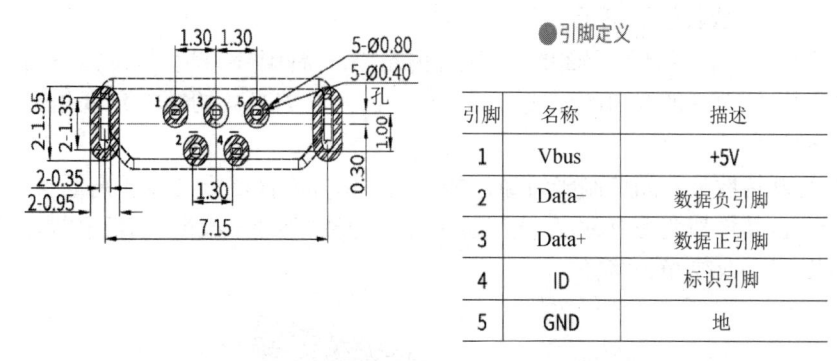

●引脚定义

引脚	名称	描述
1	Vbus	+5V
2	Data−	数据负引脚
3	Data+	数据正引脚
4	ID	标识引脚
5	GND	地

图 10-93　Micro USB 母座立式引脚定义

STC15W408AS 系列是 STC 生产的单片机,是具有宽电压范围、高可靠性、低功耗、超强抗干扰等特点的新一代 8051 单片机。STC15W408AS 引脚图如图 10-94 所示。

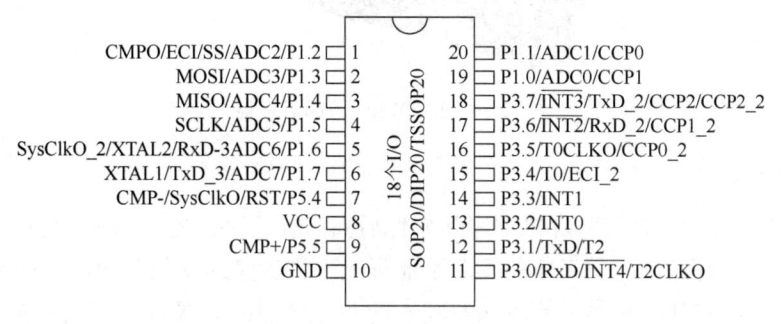

```
CMP0/ECI/SS/ADC2/P1.2  1          20  P1.1/ADC1/CCP0
     MOSI/ADC3/P1.3    2          19  P1.0/ADC0/CCP1
     MISO/ADC4/P1.4    3          18  P3.7/INT3/TxD_2/CCP2/CCP2_2
     SCLK/ADC5/P1.5    4          17  P3.6/INT2/RxD_2/CCP1_2
SysClkO_2/XTAL2/RxD-3ADC6/P1.6 5  16  P3.5/T0CLKO/CCP0_2
   XTAL1/TxD_3/ADC7/P1.7 6        15  P3.4/T0/ECI_2
   CMP-/SysClkO/RST/P5.4 7        14  P3.3/INT1
                    VCC 8         13  P3.2/INT0
              CMP+/P5.5 9         12  P3.1/TxD/T2
                    GND 10        11  P3.0/RxD/INT4/T2CLKO
```

图 10-94　STC15W408AS 引脚图

DS3231 是一款低成本、高精度 I2C 实时时钟(RTC),具有集成的温补晶体振荡器(TCXO)和晶体。它包含电池输入端,断开主电源时,仍可保持精确的计时。它提供年、月、日、星期、时、分、秒信息,提供有效期到 2100 年的闰年补偿,如图 10-95 所示。

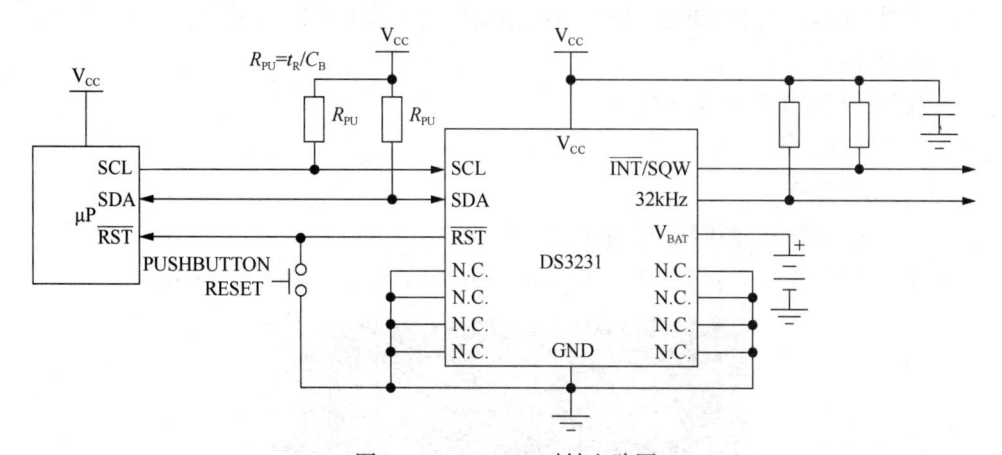

图 10-95　DS3231 时钟电路图

LCD1602 液晶显示器如图 10-96 所示,它是被广泛使用的一种字符型液晶显示模块。它是由字符型液晶显示屏(LCD)、控制驱动主电路 HD44780 及其扩展驱动电路 HD44100,

以及少量电阻器、电容器和结构件等装配在PCB上组成的。

LCD1602的组成：液晶，液晶是液态晶体，是一种几乎透明的物质，是不能发光的；光源，LCD屏幕的光来自屏幕最下面的背光板；偏光片，一种镜片，只有特定方向的光线（垂直偏振光）才能通过，而其他方向的光线不能通过。当两块偏光片的栅栏角度相互垂直时，光线完全无法通过。

液晶的物理特性是液晶控制光线通过的程度是由加在液晶上的电压高低来实现的。通电时，液晶导通，其排列变得有秩序，光线容易通过，光的路径不改变；不通电时，液晶排列混乱，阻止光线通过，改变光的路径。

图10-96　LCD1602液晶显示器

6. 实训步骤

元器件在PCB上的插装、焊接顺序是先低后高，先小后大，先轻后重，先易后难，先一般元器件后特殊元器件，且上道工序的安装不能影响下道工序的安装。元器件插装后，其标志应向着易于认读的方向，并尽可能以从左到右的顺序读出。有极性的元器件的极性应严格按照图纸上的要求安装，不能错装。元器件在PCB上的插装应分布均匀，排列整齐美观，不允许斜排、立体交叉。

（1）结合原理图及各部分安装图将各部分电源连在一起，并用电阻法测量电源状态。

（2）通电调试。

（3）如果有故障，就根据现象，结合电路结构框图分析并判断故障位置。

（4）排除故障。

（5）观察并记录电路的工作数据。

（6）完成实训报告。

7. 实训注意事项

（1）在连接各部分电源时，切勿造成电源短路。

（2）焊点光滑圆润，不能有粘连。电子时钟万年历成品如图10-97所示。

图10-97　电子时钟万年历成品

8. 基本知识的掌握和意义

(1) 在学习了"数字电子技术"和"单片机原理及接口技术"课程后,为了加深对理论知识的理解,学习理论知识在实际中的运用;为了培养动手能力和解决实际问题的能力,了解专用时钟芯片 STC15W404AS、DS3231 芯片与 LCD1602 液晶显示器并会正确使用它们;开发时钟模块,并将其应用到其他系统中;熟悉 Keil 和 Proteus 软件调试程序和仿真。

(2) 通过实训增进对单片机的认识。

(3) 通过实训增强焊接、布局、电路检查能力。

(4) 通过实训增强软件调试能力。

(5) 进一步熟悉和掌握单片机的结构及工作原理。

(6) 通过电工电子实训,掌握以单片机为核心的电路设计的基本方法和技术。

(7) 通过实际程序设计和调试,逐步掌握模块化程序设计方法和调试技术。

(8) 通过完成一个包括电路设计和程序开发的完整过程,了解开发单片机应用系统的全过程,为今后从事相应工作奠定基础。

10.8 电子产品设计与制作——贴片流水灯

1. 实训目的

(1) 了解贴片工艺的基本原理和流程,掌握贴片生产的基本技能和操作方法。

(2) 学习如何进行贴片焊接和检验,掌握贴片焊接的常见问题及其解决方案。

(3) 培养实际操作能力和实验技能,增强工程实践能力。

(4) 使用集成电路、电容器、电阻器等构建一个动态变化的流水灯电路,旋转效果增加了电路的观赏性和实验趣味性。

(5) 增进对电子产品设计与制作的理解和认识,为今后从事相关工作奠定基础。

2. 实训要求

(1) 确保贴片流水灯制作符合实验要求,包括元器件的选型和安装等。

(2) 熟悉贴片焊接的基本操作流程,掌握焊接技巧,保证焊接质量。

(3) 确保元器件的安装位置和方向正确,防止出现反向安装、漏装、错装等问题。

(4) 在焊接过程中,注意温度控制和防静电措施,避免烧坏元器件。

(5) 在电路调试过程中,仔细检查电路连接是否稳定,电路是否有短路、开路等问题。

(6) 确保实验安全,避免电路短路、漏电、过载等问题,遵守实验室安全规定。

(7) 记录实验过程和结果,分析实验数据,总结经验教训,提出改进意见。

3. 实训材料

贴片流水灯元器件清单如表 10-29 所示,贴片流水灯元器件实物图如图 10-98 所示。

表 10-29 贴片流水灯元器件清单

元器件位置	元器件编号	元器件封装	元器件名称	元器件型号
电路板左边3列	$R_1 \sim R_{12}$	1206	电阻器	随机(12个,备2个),14个
	$C_1 \sim C_{12}$	0805	棕色电容器	随机(12个,备2个),14个
	$R_{13} \sim R_{24}$	0805	电阻器	随机(12个,备2个),14个
电路板右边3列	$R_{34} \sim R_{47}$	0603	电阻器	随机(14个,备2个),16个
	$C_{13} \sim C_{26}$	0603	棕色电容器	随机(14个,备2个),16个
	$R_{25} \sim R_{33}$	0402	电阻器	随机(14个,备2个),16个
圆圈外4个脚12个元器件	$Q_1 \sim Q_4$	SOT23	J3Y	8050 三极管(4个)
	$VD_{16} \sim VD_{19}$	0805	发光二极管	蓝色(4个)
	$R_{65} \sim R_{68}$	0805	电阻器	470Ω(15个,备2个),17个
圆圈上一圈元器件	$VD_2 \sim VD_{11}$	0805	发光二极管	红色(11个,备1个),12个
	$R_{51} \sim R_{60}$	0805	电阻器	470Ω(15个,备2个),17个
圆圈里面的元器件	R_{48}	0805	103	10kΩ电阻(5个,备1个),6个
	R_{49}	0805	205	2MΩ电阻(1个,备1个),2个
	C_{27} 与 C_{28}	0805	棕色电容器	0.1μF电容(2个,备1个),3个
	R_{50}	0805	电阻器	470Ω(15个,备2个),17个
	$R_{61} \sim R_{64}$	0805	103	10kΩ电阻(5个,备1个),6个
	VD_1	0805	发光二极管	红色(11个,备1个),12个
	$D_{12} \sim D_{15}$	LL34	高速开关二极管	1N4148(4个)
	U_1	SOP08	8脚集成电路	NE555(1个)
	U_2	SOP16	16脚集成电路	CD4017(1个)

图 10-98 贴片流水灯元器件实物图

4. 实训原理

(1) 原理图(见图 10-99)。

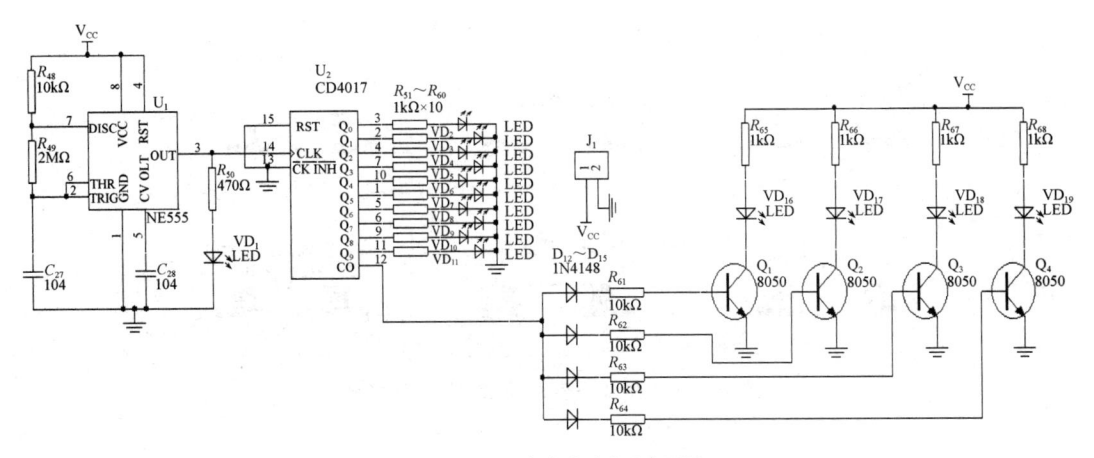

图 10-99 贴片流水灯原理图

(2) 原理简述。

NE555 组成脉冲信号发生器,脉冲信号从 NE555 的 3 脚输出到 CD4017 的 14 脚。通过改变 R_2 的阻值可以改变流水灯的流水速度。电路中一共有 15 个发光二极管,且每个发光二极管都有一个限流电阻,本书在制作时及在 PCB 图上只使用了一个电阻器,其实效果是一样的。电阻器选用 1kΩ 阻值就可以了。用 CD4017 可以制作各种流水灯电路,可以是圆形的、心形的、多个发光二极管组合在一起的。

5. 实训步骤

(1) 根据电路图设计电路,并在实验板上布置元器件,注意元器件的摆放位置和方向。

(2) 尽量选择 0.6mm 焊锡丝(63%焊锡量),选用 25W 或 35W 的尖头或刀头电烙铁进行焊接。

(3) 先焊接 1812 封装的元器件,再焊接 0805 封装的元器件,接着焊接 0603 封装的元器件,最后焊接中间部分的元器件。

(4) PCB 的最左边 3 列和最右边 3 列(共 6 列)是焊接练习区,只要封装正确即可,元器件的型号没有完全规定。中间圆圈部分是实际操作区,必须按照所标示的对应元器件进行焊接,只有这样才能实现流水灯功能。

(5) 贴片阻容元件的焊接方法图解如图 10-100 所示。可以先在一个焊盘上镀锡,然后用镊子拾取元件,放上元件的一头。在用镊子夹持元件的同时,焊接上镀锡的这一头,并查看是否放正了,如果位置正确,则焊接另外一端;如果位置不正确,则重新焊接。

(6) 贴片发光二极管的正负极示意图如图 10-101 所示。其中,绿点对应 PCB 上的粗线端,发光二极管的焊接时间不能太长,否则容易损坏发光二极管。贴片 4148 的方向如图 10-101 所示。

(7) 贴片集成电路的焊接方法图解如图 10-102 所示。在焊接集成电路时,用镊子小心地将芯片放到 PCB 上,使其与焊盘对齐,且要保证芯片的放置方向正确,用工具按住芯片,烙铁头蘸上少量的焊锡,焊接两个对角位置的引脚,使芯片固定而不能移动;重新检查芯片的位置是否正确,可在调整后重新焊好;焊接其余的引脚。焊接时要保持烙铁头与被焊接引脚平行,防止焊锡过量而产生锡桥。

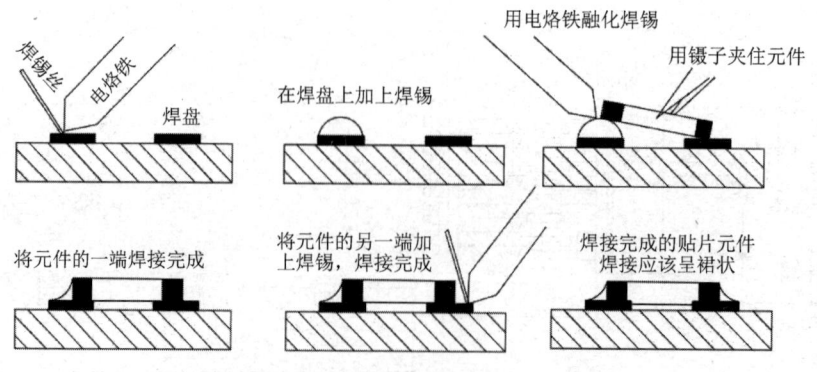

图 10-100　贴片阻容元件的焊接方法图解

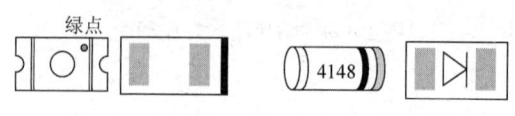

图 10-101　贴片发光二极管的正负极示意图

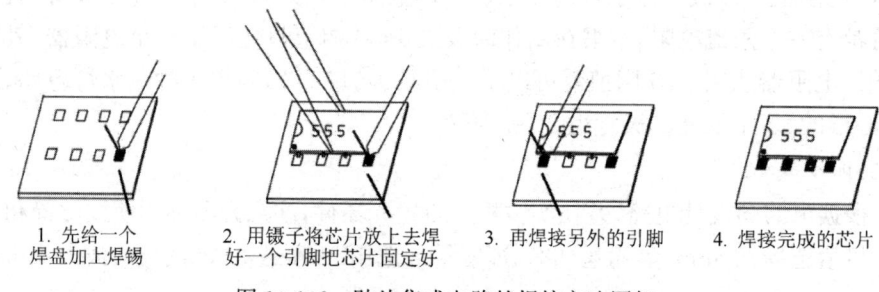

图 10-102　贴片集成电路的焊接方法图解

（8）检查是否有漏焊、虚焊及搭锡现象，并对应进行补焊处理。

（9）总之，贴片流水灯的制作需要注意电路设计、元器件选择、焊接质量及实验安全几方面。

6. 实训注意事项

（1）电路排版：确保贴片流水灯制作符合实训要求，包括元器件的选择和安装等；确定一个合理且高效的焊接流程。

（2）元器件选择：要选择质量好、规格合适的元器件，避免由于元器件选错或质量差而导致电路失效。

（3）焊接质量：要注意焊接质量，焊点要坚固、电路连接要可靠；同时避免烧坏元器件，掌握焊接温度和时间的控制。

（4）实验安全：实验过程中要注意安全，避免电路短路、漏电、过载等情况，遵守实验室安全规定。

（5）调试过程：要注意电路连接是否稳定，电路是否有短路、开路等问题，确保发光二极管点亮。

贴片流水灯成品如图 10-103 所示。

图 10-103　贴片流水灯成品

10.9　电子产品设计与制作——可调电源板的设计与制作

1. 实训目的

（1）掌握电源电路的基本原理：了解可调电源电路的组成、工作原理和特点，包括电路的稳压、过载保护、过温保护等方面的知识。

（2）学习电路设计方法：通过电路设计实验，学习电路设计的基本流程和方法，掌握电路图的绘制、元器件的选择和布局等技巧。

（3）锻炼实验能力：通过电路调试，锻炼学生的实验操作能力和实验思维能力，掌握实验安全常识和实验室规范要求。

（4）增进对电子元器件的认识：通过学习可调电源板的设计与制作，加深对电子元器件的认识，了解各种元器件的特点和用途，提高学生的电子专业素养。

（5）学会选择变压器、整流二极管、滤波电容器及集成稳压器来设计直流稳压电源，学习根本理论在实践中的初步综合运用。

2. 实训要求

（1）设计要求：根据实际需要，设计符合要求的可调电源电路，包括选择合适的元器件和电路拓扑结构，满足电压、电流等参数的要求。

（2）制作要求：制作可调电源板时，要注意电路的布局，保证电路的稳定性和可靠性。

（3）调试要求：通过虚拟实验调试电路时，要注意电路连接是否稳定，电路是否有短路、开路等问题，确保电路正常工作；同时要注意电路的稳定性和可靠性。

（4）实验报告要求：完成实验后，需要撰写实验报告，包括电路设计原理、元器件选择、电路布局、调试过程和结果等方面的内容，规范书写、清晰易懂。

（5）技能要求：了解原理图设计基础、设计环境设置，学习 Altium 的功能及使用方法，掌握绘制原理图的各种工具，利用软件绘制原理图；掌握绘制、编辑元器件封装图的方法，自已构造 PCB 元件库；了解 PCB 设计的一般规则、利用软件绘制原理图并自动生成 PCB 图。

3. 元器件清单

可调电源板元器件清单如表 10-30 所示。

表 10-30　可调电源板元器件清单

元器件编号	元器件	元器件型号
P_1,P_2	接插件	Header 2
E_1,E_2	极性电解电容器	Cap Pol
C_1~C_3	无极性电容器	Cap
U1	可调稳压芯片	LM2596S-ADJ
R_{P1}	精密可调电阻器	RPot
VD_1	稳压二极管	Diode-Z
L_1	电感器	Inductor
R_1,R_2	贴片电阻器	Res1

4. 实训原理

(1)原理简述。

直流稳压电源是一种将 220V 工频交流电转换成稳压输出的直流电的装置，它需要变压电路、整流电路、滤波电路、稳压电路、电压输出指示电路、蜂鸣器报警电路、信号处理指示电路。整流电路所使用的是整流二极管 1N4007，其引脚有正负极之分，白色条带为负极，另一边为正极。稳压可调集成芯片 LM317 采用 ST 进口芯片，其质量可靠，输出电压、电流的稳定性很高。降压变压器的两根红色线接 220V 市电，两根黑色线(或蓝色线)接输出 12V 交流电。

(2)原理图设计流程如图 10-104 所示，可调电源板原理图如图 10-105 所示。

(3) PCB 的设计流程如图 10-106 所示，可调电源 PCB 图如图 10-107 所示。

5. 实训步骤

(1)设计电路图。

(2) PCB 图的绘制：将电路图转换成 PCB 布局图，进行 PCB 图的绘制，包括 PCB 的大小、元器件布局、钻孔位置等。

(3)元器件安装：将元器件按照电路图和 PCB 图进行安装，包括电阻器、电容器、集成电路等元器件。

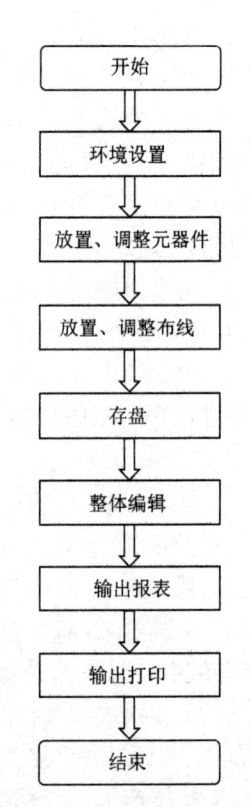

图 10-104　原理图设计流程

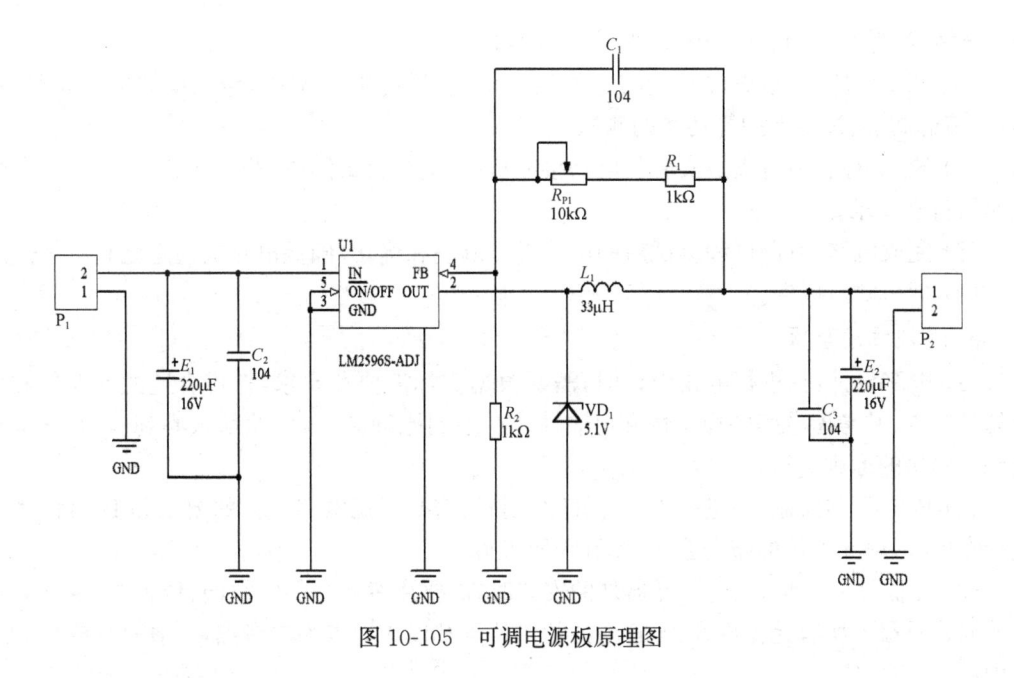

图 10-105 可调电源板原理图

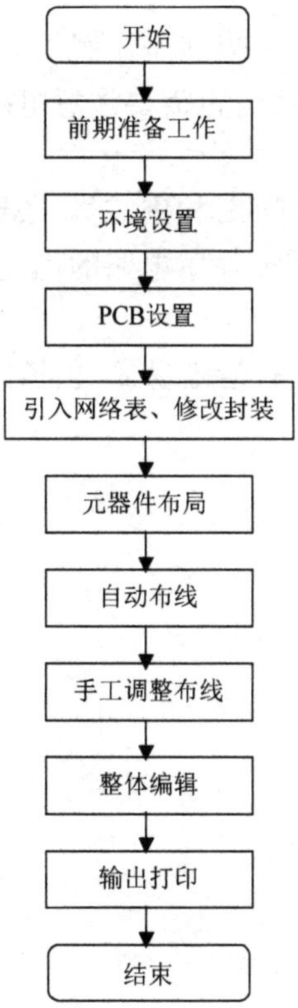

图 10-106 PCB 的设计流程

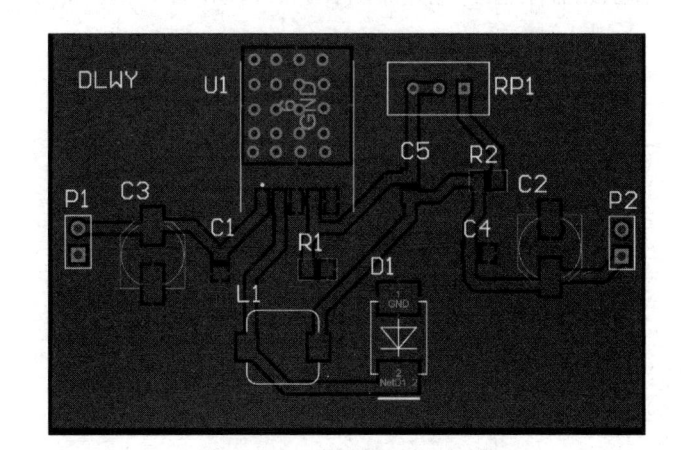

图 10-107 可调电源 PCB 图

(4) PCB 封装：根据刚刚绘制的原理图在 PCB 上进一步调整元器件，选择合适的封装形式。

(5) 连接电路：将元器件进行连接，通过自动及手动调整布线，连接各模块电路。连接电源输入端、输出端、稳压二极管、调节电阻器等。

（6）调试电路：通过虚拟实验将电源接入电路，进行电路调试，包括电路的稳定性、电压/电流的调节、过载保护等功能的测试。

（7）测试电路：通过虚拟实验将电路接入负载，进行负载测试，测试电路的输出电压、电流是否符合要求。

（8）完成电路：对调试和测试后的电路进行调整和优化，确保电路的稳定性和可靠性。

（9）撰写实验报告。

6. 实训注意事项

（1）电路设计：在进行电路设计时，需要根据实际需要和要求，选用合适的元器件和电路拓扑结构，并考虑电路的稳定性和可靠性。在绘制原理图时，按照从核心到一般，从大模块到小模块的原则进行。

（2）PCB 图的绘制：在进行 PCB 图的绘制时，需要根据电路设计的要求和 PCB 的大小进行布局，保证元器件的布局合理、钻孔位置准确。

（3）元器件的安装：在进行元器件的安装时，需要注意元器件的方向、位置等，保证元器件的安装质量。所有元器件在 PCB 上的相对位置都以该原点为参考点，一般原点放在 PCB 正中心。

（4）电路连接：通过虚拟实验进行布线时，正反布线最好呈垂直状态。例如，当正面主控各引脚水平拉出时，反面线路（一般是打过孔）就垂直拉出。此时也需要注意电路连接的稳定性和可靠性，避免出现电路短路、过载等问题。

（5）调试电路：通过虚拟实验进行电路调试时，一定要进行 DRC 检查，对每条错误和警告都必须进行详细阅读和排错，直到错误和警告都是 0。此时需要注意电路的稳定性、电压调节测试，保证电路正常工作。

（6）实验报告：在完成实验后，需要撰写实验报告，规范书写、清晰易懂，包括电路设计原理、元器件选择、电路布局、调试过程和结果等方面的内容。

参考文献

[1] 刘介才.工厂供电[M].5版.北京:机械工业出版社,2010.
[2] 尹泉,周永鹏,李浚源.电机与电力拖动基础[M].武汉:华中科技大学出版社,2013.
[3] 李敬梅.电力拖动控制线路与技能训练[M].4版.北京:中国劳动社会保障出版社,2007.
[4] 巢云,刘义,肖顺梅.电工电子实训教程[M].2版.南京:东南大学出版社,2014.
[5] 薛向东,黄种明.电工电子实训教程[M].北京:电子工业出版社,2014.
[6] 王建花,茆妹.电子工艺实习[M].北京:清华大学出版社,2010.
[7] 熊幸明,曹才开,王新辉.电工电子实训教程[M].北京:清华大学出版社,2007.
[8] 路文娟,陈华林,王彦,等.表面贴装技术(SMT)[M].北京:人民邮电出版社,2013.

反侵权盗版声明

电子工业出版社依法对本作品享有专有出版权。任何未经权利人书面许可，复制、销售或通过信息网络传播本作品的行为；歪曲、篡改、剽窃本作品的行为，均违反《中华人民共和国著作权法》，其行为人应承担相应的民事责任和行政责任，构成犯罪的，将被依法追究刑事责任。

为了维护市场秩序，保护权利人的合法权益，我社将依法查处和打击侵权盗版的单位和个人。欢迎社会各界人士积极举报侵权盗版行为，本社将奖励举报有功人员，并保证举报人的信息不被泄露。

举报电话：（010）88254396；（010）88258888
传　　真：（010）88254397
E-mail：dbqq@phei.com.cn
通信地址：北京市万寿路 173 信箱
　　　　　电子工业出版社总编办公室
邮　　编：100036